中航工业检测及焊接人员资格鉴定与认证
系列培训教材

失效分析

主　编　何玉怀
副主编　姜　涛　刘新灵　范金娟　刘昌奎

国防工业出版社
·北京·

内 容 简 介

本书分为基础篇和应用篇。基础篇介绍了失效分析的发展、思路和方法及失效分析的基本理论与技术,包括失效分析的人员要求、推理方法、事故分析过程、痕迹分析、裂纹分析、断口分析等。应用篇针对过载断裂失效分析、疲劳断裂失效分析、环境作用下的失效分析、磨损失效分析、断口定量分析、非金属材料与构件的失效分析、电子元器件失效分析等不同角度展开了相关的技术阐述,并列举了相应的实际案例。

本书既可作为航空工业失效分析人员的培训教材,还可作为材料、工艺、设计等相关专业技术人员的参考书籍,同时也可作为航天、兵器、船舶等军工系统以及汽车、铁路、电站等民用行业失效分析人员的培训教材和参考书。

图书在版编目(CIP)数据

失效分析 / 何玉怀主编. —北京:国防工业出版社,2017.3

ISBN 978-7-118-11134-7

Ⅰ.①失… Ⅱ.①何… Ⅲ.①失效分析 Ⅳ.①TB114.2

中国版本图书馆 CIP 数据核字(2017)第 032544 号

※

国防工业出版社出版发行

(北京市海淀区紫竹院南路 23 号 邮政编码 100048)

三河市德鑫印刷有限公司印刷

新华书店经售

*

开本 787×1092 1/16 **印张** 15¾ **字数** 332 千字

2017 年 3 月第 1 版第 1 次印刷 **印数** 1—3000 册 **定价** 58.00 元

(本书如有印装错误,我社负责调换)

国防书店:(010)88540777 发行邮购:(010)88540776

发行传真:(010)88540755 发行业务:(010)88540717

编审委员会

序　言

三千多年前的汉莫拉比法典，就提出了对制造有缺陷产品的工匠给予严厉的处罚，当然，在今天的以人为本的文明世界看来是不能予以实施的。即使在当时，汉莫拉比法典在总体上并没有得到真正有效地实施，其主要原因在于没有理化检测及评定的技术和方法来评价产品的质量以及责任的归属。从公元前2025年到世界工业革命前，对产品质量问题处罚的重要特征是以产品质量造成的后果和负责人为对象的，而对产品制造过程和产品质量的辨识只能靠零星、分散、宏观的经验世代相传。由于理化检测和评估技术的极度落后，汉莫拉比法典并没有解决如何判别造成质量问题和失效的具体原因的问题。

近代工业革命给人类带来了巨大物质文明，也不可避免地给人类带来了前所未有的灾难。约在160多年前，人们首先遇到了越来越多的蒸汽锅炉爆炸事件，在分析这些失效事故的经验教训中，英国于1862年建立了世界上第一个蒸汽锅炉监察局，把理化检测和失效分析作为仲裁事故的法律手段和提高产品质量的技术手段。随后在工业化国家中，对产品进行检测和分析的机构相继出现。材料和结构的检测开始受到重视则是近半个世纪的事情。第二次世界大战及后来的大量事故与故障，推动了力学、无损、物理、化学和失效分析的快速发展，如断裂力学、损伤力学等新兴学科的诞生以及扫描电镜、透射电镜、无损检测、化学分析等大量的先进分析设备等的应用。

勿容置疑，产品的质量可靠性要从设计入手。但就设计而言，损伤容限设计思想的实施就需要由无损检测和设计用力学性能作为保证，产品从设计开始就应考虑结构和产品的可检性，需要大量的材料性能数据作为设计输入的重要依据。

就材料的研制而言，首先要检测材料的化学成分和微观组织是否符合材料的设计要求，性能是否达到最初的基本设想，而化学成分、组织结构与性能之间的协调关系更是研制高性能材料的基础，对于材料中可能存在的缺陷更需要无损检测的识别并通过力学损伤的研究提供判别标准。

就构件制造而言，一个复杂或大型结构需要通过焊接来实现，要求在结构设计时就对材料可焊性和工艺可实施性进行评估，使选材具有可焊性、焊接结构具有可实施性、焊接接头缺陷具有可检测性，焊接操作者具有相应的技能水平，这样才能获得性能可靠的构件。

检测和焊接技术在材料的工程应用中的作用更加重要。失效分析作为服役行为和对材料研制的反馈作用已被广泛认识，材料成熟度中也已经考虑了材料失效模式是否明确；完善的力学性能是损伤容限设计的基础，材料的可焊性、无损检测和失效模式不仅是损伤容限设计的保证，也是产品安全和可靠使用的保证。因此，理化检测作为对材料的物理化学特性进行测量和表征的科学，焊接作为构件制造的重要方法，在现代军工产品质量控制中具有非常重要的地位和作用，是武器装备发展的重要基础技术。理化检测和焊接技术涉及的范围极其广泛，理论性与实践性并重，在军工产品制造和质量控制中发挥着越来越重要的作用。近年来，随着国防工业的快速发展，材料和产品的复杂程度日益提高，对产品安全性的保证要求越来越严格；同时，理化检测和焊接新技术日新月异，先进的检测和焊接设备大量应用，对理化检测和焊接从业人员的知识、技能水平和实践经验都提出了更高的要求。

为贯彻《军工产品质量管理条例》和 GJB《理化试验质量控制规范》，提高理化检测及焊接人员的技术水平，加强理化实验室的科学管理和航空产品及科研质量控制，中国航空工业集团公司成立了“中国航空工业集团公司检测及焊接人员资格认证管理中心”，下设物理冶金、分析化学、材料力学性能、非金属材料性能、无损检测、失效分析和焊工七个专业人员资格鉴定委员会，负责组织中航工业理化检测和焊接人员的专业培训、考核与资格证的发放工作。为指导培训和考核工作的开展，中国航空工业集团公司检测及焊接人员资格认证管理中心组织有关专家编写了中航工业检测及焊接人员资格鉴定与认证系列培训教材。

这套教材由长期从事该项工作的专家结合航空工业的理化检测和焊接技术的需求和特点精心编写而成，包括了上述七个专业的培训内容。教材全面、系统地体现了航空工业对各级理化检测和焊接人员的要求，力求重点突出，强调实用性而又注意保持教材的系统性。

这套教材的编写得到了中航工业质量安全部领导的大力支持和帮助，也得到了行业内多家单位的支持和协助，在此一并表示感谢。

中国航空工业集团公司

检测及焊接人员资格认证管理中心

前　言

随着国民经济水平的提升，产品的失效问题得到了越来越多的重视。产品的失效尤其是机械产品的失效，不仅会造成巨大的经济损失，在很多情况下还会造成重大的人员伤亡，甚至造成一定的政治和社会影响。因而对产品的失效进行分析研究，判断失效模式，查找失效机理和原因，达到预测和预防失效的目的，具有十分重要的意义。

本书是为航空失效分析Ⅱ、Ⅲ级失效分析人员培训所编写的，分为基础篇和应用篇。基础篇介绍了失效分析的发展、思路和方法及失效分析的基本理论与技术等。应用篇从过载断裂失效分析、疲劳断裂失效分析、环境作用下的失效分析、磨损失效分析、断口定量分析、非金属材料与构件的失效分析、电子元器件失效分析等不同角度阐述了相关理论技术，并列举了相应的实际案例。本书还可作为其他行业从事失效分析工作的技术人员，以及材料、工艺、设计等相关专业技术人员的参考书。

全书共分为10章：第一章由何玉怀编写，第二章由刘昌奎编写，第三章由何玉怀、刘昌奎编写，第四章由姜涛编写，第五章由刘新灵编写，第六章由姜涛编写，第七章由刘德林编写，第八章由刘新灵编写，第九章由范金娟编写，第十章由魏振伟编写。全书由何玉怀负责统稿，陶春虎负责审定。

在本书的编写过程中，得到了中国航空工业集团公司北京航空材料研究院，中国航空工业集团公司失效分析中心，中国商用飞机有限责任公司机械失效分析中心的大力支持；得到了各航空厂、所许多同志，以及教材试用期间许多学员的热情帮助与支持；得到了中国航空工业集团公司失效分析中心同仁们的大力协助，在此表示衷心的感谢。

由于受到工作和认识的局限，加之本书涉及面广，在教材中会有不妥之处，恳请读者批评指正并提出宝贵意见。

中国航空工业集团公司失效分析教材编审组

目　录

上篇　基础篇

下篇　应用篇

上篇　基 础 篇

第一章　概　　论

失效的概念可以说范围是很广的，应该说，“失效”一词的内涵和定义随主体而定。以人为例，生病或死亡是失效，干部的腐败也是失效；以此类推，动物、植物也都存在失效；因此“失效”一词在广义上可定义为“物体丧失应有的功能”，这个物体既包括有生命的人与动植物，也包括没有生命的各种物体如建筑物、日用产品等。在本书中，失效特指的是机电产品及相关材料的失效。

失效分析是判断产品的失效模式，查找产品失效机理和原因，提出预防再失效对策的技术活动和管理活动。

失效分析的主要内容包括：明确分析对象，确定失效模式，研究失效机理，判定失效原因，提出预防措施（包括设计改进）。

失效分析的主要目标是“模式准确，原因明确，机理清楚，措施得力，模拟再现，举一反三”。但不能简单地把失效分析理解为“归零”，“归零”往往在很多时候是无法实现的。对暂时在科学上尚不能“归零”的故障或失效分析，应根据具体情况采取相应的预防措施，防止类似失效重复出现，在工程技术上“归零”。同时对事故或失效的机理等进一步研究，达到最终归零的状态。

1.1　失效分析的历史与发展

失效分析的发展历程，大体经历了与简单手工生产基础相适应的古代失效分析、以大机器工业为基础的近代失效分析和以系统理论为指导的现代失效分析三个重要阶段。

1.1.1　古代失效分析

公元前2025年，巴比伦国王撰写的《汉谟拉比法典》是目前所能考证的有史料记载的最早有关产品质量的法律文件，它在人类历史上明确规定对制造有缺陷产品的工匠进行严厉制裁。如果建筑师为他人建造了一栋不坚固的房子，由于房子倒塌而导致房东死亡，那么建筑师将被处死。如果房子倒塌而导致房东的儿子死亡，那么建筑师的儿子将被处死赔罪。如果房子因不坚固而被损坏，那么建筑师必须自己出资为房东修复或重建。这在今天的文明社会是不能予以实施的。即使在当时，生产力的落后和商品供不应求使得罗马法律肯定了商品售出概不退换的总原则。对产品质量的辨认只能靠零星、分散、宏观的经验世代相传。这一与简单手工生产基础相适应的古代失效分析阶段一直持续到两百年前开始的工业革命。

断口形貌学作为研究断口技术的名词尽管在1944年才由Carl A. Zapffe所定义,但在古代失效分析阶段,人们用断口特征来研究金属材料的质量仍然取得了很大进展。

历史上最早用断口形貌来评价冶金质量的著作是Vannoccio Biringccio在1540年所著的"De La Pirotechnia",他描述了用断口形貌作为评定黑色和有色金属(锡和铜锡青铜合金)质量的方法。

1574年,Lazarus Ercker提出了通过断裂试验断口检查紫铜和黄铜质量的方法,并指出银的脆断是由于铅和锡的污染所致。

1627年,Louis Savot在控制大钟制造质量的过程中,把敲击断裂试验断口的晶粒度作为优化材料成分以提高抗冲击载荷的指南。Mathurin Jousse同年提出了根据断口形貌来选择优质钢铁的方法。

古代失效分析阶段有关断口研究中最显著的成就是1722年de Reaumur借助光学显微镜研究金属断口的方法。在他的经典著作中,给出了钢铁的低倍和高倍断口,并归纳出了7种典型的钢铁断口特征。

1750年,Gellert描述了金属和半金属的断口特征以及断口试验在区分钢、熟铁和铸铁中的用途,并讨论了用检查断口的方法揭示金属脆化的原因。同一时期,Karl Franz Achard记录了所测试的896种合金的断口形貌,以分析改善合金的性能。

因此,古代涉及的断口分析,也基本上是围绕材料冶金质量与控制来进行的。

1.1.2 近代失效分析

以蒸汽动力和大机器生产为代表的工业革命给人类带来巨大的物质文明,产品失效也给人类带来了前所未闻的灾难。人们首先遇到了越来越多的蒸汽锅炉爆炸事件,在总结这些失效事故的经验教训中,英国于1862年建立了世界上第一个蒸汽锅炉监察局,把失效分析作为仲裁事故的法律手段和提高产品质量的技术手段。随后在工业化国家中,对失效产品进行分析的机构相继出现。

由于金相学的发展,一些知名的冶金学者过分重视金相学而忽视微观断口形貌的研究,对断口形貌及其分析的兴趣有所减弱,但仍有一些研究人员在断口研究方面取得了显著的成效[7]。1856年,R. Mallet把加农炮管中的断口特征与合金的凝固方式联系,找到了造成加农炮管开裂的原因。在这一时期,一些冶金学者也研究了热脆、冷脆、过热等导致的断口形貌特征,为建立断口特征与金属晶粒之间的桥梁奠定了基础。

19世纪末期以来,失效分析的需求和实践大大推动了相关学科,特别是强度理论和断裂力学学科的创立和发展。Charpy发明了摆锤冲击试验机,用以检验金属材料的韧性;Wohler揭示出金属的"疲劳"现象,并成功地研制了疲劳试验机;20世纪20年代,Griffith通过对大量脆性断裂事故的研究,提出了金属材料的脆断理论;1940—1950年发生的北极星导弹爆炸事故、第二次世界大战期间的"自由轮"脆性断裂事故,推动了人们对带裂纹体在低应力下断裂的研究,从而在 50 年代中后期产生了断裂力学以及随后发展起来的损伤力学,但鉴于这一阶段的失效分析手段仅限于宏观痕迹以及对材质的宏观检验,缺乏微观物理检测分析的技术手段,因而不可能从宏观和微观上揭示产品失效的物理本质与化学本质。

1.1.3　现代失效分析

20 世纪 50 年代末,失效分析的成果首先在电子产品领域应用于产品的可靠性设计,推动了失效分析学科分支的创立。材料科学与力学的迅猛发展,断口观察仪器的长足进步,为失效分析技术向纵深发展创造了条件。同时,各种大型运载工具造成的事故越来越大,影响越来越严重,这大大促使了失效分析的迅猛发展。

断裂力学、损伤力学、产品可靠性及损伤容限设计思想的应用和发展,使得产品的可靠性越来越高,产品失效引起的恶性事故的影响越来越大,产品失效很少是由于某一特定的因素所致,均呈现复杂的多因素特征,需要从设计、力学、材料、制造工艺及使用等方面进行系统的综合性分析,也就需要从事设计、力学、材料等方面的研究人员共同参与,失效分析开始逐渐形成一个分支学科。美国金属手册第九卷《断口金相和断口图谱》和第十卷《失效分析与预防》分别于 1974 年和 1975 年正式出版。20 世纪 70 年代末期,德国阿利安兹技术中心(AZT)成立,它是专门从事失效分析及预防的商业性研究机构,该中心还出版了《机械失效》月刊。

这一时期失效分析领域发展的主要标志是失效分析的专著大量出现,失效分析的国际英文杂志“Engineering Failure Analysis”也于 1994 年创刊,失效分析学术组织相继成立。这一时期失效分析的主要特点是集断裂特征分析、力学分析、结构分析、材料抗力分析以及可靠性分析为一体,逐渐发展成为一门专门的学科。2004 年开始,两年一届的国际工程失效分析系列会议(ICEFA)已陆续召开四届,涉及国民经济的各个领域。2005 年,美国创刊了“Journal of Failure Analysis and Prevention”杂志。

1.1.4　现代失效分析在中国的发展

早在 1954 年,谢燕生教授就发表了有关飞机事故调查和失效分析的论文。

国内第一次系统的失效分析学术交流会议是 1974 年在南京召开的材料金相学术讨论会上,第一次设立了失效分析的分会场。

1979 年,我国较为系统的断口学专著《金属断口分析》公开出版发行。

1979 年,胡世炎主编的《机械失效分析手册》正式出版。

1985 年,中国航空工业集团公司失效分析中心的前身第三机械工业部“断口分析研究室”成立。1987 年前后,相继公开出版了有关飞机、发动机等典型零件断裂图谱,并于 1988 年和 1998 年分别出版了《航空装备失效典型案例汇编》和《航空装备典型失效案例分析》,1993 年出版了《金属材料断口分析及图谱》。

空军于 1988 年成立了飞行事故调查和失效分析中心。

1987 年成立了中国机械工程学会失效分析工作委员会,并召开了全国第一届机电装备失效分析预测预防战略研讨会。在中国机械工程学会失效分析工作委员会的基础上,1993 年成立了中国机械工程学会失效分析分会,由王仁智、钟群鹏等组织编撰了失效分析丛书,大大推动了我国失效分析专业的发展。全国第二、第三届机电装备失效分析预测预防战略研讨会也分别于 1992 年和 1998 年召开。钟群鹏等还分别于 1997 年和 2006 年编著了《断裂失效的概率分析和评估基础》和《断口学》。

空军的内部刊物《飞行事故和失效分析》杂志于 1990 年创刊;一些材料、机械类杂志如《材料工程》《机械工程材料》等也大都设立了失效分析专栏;2006 年,国内第一个专业的失效分析杂志《失效分析与预防》正式公开出版发行,这也是继英国和美国之后在世界范围内出版的失效分析类杂志,该杂志出版以来,受到了广大科技工作者的高度关注和欢迎,影响因子迅速提升。图 1－1 给出了《失效分析与预防》杂志近几年的影响因子。

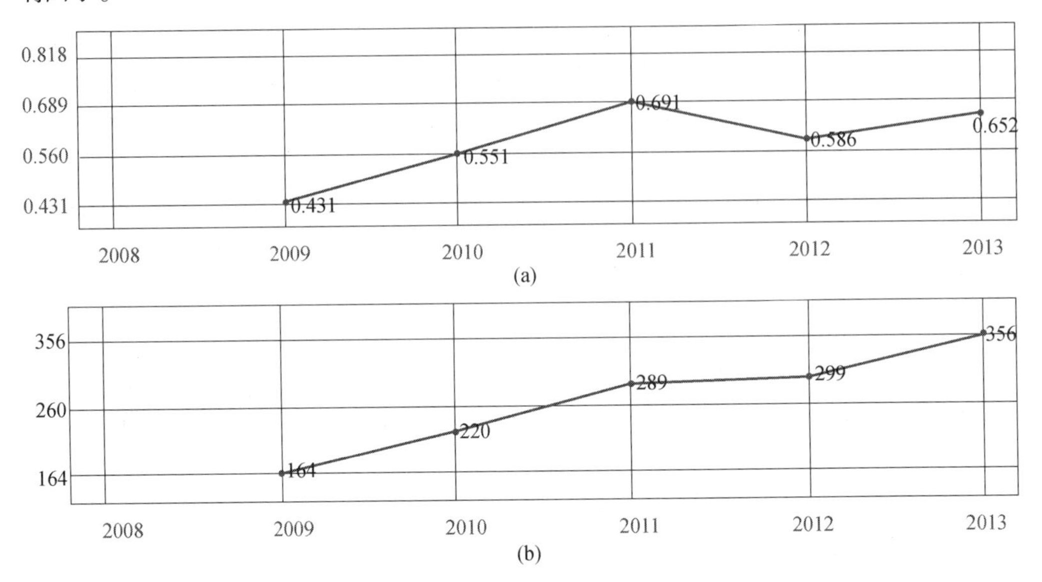

图 1－1 《失效分析与预防》杂志影响因子迅速提升
(a)复合影响因子变化趋势;(b)复合总被引频次变化趋势。

1994 年,空军第一研究所张栋撰写了《机械失效的痕迹分析》公开出版发行,推动了痕迹分析学在失效分析中的广泛应用。

1994 年,成立了中国航空学会失效分析专业分会和中国科协工程失效分析与预防中心等。中国航空学会失效分析专业分会于当年组织召开了全国首届航空航天装备失效分析研讨会。第二至第七届全国航空航天装备失效分析研讨会也已陆续召开。

1996 年和 2004 年,张栋和中国航空工业集团公司失效分析中心等专家们分别编著的《机械失效的实用分析》和《失效分析》出版发行。

2000 年以后,中国航空工业集团公司失效分析中心加强了材料与结构损伤以及失效分析的基础研究,先后撰写出版了《航空发动机转动部件的失效与预防》《航空用钛合金的失效与预防》《定向凝固高温合金的再结晶》《疲劳断口定量分析》《聚合物基复合材料失效分析基础》《军工产品失效分析技术手册》《航空发动机典型失效案例分析与预防研究》及《航空发动机关键材料断裂特征和图谱》等失效分析专著。

1.1.5 现代失效分析的发展方向

失效分析从20世纪50年代末以来得到了迅猛发展,已经成为一个独立的分支学科。作为正在兴起和发展的边缘学科,尚有很多领域需要进行深入系统的研究。

1. 失效分析学科的进一步完善

失效分析学科是随着近代科学技术的高速发展以及工程的迫切需求而高速发展的。应当说,失效分析的基本内涵已经确定,失效诊断理论的主要支撑技术——断口学和痕迹学也得到了很大发展;但失效分析作为一门学科,其体系的系统性和完整性还远远不够完善,与相关学科的"边界"还远不够明确,特别是失效预测和安全评估理论、技术和方法还未形成相对独立的科学体系,这无疑将限制失效分析作为独立学科的发展。

2. 损伤与失效的定量分析技术

失效分析分为定性分析和定量分析。实际上,任何问题的分析都存在定性分析和定量分析的问题,定性分析与定量分析应该是统一、相互补充的;分号定性分析是定量分析的基本前提,没有定性的定量是一种盲目的、毫无价值的定量;定量分析使定性更加科学、准确,它可以促使定性分析得出广泛而深刻的结论。

有时需要先定性后定量,而有些事物,定性非常难,首先通过定量分析才能最后达到定性分析。如政治和法律上对人的判断,就不能从定性的角度首先判断它具有无产阶级或资产阶级的世界观,也不能首先从定性的角度判断一个疑犯是不是犯罪分子,而要从具体的、定量的分析入手,积累一定的证据并通过一定的综合评定之后,才能给出宏观的定性结论。

断口学作为失效分析学科一个重要的组成部分,也包括断口定性分析和断口定量分析,在断裂失效分析中发挥了很大的作用;但存在诸多不足,迄今为止人们仍依据经验或根据已有的断口、裂纹和金相图谱来进行失效诊断。现有的图谱和案例集基本上仍是损伤定性的"特征诊断"。虽然也有一些定量分析的结果,但这些结果大多只是特定条件下的定量分析,尚不能给出损伤失效特征随条件变化的系统规律性认识的诊断依据。

20世纪末以来,钟群鹏院士领导的研究小组在金属疲劳断口物理数学模型的建立方面开创了先河,中国航空工业集团公司失效分析中心在定量反推原始疲劳质量以及疲劳应力等方面进行了一系列的系统研究工作,取得了很大进展,但失效诊断仍然处于定性分析阶段。因此,失效分析从感性向理性转变的关键技术之一是断口定量分析的建立和完善。

定性分析与定量分析是人们认识事物时用到的两种分析方式。定性分析的理念早在古希腊时代就得到了很好展开,当时的一批著名学者,都是给自己所研究的自然世界给以物理解释。例如:亚里士多德研究过许多的自然现象,但在他厚厚的著作之中,却发现不了一个数学公式。对每一个现象都是定性描述的,对发现的每一个自然定理都是性质定义的。虽然这种认识对人们认识感官世界功不可灭,但缺乏深入思考的基础,因为从事物的一种性质延伸到另一种性质,往往是超出了人类的认知能力。因而,定量分析作为一种古已有之但是没有被准确定位的思维方式,其优势相对于定性分析是很明显的,它把事物定义在人类能理解的范围,由量而定性。把定量分析作为一种分析问题的基础思维方式始于伽利略,伽利略作为近代科学的奠基者,第一次把定量分析全面展开在自己的研究之中,从动力学到天文学,伽利略抛弃了以前人们只对事物原因和结果进行主观臆测成分居多的分析,而代之以实验、数学符号和公式。可以这样说,“伽利略追求描述的决定是关于科学方法论的最深刻、最有成效的变革。它的重要性,就在于把科学置于科学的保护之下。”而数学是关于量的科学。可以这样说,一门科学只有在成功运用了数学的时候,才能称得上是一门科学。

从研究对象来看,疲劳断口的定量反推研究工作主要集中在分别以疲劳源位置、疲劳扩展区的疲劳特征(尤其是疲劳条带)、瞬断区韧窝为研究对象的三个方面。从研究内容来看,疲劳断口的定量反推研究工作主要集中在定量断口学和疲劳定量理论的研究两个方面。

钟群鹏等在断口宏观定量反推方面进行了一些有意义的工作:建立了拉伸断口的纤维区尺寸、剪切唇尺寸与其他力学参量、断裂力学参量之间的定量反推关系;利用疲劳裂纹扩展临界裂纹长度或瞬断区面积反推疲劳寿命和临界交变应力的关系。此外,还研究了对于表面强化的零件,如果已知残余应力分布随深度的变化曲线方程以及材料的疲劳强度极限值 σ_{-1},从断口上测得“疲劳源中心”距表面深度就可得知外加应力。

中国航空工业集团公司失效分析中心的研究人员在材料的裂纹扩展特性、工程构件疲劳应力和疲劳寿命的反推,以及通过疲劳断口定量反推估算原始疲劳质量方面开展了大量的研究工作。例如:对断口定量分析模型及常见的铝合金、钛合金、高温合金和结构钢等材料对定量分析模型的适用性进行了研究;疲劳断口定量反推过程中相关参数的选取、确定以及对结果影响的评价研究;在疲劳寿命反推方面,对载荷谱条件下的疲劳扩展寿命反推方法进行了研究。在断口定量分析疲劳应力的工程应用方面,完成了直升机中减齿轮失效应力反推、涡轮叶片离心应力的计算、发动机压气机钛合金叶片振动应力分析以及其他许多构件疲劳应力的断口定量分析。

在疲劳断口定量分析方面,除利用断口上的疲劳特征反推疲劳寿命、疲劳应力及原始疲劳质量外,还通过断口上的塑性变形重建裂纹损伤与扩展过程,及利用韧窝尺寸建立与力学性能之间的关系。

国外在材料损伤方面的研究思路是在设计前进行大量的试验研究,获得大量的试验数据,对材料的损伤特性研究比较充分。在服役过程中,从实用的角度出发,更关心的是剩余寿命的评估问题。至于断裂失效构件,以设计阶段大量的试验数据作基础,利用有限元分析来进行分析。因此,在定量分析理论及模型方面,国外研究和应用更多的是 Frost 和 Bugdale 模型:$\ln a = \beta N + \ln a_0$ 或 $a = a_0 e^{\beta N}$,其中 N 为疲劳寿命,β 为与裂纹形状、材料和载荷相关的参数。该公式对恒幅载荷适用,对实际典型服役载荷谱下也近似适用。已证明对裂纹长度在 0.01 ~ 2mm 及其以后扩展阶段的循环寿命都适用。对全部裂纹扩展的特征(如刚开始只存在塑性累积损伤,但没有裂纹显示的情况)的适用性还没有系统研究。

相对而言,国内的失效分析和断口定量分析技术则更多的是对已失效件的疲劳寿命、疲劳应力进行反推计算，主要是为找出失效原因和提供定检周期服务。在对失效件进行分析时，更多的是对失效特征进行观察和分析，而进行力学分析特别是定量分析则是薄弱环节。

从目前国内外寿命预测技术来看，大致可分为三类，即以断裂机理为基础的寿命预测技术、以失效物理模型为基础的寿命预测技术和以可靠性工程为基础的寿命预测技术，前者的前提是断裂失效模式的识别和断口微观定量反推分析，后二者的基础工作是失效事件的统计概率分析。寿命预测技术领域国外已有相当的基础，并已用于实际构件的寿命评估，国内也做了一些研究，但缺乏系统性和实用性，特别对高温下多种失效模式交互作用下的寿命预测技术和小试样条件下的预测寿命的可靠性方面的研究和实际应用还有待研究解决。

针对国内外失效分析及其在定量分析与失效评估研究侧重点的差异，并在理解国外某些先进性的基础上，国内应加强失效分析及定量分析技术在产品设计、生产、使用和维护各个环节的应用力度，并加强有限元等先进工具在失效分析领域的应用，加强对构件失效评估的研究，尽可能把失效后的分析变为失效前的预防。

3. 损伤与失效的计算机模拟与安全评估

对于大型构件或系统，由于在设计、制造、装配、使用和维修等阶段存在诸多的不确定因素，实际构件所受的外力不仅随工况不同而改变，而且受偶然性的影响；同时，构件的抗力也由于材料组织的不均匀、内部缺陷的随机分布和加工制造的不一致，存在很大的分散性。因此，失效受偶然性和必然性两个因素的影响。然而，任何偶然性造成的随机性在子样大时总体上必然服从某些统计规律，即事物从无序状态转化为一定的有序状态，这就为构件安全可靠性评估奠定了基础。

构件的安全可靠性评估不仅需要对过去同类产品的使用数据收集和统计分析，且涉及表征构件的各种基本参数的分散概率及其对构件失效影响的研究，在此基础上建立构件安全可靠性或失效概率的物理数学模型，并通过数值计算和试验或计算机模拟验证，从而达到产品和构件安全可靠性评估的目的，使产品在规定工作条件下，在完成规定功能下并在规定的寿命内因断裂等造成失效的可能性减到最低程度。

任何材料都在特定环境下服役，产品或系统的安全可靠性取决于材料的环境行为。材料与服役条件交互作用的结果，使材料的组织、结构和性能发生变化，最终导致材料甚至构件或产品失效。材料的环境失效机理涉及材料、物理、化学、机械、电子等学科领域，其研究成果将构成改善材料品质的创新技术理论基础，使材料的设计从被动地提高环境抗力到主动地适应多元环境的飞跃，并必将促进宏/微观弹塑性断裂力学、疲劳学和安全评估等学科的协同发展，建立、发展和完善与环境失效有关的模式、诊断、预测和控制等理论。材料的环境行为具有多因素偶合作用和非线性损伤累积效应的特点，如温度变化和机械载荷的偶合作用、应力和腐蚀环境的交互作用等。其失效通常是远离平衡条件下的非线性演化及其突变过程，其研究涉及宏微观的各个层次，包含对演化诱致突变、样本个性行为以及跨层次敏感性的研究。环境因素偶合效应的物理机制、多因素作用的非线性损伤叠加理论、损伤累积过程的描述和物理数学模型，将成为材料在复杂环境过程中失效评价和控制的理论基础。在此基础上，人们将建立复合作用下材料和结构的寿命预测模型,完善复杂环境下的材料与结构的损伤模型、剩余寿命估算方法、耐久性分析技术和日历寿命分析技术,并进一步研究新型防腐蚀、损伤愈合、止裂和表面工程等预防性技术。

由于材料或构件的失效过程很复杂,至今还无预测材料、构件和设备的损伤倾向和评估剩余寿命的有效手段,对于失效机理和失效过程的认识基本上仍是唯象的和定性的,用计算机模拟材料和构件失效的动力学过程,不仅可以证实失效机理和失效原因的分析是否正确,而且为材料和构件的设计提供了科学依据。同时,计算机模拟技术还可以解决许多难以用实验科学进行模拟或表征的问题,如飞行器的空中解体,是难以用实验模拟的办法来解决。此外,计算机模拟能够将更多的可变参数进行更多的组合而花费较小的代价。美国早在20世纪90年代就研制成功了颗粒增强钛合金基复合材料叶片,至今尚没有在工程上应用,就是应用计算机模拟技术分析了颗粒增强钛合金叶片存在一定概率的破坏。近年来发展起来的用计算机模拟失效件断口和失效特征形貌技术,无疑为计算机辅助诊断和模拟损伤过程提供了必要条件。失效过程的计算机模拟与诊断包括:失效库的建立,断口的三维重建与模拟,损伤过程的动力学模拟与再现。

4. 功能产品及其控制系统的失效分析

现代技术的不断发展,电子元器件以及功能类产品的应用和精细程度越来越高,但电子产品和功能类产品出现失效与故障的频率也一直很高,加之电子元器件及功能类产品种类繁多,其功能各式各样,失效形式又常常具有随机性和偶然性,失效分析工作面临的领域更广、难度更大。

5. 非金属及复合材料的失效分析

近年来,由于非金属及复合材料的大量应用,非金属及复合材料损伤与失效日益引起关注。国外已经开展了非金属及复合材料的宏微观断裂特征与性能之间的关系研究。国内非金属及复合材料断裂与失效分析目前主要借助于金属失效分析技术,正致力于复合材料结构的断裂特征与性能之间关系的研究工作。

6. 新材料的损伤失效

机械失效分析均涉及对材料抗力和外力(包括环境介质等)的分析。新材料在提高发动机推重比和功重比,以及降低飞机结构质量系数方面起着举足轻重的作用。新材料在工程上得到广泛应用,但是像陶瓷、复合材料这些与传统金属材料在力学行为、化学特性及断裂本质等方面存在巨大差异的新材料的断裂特征需要预先进行一些基础性研究。即使传统金属材料本身,由于现代材料制备技术的日益改进,像粉末冶金、定向凝固及单晶制备技术的大量采用,也使得损伤特征与原来发生了很大的改变。如定向凝固和单晶合金,疲劳源区附近的小平面类解理特征区就非常大,把该面积较大的小平面特征视为“解理疲劳”是完全错误的。目前,国际上有报道的面心立方结构只有在特定条件下发生解理断裂,解理断裂的速率一般达到声速。如果单晶或定向凝固高温合金发生解理疲劳,则结果是难以想象的。因此,必须在材料研制和工程应用的同时,深入了解和掌握新材料的失效特征和损伤行为,这也是材料成熟应用的重要标志。

1.2　失效分析的作用

失效分析是以失效产品(或将要失效的产品)及其相关的失效过程为分析对象,并以查找失效机理和原因为主要目标。失效分析是全面质量管理必不可少的重要环节,是可靠性工程重要技术基础,安全工程的重要技术保证,维修工程的理论基础和指导依据,多寿命周期的重要技术和理论支撑,科技进步的强大推动力,也是市场经济条件下用户手中最强有力的武器,具有巨大的经济效益和社会效益。

1.2.1　全面质量管理中的重要环节

任何一次失效,都可看成是产品在服役条件下所做的一次最真实、最可靠的科学试验的结果。通过失效分析,判断失效模式,确定失效原因和影响因素(相关因素),也就找到了薄弱环节所在,从而可以改进有关部门的工作,提高产品质量。因此,它是对设计、制造,也包括对维修工作在内的最终、最有效的检验。

1.2.2　可靠性工程中重要的技术基础

可靠性是产品的关键性质量指标,而可靠性技术是质量保证的核心。可靠性分析的前提之一就是确认产品是否失效,分析产品失效类型、失效模式和机理。因此,可靠性分析离开失效分析将寸步难行,失效分析的成果和信息是可靠性分析必不可少的物质基础。因此,可靠性要求把失效分析提到中心环节,强调搞好三“F”,即 FRACAS(失效报告、分析及纠正系统,要求扎实完成失效报告程序、失效分析和评审程序、失效纠正程序,形成一个闭环)、FTA(故障树分析)、FMEA(失效模式、影响及分析)是可靠性工作的基础。

1.2.3　安全工程的重要技术保证

安全工作环节多、涉及面广,失效分析是其中的一项关键性工作。安全工程以事故为主要研究对象,主要内容包括安全分析、安全评价和安全措施。失效分析可以找出薄弱环节,查明不安全因素,发现事故隐患,预测由失效引起的危险,提供优化的安全措施。

1.2.4　维修工程的理论基础和指导依据

产品维修主要是预防失效,保持产品应有的规定功能。人类正是在长期与失效作斗争并分析其后果的实践中,才逐步形成了科学的维护规程,发展了先进的修理技术,提出了以可靠性为中心的维修思想,它实质上是依据产品本身的固有可靠性特性和产品使用可靠性,结合产品的失效规律和机理,采用科学的分析方法,仅做必要的维修工作。

1.2.5　科技进步的强大推动力

失效分析是推动科技进步的强大动力。正是在长期、大量失效分析的基础上,不断发现新的失效模式和机理,摩擦学、腐蚀学、疲劳学、断裂力学、损伤力学、断口学、电子金相学、痕迹学、电接触、表面科学等一大批工程学科得以迅猛发展。新技术、新工艺、新材料、新的诊断、测试和监控手段等得以推广和应用。

1.2.6 用户手中强有力的武器

产品失效,用户是直接的最大的受害者。《中华人民共和国产品质量法》有关条文中规定:因产品存在缺陷造成受害人财产损失的,侵害人应当恢复原状或者折价赔偿。受害人因此遭受其他重大损失的,侵害人应当赔偿损失。因产品存在缺陷造成人身、财产损害的消费者,可以向产品生产者索赔,也可向产品销售者索赔。而通过失效分析可以为用户提供产品失效的相关机理和原因,是用户通过法律法规手段维护自身权益的重要技术依据。

由以上失效分析的作用可以看出:通过失效分析可以避免同类事故的再次发生,保障人民的生命财产安全,保证正常的生产、生活和训练;失效分析成果可以促进产品质量的提高,失效分析成果和信息是设计、制造部门开发新产品的基础;失效分析具有十分巨大的经济效益和社会效益。

1.3 失效分析的相关术语

1.3.1 通用术语

(1) 失效。GB/T 2900.13—2008《电工术语　可信性与服务质量》中定义:"失效(故障)——产品丧失规定的功能。对可修复产品,通常也称为故障。"在本书中,失效分析对象产品不仅仅是指制成品,还包括原材料、加工过程中的制件、装配过程中的零部件等。

(2) 事故。事故——意外的变故或灾祸(不含自然灾害)。主要是指工程建设、生产活动与交通运输中发生的意外损害或破坏。这些事故可造成物质上的损失或人身伤害。失效和事故既有密切联系又有重要区别,失效强调产品是否丧失规定的功能,能否修复;而事故则强调事件的后果及其危害。实际上,发生事故时产品不一定失效,如汽车压死突然横穿马路的行人,汽车并没有失效,而产品失效时也不一定发生事故,统计表明,产品失效率要比事故率高1~2个数量级。

(3) 失效模式。失效模式是指失效的外在宏观表现形式和过程规律,一般可理解为失效的性质和类型。

(4) 失效原因。失效原因通常是指酿成失效甚至事故的直接关键性因素。失效原因有不同的层次,如造成失效的直接关键因素处于设计、材料、制造工艺、使用及环境的这一环节,即为失效原因的第一层次。如材料原因引起的失效还可细分为合金成分或力学性能不合格、组织或冶金缺陷等第二层次的失效原因。失效原因的确定也分为定量确定和定性确定,必要时,还要采用失效模拟技术来确定失效原因。失效原因的判断通常是整个失效分析的核心和关键,对于确定失效机理、提出预防措施等均有重要意义。

（5）失效机理。失效机理是指失效的物理、化学变化本质和微观过程可以追溯到原子、分子尺度和结构的变化。当然，失效机理也要表现出一系列宏观（外在的）的性能、性质变化和联系。失效机理是对失效的内在本质、必然性和规律性的研究，是对失效内在本质认识的理论提高和升华。

（6）失效件。失效件是指丧失规定功能的制件。

（7）肇事件。肇事件是指机械中第一个发生失效并导致系统出现故障的制件。与首断件（事故或机械失效过程中第一个断裂件）往往并非等同，肇事件不一定断裂。

（8）相关失效件。相关失效件泛指对其他构件的失效有影响的构件。在事故调查中关注的可能是对肇事件失效有一定影响的相关失效件。

（9）受害失效件。受害失效件泛指受其他构件失效影响而导致失效的构件。该构件对其他构件的失效没有直接影响。

（10）直接受害失效件。直接受害失效件特指事故发生前受肇事件直接危害而失效的构件。

（11）被破坏件。被破坏件特指事故发生时被破坏而失效的构件。例如，压力容器爆破、油箱起火、飞机坠毁时才被破坏的一切构件。

（12）独立失效件。独立失效件泛指与其他构件失效无关的失效构件，特指事故或产品失效发生之前已经失效的构件，它与事故的发生或产品的失效无关系。

（13）残骸。残骸是指因发生事故而破损的装备组件、附件、零件及其碎片等。

（14）残骸分析。残骸分析是指为查明事故原因而对残骸进行的检查分析工作，包括：残骸拼凑、破坏顺序分析，痕迹分析，断裂及其他失效特征分析，受载情况分析以及材质分析等。

（15）痕迹。痕迹是指力学、化学、热学、电学等因素单独或共同地作用于制件，而在制件上形成的各种印迹、颜色或材料黏结等。

（16）痕迹分析。痕迹分析是指对痕迹进行诊断鉴别，找出其形成和变化的原因及其规律，为失效分析提供线索和依据的过程。

（17）故障树分析。故障树分析是指通过对可能造成产品故障的硬件、软件、环境、人为因素等进行分析，画出可能导致故障的逻辑关系，从而确定产品故障原因的各种可能组合方式和（或）其发生概率的一种分析技术。

（18）安全评估。安全评估是指产品失效前安全与否、安全程度的评定。它可分为材料性能的评估、零件缺陷的安全评估、系统的安全评估及维修安全评估。

1.3.2　断裂失效相关术语

（1）应力。物体受外力作用所导致物体内部之间的相互作用力称为内力。单位面积上的内力即为应力。

（2）应变。由外力所引起的物体原始尺寸或形状的相对变化称为应变。

（3）应力集中。局部应力高于平均应力的现象称为应力集中。几何尺寸的变化、缺陷等都可以引起应力集中。

（4）残余应力。消除外力和不均匀温度等作用后，仍留在材料内部自相平衡的内应力称为残余应力。残余应力可导致零件扭曲、变形,在一定的工作应力叠加下还可导致零件产生裂纹并断裂。

(5) 热应力。物体温度变化或分布不均匀时在物体内部产生的应力称为热应力,又称温度应力。

(6) 韧性。材料抵抗应变的能力称为韧性。韧性越高,材料在断裂过程中吸收的能量越高,越不容易发生脆性断裂。

(7) 裂纹。材料受力后,当局部的变形量超过一定限度时,原子间的结合力受到破坏,从而产生局部分离破裂的现象称为裂纹。

(8) 主裂纹。在同一零件上出现多条裂纹时,这些裂纹是依次陆续产生的,首先形成的裂纹称为主裂纹。

(9) 二次裂纹(次生裂纹)。由于金属材料的连续性,以及金属内部夹杂物、偏析和第二相质点的阻碍作用,伴随主裂纹产生与扩展的同时,尤其是薄片状、板条状零件中,往往产生有支裂纹和微裂纹,这些支裂纹或微裂纹称为二次裂纹或次生裂纹。

(10) 断裂。材料受力后产生裂纹,裂纹产生扩展而使材料产生完全分离断开的现象称为断裂。

(11) 过载断裂。当外加载荷超过零件的强度极限而造成零件的断裂称为过载断裂。

(12) 脆性断裂。几乎不伴随塑性变形而形成脆性断口(断裂面通常与拉应力垂直,宏观上由具有光泽的亮面组成)的断裂称为脆性断裂。

(13) 韧性断裂。伴随明显塑性变形而形成韧性断口(断裂面与拉应力垂直或倾斜,其上具有细小的凹凸,呈纤维状)的断裂称为韧性断裂。

(14) 穿晶断裂。裂纹穿过晶粒内部扩展形成的断裂称为穿晶断裂。穿晶断口既可以是韧性的,也可以是脆性的。

(15) 沿晶断裂。断裂沿着晶粒边界扩展称为沿晶断裂。它可分为沿晶脆断和沿晶韧断(在晶界面上有浅而小的韧窝)。

(16) 解理断裂。沿着原子结合力最弱的解理面发生分离破裂的断裂称为解理断裂。这种断裂具有明显的结晶学性质。

(17) 准解理断裂。准解理断裂是介于解理断裂与韧窝断裂之间的一种过渡断裂。准解理断口基本上属于脆性断裂范围,但比解理断口上的撕裂棱线多,而且常呈浮雕状,有些则和解理相似,但河流短小。

(18) 类解理断裂。镍基高温合金、奥氏体型不锈钢以及铝合金这一类面心立方晶格材料,在疲劳裂纹第一扩展阶段,低倍上常见结晶小平面及河流花样和滑移台阶等断裂形貌特征。由于这种断裂特征在形貌上与体心立方晶格材料出现解理断裂形貌极为类似,而易被误判为解理断裂。实际上,这种断裂特征的形成机制与解理断裂的形成机制有着本质的差别。目前,将这种与解理断裂形貌类似但本征不同的断裂特征称为类解理断裂。

(19) 韧窝断裂。通过微孔的形核、长大和相互连接过程而形成的断裂称为韧窝断裂。

(20) 滑移分离。过量的滑移变形导致材料出现分离的现象称为滑移分离。其微观形貌有滑移台阶、蛇形花样、涟波等。

(21) 氢脆。由于氢渗入金属内部导致损伤,从而使金属零件在低于材料屈服极限的静应力持续作用下导致的失效称为氢脆。

(22) 镉脆。在低于或超过镉的熔点温度下,与镉相接触的受力的钢或钛合金零件产生的脆性断裂现象称为镉脆。

(23) 碱脆。在拉应力和碱性介质的综合作用下产生的断裂现象称为碱脆。

(24) 液态金属致脆。金属或合金材料与液态金属接触后导致塑性降低而发生的脆断称为液态金属致脆。

(25) 应力腐蚀断裂。金属构件在静应力和特定的腐蚀环境共同作用下所导致的脆性断裂称为应力腐蚀断裂。

(26) 疲劳断裂。材料在循环应力或应变作用下,在一处或几处产生局部永久性累积损伤,经一定循环次数后产生裂纹或突然发生完全分离断裂的过程称为疲劳断裂。

(27) 疲劳弧线。由于应力大小及应力状态的变化使疲劳裂纹扩展的速度和方向均发生变化,从而在断口上留下的宏观特征,类似于海滩花样或贝壳花样,称为疲劳弧线。

(28) 疲劳条带。疲劳断口上具有一定间距的、垂直于主裂纹扩展的、基本上相互平行的、略带弯曲的波浪形条纹称为疲劳条带。它是疲劳断口的典型微观特征。

(29) 疲劳轮胎痕。金属疲劳断口中的轮胎状摩擦痕,它是在交变载荷作用下,当某一断裂面上存在硬质点时,在疲劳裂纹反复张开—闭合过程中,与硬质点所在断面相对应的断面上硬质点压出来一系列的压痕,这些压痕成串排列,在电镜下观察到的形貌类似车轮轧过平坦的砂面之后所留下的痕迹。

(30) 高周疲劳。又称低应力疲劳或长寿命疲劳,是指零件在较低的交变应力作用下至断裂的循环周次较高的(一般 $N_f>10^4$)疲劳,它是最常见的疲劳断裂,通常为应力控制。

(31) 低周疲劳。又称大应力或应变、短寿命疲劳,是指零件在较高的交变应力作用下至断裂的循环周次较低(一般 $N_f \leqslant 10^4$)的疲劳,通常为应变控制。

(32) 热疲劳。零件在没有外加载荷的情况下,由于工作温度循环变化产生的循环热应力所导致的疲劳称为热疲劳。

(33) 热机械疲劳。温度循环与应变力循环叠加的疲劳称为热机械疲劳。

(34) 接触疲劳。材料在循环接触应力作用下,产生局部永久性累积损伤,经一定的循环次数后,接触表面发生麻点、浅层或深层剥落的现象称为接触疲劳。

(35) 腐蚀疲劳。腐蚀介质与交变应力协同作用所引起的材料或构件断裂现象称为腐蚀疲劳。

(36) 微动疲劳。相匹配的构件接触面间发生微动磨损的条件下,受交变载荷作用而发生的疲劳损伤称为微动疲劳。

1.3.3 腐蚀失效相关术语

(1) 腐蚀。材料受周围环境的作用,发生化学、电化学或物理变化而失去其固有性能的过程称为腐蚀。

(2) 电偶腐蚀。又称异金属接触腐蚀,是两种或两种以上不同电极电位的金属在电解质溶液中(或通过电子导体连接)相互接触而发生的腐蚀现象。电位值高者为阴极,被保护;电位值低者为阳极,被腐蚀。

(3) 点腐蚀。金属表面上个别点或微小区域内发生选择性腐蚀而出现蚀孔和麻点称为点腐蚀。它是一种隐蔽性大、破坏性强的局部腐蚀。

(4) 冲击腐蚀。高速液流或液流内悬浮的固体粒子的冲击作用使材料表面发生的腐蚀称为冲击腐蚀。

(5) 冲刷腐蚀。由含砂流体的冲刷作用引起的磨损腐蚀。它多见于输送流体管路的磨损或腐蚀。

(6) 大气腐蚀。由空气中水气和氧等产生化学或电化学作用而引起材料表面的腐蚀称为大气腐蚀。

(7) 干蚀。在不存在水及其溶剂的情况下发生的腐蚀称为干蚀。主要有高温氧气腐蚀、硫腐蚀、氢腐蚀、钒腐蚀、熔盐腐蚀和羟基腐蚀等。

(8) 均匀腐蚀。在金属表面上发生的比较均匀的大面积腐蚀称为均匀腐蚀。其特征是在暴露的全部或大部分表面积上腐蚀均匀。

(9) 缝隙腐蚀。在两个金属表面之间或一个金属和一个非金属表面或沉积物之间的缝隙内,金属常发生强烈的局部腐蚀称为缝隙腐蚀。这类腐蚀与空穴、垫片下、搭接缝、表面沉积块以及螺帽、铆钉帽下的缝内积存少量静止溶液有关。

(10) 晶间腐蚀。沿着晶粒边界发生的选择性腐蚀称为晶间腐蚀。

(11) 焊缝腐蚀。不锈钢焊接时,焊缝处温度最高,离焊缝越远,温度越低,之间有一区域处于敏化温度区,在适合的环境作用下即发生腐蚀,这样的腐蚀称为焊缝腐蚀。

(12) 内氧化。金属内部某些组元相或晶界择优的氧化称为内氧化。它是一种选择性腐蚀,也属于一种表面下腐蚀。

(13) 气体腐蚀。金属在干燥气体中发生的腐蚀称为气体腐蚀。

(14) 化学腐蚀。金属在非电化学作用下的腐蚀称为化学腐蚀。它通常是指在非电解溶液及干燥气体中,经化学作用发生的腐蚀。

(15) 孔蚀。金属表面由于局部电池作用形成较深的小孔状腐蚀称为孔蚀。

(16) 电化学腐蚀。服从于电化学反应规律的金属腐蚀称为电化学腐蚀。例如,金属在电解质溶液中或其表面液膜下的腐蚀。

(17) 局部腐蚀。主要集中于局部区域的腐蚀称为局部腐蚀。

(18) 选择性腐蚀。金属中的某些组分或组织优先的腐蚀称为选择性腐蚀。

(19) 有机气氛腐蚀。在一定条件下,有机挥发物气氛对锌、镉等镀层和金属的腐蚀称为有机气氛腐蚀。

（20）剥蚀。金属由于腐蚀而产生的层状剥落称为剥蚀。它是晶间腐蚀的一种特殊形式。

（21）锈。锈是由于腐蚀而在金属表面生成的以氢氧化物和氧化物为主的化合物。

1.3.4　磨损失效相关术语

（1）磨损。物体表面相接触并作相对运动时,材料自该表面逐渐损失以致表面损伤,称为磨损。

（2）磨粒磨损。由于硬质颗粒或硬质凸出物沿固体表面强制相对运动所引起的磨损称为磨粒磨损。

（3）冲蚀磨损。材料受到小而松散的流动粒子冲击时表面出现破坏的磨损称为冲蚀磨损。

（4）黏着磨损。由于在相接触的固体表面之间局部黏着而引起的磨损称为黏着磨损。

（5）疲劳磨损。摩擦副两对偶表面做滚动或滚滑复合运动时,由于交变接触应力的作用,使表面材料疲劳断裂而形成点蚀或剥落,称为疲劳磨损。

（6）腐蚀磨损。在摩擦过程中伴有腐蚀作用的磨损称为腐蚀磨损。摩擦副表面和环境发生反应而形成腐蚀产物,在摩擦过程中腐蚀产物被剥离,露出新材料表面又进入新的腐蚀磨损过程,如此交替进行,使腐蚀磨损的破坏作用超过单纯的腐蚀或磨损。

（7）微动磨损。在相互压紧的材料表面之间,由于小振幅振动而产生的复合型磨损称为微动磨损。在交变应力作用下的微动磨损称为疲劳磨损,是微动磨损的一种特殊形式。

1.3.5　变形失效相关术语

（1）材料变形。材料在外力作用下发生的结构或构造变化称为材料变形。其主要形式有弹性变形、塑性变形、蠕变和松弛。

（2）弹性变形。材料在外力作用下产生变形,当外力去除后变形完全消失,这种变形称为弹性变形。

（3）塑性变形。固体材料在外力作用下发生的永久(不可恢复的)变形称为塑性变形。

（4）蠕变。材料在恒定载荷或应力作用下发生的缓慢而连续的一种滞弹性变形称为蠕变。蠕变是表征材料抗高温能力的一项重要性能指标。

（5）应力松弛。材料在恒定温度保持总变形不变的条件下,应力随时间延长而逐渐降低的现象称为应力松弛。松弛过程中总变形保持不变,总变形中的弹性变形随时间不断转变为塑性变形。

1.4　失效的基本模式

当机械产品的失效按其规定功能进行失效分类时,某一种具体的功能失效类别可能是由几种不同的材料变化机理分别引起的。例如,驾驶杆失去规定功能而无法操纵,即失效，既可能是驾驶杆断裂、变形，也可能是锈蚀、磨损，甚至可能是外来物卡死等不同的机理所引起。所以，在失效分析中按材料变化的机理分类比较合理，有利于分析失效的原因和过程的本质。而本书重点针对的是机械失效，因而在这里仅针对机械失效的基本模式展开讨论。机械失效的基本模式主要有变形、断裂、磨损、腐蚀，其包括的主要模式如下：

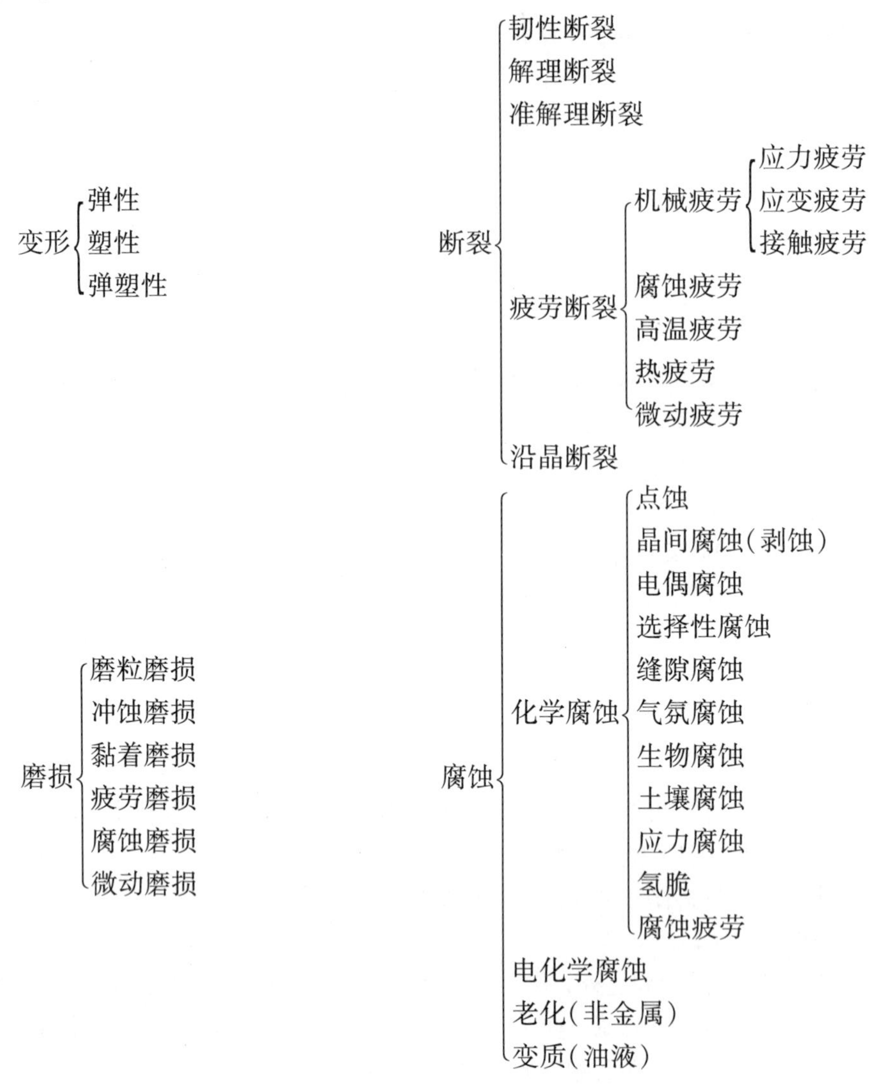

1.5 失效分析的人员要求

1.5.1 失效分析人员的基本素质

由于失效分析的重要性、复杂性和特殊性，失效分析人员除要有扎实宽广的基础理论外，还应在实践中逐步培养，并应具备以下基本素质：

(1) 彻底的求实精神，在任何情况下都要坚持实事求是，要用事实来说话，勇于坚持真理，修正错误。

（2）敏锐的观察力和熟练的分析技术，善于利用一切手段（包括先进的仪器、设备）捕捉失效的信息和证据。

（3）正确的失效分析思路和良好的失效模式、失效原因判断能力，要有“医生的思路，侦探的技巧”。

（4）善于学习，向书本学习，向实践学习，向同行学习，向一切可能共事的人们学习。

（5）要有扎实的专业基础知识和较广的知识面，工作能力要强，办事效率要高。

1.5.2　失效分析人员的专业要求

失效分析是一个多学科交叉的产物，但失效分析是产品设计与制造的重要技术基础。产品的失效都是在所承受的外力（包括环境、功能）超过了产品本身所具有的抗力下发生的。因此，要求失效分析人员除应当具有失效分析专业的基础和共性知识外，还应当深入掌握力学、材料或电子等学科中某一学科的专业知识，同时了解其他相关专业的一般基础知识及其应用，并较好地掌握理化分析、无损检测、裂纹断口分析、力学试验等有关失效分析所需的检测方法的技术要点及适用性等。

参考文献

[1] 张栋，钟培道，陶春虎．失效分析[M]．北京：国防工业出版社，2003.

[2] 陶春虎，何玉怀，刘新灵．失效分析新技术[M]．北京：国防工业出版社，2011.

[3] 刘新灵，张峥，陶春虎．疲劳断口定量分析[M]．北京：国防工业出版社，2010.

[4] 张栋．机械失效的痕迹分析[M]．北京：国防工业出版社，1996.

[5] 杨春晟，曲士昱．理化检测技术进展[M]．北京：国防工业出版社，2012.

[6] 陶春虎，刘高远，恩云飞，等．军工产品失效分析技术手册[M]．北京：国防工业出版社，2009.

第二章　失效分析思路和方法

2.1　失效分析思路的基本内涵

从事失效分析工作首先要掌握分析的思路、方法、程序、步骤和技巧，其中失效分析思路是指导失效分析全过程的思维路线。

失效总是有一个或长或短的变化发展过程，材料是任何产品的物质基础，构件的失效过程一般可以归结为材料失效。构件失效的核心问题是材料的结构和性能。材料中各种结构的形成和过程的进行，都涉及能量。材料的性能、结构、过程及能量之间的关系如图2-1所示。

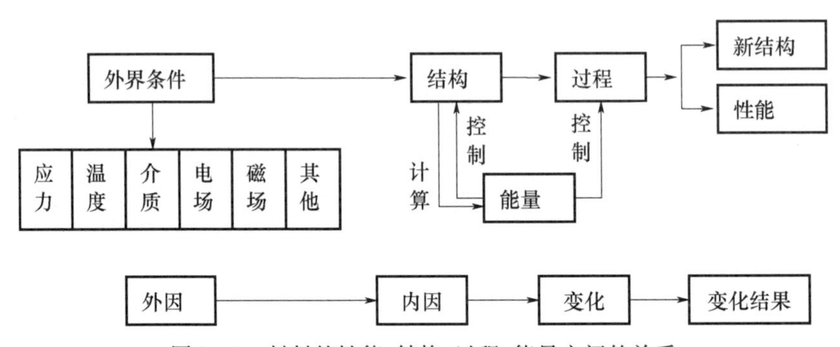

图2-1　材料的性能、结构、过程、能量之间的关系

通常，构件失效的本质影响因素较为简单时，可以通过失效模式的分析，由现象到本质找出原因。而较为复杂的系统失效，往往有大量构件同时遭到破坏，失效原因也错综复杂，这时可以按失效分析系统工程方法来处理，将系统的失效简化为构件的失效，单独进行分析。

失效分析思路的作用主要体现在以下三个方面：

（1）在科学的分析思路指导下，才能制定出正确的分析程序。失效分析的关键性试样十分有限，有时只允许一次取样，一次测量或检验。在失效分析程序上走错一步，就可能导致整个失效分析工作的失败。

（2）失效往往是多种原因造成的，一果多因的现象经常出现，因此，正确的分析思路显得格外重要。

（3）构件的失效分析常常情况复杂而证据不充分，此时要以为数不多的事实和观察结果为基础，进行推理，得出必要的推论，再通过补充调查或专门验证以获得新的事实，从而确定分析方向。军工产品失效后果严重，时限紧迫，失效分析与常规研究工作有所不同，模拟试验难度大，要求工作效率又特别高，因此，只有在正确的分析思路指引下，才能以最小代价来获取科学合理的分析结论。

总之，掌握并运用正确的分析思路，才可能对失效事件有本质的认识，减少失效分析工作中的盲目性、片面性和主观随意性，大大提高工作的效率和质量。

2.2　失效过程及其原因的几个特点

失效分析思路是建立在对构件失效过程的特征和原因的科学认识之上。

1. 失效过程的特点

(1) 过程的不可逆性，任何模拟试验都不能完全代替构件的实际失效过程。

(2) 过程的有序性，任一失效模式一般要经过起始状态→中间状态→完成状态三个阶段。

(3) 过程的不稳定性，起始和完成状态比较稳定，中间状态往往不稳定。

(4) 过程的累积性，当总的损伤量达到构件的临界损伤量时，失效发生。

2. 失效原因的特点

(1) 原因的必要性，任何类型失效的累积损伤过程，都是有条件、有原因的。

(2) 原因的多样性和相关性，失效过程是由多个相关环节发展演变而成的。

(3) 原因的可变性，有的原因可能在失效全过程中发挥作用，也可能只在失效过程某一过程发生作用。这时某一失效过程也可能表现出过程的不连续性。

(4) 原因的偶然性，造成构件失效的原因中有一部分是偶然性的。偶然性的原因具有如下特征：

① 一般出现概率很小；

② 有时不是技术性的，而是管理不善或疏忽大意造成的；

③ 极少数的意外情况，如人为性破坏等；

失效过程和失效原因之间存在必然的联系，而这种必然的联系实际上是一种因果联系，其特点是：

(1) 普遍性，因果联系是普遍联系的一种，任何结果都是由一定原因引起的。

(2) 必然性，因果联系是一种必然联系，当原因存在时，结果必然会产生。

(3) 双重性，同一个现象后于它的某个现象，它是原因，但对先于它的某个现象又是结果。要把失效分析过程中观察到的现象既看作结果又看作原因。

(4) 时序性，原因先于结果，因此在失效分析中，判断复杂的因果联系时，时序判断首先要正确。

2.3　思考方向

任何构件的失效，其原因可以归结为操作人员、机械设备系统、材料、制造工艺、环境和管理六个方面。这就是通常的5M1E(Man、Machine、Material、Method、Management和Environment)失效分析思路。对于构件来说，这六个因素最终还是表现在材料的破坏上。

构件一般的失效分析思路：首先运用成熟的逻辑思维方法对失效构件进行分析，明确肇事件或其范围；其次以试验或工程实践中获得的构件损伤规律（宏观表象和微观机理）为理论依据，通过对失效构件的背景调查、试验分析获得的失效信息（失效对象、失效现象、失效环境），分别进行评判，以获得客观事实；然后，全面应用逻辑推理的方法，将客观事实作为统一整体进行综合分析，判断构件的失效模式，并推断失效原因；必要时进行模拟试验，最终，结合设计、生产和使用的特点对失效构件进行适当改进，预防或延缓失效的再次发生。

在失效分析中要形成一个正确的分析思路，要掌握以下几点：

1. 构件的失效状态呈现失效过程总的结果

原因和结果都具有双重性，而且失效过程是一种累计损伤过程，构件失效的完成状态，不仅呈现终态的结果，而且保留中间状态甚至起始状态的某些结果。

2. 失效分析常常是先判断失效模式，后查找失效原因

失效分析除了要查找失效的原因，还要判断失效的模式。判断失效模式，主要不是根据终点（最后一个）结果而是依据全过程的整体结果，它是连接失效信息和失效原因的纽带。

3. 把失效过程的起始状态作为分析重点

不要把失效过程终点的结果作为分析重点，而是一开始就力图把失效的起始状态作为分析重点。例如，调查失效件的原材料保证单、进厂复验单、图纸和技术条件上的有关规定，大修时该失效件的故检记录，外场履历本记载等，对失效件本身重点关注失效源，如断裂源、疲劳源、表面状态、检验标记、各种痕迹等。

4. 明确失效分析的对象、现象以及环境

（1）失效分析对象一般包括：

① 当前失效件，在失效现场调查获得的失效件；

② 潜在失效件，在役或返修中的与当前失效件相同型号的并且履历相似的构件；

③ 过去失效件，历史上曾发生过的与当前失效件同一型号的类似失效件。

（2）失效现象一般包括：

① 失效现场调查收集到的各种有关失效的宏观表现及特征；

② 分解检查和试验得到的各种宏观显性和隐性的失效表现及特征；

③ 微观失效特征；

④ 模拟试验时出现的有关失效特征；

⑤ 文献资料上记载的同类失效特征。

（3）失效环境一般包括：

① 介质环境（系统环境、局部环境等）；

② 应力环境（振动、噪声等）；

③ 温度环境（恒定、高低温变化等）；

④ 其他环境（湿度、辐照等）。

失效分析思路是指导失效分析全过程的思维路线，不能把失效分析简单地归结为从果求因认识失效本质的过程，失效完成状态呈现出失效全过程的总的结果，而结果和

原因都具有双重性,所以分析时可以有多种选择。例如:

(1)由因及果,即以失效过程起始状态或中间状态的现象为原因,推断过程进一步发展的结果,直至过程的终点结果。

(2)由果及因,即以失效过程中间状态或终点的现象为结果,推断该过程退一步的原因,直至过程起始状态的直接原因。

(3)失效分析思路可以设计,在大方向不变的前提下,可以局部变化分析思路。

2.4　几种典型的失效分析思路

产品失效过程具有不可逆性、有序性、不稳定性和累积性的特点,而导致产品失效的原因又具有必要性、多样性和相关性以及可变性的特点。失效过程和失效原因之间是一种因果关系,这种因果关系体现在二者之间具有普遍性、必然性、双重性和时序性的特点,因此失效分析的基本方法实际上涉及失效分析的基本思路。

2.4.1　“撒大网”逐个因素排除

如果失效已确定为产品问题,则以产品制造全过程为一系统进行分析。也就是说,对产品设计、选材、加工、使用四个阶段进行分析,列出四个阶段中所涉及的设计不当、材料性能、冶金缺陷、加工缺陷、热工艺缺陷、装配问题、使用与维护、环境损伤等方面。

上述“撒大网”逐个因素排除的思路,面面俱到,看来十分全面、稳妥、可靠,但在实际的失效分析工作难以应用。其原因如下:

(1)网中所提的许多问题在某一失效事件的失效分析过程是无法解决的,所需的前提条件太多,难以满足。

(2)从方法上讲,网中的几个大的方面,缺少横向联系,不成系统,抓不住要领,甚至无从下手。须知排除100种可能因素,不如肯定一种实际因素。

(3)耗费人力、物力、财力和时间非常大。

(4)如果编的网本身有漏洞,也会带来麻烦。

“撒大网”思路是早期安全工作中惯用的事故调查思路,其结果是找到方方面面的许多原因,最后是留下一大堆问题。在机械产品失效分析时,除非迫不得已,一般不采用“撒大网”的办法。

2.4.2　FTA

FTA也称为“事故树分析法”“故障树分析法”“失效树分析法”或“缺陷树分析法”。

FTA诞生于1961年,由美国贝尔研究所首先用于民兵导弹的控制系统设计上,为预测导弹发射的随机故障概率做出了贡献,标志着可靠性分析的一个飞跃。

FTA是从结果到原因来描绘时间发生的有向逻辑树,是一种图形演绎分析方法,是故障事件在一定条件下的逻辑推理方法。它可围绕某些特定的故障状态做层层深入的分析,在清晰的故障树图形下,表达系统的内在联系,并指出零部件故障与系统之间的逻辑关系。定性分析出系统的薄弱环节,确定系统故障原因的各种可能的组合方式,定量分析可以给出复杂系统的故障概率及其他的可靠性参数,进行可靠性设计和预测。

建立故障树的方法简述:先写出顶事件作为第一层,第二层并列地写出所有可能导致顶事件发生的直接原因,层间用逻辑门表示出它们之间的逻辑关系,然后以第二层事件作为结果事件,分别找出导致它们所有可能的直接原因事件作为第三层,再以适当的逻辑门把第二、第三层联系起来,按照这种办法步步深入,一直追溯到不需继续分析的原因为止。根据逻辑关系,上一层事件是下一层事件的必然结果,下一层事件是上一层的充分条件。

故障树建立的基本条件如下:

(1) 顶事件要选准,也就是说肇事故障模式首先要判断准确无误。

(2) 并列地写出导致每层事件的全部直接原因,不得遗漏,因此故障树实质上是一棵直接原因树。

(3) 下层事件对上层事件是直接原因,上层事件是下层事件的必然结果。因此,对系统中个事件之间的逻辑关系及条件必须事先十分清楚,并且是一种已明确的因果关系。

(4) 定量分析时要首先求出各基本事件发生的概率,才有可能计算顶事件的发生概率。

失效分析所涉及的对象有时是由相互作用又相互依赖的若干部件或子系统结合成具有特定功能的有机整体。产品设计时已从功能的内在联系规定了零件、部件、子系统、系统之间比较明确的因果关系。一旦系统发生故障,就可以利用系统的原理图、系统结构图、工作流程图、操作程序图以及一系列由设计所决定并服务于系统功能的技术资料来建树,从而实现 FTA 所能达到的目标。FTA 主要是从功能故障的角度来逐层确定事件及其直接原因,所关心的是故障发生的部位、危害性和发生的概率。至于失效的性质和具体原因,特别是失效的微观机理以及物理、化学过程,FTA 并不重视。因而,FTA 在失效分析初期可以作为查找原因的一种技术手段而充分利用。

2.4.3 逻辑推理

失效分析在大多数情况下是以单个(或逐个)失效事件为对象,采用综合性分析的方法,研究产品丧失规定功能的模式、过程、机理和原因,提出预防和设计改进的措施。因此,综合分析过程必然采用逻辑推理的思路。

逻辑推理,就是从已有的知识推出未知的知识,也就是从一个或几个已知的判断推出另一个新的判断的思维过程。而判断则是断定事物情况的思维形态。只要据以推出新判断的前提是真实的,推理前提和结论之间的关系是符合思维规律要求的,得出的结论或判断就一定是真实可靠的。

逻辑推理有演绎推理、归纳推理和类比推理三大类。此外,还有选择性推理和假设性推理两个衍生类别。失效分析中的逻辑推理的客观基础是失效事件事实的内在本质。在失效分析中逻辑推理思路的作用和意义如下:

（1）推理是认识失效事件的反映形式。

（2）根据现场调查和专门检验获得的有限数量的事实，形成直观的认识，联想以往经验及丰富知识进行一系列推理，推断失效的部位、时间、模式、过程、影响和危害等一系列因果关系。根据推导出的新的判断，扩大线索，进一步做专门检验和补充调查，把失效分析工作步步引向深入。

（3）推理是失效分析中一个重要的理性认识阶段。

（4）在感性认识的基础上，对感性材料连贯起来思索，进行去伪存真，由此及彼、由表及里的思考，采用逻辑加工并运用概念构成判断和进行推理，以达到扩大认识领域，对失效事件有本质和规律性的认识。

（5）推理可在失效分析的各个阶段发挥作用。

（6）失效分析过程是由一系列的推理链条所组成，失效分析工作科学性的体现和标志就是失效分析过程是否形成了一个严密的逻辑思维体系。

（7）推理是审查证明失效证据的逻辑手段。

审查、证明失效证据的过程，既是收集、查证、核实证据的过程，也是推理判断的过程。

综上所述，逻辑推理的思路是以真实的失效信息事实为前提，根据已知的产品失效规律性的知识和已知的判断，通过严密的、完整的逻辑思考推断出产品失效的模式、过程和原因。逻辑推理的思路是失效分析的基本思路，可以作为指导失效分析全过程的思维路线，它最能体现和发挥人们在失效分析中的主观能动性和创造性。

2.5　逻辑推理方法

2.5.1　归纳推理

归纳推理是前提与结论之间有或然性联系的推理。一般是由个别的事物或现象推出该类事物或现象的普遍性规律的推理。

归纳推理这一思维过程主要是分析和综合。分析是在思想中把不同对象，对象的个别部分、个别特征、个别属性区分开来分别加以考察，而综合则是在思想中把失效事件的各个部分和因素结合成为一个整体加以考虑。

一般而言，普遍性的判断归根到底是靠归纳推理来提供的。掌握的个别事物量和共性越多，越具有代表性，则所得普遍性结论的可信度越高。但这种结论仍带有或然性，不可绝对化。

2.5.2　演绎推理

演绎推理是前提与结论之间有必然性联系的推理，或者说是前提与结论之间有蕴涵关系的推理。

应用普遍性判断作为前提而推出结论就是演绎。演绎推理是由一般到个别。演绎推理的结论所断定的没有超出前提所断定的范畴。

从真实的前提出发,利用正确的推理形式就能够必然地得到真实的结论,这就是演绎推理的根本作用。

演绎推理包括性质判断的推理和关系判断的推理,以及符合判断的推理等。

性质判断的推理是前提与结论都是性质判断的推理。关系判断的推理是利用关系判断作为前提或结论的推理。

鉴于材料学、痕迹学和断口学的迅猛发展,已经形成有关失效模式、失效机理、失效原因等一套比较系统的理论。因此一旦做出某一判断,就可根据已有的判断演绎出新的判断。特别是初步判断肇事件的失效模式后,就要充分利用这一模式所内涵的基本失效过程、机理、规律、条件、影响因素等一般性的知识,演绎出新的性质判断或关系判断。

2.5.3 类比推理

观察到两个或两个以上的失效事件在许多属性和特征上都相同,便推出它们在其他主要属性上也相同,这就是失效分析中使用的类比推理。通过比较得出两个或两个以上失效事件的共同点是类比推理的前提。

同一类型的零件或产品,在功能、受力、工作环境等方面有不少共同之处,其失效模式和原因也有许多相似之处。人们在长期的生产、使用实践中,从大量失效事件及其失效分析中总结出各类基础零件和成套设备的常见失效模式及其原因,是进行类比推理的重要依据。

类比推理的前提和结论或者是关于个别事物的判断,或是关于一类事物的普遍性判断。类比推理不是一种由个别到普遍的推理,也不是由普遍到个别的推理。

进行类比推理要注意以下几点:

(1) 类比应力求全面、完整。既要从局部进行类比又要从总体上进行类比,要进行全过程、全方位的类比。

(2) 应以失效的对象、现象、环境为类比的主要内容,而过去的分析结论仅作参考。

(3) 类比中还要注意是否存在值得重视的差异,发现新的失效因子。

(4) 推理的可靠性取决于两个事件相同特征的数量和质量。相同特征的数量越多而质量越相近,可靠性就越高。

类比推理有如下三个基本特点:

(1) 类比的对象要有许多相同的特征,这是类比推理的客观依据。

(2) 这些相同特征与推出的结论之间要有相关性,如相关性程度越高,类比的可靠性就越高。

(3) 类比的结论具有或然性。

2.5.4 选择性推理

选择性推理根据失效事件或其中某一事实的发生存在两种或两种以上的可能性可供选择的情况,用已知的事实否定其中一部分可能性,从而肯定其他的可能性,即从否定中求肯定。

选择性推理有如下三个特点：

（1）从否定中求肯定。

（2）大前提中的几种可能性，只能是相对的“穷尽”，例外的情况时有发生，不可能完全穷尽。

（3）结论具有一定的或然性。

基于上述特点，选择性推理在失效分析中不可单独使用，至少在用普遍性判断作为前提来否定其中一部分可能性时，就离不开演绎推理。

2.5.5　假设性推理

假设性推理是依据失效事件事实之间的条件联系进行推断的推理方法。特别在情况复杂、失效证据不足的分析中，要充分利用有限的事实和现象，根据已有的知识提出相应的假设，然后进行推理得出推论。

上述五种常用的逻辑推理方法在整个失效分析过程中的正确、灵活运用和有机组合，就构成了较为完整的失效分析逻辑推理思路。

所有逻辑推理应注意如下三点：

（1）推理的前提必须客观真实。

（2）推理是逻辑手段，推论只能为失效分析提供参考、提供线索、提供方向，但不能作为证据。

（3）要遵守形式逻辑的推理规则，保持思维的一贯性，避免思维混乱和自相矛盾。

2.6　失效分析的一般程序和要点

失效分析过程中往往涉及多个零部件同时遭到破坏，情况相当复杂，因此除要有正确的分析思路外，还需要有一个合理的失效分析程序。由于产品失效的情况千变万化，只能有适应于一般情况的失效分析基本程序。

1. 调查现场失效信息

调查现场失效信息是失效分析的第一步，必须给予高度重视。它是整个失效分析工作的基础，也是逻辑推理的必要前提。

现场失效信息调查是以失效现场为出发点，全面、系统、客观、细致地观察收集失效对象、失效现象、失效环境等现场失效信息以获取真实可靠的感官材料，要强调现场失效信息的准确性、全面性、客观性和系统性，切忌片面性、主观性以及局限性。

2. 初步确定肇事件

肇事件的具体判断方法详见 2.7 节。

3. 确定具体的分析思路和工作程序

要从设计、制造、维修、使用和研究部门调查了解，历史上是否发生过类似失效事件。如果发生过这种失效先例，并曾做过相应的失效分析，建议按类比和归纳逻辑推理相结合的思路和程序进行分析；如果没有这种失效先例时，则按逻辑推断的思路和程序进行分析。

4. 初步判断肇事件的失效模式

要仔细观察和分析肇事件的失效信息，如失效的具体部位、各种痕迹、结构完整性、表面完整性以及各种性能变化等。同时要观察相关失效件上的有关失效信息以及所处的具体失效小环境。在此基础上，对肇事件失效模式的主要类型做出初步判断。

判断肇事件的失效模式，实际上是一种类别的认定工作，它是以客体的种类特征为基础。同种和同类失效模式是一个集合概念，是把种和类相同的客体物（失效事件）的特征综合起来，从而据以判定其失效为这一种或另一类失效模式。实际上这是一种类比推理。

应当强调：必须先具有关于各类失效模式的基本概念、主要特征、发生条件以及主要判据，否则无法进行失效模式的初步判断。

失效模式的初步判断意味着肇事件经历了这一失效模式所内涵的失效基本过程以及相关的必要条件和影响因素。因此，有必要首先就这一失效模式范围内的过程规律和因果关系对已取得的失效信息进行加工整理，以判断是否与这一失效模式所反映的宏观特征相一致，是否还需获取那些证据和信息。

肇事件失效模式的初步判断基本上是宏观的、非破坏性的。

5. 查找失效的原因

在失效模式初步判断的基础上，查找失效原因就有了明确的方向和范围。一般从如下四个方面入手：

（1）肇事件自身的内因。

（2）相关失效件的影响。

（3）肇事件力学环境、介质环境以及温度环境等分析。

（4）其他异常因素（如辐射、雷击、静电、误操作、人为破坏等）。

失效件上最具有的某一失效特征或者失效最严重的部位，如磨损最重处、断裂源、腐蚀最深处、热变形最高温度区、变形最严重处等，是查找失效原因最关键的部位。

第二个关键部位是失效件上失效区与尚未失效区的交界或者两种模式的交界处。

查找失效的原因是失效分析中难度最大、工作量最多的阶段，这时涉及的工作包括：

（1）破坏性取样分析。

（2）各种宏微观分析。

（3）非标准的测试、检验。

为证实或排除某些可能的失效原因，应精心地设计检验和试验方案。一般采用以下原则：

（1）非破坏到破坏。

（2）先易后难。

（3）由表及里。

（4）由低倍到高倍。

（5）按形貌→成分→性能→结构的顺序开展分析工作。

在查找失效原因的过程中要牢记如下七点：

（1）分析思路和分析工作要紧紧围绕已确定的失效模式所涉及的机理、原因和影响因素开展分析工作。

（2）要十分关注是否存在异常现象和异常因素，因为这些异常可能预示着某种失效原因。

（3）同一个肇事件上，可能同时或先后存在两种或两种以上失效模式，这时要分别加以分析，并判断这两种失效过程是否相关，对最终的失效有什么影响。

（4）回过头来看看这一关键阶段所做的大量测试和微观分析工作，能否最终肯定前期判断的失效模式。

（5）查找失效原因是失效分析中最重要的一个阶段，是不断寻求证据、不断推理、不断否定和逐渐肯定等不断反复、迭代和反馈的过程。

（6）综合性的分析。在前述五个方面工作的基础上，需对整个失效分析工作进行综合性的分析，即系统性的分析。

（7）失效分析报告。失效分析报告包含对失效事件的客观描述、失效特征及其分析过程和主要结果、失效模式的确认、失效原因的分析、主要分析结论以及预防失效的建议，包括尚需继续进行的模拟或者研究工作。

2.7　事故调查中肇事件的判断方法

事故的种类很多，如飞行事故、火箭发射事故、核电站泄漏事故、压力容器爆炸事故等。

事故和产品失效之间并不画等号。尽管机械或产品失效也要进行现场调查，产品失效有时也会导致严重的事故；但综观各种事故的原因，一般比由机械原因导致的事故所涉及的面更广，也复杂得多，其后果也往往严重得多。事故调查本身也是一门学科，从研究对象、研究方法和检查技术本身与失效分析有很大的不同，要解决的任务和所要达到的目标也有区别。

当事故发生后，事故调查往往并不能立即确定事故是否由产品失效造成。必须认真进行现场调查和分析，初步判断导致事故的各种可能原因。如果事故是由产品失效引起，就应组织失效分析工作人员介入调查工作，以便进一步确定事故调查的初步结论，并为下一步的失效分析打好基础。

在各类事故调查中，有时相当复杂，如航空航天事故，残骸多且分布范围极广，甚至面目全非。为了在产品失效导致的事故调查中迅速、准确地找出肇事件，需要在事故调查中对肇事件的判断有正确的思路和方法。

2.7.1　残骸的分类

在事故调查中，把产品发生事故后原产品的所有零部件统称为残骸。因此残骸中可能包括非失效件、失效件和被破坏件。其中：失效件包括肇事件、相关失效件和无关失效件；而被破坏件是指受害失效件，包括直接受害失效件和间接受害失效件。在事故调查现场要将所有的残骸按照不同零部件、不同类别统一整理分类。

2.7.2 判断产品事故的模式

首先要判断事故的模式，这既是事故调查的主要任务，也是失效分析的基本前提。与产品相关的事故按其宏观表征大体可划分为以下六类：

(1) 爆炸：包括物理爆炸和化学爆炸，能量的瞬时释放。

(2) 起火：包括燃烧起火（固、液、气）、静电起火、雷电起火、加热起火、摩擦起火和电器起火。

(3) 相撞：包括车辆相撞、飞机相撞、船舶相撞和其他机械产品之间的相撞。

(4) 解体。

(5) 泄漏：包括气体泄漏、核泄漏和液体泄漏。

(6) 损毁：包括局部损毁、整机损毁等。

2.7.3 判断事故发生的时机

弄清事故发生的时机，不仅有助于分析事故发生时的破坏顺序，而且有助于寻找肇事件。

1. 残骸拼凑

残骸拼凑的前提是尽量收齐残骸。航空航天事故发生后进行残骸拼凑较为困难，残骸拼凑不仅要求对产品的基本结构比较熟悉，而且要认真进行变形、断裂和痕迹分析，特别是利用各种痕迹特征进行拼凑。

2. 查找起始破坏最重的部位

在拼凑残骸的基础上，查找起始破坏最重的部位。该部位一般具备损伤破坏特征，它可能指示某种失效模式或者可能指示肇事件的所在处或给出查找肇事件的途径和方向。

对航空航天事故，判断首次破坏最重的位置很不容易。如由于航空发动机压气机叶片破坏导致的飞行事故，在首次压气机叶片破坏后飞机又坠毁并且起火，这三个过程破坏模式和后果就完全不同。

起始破坏最重的部位具有如下一些特点：

(1) 空间范围的局限性。

(2) 起始破坏模式的典型性。

(3) 起始破坏部位构件的相关性。

3. 利用痕迹分析

痕迹分析是事故调查分析的有效和使用频度很高的技术，对于相对复杂的航空航天事故分析而言，地面和残骸上的痕迹分析是至关重要的。这些痕迹包括：

(1) 火迹、烟迹、油迹、挂金属痕迹、金属溅痕。

(2) 航迹、接地痕迹、与障碍物碰撞痕迹、轮胎痕迹。

(3) 机械痕迹、腐蚀痕迹、电接触痕迹、污染痕迹、热损伤痕迹等。

4. 寻找肇事件的思路

在寻找肇事件过程中，往往情况比较复杂，要综合正确掌握逻辑推理，把归纳推理、演绎推理、类比推理、选择性推理和假设性推理这几种常用的逻辑推理方法灵活运用。

5. 查找肇事件的基本程序

归纳起来，查找肇事件的基本程序：确认事故基本模式→判断事故发生的时机→查找起始破坏最重的部位→判断肇事件。

参考文献

[1] 张栋，钟培道，陶春虎，等．失效分析[M]．北京：国防工业出版社，2004.

[2] 张栋．机械失效的痕迹分析[M]．北京：国防工业出版社，1996.

[3] 陶春虎，钟培道，王仁智．航空发动机转动部件的失效与预防[M]．北京：国防工业出版社，2000.

[4] 陶春虎，刘高远，恩云飞，等．军工产品失效分析技术手册[M]．北京：国防工业出版社，2009.

[5] 刘昌奎，曲士昱，刘德林，等．物理冶金检测技术[M]．北京：化学工业出版社，2015.

[6] 钟群鹏，赵子华，等．断口学[M]．北京：高等教育出版社，2006.

[7] 胡世炎，等．机械失效分析手册[M]．成都：四川科学技术出版社，1989.

[8] 陶春虎，刘高远，恩云飞，等．军工产品失效分析技术手册[M]．北京：国防工业出版社，2009.

[9] 刘昌奎，李运菊，陶春虎，等．紧固螺栓开裂原因分析[J]．机械工程材料，2008，32(4)：73－76.

[10] 陶春虎，刘庆瑔，刘昌奎，等．航空用钛合金的失效及其预防[M]．2版．北京：国防工业出版社，2013.

[11] 美国金属学会，等．金属手册第十卷失效分析与预防[M]．8版．北京：机械工业出版社，1986.

第三章　失效分析的基本理论与技术

3.1　痕迹分析

3.1.1　痕迹分析的作用和意义

痕迹是环境作用于系统,在系统表面留下的标记。在机械失效时,定义中的“系统”便是“机械”,而“环境”中的力学、化学、热学、电学等因素“作用”于机械,在机械表面及表面层所留下的损伤性标记便是痕迹。由于机械表面的不完整性,服役时首先受到环境的破坏作用。因此,机械失效往往从表面或表面层损伤开始,并留下某些特征痕迹。痕迹标记包括表面形貌(花样)、成分(或材料迁移)、颜色、表层组织、性能、残余应力以及表面污染状态等的变化。

痕迹分析是失效分析学科中重要的组成部分,它是研究痕迹的形成机制、变化过程和检验方法,为事故和机械失效分析提供线索和证据的一门专门学科。

机械失效的痕迹分析的意义在于:

(1) 它是机械事故分析中最重要的分析方法之一,对判断事故性质、破坏顺序、找出肇事件、提供分析线索等方面有着极为重要的意义。

(2) 在进行受力分析、相关分析、确定温度和介质环境的影响,判断外来物(或污染物)以及电接触影响等一系列因素分析中,可以提供直接或间接的证据,对分析失效原因,起着重大的作用。

(3) 在生产制造、安装、调试、维修、使用等过程中,不仅可以作为检验加工质量的重要手段,也是发现和诊断故障的重要方法。

(4) 它也是表面科学的一个组成部分,对研究和改善材料的表面性能,预防机械失效、推动表面科学的发展有重要价值。

3.1.2　痕迹的分类

根据痕迹形成机理和条件的不同,痕迹可分为机械损伤痕迹、电损伤痕迹、化学损伤痕迹、热损伤痕迹,以及其他如污染痕迹、分离物痕迹、加工痕迹等。

1. 机械损伤痕迹

接触部位在机械力作用下所留下的痕迹称为机械损伤或机械接触痕迹。其特点是:塑性变形或材料转移、断裂等集中发生于接触部位,并且塑性变形极不均匀。机械痕迹依据接触方式和相对机械运动方式的不同又分为压入性机械痕迹、撞击性机械痕迹、滑动性机械痕迹、滚压性机械痕迹和微动性机械痕迹。如果把上述五种痕迹中两种或两种以上痕迹组合,就会产生各种复合机械痕迹。另外,在同一接触表面上也可能出现多次撞击、反复滚压、划伤的情况。

2. 电损伤痕迹

由于电能的作用,在电接触部位或放电部位留下的痕迹。它主要分为电腐蚀痕迹、电接触黏附、电磨损痕迹和静电痕迹。

3. 热损伤痕迹

在热能的作用下,接触部位发生局部不均匀的温度变化而在表层留下的痕迹。金属表面层局部过热、过烧、熔化直到烧穿,漆层及非金属表面的烧焦都会留下热损伤痕迹。热损伤痕迹一般可从颜色、表面层成分与结构、金相组织、表面性能及形貌特征的变化等方面分析。

4. 化学损伤痕迹

由于化学作用或电化学作用而在接触部位表面留下的反应产物(生成物)和基体材料损耗的现象称为化学损伤痕迹。化学损伤的主要痕迹特征为腐蚀,因而也称为腐蚀痕迹。反应产物一般可从形貌、表面层或腐蚀产物成分、颜色、物质结构、表面性能(如导电、传热、表面电阻)等的变化加以分析鉴别。

5. 其他损伤痕迹

其他损伤痕迹包括污染痕迹、分离物痕迹和加工痕迹等。

3.1.3　机械损伤痕迹

机械接触的损伤痕迹依据接触方式和相对机械运动方式的不同分为压入性机械痕迹、撞击性机械痕迹、滑动性机械痕迹、滚压性机械痕迹和微动性机械痕迹。

撞击性机械痕迹是造痕物原来不与留痕物接触,只是撞击时才接触,机械力作用的时间很短,变形速度较大,但在接触面之间以垂直于接触表面方向的相对运动为主所留下的机械痕迹。

滚压性机械痕迹是在滚动力矩作用下,接触面间断性更新分离,但作用力和变形方向基本垂直于接触面,变形速度可在较大范围内变化。痕迹的典型形貌为规则、重复性较好的压坑状滚压印痕,例如坦克留下的履带滚压痕迹,飞机、汽车车轮留下的轮胎压痕。

微动性机械痕迹是造痕物与留痕物的接触面在痕迹形成过程中,由于法向压力作用而相互挤压并产生往复的幅值很小的相对滑动(20～400μm)。微动性损伤包括微动磨损、微动疲劳和微动腐蚀。其典型特征是微动区出现大量裂纹和微动磨屑或腐蚀产物。

压入性机械痕迹和滑动性机械痕迹特征相对复杂多样,且应用更为广泛,本节重点给出这两种机械损伤痕迹的基本特征及其应用。

3.1.3.1　压入性机械痕迹

造痕物压入留痕物时,法向载荷的作用缓慢而持续,保持较长时间的接触状态或接触面不再分离,变形速度一般较小,这时留下的痕迹称为压入性机械痕迹(简称压痕)。

压痕形貌比较规则,与造痕物的接触部位的形状比较吻合,能较好地反映造痕物的几何特征,如曲率半径、锥度、螺距、棱边或刀刃特征等,并且在有些情况下仍能保留机件原始的表面加工痕迹,压痕的边界也比较清晰。压入性的机械痕迹在垂直表面的方向上的变形最大,往往形成容积性的压印痕。

1. 压入性机械痕迹的典型特征

把一个硬的钢柱沿槽的平行方向放置并压入铜的表面(图3-1),表面原有的加工凹凸状在压痕的底部仍清晰可见。凸峰的加工硬化使其屈服应力显著地高于基材金属的屈服应力。

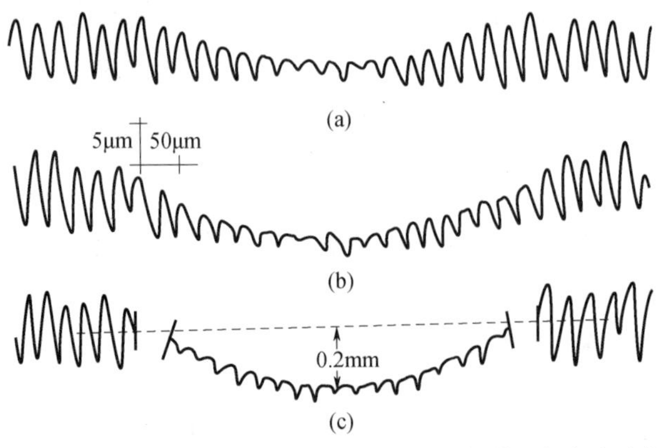

图3-1 槽状表面被一硬圆柱形压印体压着变形后的塔里舒尔夫式轮廓仪记录
(a)轻负荷下的变形;(b)进一步的变形过程;(c)在重负荷下,凸峰与金属主体均属塑性变形。

用任何形状的压头,特别是钢球或圆锥体在静力下压入材料时,压头或被试验的材料都会产生弹性或塑性变形。当测量硬度时,压头通常只产生弹性变形,而被研究的材料在负荷很小时产生弹性变形,在负荷增大时便产生塑性变形。图3-2示出了压入球体时表面所产生的容积性痕迹特征。

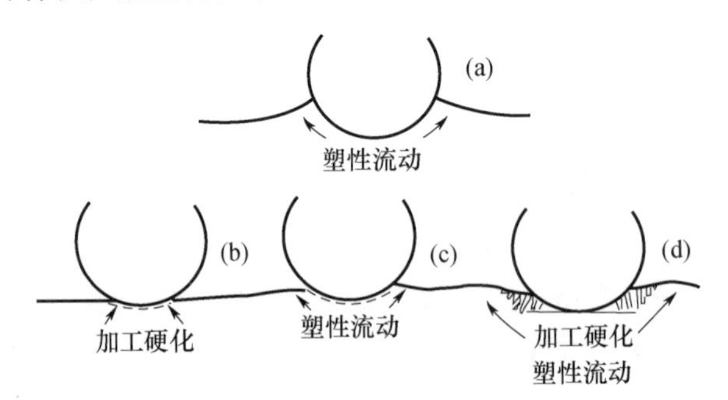

图3-2 用球形压头产生的金属变形
(a)用加工硬化后的金属,生成一个隆起的脊背或称堆积棱;
(b)、(c)和(d)用退火的金属,出现下沉现象。

对于脆性材料,压痕常带有明显的表面裂纹,这些裂纹从压痕的棱锥出发向材料的内部延伸。当压痕达到一个临界尺寸时,脆性材料的弹塑性压痕会导致中线裂纹和横向无出口裂纹的产生和蔓延。

2. 压入性机械痕迹分析的应用

在机械事故调查和失效分析时常用的压痕分析如下:

(1) 确定发生事故(或故障)时机件之间相对工作位置的卡压痕迹。

(2) 确定仪表指示位置的卡压痕迹。

(3) 外来物的压入痕迹。

(4) 反映解体顺序的机件压印痕。

钢珠在镀铬零件上压入时,会造成圆形压坑,其底部和边缘的铬层呈现脆性的网状龟裂,由放射状和同心环状裂纹交叉组成。

如果钢珠压入时还有侧向移动,则形成椭圆形的压坑,并在长轴方向的终端有金属的隆起变形。金属隆起变形的方向就是移动的方向,在移动时,滑动方向上的铬层的裂隙大于非滑动方向上的裂隙。

机件在工作中被卡死,往往先产生划痕,最后在产生压痕处卡死。

残骸机件表面上既有凹陷变形又有贯通凹陷变形的连续划痕时,则划痕产生于凹陷变形之前。如果划痕出现于凹陷变形之后,则划痕通过机件表面的凸凹变形处会出现间断特征。

重叠压痕先后顺序的判断:一般是后面压痕覆盖前面压痕;最后形成的压痕外形最完整;小坑可以建立在大坑上,大坑则可以覆盖小坑。

在众多紊乱的压痕中,要选择形状完整、特定特征清楚的一次形成痕迹部位做深入分析,这样的痕迹可能浅而小,也可能是孤立的,但是检验价值可能很高。

3. 仪表残痕分析

仪表残骸痕迹分析的基本原理是:飞机坠地时受到很大的负加速度,相当于仪表受到突然撞击而破坏;这时,指针与表盘、球形刻度盘与其他机件、各传动机构之间或活动线圈与磁铁之间等都受到撞击,根据这些撞击所造成的印痕就可以判断出仪表当时的指示值。

典型的飞机坠毁时的一个机载附件所受负过载, $-1g \sim -500g$ 的大过载的作用时间只有 1 ~2ms。从仪表正常状态到受到几百个 g 的负加速度而破坏的时间极短,仪表的指针或传动机构在撞击前的指示是可信的。但飞机接地角很小的事故,飞机可能多次接地,有时仪表指示的位置有改变。

飞机在空中解体时,仪表同样受到很大过载,可能留有印痕,也可以分析它们在解体时的位置,但主残骸接地时可能造成第二个印痕。

仪表残骸分析的目的主要是判断飞机坠地瞬间的仪表指示值,为判断飞机坠地时的速度、姿态和发动机工作状态等提供依据,同时也可判断仪表本身工作是否正常。飞机坠地时,如果仪表因表盘面受压而使指针卡死,这种指示值一般就是飞机坠地时的仪表指示值。

如果压痕或划痕是由指针在飞机坠地时形成,则认定指针痕迹的原则如下:

(1) 此划痕是以指针转轴为圆心的圆弧线。

(2) 此压痕的延长线必通过指针的转轴。

如果表盘上有两条平行的压痕,压痕的间距等于指针宽度,而且两条压痕的中线延长线通过指针转轴,则该压痕是指针在飞机坠地时形成的。

对于指针已不存在的仪表盘残骸,应注意表盘上有无碰断指针时留下的压痕,据此可以判断仪表的指示值,但要考虑指针被碰断时受力的方向和位移量。必要时,可用能谱仪等检查表盘上指针尾端印痕上的金属成分,可能发现上面有指针配重上铅的成分。

受热变色的表盘也值得注意,由于受到着火时的温度影响,表盘被指针遮盖部分为黑色,其他部分则是黑漆被烧掉而呈白带绿色。

3.1.3.2 滑动性机械痕迹

滑动性机械接触痕迹都是在摩擦过程中形成的,因此也称为摩擦痕迹。滑动性机械痕迹分为:犁痕(划痕),包括犁皱痕迹、犁削痕迹和犁碎痕迹;黏着痕迹;摩擦疲劳痕迹;摩擦腐蚀痕迹(复合型)。

在滑动性机械痕迹中,最常见的是犁痕。犁痕要从痕迹的起始、末端、沟边和沟底的宏微观特征去鉴别,尤其要重视细微形貌和材料转移特征。

1. 犁痕方向的确定

如果先形成压入性印痕再发展成划痕,起始点就会留下压入性机械痕迹的特征。如果直接犁入或刨入,则起点处一般没有材料堆积,相反则会出现凹陷。

在划痕的中间阶段如果法向载荷不变,则痕迹特征一般比较稳定,沟宽保持不变,沟底为平行性的细微划痕,沟边缘成脊状。

一次性的划痕的末端往往带有突然性,材料堆积比较明显,如果最后阶段作用在压头上的力渐渐变小,则划痕的宽度和深度也有一个变化过程,但尾巴处也不会出现凹陷而是出现隆起。

如果划痕沟底有先前其他划痕,则可从先前划痕变形方向确定划痕方向。

撞击型划痕,当沿撞击运动轨迹,造痕物对受痕物的作用力由大而小,所以划痕宽度由粗到细,划痕深度由深到浅,材料转移由多而少,划痕的宏观形状呈收敛状态,这种收敛方向指示划痕方向。

当划痕过程中途经表面凹凸处时,其形成方向可以借助该凹凸处材料的变形或堆积的位置的形状,以及划痕的中断特征来加以判断。

表面划痕经过物体表面凹陷处,常常会将材料碎渣堆积在迎划痕前进方向的一侧,并且表面划痕是间断的。

犁沟痕迹的方向性特征:一般金属材料向犁沟外侧的两边或一边翻起(这取决于两物体表面所成的角度),翻起的金属毛刺的倾斜方向为表面犁沟的形成方向。观察犁沟的内侧边缘,有时还会发现许多细小的毛刺,这些毛刺的倾斜方向与犁沟的形成方向一致。

在漆层上出现的刻划型表面犁痕,当漆层未被划透时,常常会将其中一种颜色的漆刮到另一种颜色的漆层上。例如:犁痕经过红漆层与黄漆层交界处,黄漆层上有红颜色漆;黄漆层与白漆层交界处,白漆层上有黄颜色漆。则犁痕的方向是从红漆层经黄漆层到白漆层。当漆层下面的金属表面被划伤时,还可以采用金属表面划痕的判断方法来判断表面犁痕的形成方向,也可以利用漆层表面犁痕的判断方法进行判定。考虑到漆层表面犁痕的方向特征较金属表面犁痕的方向特征要差,一般根据金属表面犁痕的方向特征来判定表面犁痕的形成方向。

如果金属表面没有明显的凹凸,则可用显微镜在低倍下观察金属表面的机械加工刀痕处的漆渣分布情况,以判断犁痕的形成方向。只要漆痕的形成方向不平行于刀痕方向,漆渣在刀痕的凸起部分的两侧的堆积量就有明显的差异。漆渣多的一面迎着犁痕的形成方向,漆渣少的一面顺着犁痕的形成方向。此外,用显微镜在较高倍数下观察,漆痕是由许多菱形小块组成的,菱形小块的前端与后端不相同,后端有卷曲和翘起的现象,据此也可以判断犁痕的形成方向。

橡胶件属于高弹性体,弹性变形大而塑性变形小,所以不易留下连续的犁痕,在犁痕的轴线方向上,橡胶碎渣积聚往往呈弓形排列,其凸出方向即是犁痕的形成方向。由于微切削和塑性变形都很难发生,所以犁皱现象难以出现。这是橡胶高弹体的低模数和高断裂应变性能所决定的。

2. 一次性还是多次性的同类划痕

一个独立的造痕物形成的同一条划痕沟底,细微的划道大体上是平行的,由于造痕物的凸峰在擦划一次的过程中大体上是保持等间距的,因此,在一次性的划痕沟底不可能有相交的细划道。反过来讲,若在划痕沟底发现有相交的细划道,则不是一次性的划痕。

在同划痕延续方向上:①断续性划痕是最好区分的,当切向推力小,滑动速度小时,由于不易克服摩阻力,有时出现停顿现象,形成断断续续的划痕;②停顿性划痕,也可从材料堆积,沟底平行细划痕的转折以及停顿处划痕沟边的转折及边上的毛刺等多方面特征加以区分;③独立平行的长短不一的划痕显然是多次性的,但无法区分先后。

3. 相交的划痕先后的区分

如果第二条划痕沟底的细划痕覆盖了第一条划痕沟底的细划痕,这时第一条划痕沟底的细划痕在相交处突然中断(或发生转折、变形),因此说明第一条划痕先出现(图3－3)。总之在划痕沟底较好地保持有连续而平行于沟边方向的细微划痕,一般是较晚出现的划痕。

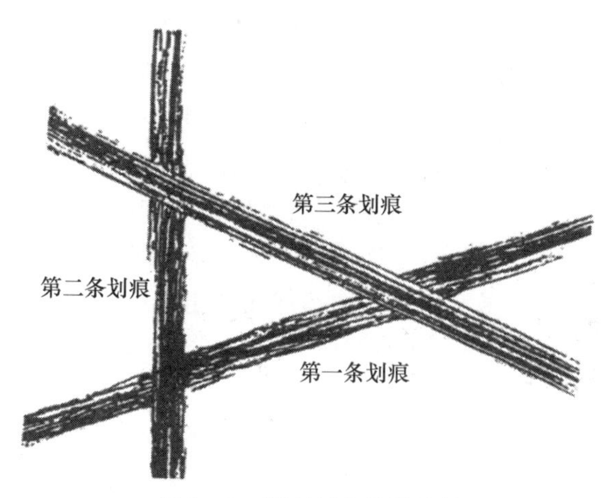

图3－3　划痕相交处的特征

浅划痕遇到深划痕时,浅划痕在深划痕的沟边出现不连续现象,浅划痕呈断续状;但有时可使深划痕沟底的细划道顺划痕方向凸起。

深划痕过浅划痕时,将迫使浅划痕中断,交叉相遇处的浅痕的沟边顺着擦划的方向变形,在交叉处出现“收口”,也可反推深划痕的划痕形成方向。

涂抹型划痕遇到原有划痕时,常使原划痕覆盖而中断。刮痕和划痕并无本质差异,只是犁头宽窄和行程长短有别,刮痕一般宽而短。前缘金属堆积和变形也小些。铲痕和划痕无本质差异,只是沟槽两侧变形较小,而前缘金属堆积较多。

3.1.4 电损伤痕迹

3.1.4.1 电腐蚀(电侵蚀)痕迹

电腐蚀现象很普遍,例如在插头或电器开关触点开、闭时,往往产生火花而把接触表面烧毛、腐蚀成粗糙不平的凹坑而逐渐损坏。这一过程大致可分为三阶段:极间介质的击穿与放电;能量的转换、分布与传递;电极材料的抛出。

传递给电极上的能量是材料产生腐蚀的原因。当传递给两极的能量转化为热能,形成一个瞬时高温热源向周围和内部传递热量,在放电点处温度最高,如超过材料沸点形成汽化区,低于沸点而超过材料熔点时形成熔化区。

脉冲放电初期,瞬时高温使放电点的局部金属汽化和熔化。由于汽化过程非常短,必然会产生一个很大的热爆炸力,使被加热到熔化状态的材料被挤出或溅出。表面张力和内聚力的作用使抛出的材料具有最小表面积,冷凝时凝聚成细小的圆球颗粒,直径为0.1~500μm。

电腐蚀损伤痕迹特征主要有:

1. 表面放电凹坑

爆炸力和冲击波的作用,会造成坑的卷边、重叠、沟槽、圆角、波纹等形貌。瞬间高温作用,凹坑表面一般有熔化层铸态形貌特征。热爆炸力的推挤作用,坑边一般形成凸缘,并且坑的直径一般明显大于坑的深度。

2. 表面变质层

电腐蚀时,材料表层发生变化,可分为熔化层和热影响层。熔化层位于工件表面最上层,它被放电时产生的瞬时高温熔化而滞留下来,受快速冷却而凝固,是一种树枝状的淬火铸造组织,与内层结合也不甚牢固。熔化层可有渗碳、渗金属、气孔及其他夹杂物。熔化层厚度一般不超过0.1mm。热影响层介于熔化层和基体之间,金属材料并没有熔化,只是材料和组织发生了变化。由于温度场分布和冷却速率不同:对淬火钢,热影响层为再淬火区、高温回火区和低温回火区;对未淬火钢,热影响层主要为淬火区。

电腐蚀表面由于受到高温作用并迅速冷却而产生拉应力,往往出现显微裂纹。裂纹一般仅在熔化层出现,只有在脉冲能量很大情况下才有可能扩展到热影响层。

3. 表面性能

(1) 显微硬度及耐磨性。电侵蚀处表面熔化层硬度一般比较高,对某些淬火钢,也可能稍低于基体硬度。对未淬火钢,特别是原来含碳量低的钢,热影响层的硬度都比基体材料高;对淬火钢,热影响层中的再淬火区硬度稍高或接近于基体硬度,而回火区硬度比基体低,高温回火区又比低温回火区的硬度低。一般来说,电侵蚀处表面最外层的硬度比较高,耐磨性好。但对于滚动摩擦,由于是交变载荷,如果是干摩擦,则因熔化层和基体的结合不牢固,容易剥落而磨损。含碳较高的钢有可能产生表面脱碳现象而使熔化层硬度大大降低。白层因生成细化组织,微电池作用减弱,所以提高了表面耐腐蚀性。

(2) 残余应力。电腐蚀表面存在热和相变作用而形成残余应力,而且大部分为拉应力。

(3) 疲劳抗力。由于表面存在着较大的拉应力,甚至存在显微裂纹,因此其疲劳抗力比原来的机械加工表面低许多。

3.1.4.2　电接触黏附

如果电接触的恢复力太小及过热温度相当高,实际接触处就会产生熔焊。

表面膜被严重破坏后,轻微的摩擦就会使实际接触处黏着而引起触头冷熔焊。对大功率接触元件来说,触头热熔焊对可靠性很重要;而小功率接触元件,特别是还原气氛下的舌簧式触头用软接触材料纯金和纯银时,则会产生冷熔焊或摩擦熔焊。气体放电和触头熔化引起的弹跳现象可导致动态熔焊和黏附。

3.1.4.3　电磨损痕迹

接触元件的电磨损是指两个相对滑动的接触元件的表面状态发生了变化,这种表面状态的变化包括表面粗糙度、几何形状的改变、擦伤、黏连和产生磨损碎片(磨屑)、材料的转移等。接触元件的磨损也是一种机械磨损。但是,这种机械磨损和一般的机械磨损有一定的差别,它是在带电条件下的一种磨损,电流所引起的热量和温度对磨损过程是有影响的。

3.1.4.4　静电痕迹

1. 静电放电的痕迹特征

放电过程中形成的碳及碳化物,使放电部位的表面颜色发黄、发灰或发黑,留下小斑点。局部的高温熔融,使放电部位表面颜色变成深蓝。高电压、小电流情况下发生的静电火花放电,在放电过程中,放电体上会形成形貌类似于“火山口”状的高温熔融微坑(几微米到几十微米,呈分散弧立状态分布),称为火花放电微坑。

在液化石油气燃爆事故分析中,残骸分析发现灌枪的局部表面存在大量的火花放电微坑,这就证实了静电放电火源就在灌枪。

在微观分析中,要谨慎区别火花放电微坑和电气短路微坑。

电气短路打火是一种低电压、大电流情况下发生的放电形式。在放电部位也形成熔坑,称作电气短路微坑。它与火花放电微坑的区别如下:

(1) 形状不规律,面积较大,有时用肉眼或高倍放大镜就可以辨认。

(2) 不具有“火山口”形貌特征,而是具有明显的“贝壳”几何花样、“溅射”花样,往往存在明显的金属黏连特征痕迹和大量的金属迁移。

2. 雷击痕迹

(1) 热损伤。在雷击大电量阶段,雷击电流通过导体时能在极短时间内转换成大量热能,会造成结构的严重烧伤和烧蚀。特别是在整个雷电传导期内,当闪电通道停留或附着在飞机的一点上时,会发生最严重的损伤,能使飞机蒙皮上生成直径达数厘米的洞。如果烧伤或烧蚀发生在油箱或近处有油蒸气的蒙皮上,蒙皮烧穿或蒙皮下表面的局部过热点能点燃油蒸气而引起爆炸。

(2) 电损伤。雷击时会有数十万乃至数百万伏的脉冲电压放电,将造成绝缘材料击穿,如机头雷达罩就可被这种极高电压击穿。在雷击大电流流过飞机的急拐弯弯头时,产生强的磁通作用,其磁力能使结构件从铆钉、镙钉或其他紧固件处扭开、撕开、弯折或剪开。在预先雷击阶段,在飞机端部产生枝状流光。位于这一部位的某些类型的燃油通气口对枝状流光反应敏感,流光能点燃易燃爆的燃油蒸气而发生爆炸。在主放电阶段,流过电搭接不良的飞机结构处会产生火花。如果火花发生在燃油箱内或燃油蒸气空间内,也会引起爆炸。雷击电流流过电气附件或线路,也会给飞机电气或电子设备造成破坏。大电流通过导线、触点时,可使导线、触点熔化并汽化。另外,闪电时的电磁辐射和冲击波也有间接破坏作用。

(3) 直接雷击点分析。当飞机遭受雷击时,它总是成为闪电通道的一部分,与雷击中实际传送的电荷量相比,飞机本身的电容量很小,因此,闪电要通过飞机到另一个最终雷击目标。这样,在每次雷击事故中一般有两个雷击点,一个是“进入点”,另一个是“穿出点”。有时候由于闪电的分叉,可能有多于一个的“进入点”或“穿出点”。因此,在直接雷击点后面的任何部位也会出现雷击点凹坑(图 3 -4)。直接雷击点的特征是在飞机表面显示出凹坑和熔化金属,严重时可以见到烧穿的小孔或洞。

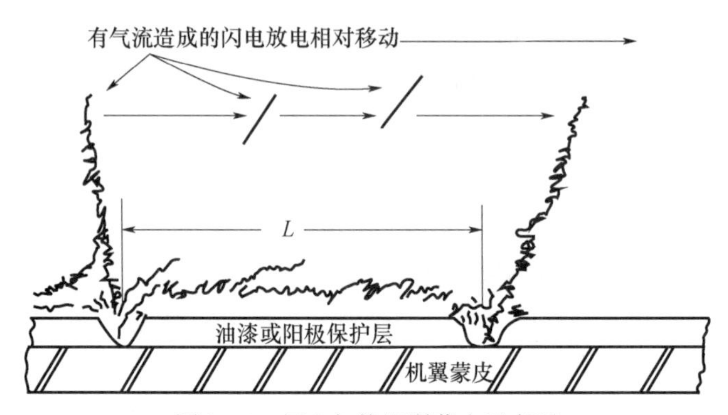

图 3 -4　闪电扫掠机翼蒙皮示意图

在分析直接雷击点时,要特别注意检查:机头、机翼翼尖、尾翼(包括操纵舵面)翼尖、空速管、机头雷达罩、尾锥、天线、燃油通气口、座舱盖、旋翼桨叶、尾桨桨叶、兵器外挂架、副油箱外挂架、进气道、静电放电器等部件。

3.1.5　热损伤痕迹

3.1.5.1　热冲击

在非正常的急剧加热和急剧冷却情况下,温度梯度比正常时大,所以热冲击应力一般比正常热应力高。和机械冲击一样,在热冲击时,变形的不均匀性、惯性抗力和波动过程可能产生一定的作用。

热冲击损伤具有如下一些痕迹特征:

(1) 表面可能烧熔,出现铸态熔坑、几何花样、交叉滑移等。

(2) 表面烧蚀变色,失去金属光泽。

(3) 表面龟裂,萌生热疲劳裂纹,并且出现多条热疲劳裂纹。

热疲劳裂纹多呈分叉的龟裂状,裂缝内充满氧化物。宏观上断口呈深灰色,并为氧化产物覆盖,裂纹源系多源,从表面向内部发展。磨片观察,裂缝内充满氧化物,其边沿则因高温氧化使基体元素贫化、硬度降低。裂纹多为沿晶型或沿晶 + 穿晶型。

3.1.5.2　热磨损

当固体物体相互滑过时，会在离摩擦界面很近的物体的极薄层内热点或一系列非常小的点上产生非常高的表面温度，其位置随着表面凸点的磨损和新的点进入接触而不断在变化，而基体温升较小。通常热点表现有非常迅速的波动，而且热点达到最高温度的时间取决于热点的面积和表面的热导率。

当滑动摩擦的摩擦表面相对移动速度较高时（$v = 3\text{m/s}$），并且单位压力也较大（$P \approx 25\text{MN/m}^2$），使金属摩擦表面层的温度急剧增高，引起热磨损。

当产生热磨损时，互相作用的表面接触区域之间产生金属的亲合力。后者取决于外摩擦热作用在摩擦表面金属上而引起的热塑性。产生热磨损时，摩擦系数是变化的：随着滑动速度增加而增加，达到最大值，然后平稳下降。发生热磨损时，摩擦表面由裂纹、金属的黏着粒子和涂抹粒子所覆盖。

3.1.5.3　低熔点金属的热污染

低熔点金属受热液化时若与固体金属表面直接接触，常使该固体金属浸湿而脆化，在拉伸应力作用下，从表面起裂，而裂纹尖端吸附低熔点液态金属原子，进一步降低固体金属的晶体结合键强度，导致裂纹脆性扩展。低熔点金属的热污染常导致接触金属的脆性断裂，一般称作液态金属致脆。

只要环境温度接近低熔点金属的熔化温度便会发生低熔点金属的热污染。例如，在铁 - 铝、铁 - 铟、铁 - 镉以及其他金属偶中都存在这种现象。

低熔点金属热污染导致的脆化，一般是分枝裂纹或与主裂纹相连的网状裂纹，裂纹源区为低熔点金属所覆盖，带有不同的色彩，常可检出低熔点金属元素（图 3 - 5）。

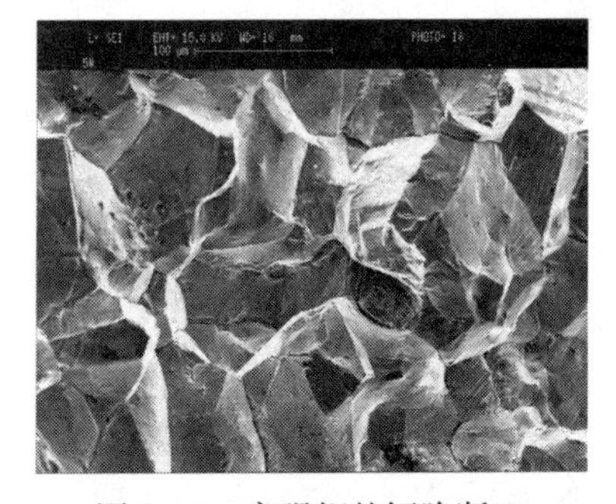

图 3 - 5　高强钢的镉脆断口

机械使用中产生单纯的热损伤痕迹是比较少见的，往往是在其他类型的痕迹形成过程伴随产生热损伤痕迹或者与其他过程联合进行。

在机械使用中，单纯的热损伤痕迹主要出现在失火、热应力、热冲击和热辐射场合，焊接或修理补焊时造成的表面脱碳等也是典型的热损伤痕迹。

3.1.6　化学损伤痕迹

化学损伤痕迹是指由于化学作用或电化学作用而在接触部位表面留下的反应产物和基体材料损耗的现象。化学损伤的主要痕迹特征为腐蚀，因而也称为腐蚀痕迹。

3.1.7　其他损伤痕迹

1. 污染痕迹

各种污染物附着在机械表面而留下的痕迹为污染痕迹，即污染物的自我像。鉴别污染痕迹除了各种理化检验方法之外，还可利用气味鉴别，如烟味、油味、火药味、油漆味、酸味等。常见的污染痕迹还有水迹、膏脂迹、灰迹、积炭、汗迹、血迹、指纹、霉斑、寄生物、各种金属溅痕等。

2. 分离物痕迹

分离物是指接触面在物理、化学作用下从接触面上脱落下来的颗粒,它既可以是机械表面的分离物,也可以是反应产物的脱落物。这些分离物是某一痕迹产生过程的终了产物。分离物痕迹分析主要是指分离物本身的形貌、成分、结构、颜色、磁性等。目前颗粒鉴定已发展为一项专门技术,其中铁谱分析已相当成熟。

3. 加工痕迹

任何机械产品在表面都会留下出厂前的加工痕迹,包括最终的机加工痕迹、表面处理痕迹、各种加工和检验标记等。由于加工痕迹是已知生产条件下的产物,规律性较强,容易识别判断,有利于与使用痕迹对比分析。值得重视的是可能导致机械失效的非正常加工痕迹,即留在表面的各种加工缺陷,如啃刀、磨削烧伤等。

3.1.8 痕迹分析的一般程序

痕迹分析的一般程序如下:

(1) 寻找、发现和显现痕迹。以现场为起点,全面收集证据,不放过任何有用的细微痕迹。一般首先搜集能显示整体破坏顺序的痕迹,其次搜集零部件外部痕迹,再次搜集零部件之间痕迹,最后搜集污染物和分离物,如油滤、收油池、磁性塞等器件中的各种多余物、磨屑等。

在分解残骸时,要确保痕迹的原始状况,不要造成新的附加损伤。

(2) 痕迹的提取、固定、显现、清洗、记录和保存。可以通过摄影、复印、制模、静电、AC 等方法提取、固定痕迹,还可采用各种干法和湿法提取残留物。

(3) 鉴定痕迹。在鉴定痕迹时,若需要破坏痕迹进行检验,应慎重确定取样部位,并事先做好原始记录。

(4) 痕迹的模拟再现试验。模拟再现有时难度较大,只有在上述各项工作尤其是鉴定痕迹工作深入的基础上才能开展。最简单的模拟试验可在模塑品(塑料、蜡、特制胶泥)上进行,只有十分必要时才在产品上进行模拟试验。有时可以抽查同型号的已使用过的机件的相应痕迹来加以对比说明。

(5) 综合分析。经验表明,分析机械产品的失效原因是最复杂、最艰巨的一项工作,大部分的时间(对航空产品占 70% ~90%)是花费在寻找原因上。失效往往是由多种原因促成的,其中只要有一关能把住也许就不致发生不幸。因此,在进行痕迹分析时也要采取综合性分析的方法,要考虑到痕迹的形成过程、形成条件、影响因素,痕迹与失效的关系,痕迹的可变性等。

(6) 得出分析结论,并撰写有建设性意见的报告。

3.2 裂纹分析

裂纹和断口是表述断裂失效过程不同阶段的术语,零件表面或内部的连续性遭到破坏而未最终破断之前称为裂纹，最终破断的断裂面称为断口。如果将裂纹打开，分析其断裂特征，则纳入断口分析范畴，不属于本节讨论内容。

3.2.1　裂纹分析方法

裂纹分析方法包括宏观和微观两方面的方法。

裂纹的宏观分析首先是通过肉眼进行外观检查，在此基础上多以 X 射线、磁力、超声、荧光等无损检测方法检测裂纹。

裂纹的微观分析采用光学和电子金相，目的是为了进一步确定裂纹的性质和产生的原因。其主要分析内容如下：

(1) 裂纹形态特征，其分布是穿过晶粒开裂还是沿晶粒边界开裂。主裂纹附近有无微裂纹。

(2) 裂纹处及附近的晶粒度，有无显著粗大或细小或大小极不均匀的现象。晶粒是否变形，裂纹与晶粒变形的方向相平行或垂直。

(3) 裂纹附近是否存在碳化物或非金属夹杂物，它们的形态、大小、数量及分布情况如何。裂纹源是否产生于碳化物或非金属夹杂周围，裂纹扩展过程与夹杂物之间有无联系。

(4) 裂纹两侧是否存在氧化和脱碳现象，有无氧化物和脱碳组织出现。

(5) 产生裂纹的表面是否存在加工硬化层或回火层。

(6) 裂纹萌生处及扩展路径周围是否有过热组织、魏氏组织、带状组织以及其他形式的组织缺陷。

3.2.2　裂纹走向分析

3.2.2.1　裂纹走向原则

宏观上看，裂纹的走向是按应力和强度这样两个原则进行的。

1. 应力原则

金属的脆性断裂（包括过载、疲劳断裂和应力腐蚀断裂等），裂纹的扩展方向一般垂直于主拉伸应力的方向；而当韧性金属承受扭转载荷或金属在平面应力的情况下，其裂纹的扩展方向一般平行剪切应力的方向。例如，塔形轴疲劳时，凹角处起源的疲劳裂纹，在与主应力线垂直的方向上扩展，并不与轴线垂直，最后形成碟形断口。可以看出，裂纹实际扩展方向与主应力的垂直线基本重合，这说明上述应力原则基本是符合实际的。但是在局部地区也有不重合的情况，这种不重合的情况是由于材料缺陷引起的。

2. 强度原则

有时，虽然按应力原则裂纹在该方向上扩展是不利的，但裂纹仍沿着此方向发展，这是由于裂纹扩展方向不仅按照应力的原则进行，并且应按材料强度的原则进行的缘故。强度原则即指裂纹总是沿着最小阻力路线，即材料的薄弱环节处扩展。有时按应力原则扩展的裂纹，途中突然发生转折，显然这种转折是由于材料内部的缺陷。在这种情况下，在转折处常常能够找到缺陷的痕迹或者证据。

应该指出：齿轮的轮齿、键槽在受扭转力矩作用时，不仅会产生星形断口（因张力而断裂),而且可能因键槽配合太松、材料的剪切强度太低而产生剪切断裂。这种现象俗称剥皮。这种剥皮破坏与前面讨论的沿与张应力垂直方向上的开裂不同,它是沿着与剪切应力相平行的方向上扩展的,即是按强度的原则进行扩展。

在一般情况下,当材质比较均匀时,应力原则起主导作用,裂纹按应力原则进行扩展;当材质明显不均匀时,强度原则将起主导作用,裂纹将按强度原则进行扩展。

当然,应力原则和强度原则对裂纹扩展的影响有时是一致的,这时裂纹将沿一致的方向扩展。例如,表面硬化齿轮或滚动轴承的钢球等零件裂纹扩展的方向,按强度原则,裂纹可能沿硬化层和心部材料的过渡层(分界面)上扩展(因为在分界面上的强度急剧地降低),按应力原则,齿轮在工作时沿分界面处应力主要是平行于分界面的交变切应力和交变张应力,因此往往发生沿分界面的剪裂和垂直于分界面的撕裂。

3.2.2.2 裂纹源的判断

裂纹起始位置取决于两方面因素,即应力集中大小和材料强度值高低的综合作用。当材料局部地区存在着缺陷时,会使缺陷处的强度大幅度降低,此处最易成为裂纹的起源位置。

1. 由材料原因引起的裂纹

金属的表面缺陷如夹杂、斑疤、划痕、折叠、氧化、脱碳、粗晶环等,金属的内部缺陷如缩孔、气孔、疏松、偏析、夹杂物、白点、过热、过烧、发纹等,不仅直接破坏了材料的连续性,降低了材料的强度和塑性,而且这些缺陷的尖锐前沿造成很大的应力集中,使其在很低的名义应力下产生裂纹并得以扩展,最后引起断裂。

构件的形状和材料性质急剧改变的地方会产生局部应力集中,一般在结构零件的台阶、沟槽、齿槽、转角、圆角以及材料缺陷等附近都会出现应力集中,而且缺陷或沟槽、转角等形状越尖锐,材料的强度越高,塑性越低,应力集中系数就越大。当这种应力集中大于材料的强度极限时,就会在应力集中处产生裂纹,并使裂纹不断扩展,直至发生断裂。

从金属的表面缺陷和内部缺陷起始的裂纹,一般可以找到作为裂纹源的缺陷。例如:由于砂眼引起的疲劳断裂,在零件表面或断口附近的截面上可以找到砂眼;由于切削刀痕所引起的疲劳裂纹,裂纹源是沿着刀痕分布的;由于残余缩孔所引起锻造裂纹,它是从缩孔开始向外扩展,并沿纵向开裂。

偏析一般并不破坏金属的连续性,但其使金属材料力学性能变得不均匀,并造成某些薄弱环节,因此偏析也可能成为裂纹源。

2. 由零件的形状引起的裂纹

不少零件由于结构需要或由于设计不合理,在零件上有尖锐的凹角、凸边或缺口。这种零件在制造(特别是淬火时)和使用过程中,将在尖锐的凹角、缺口或凸边过渡处产生很大的应力集中并可能形成裂纹。

不仅在凹角、缺口、凸边过渡处容易产生淬火裂纹,凡在工件截面尺寸相差悬殊时的台阶、尖角等处都可能因为这些部位的冷却速度存在巨大的差异而导致马氏体转变的不同时性加剧而使组织应力增加,同时这些部位的应力集中,因而极易形成淬火裂纹。

此外，在焊接件的应力集中处也可能产生焊接裂纹。在深拉或冲压时，由于总的变形程度太大，或零件圆角太小，或材料的晶粒度不均匀，往往在底部圆角处（变形程度最大）产生裂纹或开裂。

3. 受力状态不同引起的裂纹

除了金属材料的质量和零件的几何形状影响裂纹的生核位置外，零件的受力状况也对裂纹的起始位置产生影响。在金属材料质量合格、零件形状设计合理的情况下，裂纹将在应力最大处生核，例如，单向弯曲疲劳裂纹一般起源于受力最大的一边，双向弯曲疲劳裂纹一般起源于受力两边的最大应力处。在齿面上的磨损裂纹，一般起源于齿轮的节圆附近（该处的受力最大，相对运动速度最大，磨损也严重）。

3.2.2.3　主裂纹的判断

在同一零件上出现多条裂纹或存在多个断口时，形成断裂的时间是有先后的。从众多的碎片中确定最先开裂的部位的常用方法有五种

1. “T”形法

若一个零件上出现两块或两块以上碎片时，可将其合拢起来（注意不要将其断面相互碰撞），其断裂构成“T”形，如图3－6所示。通常情况横贯裂纹A为主纹。因为A裂纹最先形成，阻止了B裂纹向前扩展，故B裂纹为二次裂纹。

2. 分叉法

机械零件在断裂过程中，往往在出现一条裂纹后要产生多条分叉或分支裂纹，如图3－7所示。一般裂纹的分叉或分支的方向为裂纹的扩展方向，其反方向为断裂的起始方向。

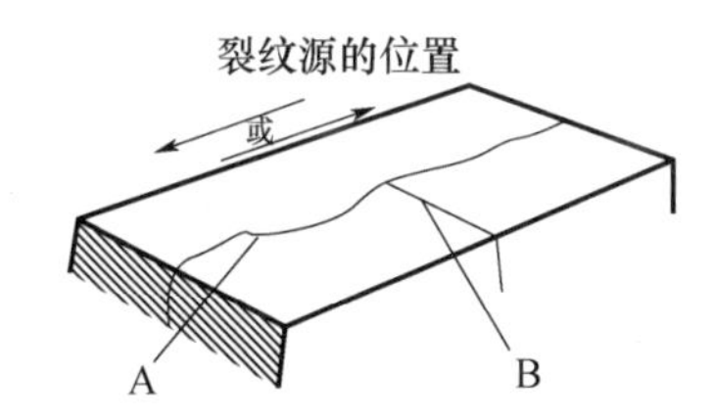

图3－6　判别主裂纹的“T”形法示意图

A—主裂纹；B—二次裂纹。

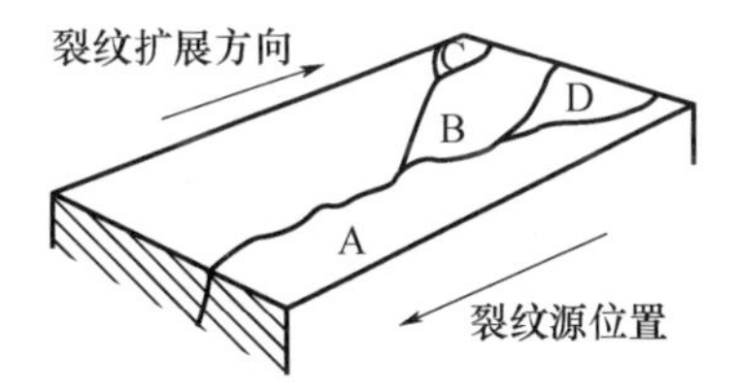

图3－7　判别主裂纹的分叉法示意图

A—主裂纹；B、C、D—二次裂纹。

3. 变形法

当机械零件在断裂过程中产生变形并断成几块时，可测定各碎块不同方向上的变形量大小，变形量大的部位为主裂纹，其他部位为二次裂纹。

4. 氧化颜色法

机械零件产生裂纹后在环境介质与温度作用下发生腐蚀与氧化，并随时间的增长而趋严重，氧化腐蚀比较严重、颜色较深的部位是主裂纹部位，而氧化腐蚀较轻、颜色较浅的部位是二次裂纹部位。

5. 疲劳裂纹长度法

一般可根据疲劳裂纹扩展区的长度或深度，以及疲劳弧线或疲劳条带间距的疏密来判定主断口或主裂纹。疲劳裂纹长、疲劳弧线或条带间距密者为主裂纹或主断口；反之，为次生裂纹或二次断口。

3.2.3 裂纹的宏观形貌

裂纹的宏观形貌种类很多,这里只讨论龟裂和宏观近似直线的裂纹。

1. 龟裂

龟裂是以裂纹的宏观外形呈龟壳网络状态分布而得名。在一般情况下,龟裂裂纹的深度都不大,是一种表面裂纹。形成龟裂的原因很多,它的形状、特点也略有不同。

(1) 铸件或铸锭表面的龟裂。精密铸件表面的龟裂是由于熔融金属液与模型涂料起作用而生成硅酸盐夹杂物。这种硅酸盐夹杂物有的作为领先相从金属液体中析出,有的则在铸件表面的初始奥氏体晶上析出,从而在钢件表面上形成龟裂。

在铸锭表面上龟裂,也可能是由于锭型内壁有网状裂缝,钢液注入后则流入这种网状裂缝内,凝固后起着“钉子”的作用,影响铸锭的自由收缩,以致造成铸锭表面龟裂。此外,铸件表面龟裂还可能是在1250~1450℃形成的热裂纹。

(2) 锻件表面的龟裂。金属在锻造和轧制过程中有时也会出现表面龟裂,这种龟裂形成的原因是过烧、渗铜、含硫量过高等。

在锻件加热过程中,由于温度过高或停留时间过长,不仅晶粒严重粗化使脆性增加,甚至出现晶界氧化而削弱了断裂强度,以至于在锻造加工时沿晶界出现表面龟裂。过烧裂纹多出现在易于过热的凸出表面和棱角部位,其形态为网络状或龟裂状。

锻造中过烧裂纹除上述特征外,有时还可见表面有氧化色,无金属光泽,断口粗糙,呈灰暗色。

当钢中的含铜量过高(>0.2%(质量分数))时,在热锻过程中由于表面发生选择性氧化,即铁首先发生氧化,使局部含铜量相对增加,从而沿晶界聚集并向钢材内部扩散,形成富铜的网络,其熔点通常低于基体。在毛坯进行锻造加热过程中,若炉内残存有杂质铜,熔化后并附着在钢的表面,高温下沿晶界渗入而导致铜脆龟裂。

当钢中含硫量较高时,低熔点的硫化铁与铁以共晶形式存在于晶粒边界上呈网络状。在高温锻造时,它们处于熔融状态,使塑性变形能力降低引起锻件开裂。这种开裂也多呈龟裂状。

(3) 热处理中形成的表面龟裂。表面脱碳的高碳钢零件,淬火时易形成表面网状裂纹——龟裂。这是由于表面脱碳不仅使淬火硬度大为降低,而且由于零件表里不同含碳量的奥氏体具有不同的马氏体开始转变温度 M_s(如 W180Cr4V 钢的 M_s 点为150℃,当表面脱碳为0.4%(质量分数)时,M_s 点为330℃左右),再加上冷却先后的差异,扩大了组织转变的不同时性和体积变形的不均匀性,这些都使淬火组织应力显著增加,从而使表面造成很大的多向拉应力而形成网状裂纹。这种裂纹在重复淬火的高碳钢零件上经常出现。

(4) 焊接过程中产生的龟裂。在电弧焊时,有时因为起弧电流过大,以致引起局部热量过高,而形成焊接龟裂。这种焊接龟裂属于焊接热裂纹,它一般是在1100~1300℃的温度范围内焊缝刚刚凝固、晶界强度较小的情况下,由于热应力的作用产生的。因此,它往往发生在焊缝区或由焊缝区开始向基体金属引伸,最后成为一种沿晶粒边界分布的网状裂纹。

(5) 磨削过程中产生的龟裂。淬火回火后或渗碳后热处理的零件,在磨削过程中有时在表面形成大量的龟裂或与磨削方向基本垂直的条状裂纹,磨削裂纹的产生一般有两个方面的原因:一方面是因为在磨削金属表面时产生大量的磨削热,这种热量可使磨削表面温度达 820 ~ 840℃,其升温速度高达 6000℃/s。如果磨削时冷却不充分,则由于磨削而产生的热量足以使磨削表面薄层重新奥氏体化,随后又再次淬火成为马氏体,因而使表面层产生附加的组织应力,加上磨削加热速度极快,这种组织应力和热应力可能导致磨削表面产生磨削裂纹。另一方面是零件淬火回火后,组织中还可能存在残余奥氏体、网状碳化物或内应力,在磨削加热时,可能引起进一步的组织转变或应力的再分配,最后导致磨削裂纹。例如,磨削的零件(已经最终热处理)还存在一定数量的残余奥氏体,在磨削热影响区内的残余奥氏体发生分解,并转变成马氏体,引起零件局部体积膨胀而形成组织应力,当这种应力大于材料的抗拉强度时,即导致形成磨削裂纹。

由于不同的原始组织(磨削前的)组成物本身的强度和形状不同,因此它们对磨削裂纹的倾向也各不相同。研究表明,在相同的磨削规范下,具有均匀分布的粒状碳化物的钢,不易引起应力集中,因而也不容易产生磨削裂纹。带状碳化物与条块状碳化物较易于引起磨削应力集中和磨削裂纹,碳化物液析及网状碳化物对磨削应力集中起促进作用,易形成散条状分布的或网络状的龟裂。

到底形成什么样的磨削裂纹,是网状的还是与磨削方向基本垂直的、有规则排列条状裂纹,要根据磨削条件、零件形状、材料质量及零件的工艺历史等因素来确定。一般情况下,形成网状的磨削裂纹的主导原因是材质因素,而形成与磨削方向基本垂直的、有规则排列的条状裂纹的主要原因则是磨削条件。

(6) 使用过程的龟裂。使用过程中的龟裂主要是蠕变龟裂。蠕变裂纹是金属或合金在“等强温度”以上工作时,在低应力的条件下,沿晶界扩展的一种裂纹。由于蠕变是在高温、低应力的条件下,先在晶界形成空洞、细沟或微裂纹中,通过扩散使原来溶解在金属中的氧或大气中的氧进入空洞、细沟或微裂纹,从而使晶界逐渐氧化,降低了裂纹扩展所需的能量,最后使金属发生沿晶的蠕变断裂。因此,蠕变裂纹一般从金属表面开始(氧供应比较充分),其起始形态一般是沿晶界排列的孔洞。

从上面对龟裂(网状裂纹)的讨论中可以看出,一般情况下龟裂是一种沿晶扩展的表面裂纹。它的产生可以认为是由于金属构件表面(或晶界)的化学成分、组织、性能和应力状态与中心(或晶粒内部)不一致,在制造工艺过程中或在随后的使用过程中,使晶界成为薄弱环节,优先在晶界产生裂纹引起的。

2. 直线状裂纹

实际上,真正直线状裂纹是不存在的,这里所指的直线状裂纹是指近似直线裂纹。

典型的直线状裂纹是由于发纹或其他非金属夹杂物在后续工序中扩展而形成的裂纹。这种裂纹沿材料的纵向分布,裂纹较长,在裂纹的两侧和金属的基体上一般有氧化物夹杂或其他非金属夹杂物。

发纹是由于钢材内部存在的非金属夹杂物沿热加工方向延伸而形成的一种纵向线性缺陷,它在塔形试样或金属制品的表面上也具有近似直线状的外形。

在生产中,虽然原材料的氧化物、硫化物、发纹等都符合技术条件要求,但在淬火中仍然可能产生纵向直线裂纹。这种裂纹多产生在一些表面冷却情况比较均匀一致,且心部淬透的细长工件。其原因是心部淬透的细长工件的淬火应力(其中包括组织应力和热应力)作用。在淬火时,表面首先开始冷却和收缩而受到心部的牵制,在表面产生拉应力,心部产生压应力。由于内外(或不同区域)温度不均引起内外(或不同区域)热胀冷缩的不一致而产生的内应力叫做热应力。当表面的温度降到马氏体开始转变点M_s点以下时,将首先开始马氏体转变,并带来体积膨胀。表面的马氏体转变同样也受到心部的阻碍,使表层产生压应力,而心部受拉应力。当心部所受拉应力大到足以超过该温度下钢的屈服极限时,心部就发生塑性变形,并使应力松弛。继续冷却时,心部也将发生马氏体转变,从而引起心部的体积膨胀。但因受到已转变成马氏体的表层阻碍,结果使表层受拉应力、中心受压应力。由于内外温度不均匀引起内外组织转变不同步所产生的应力叫做组织应力。如果在冷却的某一温度范围内,由于热应力引起的拉应力和由于组织应力引起的拉应力相叠加,可能使总的拉应力超过材料的抗拉强度,这时将产生淬火裂纹。另外,心部淬透的细长工件的表层切向应力总是大于轴向应力,因此淬火裂纹是纵向的直线状裂纹。

此外,对冷拔、热拔、深冲、挤压的制品,在表面还可能产生拉痕。这种拉痕是由于金属在拔制挤压等变形过程中,表面金属的流动受到模具内壁的机械阻碍而产生的。对拉痕观察表明:拉痕沿变形方向纵向线性分布,具有一定的宽度和深度,尾端具有一定圆角,两侧较为平整,整个宽度基本一致,且一般与表面垂直,拉痕附近的组织与基体组织没差别。

当磨削工艺不合理时,也有可能产生纵向直线裂纹。

3. 其他形状裂纹

除上述龟裂及直线状裂纹之外,还有环形裂纹、周向裂纹、辐射状裂纹、弧状裂纹等。

在化学热处理的零件上往往渗层内或渗层与中心组织的过渡层内有圆周裂纹,这种裂纹一般是由于渗层的组织和成分突然过渡而引起的热应力和组织应力,在渗层过渡层的薄弱环节中形成的。

值得指出的是:淬火裂纹不一定都是起源于表面,也不一定都是沿零件纵向分布的。例如,在高碳钢零件中,当截面没有全部淬透时,由于心部最后冷却收缩,因此心部的热应力是拉应力;同时由于心部未淬透,即心部没有马氏体转变,因此表面层(淬硬层)马氏体转变使近淬硬层的过渡区的组织应力也是拉应力。上述两种应力叠加的结果,可能在心部接近淬硬层过渡区出现最大的总拉应力,这种总拉应力一旦超过了钢的轴向强度极限时,即在过渡区产生横向的淬火裂纹。

此外,大型的复杂零件淬火时,由于某些部位的冷却速率较慢而未能淬透,使在淬硬层与未淬硬区之间的过渡区内,产生很大的拉应力(这种拉应力主要是由于淬硬层的马氏体转变引起的组织应力造成的),因此弧状淬火裂纹在高碳钢中比较常见。甚至在淬火工件的软点周围也可能出现弧状裂纹,因为在软点和周围的淬硬区的过渡区内同样也存在着很大的拉应力。当这种拉应力超过过渡区的强度极限时,就会在软点附近的过渡区内产生细小的弧状裂纹。可见,淬火弧状裂纹的基本特点是位于淬硬过渡层内或附近,裂纹两边的组织有时差别很大。

3.2.4　裂纹的微观形貌

从微观上看,裂纹的扩展方向可能是沿着晶界的,也可能是穿晶或者是混合的。在一般情况下,应力腐蚀裂纹、氢脆裂纹、回火脆性裂纹、磨削裂纹、焊接热裂纹、冷热疲劳裂纹、过烧引起的锻造裂纹、铸造热裂纹、蠕变裂纹、热脆裂纹等都是沿晶界扩展的;而疲劳裂纹、解理断裂裂纹、淬火裂纹(由于冷速过大、零件截面突变等原因引起的淬火裂纹)、焊接裂纹及其他韧性开裂都是穿晶裂纹。裂纹遇到亚晶界、晶界、硬质点或其他组织和性能的不均匀区往往将改变扩展方向。因此,可以认为晶界能够阻碍裂纹的扩展。

需要指出的是:淬火裂纹由于形成的原因不同,既可以是沿晶的也可以是穿晶或混合的。一般情况下,因过热或过烧引起的淬火裂纹是沿晶的,并具有晶粒粗大或马氏体粗大等组织特征,而因冷却速率过大或其他因素引起的应力集中产生的淬火裂纹则是穿晶的或混合的。

3.2.5　裂纹周围及裂纹末端情况

如上所述,当金属表面或内部缺陷成为裂纹源时,一般都能找到作为裂纹源的缺陷。有的裂纹虽不起源于缺陷,并按"应力原则"扩展,但当在裂纹的前沿附近有缺陷存在时,裂纹即发生转折,在裂纹的转折处也可以找到缺陷的痕迹。在高温下产生的裂纹,或者虽是在室温附近产生的裂纹,而在随后的工序中又加热至高温,这时在裂纹的周围将存在氧化和脱碳的痕迹。对这种情况必须做深入细致的分析:一方面要结合零件的工艺流程进行分析,如有无加热工序,是否在高温下工作等;另一方面要对裂纹的周围情况做认真的金相分析,如有无非金属夹杂的分布及其形状等。一般说来,由冶炼带来的夹杂物随金属一起塑性变形,因此具有明显的变形性;而由裂纹氧化而成的夹杂物是靠原子扩散与置换作用形成的,不可能显示出变形特征,一般呈颗粒状分布在裂纹的两侧。

另外,根据裂纹及其周围的形状和颜色可以判断裂纹经历的温度范围和零件的工艺历史,从而找到产生裂纹的具体工序。

裂纹周围的情况除了氧化、脱碳以外,还包括裂纹两侧的形状偶合性。在金相显微镜下观察裂纹,多数裂纹两侧形状是偶合的,即凹凸相应吻合。但是发裂、拉痕、磨削裂纹、折叠裂纹以及经过变形后的裂纹等,偶合特征不明显。

一般情况下,疲劳裂纹的末端呈尖锐状。

在显微镜下观察淬火裂纹时,其呈瘦直线状,线条刚健、棱角较多而尾巴尖细。此外,淬火裂纹两侧的金相组织与其他部分的组织无任何区别,也不会有氧化、脱碳的痕迹。

如前所述,铸造热裂纹一般具有龟裂的外形,裂纹沿原始晶界延伸,裂纹的内侧一般有氧化和脱碳,裂纹的末端圆秃。

磨削裂纹一般细而浅,呈龟裂或有规律的直线排列。有时在磨削裂纹的零件表面呈带状的回火色区域(这是冷却不充分),裂纹一般呈喇叭状,末端呈任意形状。裂纹附近的组织一般与其他组织无明显区别,有时可能有微量的氧化脱碳现象。

拉痕、发纹的末端一般均呈圆秃。折叠裂纹末端也是粗钝。

3.3 断口分析

3.3.1 断口分析的作用及意义

断口是试样或零件在试验或使用过程中发生断裂(或形成裂纹后打断)所形成的断面。它记录了材料断裂前的不可逆变形以及裂纹的萌生、扩展直至断裂的全过程形貌特征。通过定性和定量分析来识别这些特征,并将这些特征与发生损伤乃至最终失效的过程联系起来,可以找出与失效相关的内在或外在的原因。断口学作为失效分析学科的一个重要组成部分,在失效分析中发挥了很大的作用。在机电产品的各类失效中以断裂失效最主要,危害最大。因此,国内外对断裂失效进行了大量的分析研究。断裂失效的分析与预防已发展为一门独立的边缘学科。目前,对断裂行为的研究有两种不同的方法:一种是断裂力学方法,是根据弹性力学及弹塑性理论,并考虑材料内部存在缺陷而建立起来的一种研究断裂行为的方法;另一种是金属物理方法,从材料的显微组织、微观缺陷甚至分子和原子的尺度上研究断裂行为的方法。断裂失效分析则是从裂纹和断口的宏观、微观特征入手,研究断裂过程和形貌特征与材料性能、显微组织、零件受力状态及环境条件之间的关系,从而揭示断裂失效的原因和规律。它在断裂力学方法和金属物理方法之间架起联系的桥梁。

3.3.2 断裂分类

3.3.2.1 断裂与断口

构件或试样在外力作用下导致裂纹形成扩展而分裂为两部分(或几部分)的过程称为断裂。它包括裂纹萌生、扩展和最后瞬间断裂三个阶段。各阶段的形成机理及其在整个断裂过程中所占的比例,与构件形状、材料种类、应力大小与方向、环境条件等因素有关。断裂形成的断面称为断口。断口详细记录了断裂过程中内外因素的变化所留下的痕迹与特征,是分析断裂机理与原因的重要依据。

3.3.2.2 断裂分类

断裂可按具体的需要和分析研究的方便进行分类。以下介绍几种常用的分类方法,这些分类是相辅相成的。

1. 按断裂性质分类

根据零件断裂前所产生的宏观塑性变形量的大小可分为如下断裂:

(1) 塑性断裂,断裂前发生较明显的塑性变形。延伸率大于5%的材料称为塑性材料。

(2) 脆性断裂,断裂前几乎不产生明显的塑性变形。延伸率小于3%的材料称为脆性材料。

(3) 塑性－脆性混合型断裂,又称为准脆性断裂。

塑性断裂对装备与环境造成的危害远小于脆性断裂,因为它在断裂之前出现明显的塑性变形,容易引起人们的注意。与此相反,脆性断裂往往会引起危险的突发事故。

脆性断裂分为穿晶脆断(如解理断裂、疲劳断裂)和沿晶脆断(如回火脆、氢脆)。

2. 按断裂路径分类

依断裂路径可以分为穿晶断裂和沿晶断裂两类。

(1) 穿晶断裂,裂纹穿过晶粒内部,如图3－8所示。穿晶断裂既可以是塑性的也可以是脆性的,前者断口具有明显的韧窝花样,后者断口的主要特征为解理花样。

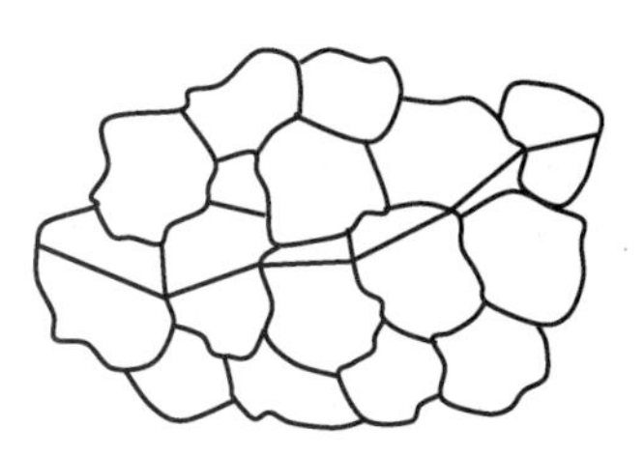

图3－8　穿晶断裂

(2) 沿晶断裂,断裂沿着晶粒边界扩展,可分为沿晶脆断和沿晶韧断(在晶界面上有浅而小的韧窝),如图3－9所示。

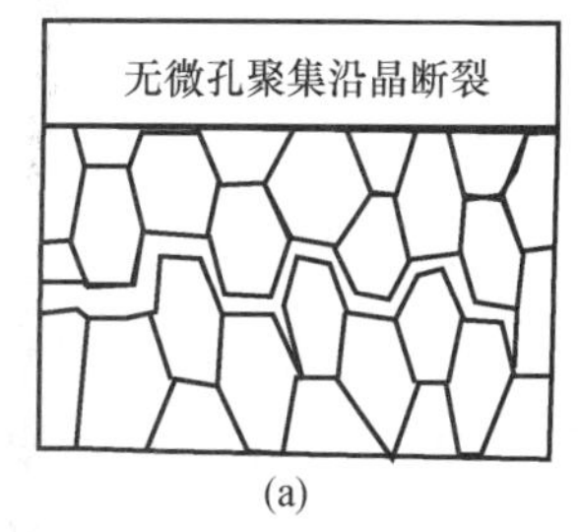

(a)

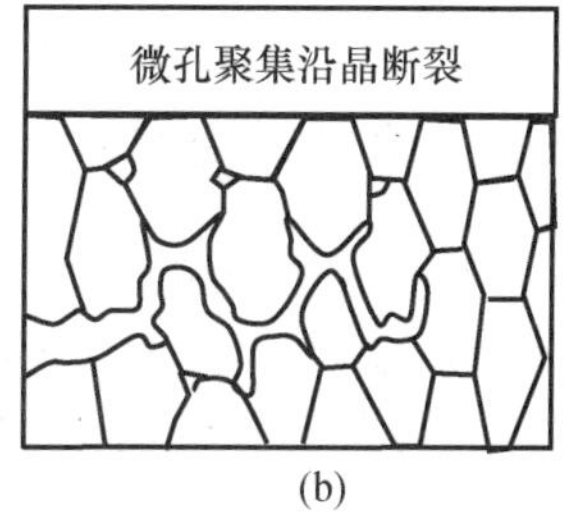

(b)

图3－9　沿晶断裂

(a)脆断;(b)韧断。

3. 按断面相对位移形式分类

按两断面在断裂过程中相对运动的方向可以分为如下三种类型:

(1) 张开型(Ⅰ型),裂纹表面移动的方向与裂纹表面垂直。这种形式的断裂常见于疲劳及脆性断裂,其断口齐平,是工程上最常见和最危险的断裂类型。

(2) 前后滑移型(Ⅱ型),裂纹表面在同一平面内相对移动,裂纹表面移动方向与裂纹尖端的裂纹前沿垂直。

(3) 剪切型(Ⅲ型),裂纹表面几乎在同一平面内扩展,裂纹表面移动的方向和裂纹前沿线一致。

剪切断口、斜断口和扭转断口是Ⅱ型以及Ⅱ型和Ⅲ型的组合。

4. 按断裂方式分类

按断面所受到的外力类型的不同分为如下三种类型:

(1) 正断断裂,受正应力引起的断裂,其断口表面与最大正应力方向相垂直。断口的宏观形貌较平整,微观形貌有韧窝、解理花样等。

(2) 切断断口,是在切应力作用下而引起的断裂,断面与最大正应力方向成45°角,断口的宏观形貌较平滑,微观形貌为抛物状的韧窝花样。

(3) 混合断裂,正断与切断两者相混合的断裂方式,断口呈锥杯状,是最常见的断裂类型。

5. 按断裂机制分类

按断裂机制可分为解理、准解理、韧窝、滑移分离、沿晶以及疲劳等多种断裂，在3.3.3节详细介绍各种断裂机制及相应的断口形貌特征。

6. 其他分类方法

（1）按应力状态，可分为静载断裂（拉伸、剪切、扭转）、动载断裂（冲击断裂、疲劳断裂）等。

（2）按断裂环境，可分为低温断裂、中温断裂、高温断裂、腐蚀断裂、氢脆及液态金属致脆断裂等。

（3）按断裂所需能量，可分为高能、中能及低能断裂等。

（4）按断裂速度，可分为快速、慢速以及延迟断裂等。例如，拉伸、冲击、爆破等为快速断裂，疲劳、蠕变等为慢速断裂，氢脆、应力腐蚀等为延迟断裂。

（5）按断裂形成过程，可分为工艺性断裂和服役性断裂。例如，在铸造、锻造、焊接、热处理等过程形成的断裂为工艺性断裂。

3.3.3 断口分析基本内容与方法

断口分析一般包括宏观分析与微观分析两个方面。宏观分析是指用眼睛或40倍以下的放大镜、实体显微镜对断口进行观察分析，可有效地确定断裂起源和扩展方向。微观分析是指用光学显微镜、透射电镜、扫描电镜等对断口进行观察、鉴别与分析，可以有效地确定断裂类型与机理。断口分析技术一般包括分析对象的确定与显示技术、观察与照相记录技术、识别与诊断技术、定性与定量分析技术以及仪器与设备的使用技术等。

3.3.3.1 断口的获得

1. 裂纹打开与断口切取技术

已经断裂的构件可以直接对断口进行观察，而对于尚未断开的裂纹件往往需要将裂纹打开。有时主断口受到机械的或化学的损伤与污染，很难对断口形貌特征进行分析，也需要将二次裂纹打开加以观察分析。

打开裂纹的方法很多，如拉开、扳开、压开等。无论采用何种方法，都须根据裂纹的位置及裂纹扩展方向来选定受力点。通常是沿裂纹扩展方向受力，使裂纹张开形成断口，而避免在打开裂纹的过程中造成断裂面的损伤。如果造成零件开裂的应力是已知的，则可用同类型的更大应力来打开裂纹。例如，对受循环拉应力的开裂件，可通过静拉伸法将裂纹打开。如果造成的应力是未知的，可采用三点弯曲法将裂纹打开。

在裂纹较浅、零件厚度较大、不易将裂纹打开时，可用锯、刨、车等手段在裂纹的反方向上进行加工，但要注意加工的深度，不要损坏裂纹断口的形貌。对于较大的断口，如涡轮盘、起落架、齿轮等大型断裂件，为了便于进行深入的观察分析，需要将大型零件的断口切割成小块试样。常用的切割方法有火焰切割、锯切、砂轮切割、线切割、电火花切割等。在选择切割和实施切割过程中，要注意如下事项：

（1）防止断口及其附近区域的显微组织因受热发生变化；

（2）防止断面的形貌特征受到机械的或化学的损伤和污染。

需要强调:无论是打开裂纹还是切取断口,都会部分地破坏断裂失效件的外观特征。因此,在实施切割或打开裂纹的操作之前,要对失效件的外观特征进行仔细的观察与测量,并将观察与测量结果用文字和照相详实地记录下来。

2. 断口的清洗

零件在断裂过程中和断裂之后,断裂表面不可避免地会受到机械的、化学的损伤与污染,为了能够观察到断口的真实形貌与特征,需要将覆盖在断口表面上的尘埃、油污、腐蚀产物及氧化膜等清除。

在清洗之前,要对断口进行仔细的观察与检查。对断口表面上的附着物的分析测定,有助于揭示断裂失效的原因。例如:测定断口表面上的氢、氯离子的浓度及分布情况,有利于区分氢脆断裂与应力腐蚀断裂;测定断面上有无低熔点金属(镉、铋、锡、铅等)存在,可以为判明是否出现低熔点金属致脆提供证据。

断口清洗方法很多,可根据断口材料特性、附着物的种类加以选定。常用的清洗方法可在有关文献中找到。对于断口表面只有尘埃或油渍污染者,推荐使用丙酮与超声波清洗;对于遭受轻微腐蚀氧化的断口,推荐使用醋酸纤维膜(AC 纸)复型剥离法加以清洗;对于遭受较重腐蚀氧化的钢制零件断口,则在 10% H_2SO_4水溶液 + 缓蚀剂(1% 卵磷酯)中超声波法清洗;对于高温合金的高温氧化断口,可使用氢氧化钠 + 高锰酸钾热煮法予以清洗。

无论使用何种方法清洗,都应以既要除去断口表面的污物和腐蚀与氧化层,又不损伤断口的形貌特征为原则。

3. 断口的保护与保存

在切取断口与运送断口过程中,要严防断口表面遭受机械或化学损伤。在断口初检及清洗时,切忌用手去触摸断口表面,更不能将两个匹配断面对接碰撞,以免使断口表面产生人为的损伤。在整个分析过程中,要十分注意对断口的保护和保存。

为了防止断口表面在运送和保存过程中遭受腐蚀与损伤,可在断口表面上涂抹一层保护材料,如防锈漆、环氧树脂、醋酸纤维丙酮溶液等。保护材料应选择既无腐蚀作用又容易溶解除去的品种。目前,大多采用醋酸纤维素 7% ~8%(质量分数)的丙酮溶液,将其倒在断口表面上,并使溶液均匀分布,待干后将断口包装好运送到试验室,并存放在干燥器中或真空储存室中,也可将断口直接浸在无水酒精溶液中,或直接用干净的塑料膜包扎保护断口。注意不要用油、脂涂抹在断口上防锈。

3.3.3.2　断口宏观分析

断口的宏观分析,是指在各种不同照明条件下用肉眼、放大镜和体视显微镜等对断口进行直接观察与分析。

断口宏观分析的主要任务是:确定断裂的类型和方式,为判明断裂失效的模式提供依据;寻找断裂起源区和断裂扩展方向;估算断裂失效件应力集中的程度和名义应力的高低(疲劳断口);观察断裂源区有无宏观缺陷等。总之,断口的宏观分析可为断口的微观分析和其他分析工作指明方向,奠定基础,是断裂失效分析中的关键环节。宏观断口分析的首先是用肉眼观察断面形貌特征及其失效件的全貌,包括断口的颜色变化,变形引起的结构变化,断口附近的损伤痕迹等;然后对主要的特征区用放大镜和体视显微镜进行进一步的观察,确定重点分析的部位。

在进行断口的宏观分析过程中,重点要注意观察以下七个方面的特征:

(1) 断口上是否存在放射花样及人字纹。这种特征一方面表征裂纹在该区的扩展是不稳定的、快速的;另一方面,沿着放射方向的逆向或人字纹尖顶,可追溯到裂纹源所在位置。

(2) 断口上是否存在弧形迹线。这种特征表明:裂纹在扩展过程中,应力状态(包括应力大小的变化、应力持续时间)的交变,断裂方向的变化,环境介质的影响,以及裂纹扩展速度的明显变化都会在断口上留下此种弧形迹线,如疲劳断口上的疲劳弧线等。

(3) 断口的粗糙程度。不同的材料,不同的断裂方式,其粗糙度有很大的不同。一般说来,断口越粗糙,即表征断口特征的"花"样越粗大,则剪切断裂所占的比例越大。

(4) 断面的光泽与色彩。由于构成断面的许多小断面往往具有特有的金属光泽与色彩,所以当不同断裂方式所造成的这些小断面集合在一起时,断口的光泽与色彩会发生微妙的变化。例如,准解理、解理断裂的金属断口在阳光下转动断面进行观察时常可看到闪闪发光的小刻面。如果断面有相对摩擦、氧化以及受到腐蚀时,金属断口的色泽将完全不同。

(5) 断面与最大正应力的交角(倾斜角)。不同的应力状态,不同的材料及外界环境,断口与最大正应力的夹角不同。例如,在平面应变条件下断裂的断口与最大正应力垂直,在平面应力条件下断裂的断口与最大正应力呈45°角。

(6) 断口特征区的划分和位置、分布与面积大小等。

(7) 材料缺陷在断口上所呈现的特征。若材料内部存在缺陷,则缺陷附近会产生应力集中,因而在断口上留下缺陷的痕迹。

3.3.3.3 断口微观分析

断口的微观分析主要是指借助于显微镜对断口进行放大后进行的观察。断口的微观分析分为直接观察法与间接观察法两种。

1. 直接观察法

直接观察法主要是使用体视显微镜、光学显微镜和电子显微镜对实际断口进行的直接观察。

利用体视显微镜直接观察断口,最大倍数只有100倍左右,但较为灵便,在断口的初步分析中得到广泛应用。

用光学显微镜直接观察断口,由于景深小,放大倍率有限,只能观察一些比较平坦的断口,对于起伏高差较大的断口就不能直接进行观察。在裂纹和断口分析中,光学显微镜主要用来分析裂纹的形态,如裂纹的走向及其与组织的关系等。

用于断口直接观察的电子显微镜主要是扫描电镜。采用扫描电镜观察断口的一般程序如下:

(1) 对断口从扫描电镜所能达到的较低放大倍数(5~50倍)做初步的观察,以求对断口的整体形貌、断裂特征区有全局性的了解与掌握和确定重点观察部位,切忌开始就在高倍率下进行局部观察。

(2) 在整体观察的基础上找出断裂起始区,并对断裂源区(包括源区的位置、形貌、特征、微区成分、材质冶金缺陷、源区附近的加工刀痕以及外物损伤痕迹等）进行重点深入的观察与分析。

（3）对断裂过程不同阶段的形貌特征要逐一加以观察。以疲劳断口为例，除了对疲劳源区要进行重点观察外，对扩展区和瞬断区的特征均要依次进行仔细的观察，找出各区断裂形貌的共性与特性。

（4）断裂特征的识别。在断口观察过程中，发现、识别和表征断裂形貌的特征是断口分析的关键。在观察未知断口时，往往是和已知的断裂形貌加以比较来进行识别。各种材料在不同的外界条件下的断裂机制不同，留在断口上的形貌特征也不同。在识别断裂形貌特征的基础上，还要注意观察各种形貌特征的共性与特性。例如，对疲劳条带要区分是塑性还是脆性条带以及条带间距的疏密等。

2. 间接观察法

目前实际应用的断口间接观察法主要指复型观察法，即以断口为原型，用一种特殊的材料制成很薄的断口“复型”，然后用显微镜对复型进行观察分析，以揭示断口特征的分析方法。复型观察法不受零件的大小、观察部位以及断面起伏高差大小的限制，比直接观察法应用广泛，尤其是对于目前还没有扫描电镜或进行过程研究而言，更具有实际意义。

复型材料多用厚度0.1～0.4mm的AC纸。首先在断口上（或选定的特定部位上）滴丙酮，将AC纸覆盖在断口表面上，用手指或橡皮从中心向边缘逐渐压紧，使塑料纸与断口表面紧密地贴合。经灯光或自然干燥后，用镊子轻轻地将AC纸揭下，再用丙酮将其另一面溶化后粘贴在玻璃板上，并展平贴牢，即可放到光学显微镜下进行观察。为了提高分辨率和成象衬度，可在真空蒸发仪中，以一定的倾斜角度向复型浮雕面上蒸镀一薄层铬。用这种方法可在油物镜头下进行观察，放大倍数可达1500倍。

如果断口比较平坦，可不用醋酸纤维薄膜，而用火棉胶溶液来制取断口复型。在断口上滴以1%火棉胶的醋酸酯溶液，并令其干透。然后滴以4%火棉胶溶液作为支撑。干后用透明胶纸从断口上将复型揭下来。随后进行必要的加深（如蒸镀一层铝或铬）。这种方法可以提供具有逼真细节的复型，在光学显微镜下能方便地进行观察。

断口的复型也可通过透射电镜观察。由于断面的复型工序较复杂，影响因素多，同时，很难将所观察到的部位与实际断口上的位置一一对应起来。当需要分析研究两个匹配断口的对应关系时，透射电镜复型观察就很难做到。再者，透射电镜所观察到的复型面积很小，一般在3.0mm^2以下，既不能对断口进行连续观察，又不能观察断口的全貌。因此，目前仅在某些特殊情况（如观察断口的精细特征形貌、分辨较细的疲劳条带等）下，使用透射电镜来分析断口的特征。

3.3.3.4　断口的特殊分析

在断口分析中，除通用的宏观分析、光学及电镜分析外，根据分析的具体要求，可采用某些特殊的分析技术，主要有断口剖面分析、断口蚀坑分析、断口定量分析、断口浮凸测量等。

1. 断口剖面分析

断口剖面分析能有效地揭示零件在制造、加工等过程中产生的缺陷、使用状况和环境条件等对断裂失效的影响。例如，对夹杂物、脱碳、增碳、偏析、硬化深度、镀层厚度、晶粒大小、组织结构及热影响区等检查与分析。

断口剖面分析技术是在断口上截取一定的剖面，剖面与断面相交的角度，一般为60°～90°。在截取之前要采用镀镍层或镶嵌法等保护断口表面不受损伤。断口表面的截取方向可根据所要分析的具体内容来确定。如果研究断裂过程，则在平行裂纹扩展方向截取，并且使断口不同区域对称截取，使在断口剖面上能包含断裂不同阶段的区域。如果仅研究某一特定位置的情况，则此断口剖面的截取方向要垂直于裂纹扩展方向。

断口剖面分析技术主要是用来分析研究断口形貌与显微组织之间的对应关系、断裂过程、断裂机理、变形程度、表面状态及其损伤情况等。借助于显微硬度分析技术研究疲劳断口剖面，可以对裂纹尖端塑性区的形态，尤其是热疲劳剖面两侧不同显微硬度的变化、基体合金元素的变化情况等进行深入的研究。焊接零件的断裂往往起源于焊缝与过渡区或过渡区与基体之间的界面，匹配断口上的显微组织及断口形貌特征不完全相同。在这种情况下，应用匹配断口剖面分析技术，对于研究断裂原因和断裂机理之间的关系能取得很好的结果。将匹配断口重新对接起来，使其相应的位置一一对应。但要注意断口表面不能直接接触，中间可用环氧树脂之类的黏合剂黏合起来；然后截取断口表面，测量其断裂不同阶段的变形量及其相对应的形貌特征。

2. 断口蚀坑分析

利用腐蚀坑体积的几何参数与晶面指数之间的关系来分析晶体取向的技术称作蚀坑分析技术。晶体材料在一定的腐蚀介质条件下发生的腐蚀溶解是不均匀的，在一般情况下，晶体材料的低指数面被优先腐蚀溶解，同时不是产生各向同性腐蚀溶解而是产生各向异性腐蚀溶解，腐蚀结果呈现一个角锥体，即多面体的蚀坑。由于腐蚀坑的几何形状取决于材料的晶体结构，即材料的晶体结构不同，蚀坑的几何形状也不同。蚀坑分析技术对于研究晶体取向，确定断口上的解理面、滑移面裂纹萌生的位置及裂纹局部扩展方向等提供了有利的条件与方法。

3. 断口定量分析

断口定量分析包括断口表面成分、结构和形貌特征的定量分析。断口表面成分定量分析是指表面平均成分、表面微区成分、元素的面分布与线分布以及元素沿断口深度变化情况等分析。断口表面结构定量分析是指断裂小面的晶面指数，断面微区第二相的结构、数量，各微区表面之间的夹角等分析。断口形貌特征定量分析除包括断口表面上各种特征花样的线条与面积的多少与大小，断口形貌特征的数量与断裂条件尤其是断裂力学参量之间的定量关系分析外，还有断口表面残余应力以及表面硬度的大小等分析。断口定量分析涉及的内容十分广泛。

3.3.4 断裂机理与典型形貌

3.3.4.1 韧窝

韧窝是金属延性断裂的主要微观特征，又称为迭波、孔坑、微孔、微坑等。韧窝是材料在微区范围内塑性变形产生的显微孔洞，经形核、长大、聚集，最后相互连接而导致断裂后，在断口表面所留下的痕迹。

虽然韧窝是延性断裂的微观特征，但不能仅仅据此就做出断裂属于延性断裂的结论,因为延性断裂与脆性断裂的区别在于断裂前是否发生可察觉的塑性变形。即使在脆性断裂的断口上,个别区域也可能由于微区的塑变而形成韧窝。

韧窝的形状主要取决于所受的应力状态,最基本的韧窝形状有等轴韧窝、撕裂韧窝和剪切韧窝三种,如图3-10~图3-12所示。

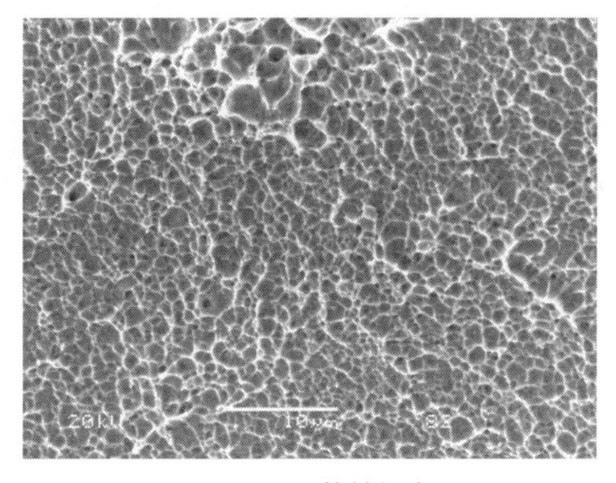

图3-10　等轴韧窝

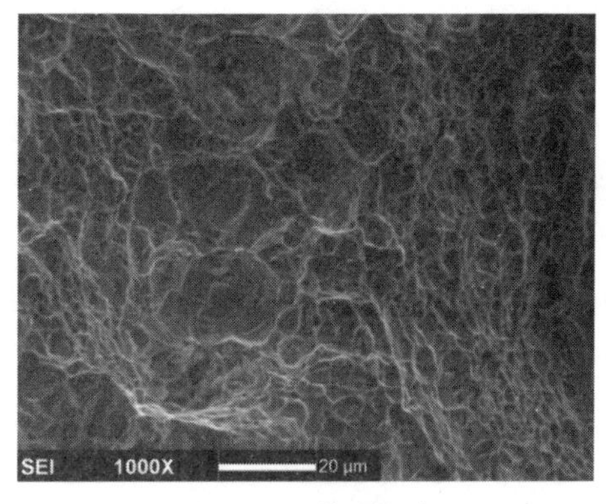

图3-11　撕裂韧窝

韧窝的大小用平均直径和深度描述。深度常以断面到韧窝底部的距离来衡量,影响韧窝大小的主要因素为第二相质点的大小、密度,基体的塑性变形能力,变形硬化指数,外加应力大小状态以及加载速度等。

对于同一种材料,当断裂条件相同时,韧窝尺寸越大,材料的塑性越好。

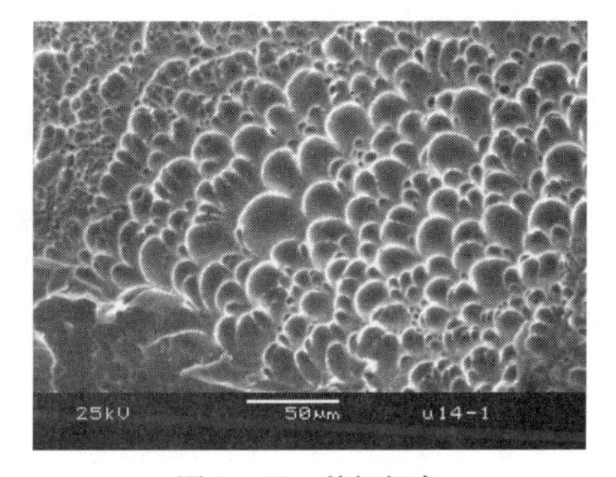

图3-12　剪切韧窝

3.3.4.2　滑移分离

金属塑性变形方式主要有滑移、孪生、晶界滑动和扩散性蠕变四种。孪生一般在低温下才起作用;在高温下,晶界滑动和扩散性蠕变方式较为常见。在常温下,金属主要的变形方式是滑移。滑移分离的基本特征是:断面倾斜,呈45°角;断口附近有明显的塑性变形,滑移分离是在平面应力状态下进行的。滑移分离的主要微观特征是滑移线或滑移带、蛇形花样、涟波形貌等,如图3-13~图3-15所示。

图3-13　滑移线形貌

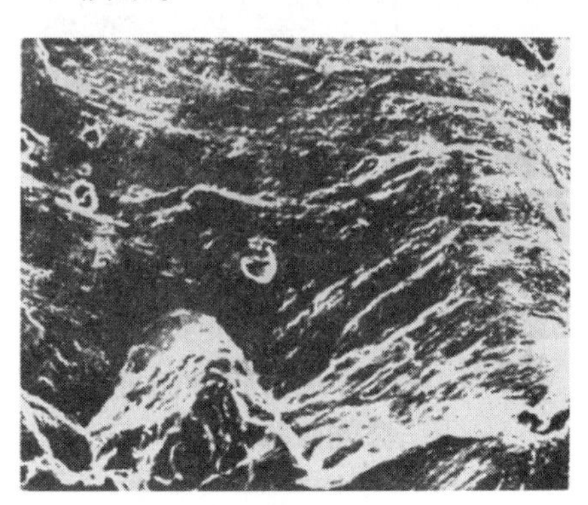

图3-14　蛇形滑移花样

3.3.4.3 解理

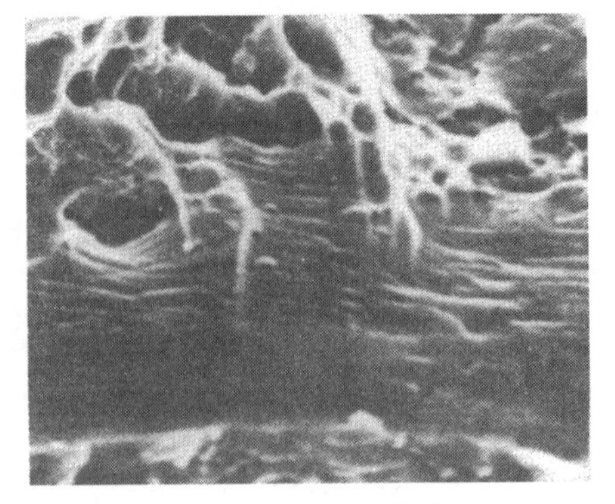
图 3－15 涟波形貌

解理断裂是金属在正应力作用下,由于原子结合键的破坏而造成的沿一定的晶体学平面(解理面)快速分离的过程。解理面一般是表面能量最小的晶面。面心立方晶系的金属及合金一般情况下不发生解理断裂。解理断裂属于脆性断裂。解理断裂区通常呈典型的脆性状态,不会产生宏观塑性变形,有时可伴有一定的微观塑性变形。小刻面是解理断裂断口上明显的宏观特征。解理断口上的小刻面即为结晶面,呈无规则取向。当断口在强光下转动时,可见到闪闪发光的特征。

典型的解理断口微观形貌重要特征有解理台阶、河流花样、“舌”状花样、扇形花样、鱼骨状花样及瓦纳线等,部分典型形貌如图 3－16～图 3－19 所示。

影响解理断裂的因素主要有环境温度、介质、加载速率、材料的晶体结构、显微组织、应力大小与状态等。

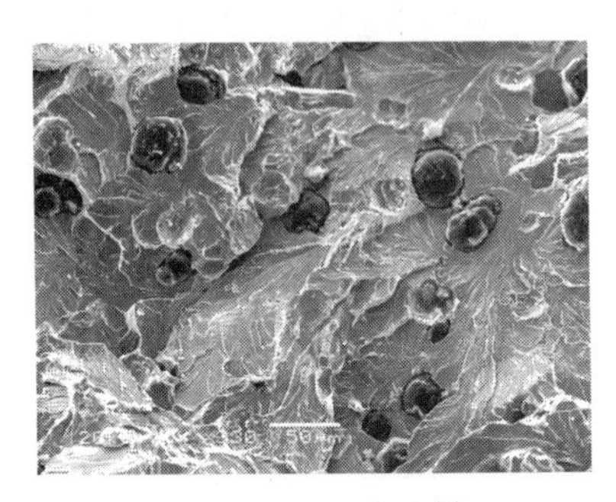
图 3－16 河流花样

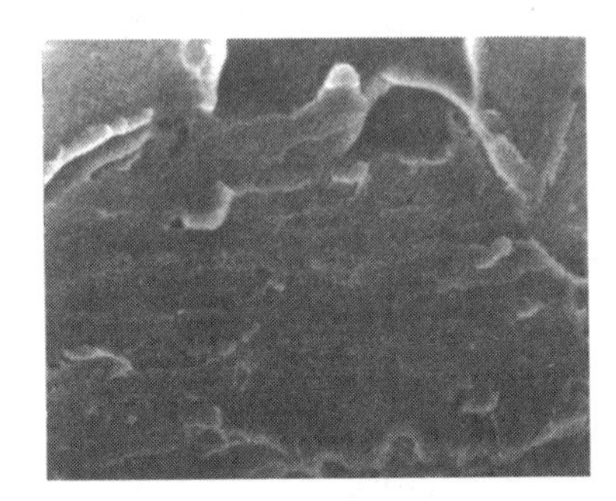
图 3－17 “舌”状花样

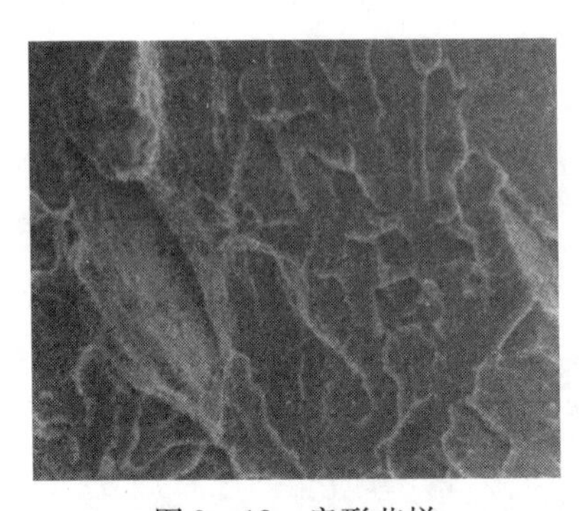
图 3－18 扇形花样

图 3－19 鱼骨状花样

3.3.4.4 准解理

准解理断裂是介于解理断裂和韧窝断裂之间的一种过渡断裂形式。准解理断口宏观形貌比较平整,基本上无宏观塑性或宏观塑性变形较小,呈脆性特征。其微观形貌有河流花样、舌状花样及韧窝与撕裂棱等。准解理断口与解理断口的不同之处在于:

(1) 准解理断裂起源于晶粒内部的空洞、夹杂物、第二相粒子,而不像解理断裂那样,断裂源在晶粒边界或相界面上。

(2) 裂纹传播的途径不同,准解理是由裂源向四周扩展,不连续,而且多是局部扩展。解理裂纹是由晶界向晶内扩展,表现河流走向。

(3) 准解理小平面的位向并不与基体(体心立方)的解理面{100}严格对应,相互并不存在确定的对应关系。

(4) 在调质钢中准解理小刻面的尺寸比回火马氏体的尺寸要大得多,它相当于淬火前的原始奥氏体晶粒尺度。

3.3.4.5　沿晶断裂

沿晶断裂又称晶间断裂,它是多晶体沿不同取向的晶粒所形成的沿晶粒界面分离,即沿晶界发生的断裂现象。沿晶断裂通常分为沿晶韧窝断裂和沿晶脆性断裂两类。沿晶韧窝断裂形貌如图3-20所示,沿晶脆性断裂形貌见图3-21所示。

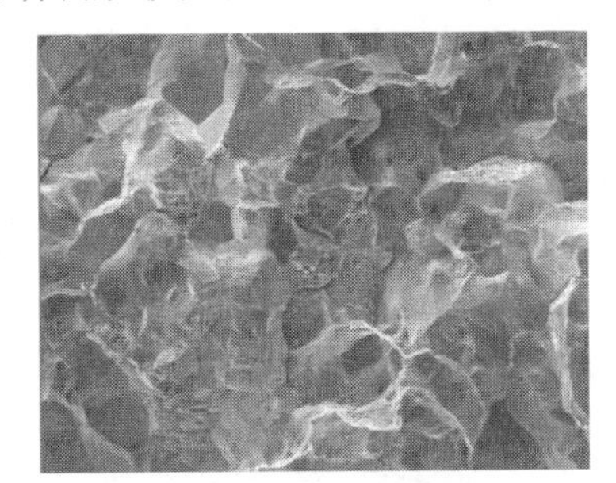

图3-20　沿晶韧窝断裂

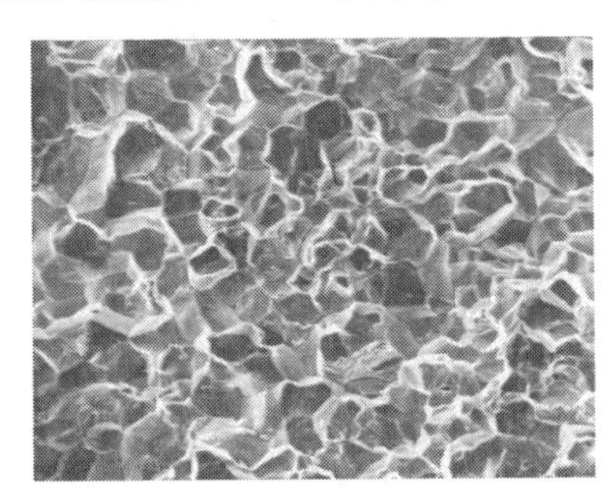

图3-21　沿晶脆性断裂

3.3.4.6　疲劳

疲劳断裂是材料(或构件)在交变应力反复作用下发生的断裂。疲劳断裂的典型微观形貌特征是疲劳条带,典型形貌如图3-22所示。疲劳条带的主要特征如下:

(1) 疲劳条带是一系列基本相互平行、略带弯曲的波浪形条纹,并与裂纹局部扩展方向相垂直。

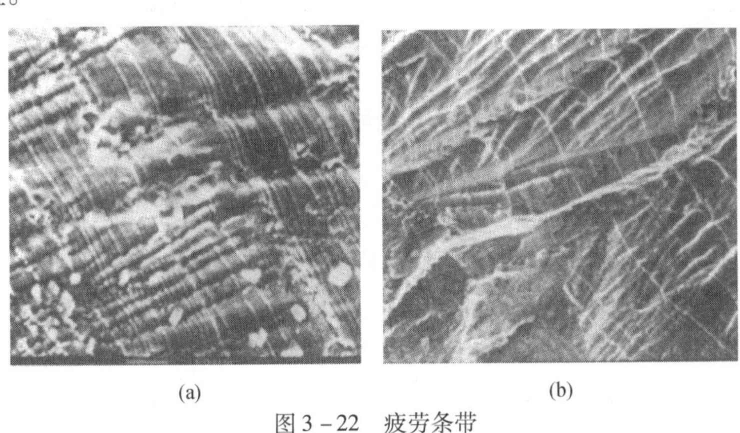

(a)　　(b)

图3-22　疲劳条带

(a)延性疲劳条带;(b)脆性疲劳条带。

(2) 每一条条带代表一次应力循环,每一条条带表示该循环下裂纹前端的位置,疲劳条带在数量上与循环次数相等。

（3）疲劳条带间距（或宽度）随应力强度因子幅的变化而变化。

（4）疲劳断面通常由许多大小不等、高低不同的小断块所组成，各个小断块上的疲劳条带并不连续且不平行。

（5）断口两匹配断面上的疲劳条带基本对应。

3.3.5 不同断裂失效模式的断口特征

3.3.5.1 过载断裂

过载断口一般由三个宏观特征区域组成，分别是纤维区、放射区、剪切唇区，也称为过载断口宏观三要素（图3-23）。

纤维区一般位于断口的中央，是材料处于平面应变状态下发生的断裂，呈粗糙的纤维状，属于正断型断裂。纤维区的宏观平面与拉伸应力轴相垂直，断裂在该区形核。

放射区紧接纤维区，是裂纹由缓慢扩展转化为快速的不稳定扩展的标志，其特征是放射线花样。放射线发散的方向为裂纹扩展方向。放射条纹的粗细取决于材料的性能、微观结构及试验温度等。

剪切唇区为断裂过程的最后阶段，表面较光滑，与拉伸应力轴呈约45°角，属于切断型断裂。它是在平面应力状态下发生的快速不稳定扩展，在一般情况下，剪切唇大小是应力状态及材料性能的函数。

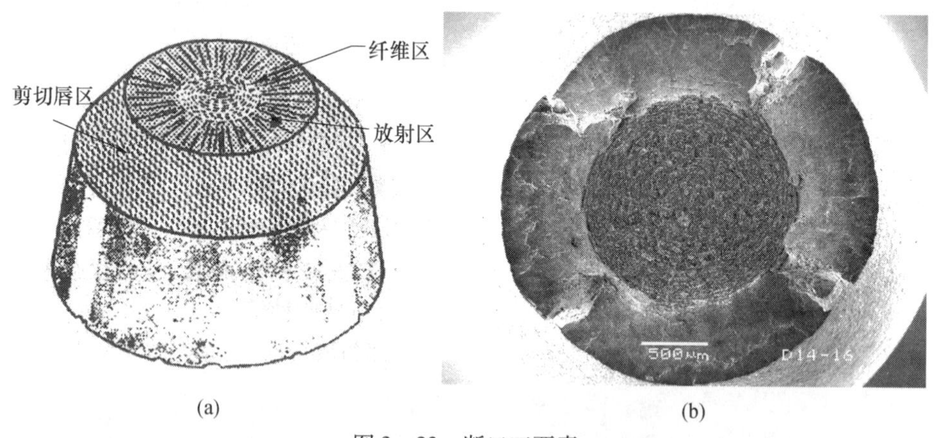

图3-23 断口三要素

在通常情况下，金属材料的断口均会出现断口三要素形貌特征，所不同的仅仅是三个区域的位置、形状、大小及分布不同而已。但有时在断口上只出现一种或两种断口形貌特征，其受材质、温度、受力状态等因素的影响。断口三要素的分布有下列四种情况：

（1）断口上全部为剪切唇，例如纯剪切型断口或薄板拉伸断口就属于这种情况。

（2）断口上只有纤维区和剪切唇区，而没有放射区。

（3）断口上没有纤维区，仅有放射区和剪切唇区，如低合金钢在-60℃时的拉伸断口。

（4）断口三要素同时出现，这是最常见的断口宏观形貌特征。

3.3.5.2 疲劳断裂

1. 疲劳断裂的宏观特征

典型的疲劳断口按照断裂过程的先后有三个明显的特征区，即疲劳源区、扩展区和瞬断区，如图3－24所示。在一般情况下，通过宏观分析即可大致判明该断口是否属于疲劳断裂、断裂源区的位置、裂纹的扩展方向以及载荷的类型与大小。

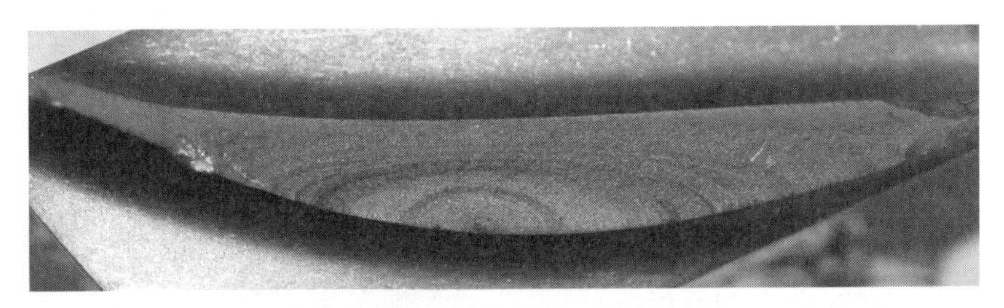

图3－24　典型疲劳断口的宏观特征

（1）源区的宏观特征。疲劳源区一般位于零件的表面或亚表面的应力集中处，具有如下宏观特征：

① 氧化或腐蚀较重，颜色较深；

② 断面平坦、光滑、细密，有些断口可见到闪光的小刻面；

③ 有向外辐射的放射台阶和放射状条纹；

④ 在源区虽看不到疲劳弧线，但它看上去像向外发射疲劳弧线的中心。

以上是疲劳断裂源区的一般特征，有时宏观特征并不典型，这时需要通过较高倍率的放大观察。有时疲劳源区不止一个，存在多个源区的情况下，需要找出疲劳断裂的主源区。

（2）扩展区的宏观特征。该区断面较平坦，与主应力相垂直，颜色介于源区与瞬断区，疲劳断裂扩展阶段留在断口上最基本的宏观特征是疲劳弧线（又称海滩花样或贝壳花样）。这也是识别和判断疲劳失效的主要依据。但并不是在所有的情况下疲劳断口都有清晰可见的疲劳弧线，有时看不到疲劳弧线，这是因为疲劳弧线的形成是有条件的，不能仅仅根据断口上有无宏观疲劳弧线就做出肯定或否定的结论。

（3）瞬断区的宏观特征。瞬断区宏观特征与带尖缺口过载断裂的断口相近。

2. 疲劳断裂的微观特征

（1）疲劳源区的微观特征。源区裂纹萌生处有无外物损伤痕迹、加工刀痕、磨损痕迹、腐蚀损伤及腐蚀产物、材质缺陷（包括晶界、夹杂物、第二相粒子）等，如图3－25和图3－26所示。

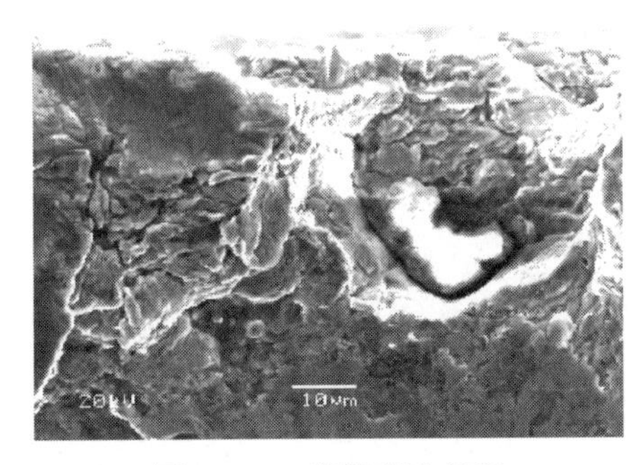

图3－25　磨损痕迹起源

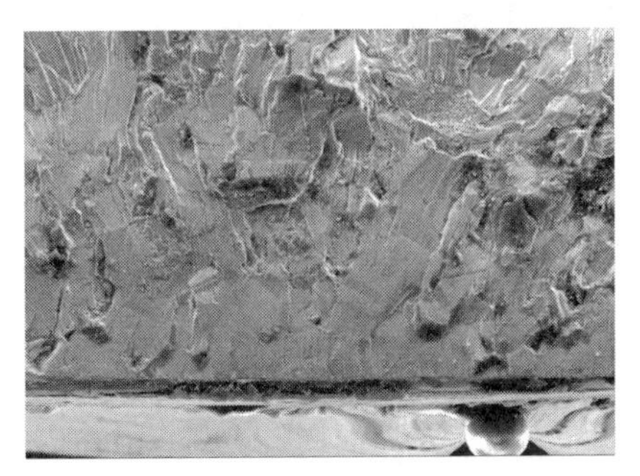

图3－26　加工刀痕起源

(2) 疲劳扩展区的微观特征如图 3－27 所示,分别是韧性疲劳条带和脆性疲劳条带。

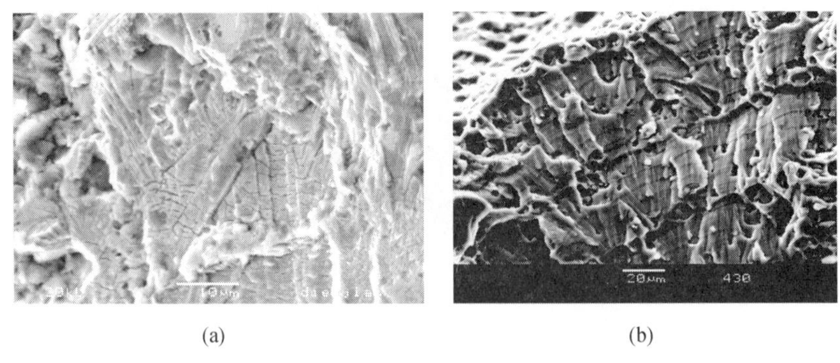

(a) (b)

图 3－27 疲劳扩展区微观形貌

(3) 瞬断区微观特征与过载断口微观特征基本相似,主要为韧窝。

3. 不同模式疲劳断裂的特征

(1) 高周疲劳。高周疲劳断裂除具有疲劳断口的一般特征之外,还有如下两点:

① 宏观上疲劳扩展区面积较大,瞬断区面积较小(图 3－28);

② 微观上疲劳条带比较细密(图 3－29)。

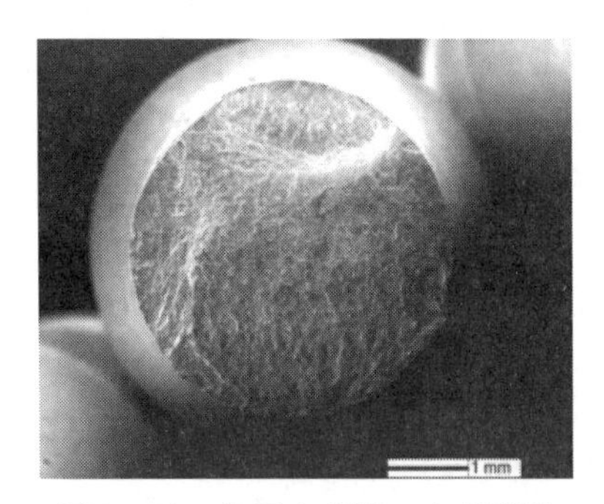

图 3－28 高周疲劳断口宏观形貌

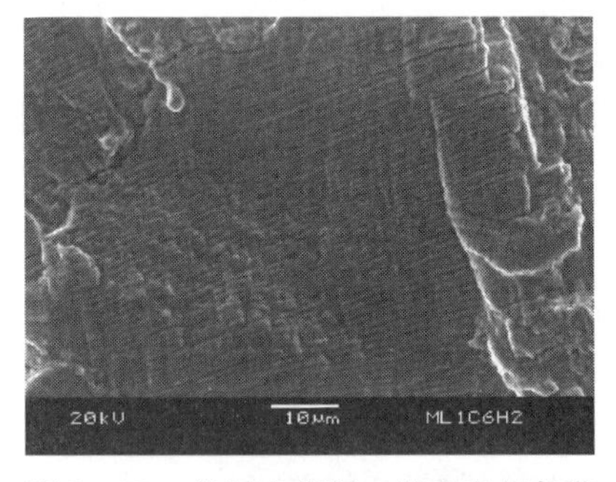

图 3－29 高周疲劳断口微观疲劳条带

(2) 低周疲劳。

① 宏观特征。低周疲劳断裂宏观断口(图 3－30)除具有疲劳断裂宏观断口的一般特征之外,还有如下四点:

a. 具有多个疲劳源,且往往呈线状。源区间的放射状棱线(疲劳一次台阶)多而且台阶的高度差大。

b. 瞬断区的面积所占比例大,甚至远大于疲劳裂纹稳定扩展区面积。

c. 疲劳弧线间距加大,稳定扩展区的棱线(疲劳二次台阶)粗且短。

d. 与高周疲劳断口相比,整个断口高低不平,随着断裂循环数 N_f 的降低,断口形貌越来越接近静拉伸断裂断口。

② 微观特征。低周疲劳断裂由于宏观塑性变形较大(图 3－31),静载断裂机理会出现在疲劳断裂过程中。对一般合金而言,当 $N_f < 90$ 时,断口上为细小的韧窝,没有疲劳条带出现;当 $N_f \geqslant 300$ 时,出现轮胎花样;当 $N_f > 10^4$ 时,才出现疲劳条带,此时的条带

间距较宽。如果使用温度超过等强温度,断口还会出现沿晶断裂。

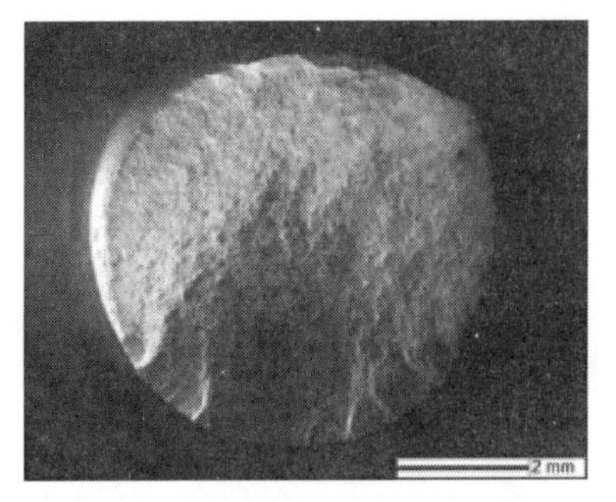

图 3－30　低周疲劳宏观形貌

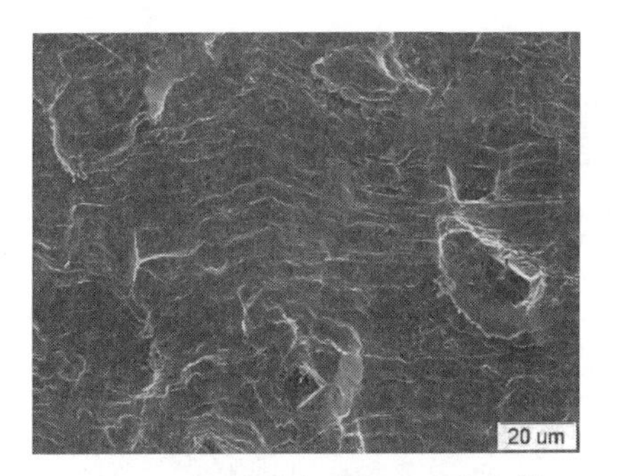

图 3－31　低周疲劳微观疲劳条带

(3) 腐蚀疲劳。腐蚀疲劳断裂是在腐蚀环境与交变载荷交互作用下发生的一种失效模式。腐蚀疲劳和一般疲劳断裂一样,断口上也有源区、扩展区和瞬断区,但在细节上,腐蚀疲劳断口有其独特的特征(图 3－32 和图 3－33),主要表现在如下七方面:

① 断口低倍形貌呈现出明显的疲劳弧线。

② 腐蚀疲劳断口的源区与疲劳扩展区一般均有腐蚀产物。但应注意疲劳断口上覆盖有腐蚀产物并不一定就是腐蚀疲劳断裂,因为常规疲劳断裂后的断面上也有可能产生锈蚀。因此,断面上有腐蚀产物不是腐蚀疲劳断裂的唯一判据。

③ 腐蚀疲劳断裂一般均起源于表面腐蚀损伤处(包括点腐蚀、晶间腐蚀、应力腐蚀等),因此,大多数腐蚀疲劳断裂的源区可见到腐蚀损伤特征。

④ 腐蚀疲劳断裂扩展区具有某些较明显腐蚀特征,如腐蚀坑、泥纹花样等。

⑤ 腐蚀疲劳断裂的重要微观特征是穿晶脆性疲劳条带。

⑥ 在腐蚀疲劳断裂过程中,当腐蚀损伤占主导地位时,腐蚀疲劳断口呈现穿晶与沿晶混合型。

⑦ 当 $K_{max} > K_{ISCC}$ 时,在频率很低的情况下,腐蚀疲劳断口呈现出穿晶与韧窝混合特征。

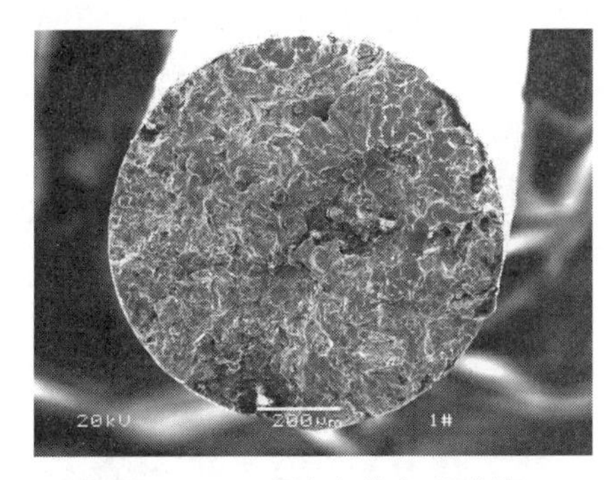

图 3－32　腐蚀疲劳宏观形貌

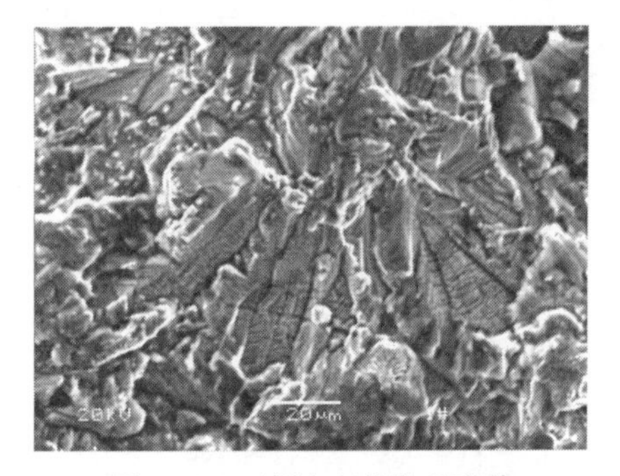

图 3－33　腐蚀疲劳微观形貌

(4) 热疲劳。对于有表面应力集中零件,热疲劳裂纹易产生于应变集中处;而对于光滑表面零件,则易产生于温度高,温差大的部位,在这些部位首先产生多条微裂纹。在酸浸显示晶粒度后,可发现热疲劳裂纹发展极不规则,呈跳跃式,忽宽忽窄。有时还会产生分枝和二次裂纹，裂纹多为沿晶开裂。热疲劳宏微观形貌分别如图 3 – 34 和图 3 – 35所示。

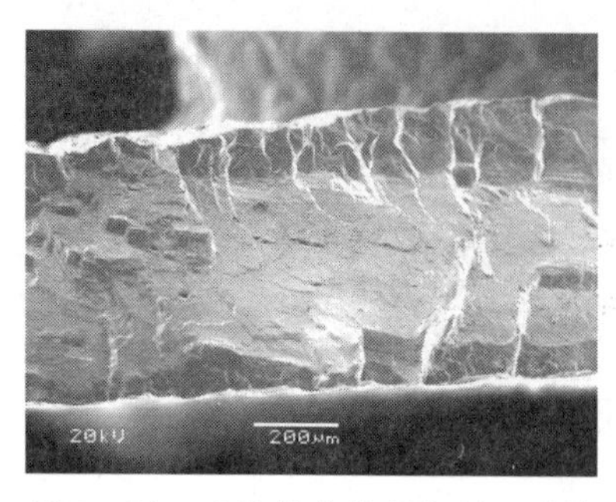

图 3 – 34　叶片热疲劳裂纹断口形貌

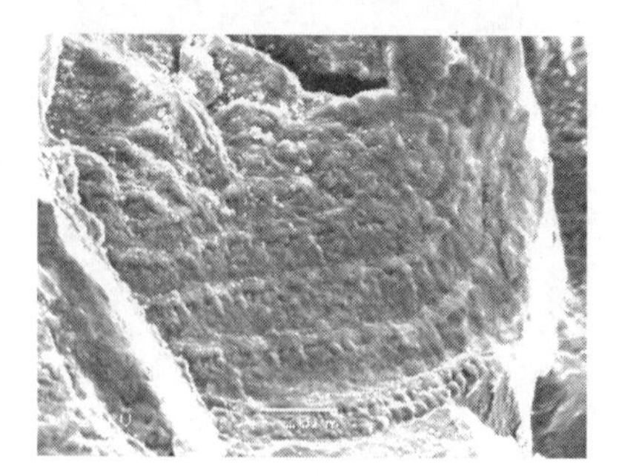

图 3 – 35　叶片热疲劳裂纹断口微观形貌

热疲劳断口与机械疲劳断口在宏观上有相似之处，也可分为三个区域，即裂纹源区、扩展区和瞬时断裂区。其微观形貌为韧窝和疲劳条带。

除了上述几种主要的疲劳断裂失效形式外，还有高温疲劳、蠕变疲劳、复合疲劳等疲劳断裂模式，由于篇幅所限，不再叙述。

3.3.5.3　应力腐蚀断裂

金属构件在静应力和特定的腐蚀环境共同作用下所导致的脆性断裂为应力腐蚀断裂。引起应力腐蚀的条件如下：

（1）引起应力腐蚀的应力一般是拉应力。

（2）材料本身具有应力腐蚀敏感性。

（3）特定的腐蚀介质。

应力腐蚀断裂属脆性损伤，其宏观特征主要有：断口平齐，与主应力垂直，没有明显的塑性变形，断口表面有时比较灰暗（通常是一层腐蚀产物覆盖断口）。同时应力腐蚀断裂起源于表面且为多源，起源处表面一般存在腐蚀坑且有腐蚀产物，离源区越近，腐蚀产物越多。腐蚀断裂断口一般没有放射性花样，如图 3 – 36 和图 3 – 37 所示。

应力腐蚀断口的微观形态可以是解理或准解理（河流花样、解理扇形）、沿晶断裂或混合型断口。

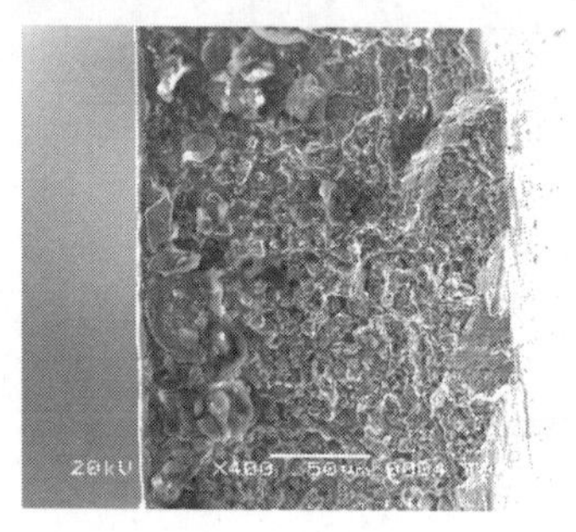

图 3 – 36　应力腐蚀断口沿晶形貌

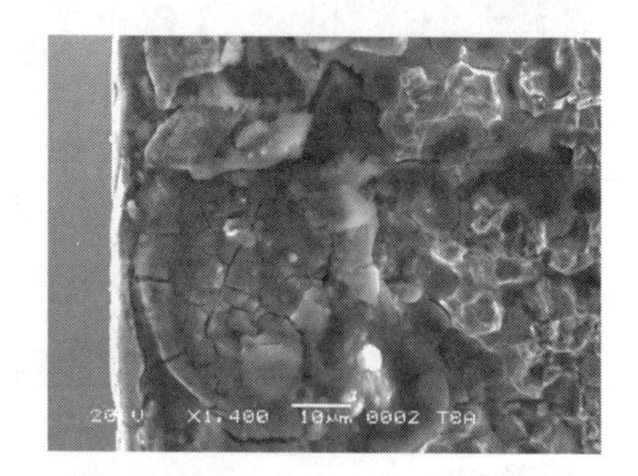

图 3 – 37　应力腐蚀断口龟裂形貌

3.3.5.4　氢脆断裂

由于氢渗入金属内部导致损伤，从而使金属零件在低于材料屈服极限的静应力作用下失效称为氢致破断失效(俗称氢脆)。

1. 金属氢脆断口宏观形貌特征

氢脆断口宏观形貌主要特征是:断口附近无宏观塑性变形,断口平齐,结构粗糙,氢脆断裂区呈结晶颗粒状,为亮灰色,断面干净,无腐蚀产物。非氢脆断裂区呈暗灰色纤维状,并伴有剪切唇边,如图 3-38 所示。

2. 金属氢脆断口微观形貌特征

金属氢脆断口微观形貌一般显示沿晶分离,也可能是穿晶的,沿晶分离系沿晶界发生的沿晶脆性断裂,呈冰糖块状。断口的晶面平坦,没有附着物,有时可见白亮的、不规则的细亮条,这种线条是晶界最后断裂位置的反映,并存在大量的鸡爪形的撕裂棱,如图 3-39 所示。

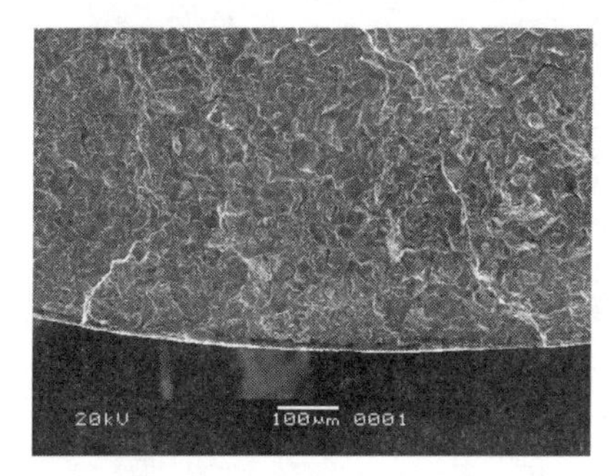

图 3-38　氢脆断口宏观形貌

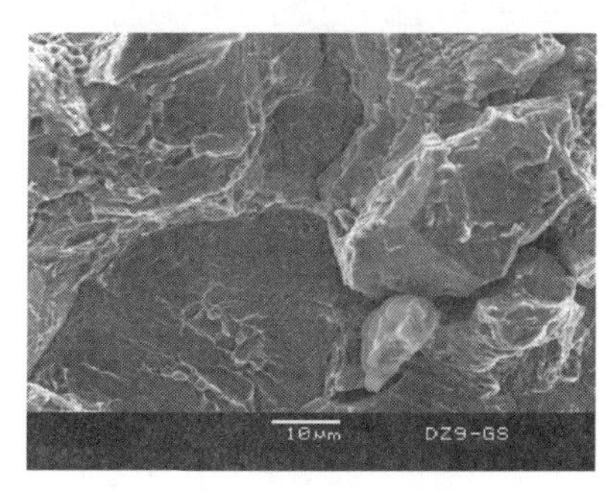

图 3-39　氢脆断口微观形貌

3.3.5.5　液态金属致脆

液态金属致脆是指延性金属或合金与液态金属接触后导致塑性降低而发生脆断的过程。

液态金属致脆断裂始于构件表面,起始区平坦,在平坦区有发散状的棱线,呈河流状花样,且有与棱线方向一致的二次裂纹。镉脆断口形貌如图 3-40 所示。裂纹一般沿晶扩展,仅在少数情况下发生穿晶扩展。虽然有时也发生裂纹分叉,但最终的断裂由单一裂纹引起,导致开裂的表面通常覆盖着一层液态金属。

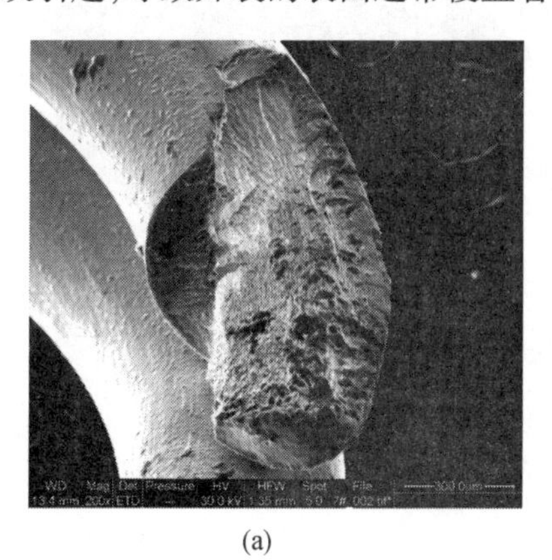

(a)

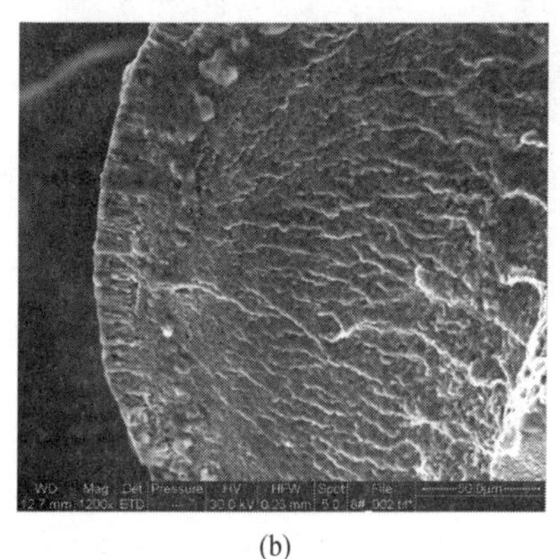

(b)

图 3-40　镉脆断口形貌

3.3.5.6 其他沿晶断裂失效模式

回火脆以及因过热、过烧引起的脆断断口大多为沿晶脆性断裂特征；而蠕变断裂、某些高温合金的室温冲击或拉伸断口往往为沿晶韧窝形貌。

另外，还有两种情况也属沿晶断裂范畴：一是沿结合面发生的断裂，如沿焊接结合面发生的断裂；二是沿相界面发生的断裂，如在两相金属中沿两相的交界面发生的断裂。

1. 回火脆

断口在宏观呈岩石状，微观上沿原奥氏体界面断裂，晶界面上观察不到第二相粒子，微区成分分析发现在晶界面上有杂质元素 P、S、As 等偏聚（图 3－41 和图 3－42）。

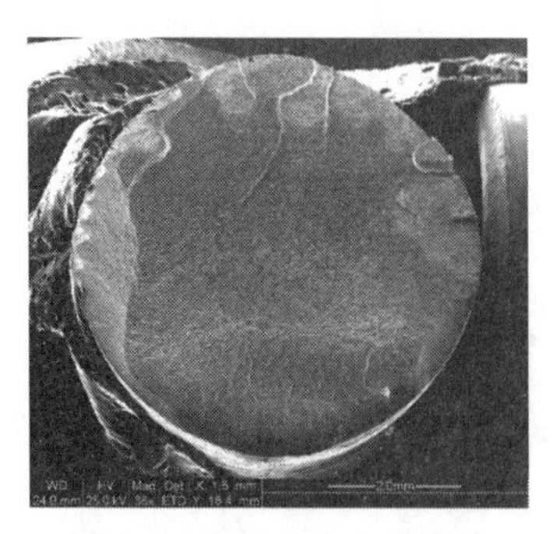

图 3－41　回火脆宏观形貌

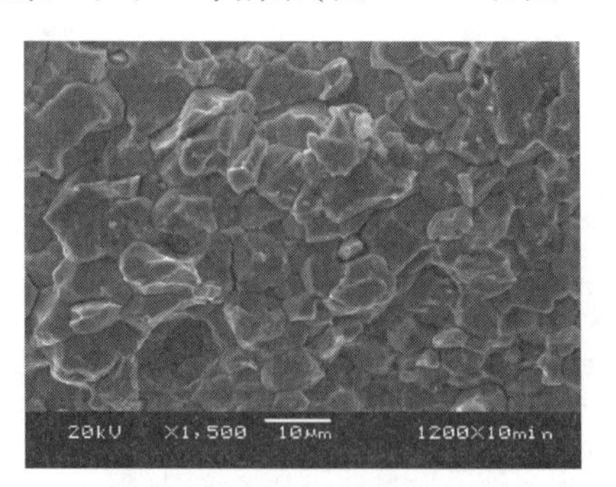

图 3－42　回火脆微观形貌

2. 过热、过烧

金属零件在热加工过程中，或使用过程中在过热、过烧温度区间内长期或短期停留，均会引起零件整件、或局部过热与过烧，从而在应力作用下导致沿晶脆性断裂。过热、过烧断口宏观上呈粗大的颗粒状，无明显的断裂起源特征，断口附近无明显变形，过烧断口无金属光泽。过热断口微观形貌为晶粒粗大，晶界分离面上有细小的韧窝。过烧断口微观形貌为晶粒粗大，晶界粗而深，晶界分离面上有氧化膜、熔化的孔洞等特征（图 3－43 和图 3－44）。

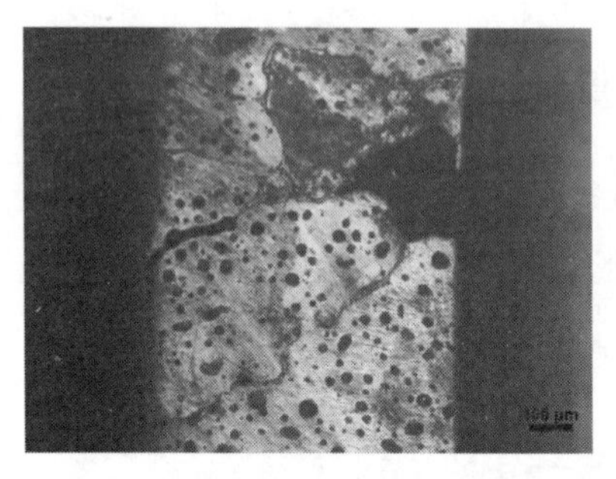

图 3－43　过烧断口宏观形貌

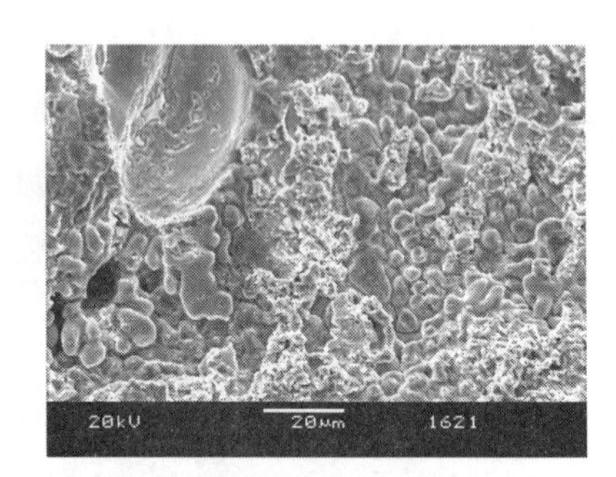

图 3－44　过烧断口微观形貌

3. 蠕变

金属材料在高温和持久载荷共同作用下较易产生蠕变变形直至断裂。蠕变断口宏观特征：断口颜色较深，且比较粗糙，呈颗粒状（图 3－45）。蠕变断口微观特征：韧性沿晶断裂，较低倍数的形貌为沿晶断裂特征，高倍下可见晶界上均为韧窝断裂形貌，断面上可见孔洞特征（图 3－46）。

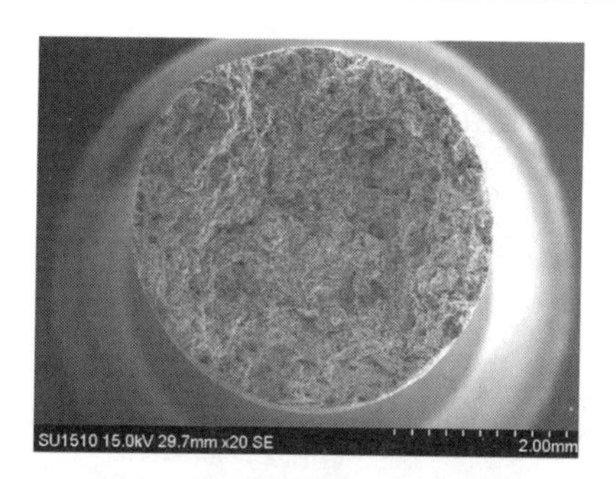

图3－45　蠕变断口宏观形貌

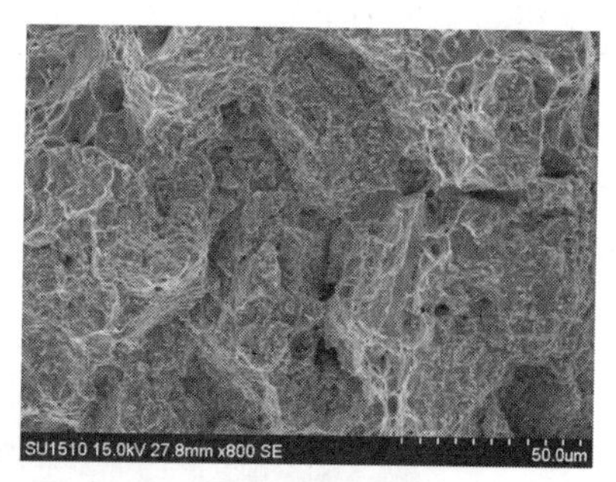

图3－46　蠕变断口微观形貌

3.3.6　断裂失效原因的分析

3.3.6.1　断裂失效原因分析的前提条件

在断裂失效分析中，判明断裂的性质、起源及扩展方向是分析断裂失效原因的前提与基础。断裂的性质包括断裂模式和机理在前面已有相关描述，这里不再赘述。重点叙述断裂的起源与扩展方向。

1. 断裂源位置的分析判断

断裂失效往往在零件的表面或次表面或在应力集中处萌生，如尖角、缺口、凹槽及表面损伤处等薄弱环节。由于受力状态、断裂模式（如延性与脆性，一次过载断与疲劳断裂等）的不同，在断口上留下特征也不相同，一般情况下根据如下宏观特征来确定断裂起源的位置：

（1）放射状条纹或人字纹的收敛处。如果裂纹断口宏观形貌具有放射状的撕裂棱线或呈人字花样，则放射状撕裂棱的收敛处即为断裂的起源位置（图3－47）。

同样，人字纹收敛处（人字头指向处）也为裂源，人字纹的方向即为裂纹扩展方向。但是对两侧带有缺口的薄板零件，则由于裂纹首先在应力集中的缺口处形成，裂纹沿缺口处扩展速度较快，两侧较慢，故人字纹的尖顶方向是裂纹的扩展方向，和无缺口平滑板材零件正好相反。

（2）纤维状区中心处。如果断口上呈现纤维区、放射区和剪切唇区的宏观特征，则裂源均在纤维区的中心处。如果纤维区为圆形或椭圆形，则它们的圆心为断裂源；如果纤维区处在边部且呈半圆形或弧形条带，则裂源在零件表面的半圆或弧形条带的中心处（图3－48）。

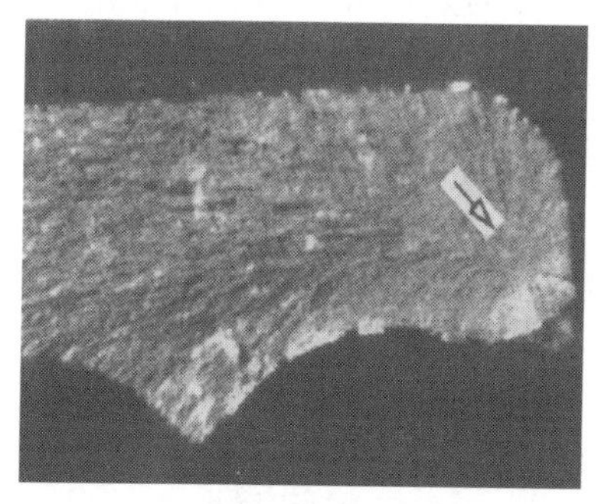

图3－47　放射状条收敛处为断裂源

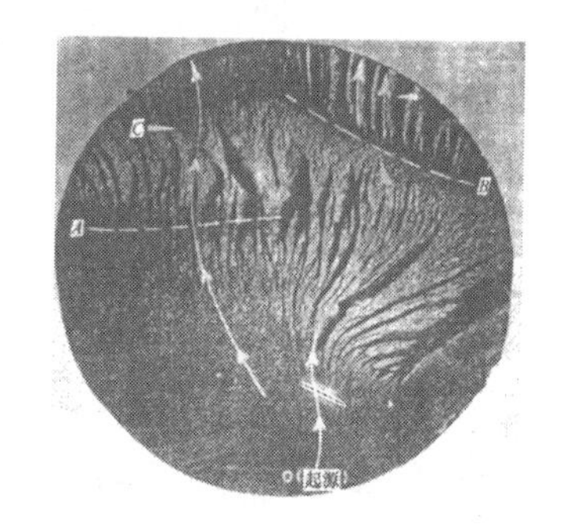

图3－48　根据纤维区位置判定断裂源

(3) 无剪切唇处。某些机械零件(如厚板、轴类等),断裂源常在构件的表面无剪切唇处。因为剪切唇是最终断裂的形貌,断裂的扩展方向由断裂源指向剪切唇。

(4) 断口平坦区。机械零件的宏观断口常常呈现平坦区和凹凸不平区两部分(如疲劳断口),凹凸不平区通常是裂纹快速失稳扩展的形貌特征,而平坦区则是裂纹慢速稳定扩展的特征标记,裂源一般位于断口的平坦区内(图3-49)。

图3-49 裂源位于平坦区内(箭头为源区)

(5) 疲劳弧线曲率半径最小处。如果断口上具有明显的疲劳弧线,则疲劳源位于疲劳弧线曲线半径最小处,或者在与疲劳弧线相垂直的放射状条纹汇集处。

(6) 环境条件作用下断裂件的裂源。环境条件作用下断裂失效件的裂源往往位于腐蚀或氧化最严重的表面或次表面。

以上裂纹位置的判别只适用于一般情况,一些特殊情况如断面遭到高温氧化或严重机械损伤、化学损伤等,则采用多种手段进行综合分析判断。

2. 断裂扩展方向的分析判别

断裂扩展的宏观方向与微观方向有时并不完全一致,通常情况下主要是要判明断裂的宏观走向,某些情况下还要判明断裂的微观走向。

(1) 断裂扩展方向的宏观判别。断裂失效分析中,当裂源的位置确定后,一般情况下其裂纹扩展的宏观方向(指向源区的反方向就是裂纹宏观扩展方向)随之确定,如放射线发散方向、纤维区指向剪切唇区方向、与疲劳弧线相垂直的放射状条纹发散方向等。

(2) 断裂扩展方向的微观判别。

① 解理与准解理断裂微观扩展方向的判别。

a. 解理裂纹扩展方向为河流花样合并方向,反方向是起源。因为河流花样的支流大多发源于晶界并穿过整个晶粒,而在扩展中逐渐合并为主流。准解理裂纹的扩展方向与解理裂纹正好相反,即在一个晶粒内河流花样的发散方向为解理裂纹局部扩展方向。

b. 在解理或准解理的显微断面上,扇形或羽毛状花样的发射方向为裂纹的局部扩展方向。

② 疲劳裂纹微观扩展方向的判别。

a. 与疲劳条带相垂直的方向为裂纹局部扩展方向。

b. 轮胎花样间距增大的方向为疲劳裂纹局部扩展方向。

3.3.6.2　断裂原因分析

1. 断裂失效原因分析原则

（1）外力与抗力分析判断准则。任何零件的任何类别的断裂失效，都是在零件所承受的外力超过了零件本身所具有的抗力的条件下发生的。对于一个确定了断裂失效性质的失效件，既要分析零件承受的外力（包括载荷的类型、大小、加载的频率与振幅以及由此引起的应力分布状况等），又要分析零件本身所具有的抗力（包括材质冶金因素、表面完整性因素和环境因素等）。

（2）由外力超过抗力引起的断裂失效。由于生产制造使用条件的复杂多样以及科学技术水平的限制，有时会出现由于设计的考虑不周、分析不透、计算不准以及使用异常等原因，使零件承受的外力大于它所具有的抗力（局部的或整体的），从而导致零件断裂失效。一般有如下三种情况：

① 对几何形状复杂零件的应力分布（主要是应力集中）分析不透、计算不准确而造成局部应力过大引起断裂失效。

② 缺乏深入而全面的系统分析，使得零件的自振频率与系统的某一振动频率相耦合，引起共振而造成超载断裂失效。

③ 对零件承受的主要载荷类型及大小与选用的材料所具有的主要抗力指标不匹配而造成超载失效。

此外，也存在某些非正常偶然突发因素而导致零件过载断裂失效的例子。

（3）零件具有的抗力不足而引起的断裂失效。在实际使用中，零件的断裂失效大部分是由于零件本身具有的抗力不足所致。造成零件失效抗力下降的主要因素如下：

① 材质冶金因素。

a. 材料的化学成分超标或存在标准中未予规定的微量有害元素，如 O、N、H、Sb、Pb、As、Sn、Bi 等。

b. 显微组织结构异常或超标，包括基体组织，第二相的数量、大小与分布，析出相的组分、大小与分布，晶粒度及残余奥氏体等。

c. 非金属夹杂物的种类、数量、大小及分布等超标。

d. 冶金缺陷超标（包括疏松、偏析、气孔、夹砂等）及流线分布不合理等。

e. 表面或内部存在宏观裂纹或显微裂纹。

② 表面完整性不符合要求或在使用中遭到破坏均会造成零件的力学性能、物理性能与化学性能下降，从而诱发裂纹在这些部位萌生。表面完整性包括表面粗糙度、表面防护层的致密性、完整性及外界因素造成的机械损伤等。

③ 表层残余应力的类型、大小与分布。这一因素在分析断裂失效原因时应予以充分注意，一方面是残余应力的存在往往不易察觉，另一方面是它的危害性。残余拉应力往往与外加应力叠加而促进断裂失效。残余拉应力易造成应力腐蚀与氢脆断裂。而适当的残余压应力能提高疲劳断裂寿命，降低应力腐蚀或氢脆敏感性，相对而言是有利的。

④ 零件的几何形状设计不当或加工质量不符合要求会导致应力分布不均。局部应力集中严重，使零件的实际抗力大大降低，如疲劳断裂失效大多起源于零件的尖角、

倒角、油孔、键槽及圆弧过渡处等。

⑤ 温度与环境介质引起抗力下降。温度升高会引起材料的疲劳抗力、蠕变抗力等降低，温度的急剧变化会使零件抗热疲劳能力降低，低温会引起低温脆断等。环境介质会使零件对氢脆、应力腐蚀、腐蚀疲劳等抗力大大降低。

上面所述只是一般的原则与方法，在实际的断裂失效分析中，要根据具体的分析对象，遵循正确的分析思路与分析程序，采用相应的分析手段与分析方法进行具体分析。

2. 断裂失效原因

断裂失效原因有着不同的深度和广度，或者称层次。根据分析的对象、分析的目的与要求，分析时所具有的主观与客观条件等的不同，失效原因分析所要达到或所能达到的深度与广度也会有所不同。在一般情况下断裂失效原因可分为如下三个层次：

（1）失效条件不确定性原因。在失效分析中由于分析对象的原始资料不全，或者由于时间的紧迫，或者由于分析手段的限制，或者由于分析经费的不足，只能对失效原因做出方向性的判断，而不能做出明确的界定。例如，根据零件断裂的形貌特征分析及冶金材质分析等可得出“该零件是由共振引起的疲劳断裂失效”或者“该零件失效是内部存在严重超过技术标准规定疏松缺陷所致”。这样两种断裂原因分析结论，只是在大的范围内分清了断裂产生的原因是由外力超过零件本身具有的抗力（前者）或是零件本身具有的抗力低于额定的外力，虽然为进一步分析指明方向，但没有给出产生失效的具体条件，因而提不出具有可操作性的改进措施。

（2）失效条件确定性原因。一般情况下，失效原因应包括失效产生的具体力学参量或者具体的冶金工艺参数，才能提出可操作性强的改进措施。就前面两个例子而言，前者需要找出零件的自振频率以及系统与之相耦合的振动频率，后者需要找出产生严重疏松形成的因素及铸造工艺参数等。

（3）失效机理性原因。对于一些具有普遍意义的失效模式，需要对引起断裂失效的力学参量与材料的物理冶金参量之间的关系进行深入系统的研究，以揭示断裂失效的机理与规律，从而为更新设计思想，发展材料学技术奠定理论基础。

对于工程上大多数失效分析而言，所指的失效原因主要是第二种情况，即失效条件确定原因。其中：找出失效的确定性力学原因的任务，通常由从事设计和结构强度方面的专业人员去完成；找出失效的确定性冶金材质原因的任务，一般由从事材料工程的专业人员去完成。

3.4 失效分析常用检测技术

失效分析所用的检测技术种类繁多，涉及物理、化学、力学、电子学等各种学科和技术领域中的一些专门测试技术，其中金相分析、成分分析、无损检测和力学性能测试等检测及分析技术应用更为常见。有关详细内容在相关书籍中均有专门介绍，本节仅针对在失效分析中常用的检测技术作简单的介绍。

3.4.1 失效分析选用检测技术原则

在进行某项具体的失效分析时，一般应根据失效现象的复杂程度，同时考虑失效分析的深度、时间性和经济性，有效而经济地选用检测技术。在选用实验检测技术时，应该遵循以下三个原则：

（1）考虑失效分析的实际需要。应根据失效分析的具体目的、分析的深度和进度要求、委托人的经济支付能力等因素，来选用实用而且简便的检测技术。

（2）考虑检测技术的适用性，即这些检测技术是可实现的和可信的。

（3）考虑检测技术的经济性，即选用实验费用较低又能满足具体要求的检测技术。

例如，有一锻件毛坯，在粗加工后，通过磁粉检测，发现在锻件外表面上有许多裂纹。在判明裂纹产生原因的试验过程中发现：绝大多数的裂纹存在着黄绿色或灰色的粉末状物质。用小刀从裂纹中挖出一些粉末，根据上述原则，分别选用了 X 射线衍射法和微量化学分析法，对粉末物质进行分析测试。结果表明，裂纹中的粉末状物质来源于浇铸系统的耐火材料变质层。而裂纹正是由于耐火材料变质层在浇铸过程中因机械冲刷作用而被卷入钢水中，并且在以后的锻造过程中作为外来夹杂物破坏了金属组织的连续性而形成的。在该例中，由于挖出的粉末数量极微（毫克数量级），因此，不能采用常规化学分析方法。显然在这一分析中，金相分析和力学性能检测也不能提供有关这些外来夹杂物来源的信息。

3.4.2　金相分析

金相分析是失效分析中常用的分析技术，其主要是采用放大镜和显微镜对材料的宏观和微观组织进行观察即宏观分析和显微分析。

宏观分析的目标包括金属结晶的形状、大小、排列、气泡、夹杂、空隙疏松、偏析、流线、裂纹以及其他组织特征等。常用的宏观分析方法有浸蚀法、印画法、断口法以及塔形车削发纹试验法等，这些方法在相应的专业书籍中均有详细介绍。

显微分析主要是利用显微镜对金相试样进行观察、分析以确定材料的结构、组织状态和分布等。其分析内容包括两个方面：一是对特定的微观缺陷进行鉴别，如对晶粒度、非金属夹杂物和显微组织的评级；二是对材料的微观结构进行分析，如对合金相变的观察，找出其组织与材料性能的内在联系等。

3.4.3　材料成分结构分析

3.4.3.1　金属材料

1. 成分分析

金属材料的成分分析包括微量常规分析、痕量常规分析、固相分析、微区分析和材料表面分析等。

微量常规分析方法有原子发射光谱、原子吸收光谱（AAS，火焰法）以及 ICP－AES 等方法；痕量常规分析方法有原子吸收光谱（AAS，石墨炉）与 ICP－MS 等方法；固相分析方法有 X 射线荧光光谱法；微区分析方法有 X 射线能谱法和电子探针分析法；表面分析方法有 X 射线能谱、俄歇电子能谱和二次离子质谱等。

2. 结构分析

金属材料结构分析主要技术包括物相结构确定、晶体结构测定和表面结构测定等，其目的是确定材料的物相、晶粒大小、应力、缺陷结构和表面吸附反应等。金属材料结构分析中常用方法有X射线衍射分析(XRD)、选区电子衍射(SAED)、中子衍射、低能电子衍射(LEED)、高能电子衍射(HEED)和激光拉曼谱(LRS)等。

3.4.3.2 非金属材料

对于非金属材料来说,其组分与结构的主要分析技术如下:

(1) 差示扫描量热(DSC):测定高分子材料的结晶/熔融、玻璃化转变温度,聚合物的结晶度和反应热等。

(2) 热失重分析仪(TGA):高分子材料组成的分析、热稳定性的测定、氧化或分解反应及其动力学的研究、材料老化研究等。

(3) 动态热机械分析仪(DMA):玻璃化转变和熔化测试,二级转变的测试,频率效应,转变过程的最佳化,弹性体非线性特性的表征,材料老化的表征等。

(4) 气质联用仪(GC/MS):高聚物单体和溶剂纯度分析,残存挥发组分分析,高聚物定性鉴别,共聚物或高聚物的共混物的组成定量分析,高聚物微观结构(链结构)分析,高聚物热稳定性和热降解机理测定等。

(5) 气质联用仪(PGC):高聚物分子链上双键位置的检测,立构规整性的测定,共聚物结构分析,共聚物组成分析。

(6) 红外光谱(FT - IR):聚合物的化学性质、立体结构、构象、序列状态及取向的检测。

(7) 拉曼光谱:对高聚物的立规性、结晶和取向的检测。

(8) 核磁交联密度谱仪:分析多种橡胶基体内交联网络密度的测定、硫化过程中交联网络的动态形成过程,废橡胶回收过程中脱硫效果的表征以及填料填充橡胶复合材料体系内填料 - 橡胶间相互作用、填料表面结合胶的形成机制等。

(9) X射线荧光光谱:元素成分分析,化学位移和高分子材料的定性鉴别,高分子材料表面化学结构变化的研究等。

3.4.4 力学性能测试

力学性能是材料(结构)抵抗各种损伤能力的主要判据,也是判断材料质量的主要依据。其通过各种不同的试验技术获得相应的力学性能指标,主要包括短时力学性能、疲劳断裂性能、持久/蠕变性能。其中:短时力学性能测试包括拉伸、压缩、扭转、剪切、冲击、硬度等;疲劳断裂性能包括高周疲劳(轴向拉压疲劳、扭转疲劳、旋转弯曲疲劳等)、低周疲劳、热疲劳、疲劳裂纹扩展和断裂韧性等。

3.4.5 无损检测

无损检测技术在失效分析中主要是用于对裂纹和缺陷的检查,主要的无损检测方法有X射线、磁力、超声、声发射、荧光、着色等物理检测。对于一些复合材料的检测也可采取简易的敲击测音法检查。

3.5　其他相关失效分析技术

3.5.1　失效分析技术介绍

失效分析技术除包括常规失效分析技术、定量分析技术外，还包括安全评估技术和计算机模拟分析技术等。

常规失效分析技术如断口分析技术、痕迹分析技术、裂纹分析技术等。定量分析技术主要指对成分、结构和形貌特征等方面进行定量参数的测试、描述和表征。

失效分析中的安全评估是指在分析结构或系统可能的失效模式的基础上，通过模拟加速试验，评估服役条件下结构的安全寿命以及含缺陷构件安全与否。

计算机模拟分析技术主要包括利用有限元分析结构的应力与应变分布等信息，利用计算机模拟的方法研究故障的失效过程、裂纹的开裂路径和开裂过程；用计算机技术和数据库技术，运用专家多年积累的经验与专门知识，模拟人类专家的思维过程，求解需要专家才能解决的困难问题的失效分析专家系统研究。

评估服役条件下结构的安全寿命，往往是针对服役构件，为了最大限度且可靠地对其应用，需要掌握其安全寿命，目前判断服役构件的剩余寿命是其中重要的研究内容。剩余寿命预测是指在役零部件仍可使用或工作的时间，剩余寿命预测则是由实验室（或现场）收集的数据（包括载荷、环境条件、强度试验、寿命试验等）来预测零部件（或系统）在现场实际使用条件下仍能使用时限的技术和方法。它在工程技术方面是一项十分重要的技术领域，对零部件的定寿、延寿来说是一项关键的基础研究。

下面重点介绍安全评估技术和有限元方法及其在失效分析与预防中的应用。

3.5.2　含缺陷零件安全评估

含缺陷零件的安全评估包括对评定对象的状况调查（历史、工况、环境等）、缺陷检测、缺陷成因分析、失效模式判断、材料检验（性能、损伤与退化等）、应力分析、必要的试验与计算。

含缺陷零件的安全评估涉及断裂评定、疲劳评定、塑性失效评定、泄漏评定、环境失效评定、失稳评定和蠕变评定等。

在进行具体评定的过程中，首先要进行失效模式的诊断，然后确定具体需要评定的内容。失效模式的诊断首先要判别是“静态”失效还是“动态”失效。一般来说，疲劳裂纹、环境裂纹（包括腐蚀裂纹、应力腐蚀裂纹、腐蚀疲劳裂纹等）和蠕变裂纹属于“动态”的，因为它们随着使用时间延长，裂纹不断扩展，否则属于“静态”失效。

根据失效模式的不同（静态和动态）大致可将安全评估技术划分为断裂和塑性破坏安全评估以及疲劳安全评估。

断裂评定是指评价含缺陷结构能否排除断裂失效的安全评定，主要采用断裂力学的方法。断裂评定包括面型缺陷断裂的筛选评定、面型缺陷断裂的常规评定、面型缺陷断裂的精细评定、体型缺陷断裂评定。在评定的基础上，结合缺陷的探伤和尺寸的规则化、应力的分类和分析、材料性能数据的测量和选取，评定安全性和安全系统。

疲劳安全评定是评价含缺陷结构在预期疲劳载荷的作用下，在所要求的继续使用期内能否排除疲劳失效的安全评定。

疲劳安全评定包括平面缺陷和体积缺陷的评定。平面缺陷的疲劳评定，首先依据疲劳裂纹扩展速率 $\mathrm{d}a/\mathrm{d}N$ 与裂纹尖端应力强度因子变化幅度的关系式确定在规定的循环周期内疲劳裂纹的扩展量和最终尺寸，然后根据所给出的判别条件和方法来判别该平面缺陷是否会发生疲劳断裂。

平面缺陷评定的步骤包括：缺陷的表征，应力变化范围的确定，材料性能数据的确定，疲劳裂纹的计算，免于疲劳评定的判别，疲劳裂纹扩展量的计算，容许裂纹尺寸的计算和安全性评价。

疲劳安全评估举例：利用断口定量反推和安全评估的方法可以反推计算裂纹扩展寿命，并且可以评估开裂件的剩余寿命。试验方案如下：

（1）计算在最大载荷条件下的临界裂纹长度 a_c。

根据断裂力学理论，可由下式获得：

$$K_{IC} = Y \cdot \sigma_c \cdot \sqrt{\pi a_c}$$

式中：K_{IC}为平面断裂韧度；Y 为形状因子；σ 为名义最大应力；a_c 为临界裂纹长度。

另一种计算临界裂纹长度的方法是基于有限元方法，计算不同裂纹长度时的应力强度因子 K，当 $K = K_{IC}$时的裂纹长度即为临界裂纹长度 a_c。

（2）以被评估件所承受真实载荷谱情况，开展裂纹扩展速率试验，获得裂纹长度 a 与飞行起落 N 之间的关系，并拟合裂纹长度 a 与 N 之间的曲线关系 $a = f(N)$，图 3－50 为某案例裂纹长度与飞行起落之间的关系。

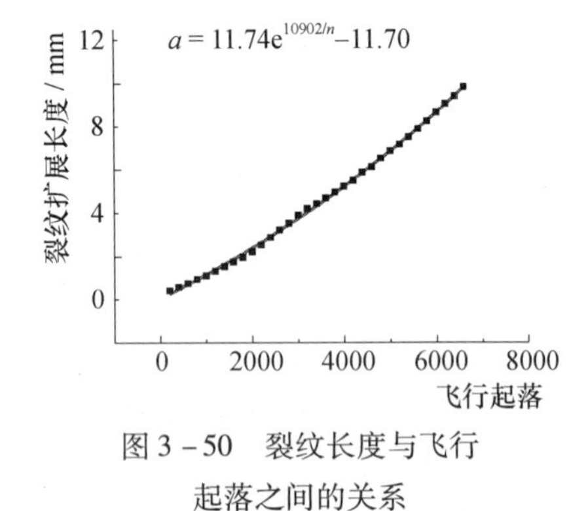

图 3－50　裂纹长度与飞行起落之间的关系

（3）裂纹扩展寿命和剩余寿命预测。根据 $a = f(N)$ 关系，可以获得裂纹扩展至 a_c 时所需要的飞行起落次数，以及裂纹长度由 a_0 继续扩展至 a_c 所需要的飞行起落次数。

使用此方案，需要准确获得临界裂纹长度 a_c，以及裂纹长度 a 与飞行起落 N 的准确关系 $a = f(N)$。

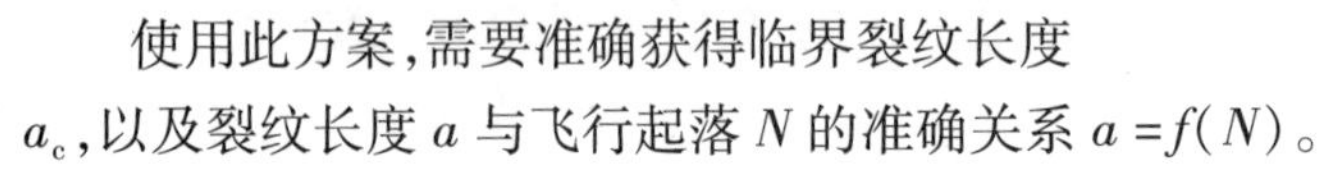

3.5.3　有限元在失效分析中的应用

有限元分析软件是安全评估和寿命预测的常用软件，有限元分析是工程技术领域进行科学计算极为重要的方法之一，利用有限元分析可以获得几乎任意复杂工程机构的各种力学性能信息，还可以对工程设计进行评判，对各种工程事故进行技术分析。据有关资料介绍，一个新产品的问题有 70% 以上可以在设计阶段消除，在国际上，几乎重要的机械产品和装备都必须采用数值方法进行计算分析和技术校核。实际上，大规模计算在科学研究上已成为探知复杂对象本质规律的定量分析手段。

有限元技术在分析构件应力中具有重要作用，如钛合金（TB8）紧固件在进行疲劳试验时，出现螺钉于螺栓头部倒角部位开裂，最大载荷为12500N。疲劳试验示意图如图3－51所示，试验件开裂位置如图3－52所示。

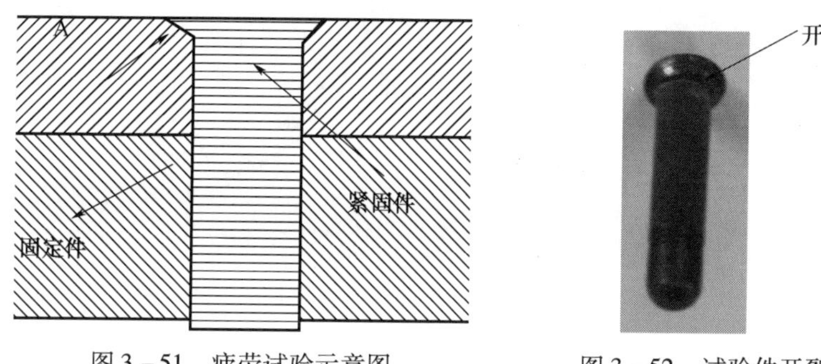

图3－51　疲劳试验示意图　　　　图3－52　试验件开裂位置

固定件对紧固件起到位移约束和载荷施加作用，紧固件受力分析如图3－53所示，建立有限元模型，并进行加载和约束，如图3－54所示。模拟计算结果如图3－55所示，等效应力分布云图显示，在倒角位置产生明显的应力集中现象；A处为固定约束边界处，应力约为1600MPa，与约束效应有关；B为倒角中部，应力约为1400MPa。根据模拟结果，可以为分析失效原因提供参考数据。

除了利用有限元软件进行失效件的应力分布分析之外，还可以对材料的损伤过程进行模拟分析，如采用ANSYS有限元软件分析了G827/5224与G803/5224两种复合材料层压板在不同载荷下的损伤演化过程，复合材料层压板在冲击过程中不同铺层损伤的起始、扩展过程，及含低速冲击损伤与高速冲击损伤的层压板在拉伸、压缩载荷作用下的损伤扩展情况，并计算了层压板的剩余强度，两种层压板损伤演化过程的模拟结果与试验结果吻合得较好。

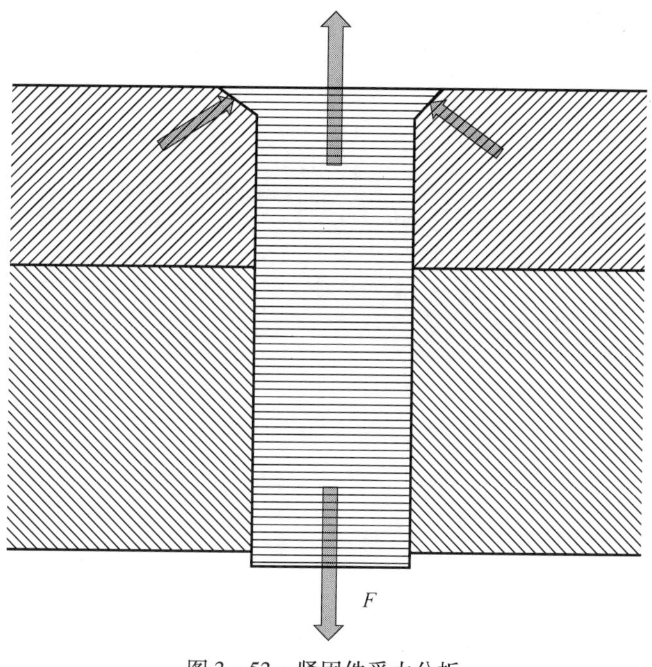

图3－53　紧固件受力分析

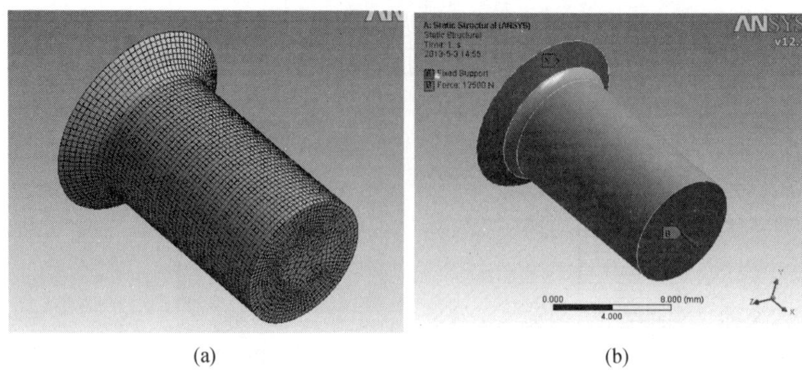

(a) (b)

图 3－54　有限元分析模型

(a)有限元模型;(b)约束和加载。

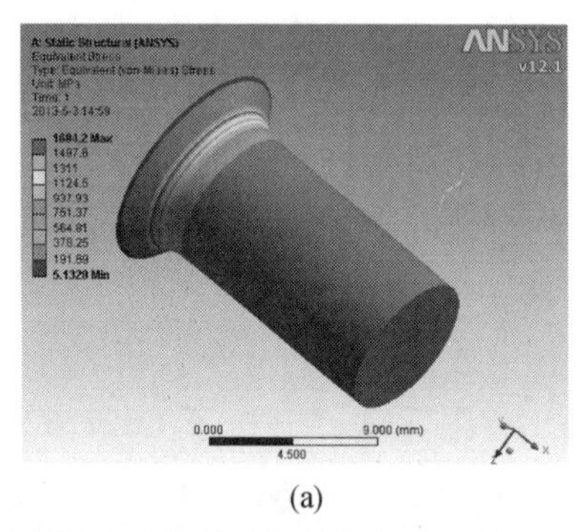

(a)

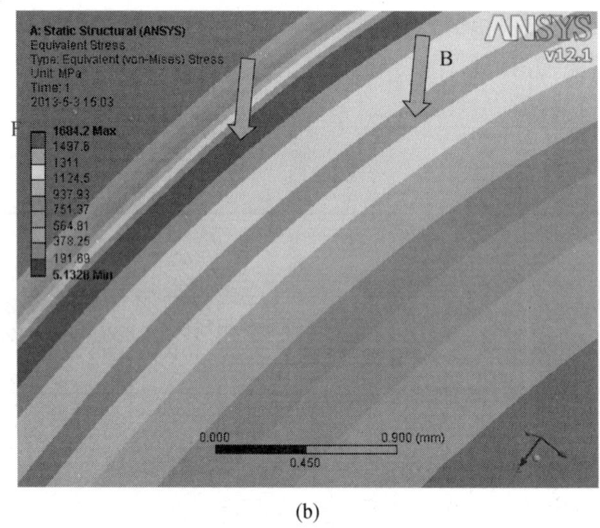

(b)

图 3－55　有限元模拟计算结果云图

参考文献

[1] 张栋,钟培道,陶春虎,等. 失效分析[M]. 北京:国防工业出版社,2004.

[2] 张栋. 机械失效的痕迹分析[M]. 北京:国防工业出版社,1996.

[3] 陶春虎,钟培道,王仁智. 航空发动机转动部件的失效与预防[M]. 北京:国防工业出版社,2000.
[4] 陶春虎,刘高远,恩云飞,等. 军工产品失效分析技术手册[M]. 北京:国防工业出版社,2009.
[5] 刘昌奎,曲士昱,刘德林,等. 物理冶金检测技术[M]. 北京:化学工业出版社,2015.
[6] 钟群鹏,赵子华,等. 断口学[M]. 北京:高等教育出版社,2006.
[7] 胡世炎,等. 机械失效分析手册[M]. 成都:四川科学技术出版社,1989.
[8] 陶春虎,刘高远,恩云飞,等. 军工产品失效分析技术手册[M]. 北京:国防工业出版社,2009.
[9] 陶春虎,何玉怀,刘新灵. 失效分析新技术[M]. 北京:国防工业出版社,2011.
[10] 陶春虎,刘庆瑔,刘昌奎,等. 航空用钛合金的失效及其预防[M].2 版. 北京:国防工业出版社,2013.

下篇　应 用 篇

第四章　变形与过载断裂失效分析

4.1　变形失效

材料变形是指材料在外力作用下发生的结构或形状变化。失效分析中变形一般是指构件在外力作用下产生形状和尺寸的改变。变形可以是塑性的、弹性的或是弹塑性的，其主要形式有弹性变形、塑性变形、蠕变和松弛，其中蠕变和松弛宏观表象以塑性变形为主，也可以归入塑性变形。

变形失效是指构件的变形量或变形性能超过了设计范围而导致构件丧失正常功能的现象。它主要表现在失效件不再承受所规定载荷，与其他零件的运转发生干扰。在常温或温度不很高的情况下，变形失效形式主要以弹性变形失效和塑性变形失效为主，两者发生时间一般较短；在高温下的变形失效形式以蠕变失效和松弛失效为主，两者发生的时间一般都很长。

4.1.1　弹性变形失效

弹性变形是指材料在外力作用下产生变形，当外力去除后变形完全消失的现象。材料原子处于平衡位置时，为势能最低的稳定状态。在弹性状态下，固体材料吸收了加载的能量，原子将偏离平衡位置而产生变形，原子由于间距变化而产生引力或斥力，势能增加，当卸载时原子自发向低能稳定状态运动，原子回到原来的平衡位置，变形完全消失，这就是弹性变形。

弹性变形分为线弹性、非线弹性和滞弹性三种。线弹性变形服从虎克定律，且应变随应力瞬时单值变化，见图4－1直线段。非线弹性变形不服从胡克定律，但仍具有瞬时单值性。滞弹性变形也符合胡克定律，但并不发生在加载瞬时，而要经过一定时间后才能达到胡克定律所对应的稳定值。

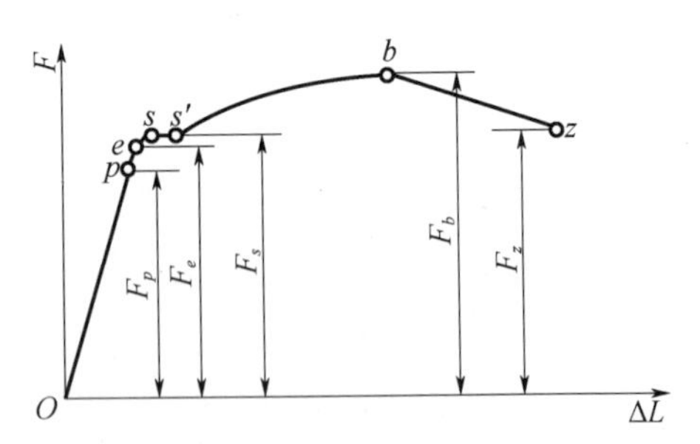

图4－1　低碳钢的拉伸曲线

图4－1为金属拉伸的应力—应变曲线，直线段是弹性变形阶段，其应力 σ 与应变 ε 成正比，$\sigma = E\varepsilon$，遵从胡克定律。其中比例常数 E 为弹性模量，它反映金属材料对弹性变形的抗力，

代表材料的刚度。因为弹性变形失效发生在弹性范围内,因此与失效件的强度无关,主要是刚度问题,这也是弹性变形失效分析与预防要考虑的关键问题。

弹性变形失效主要是指弹性变形过量或丧失原设计的弹性功能而导致的失效。

4.1.1.1　弹性变形过量导致的失效

物体受到应力作用都会发生弹性变形,超出允许范围的变形会导致构件本身功能异常甚至系统失效。自身刚度与受力是影响弹性变形量最主要的因素。

弹性变形过量失效的表现形式很多,对于杆柱类构件,其弹性变形量过大会导致应力分布的异常,构件之间的干涉,或机构因尺寸精度丧失而造成动作失误。转子轴如果刚度设计过低,在转子离心力作用下弹性弯曲变形量过大可能造成轴上啮合零件啮合失常、支点轴承的偏载以及转子部件的碰磨等一系列失效现象。精密机床传动螺杆弹性变形过量(如过大挠度、偏角、扭角)将直接降低加工精度,造成机床功能的恶化和失效。弹簧在过大弹性变形量下使用弹力会逐渐下降导致松弛失效,橡胶密封圈的压缩弹性变形量过大会加速橡胶的性能衰减导致密封失效,这些都是弹性变形量过大导致失效的例子。此外,也有因弹性变形量不足导致的失效,如传动皮带等靠摩擦力传动的构件,如果拉力不够即弹性变形量不足,会因弹力过小而影响其传动力。

4.1.1.2　弹性功能异常变化导致的失效

弹性变形在理论上具有可逆性、单值性和变形量很小三个特点,当构件的弹性变形已不遵循变形可逆性、单值对应性及小变形量的特性时,则构件将因弹性功能发生异常而失效。弹簧秤称重指示失准就是一个典型例子。

最常见的弹性功能异常是弹性模量的变化,环境温度和组织稳定性是影响构件弹性模量的主要因素,如高温环境下弹性构件弹性模量下降,将导致弹力下降,引发后续失效。

材料在弹性范围内瞬时加载时,落后于应力的应变经过一定驻留时间后才能到达胡克定律所对应的平衡位置的现象称为滞弹性。由于滞弹性的存在,材料在受载变形时,存在弹性滞后(变形滞后于载荷)与弹性后效(变形滞后于时间)两种现象,对于精密测量设备中的弹性元件来讲,滞弹性的变化至观重要。如风洞测量天平用沉淀硬化马氏体时效钢,在多个应力循环后其弹性滞后特征发生了显著变化,导致天平测量精度降低,严重影响其正常使用寿命。

4.1.1.3　其他类型的弹性变形失效

除了上述两种典型的弹性变形失效外,某些材料在热量、磁场、电场作用下,原子点阵也会自发畸变引起材料的变形。热胀冷缩、磁致伸缩、电致伸缩等变形的特点与弹性变形相似,也可归类于弹性变形失效。

热胀冷缩是物体的一种物理属性,不同材料具有不同的线膨胀系数,并且构件的尺寸不同,相同环境下产生的变形量也不同。由于变形不匹配导致的失效较为常见。温控用的双金属片,如果两种金属热膨胀系数差异过大,将在两者之间产生过大的约束应力,导致异常变形甚至断裂失效。发动机及附件轴承受高温作用,过大的热膨胀可能导致轴承与轴间松动而跑圈;发动机热端部件连接螺栓、高温锅炉连接螺栓等高温下工作的紧固件,可能因热胀冷缩导致有效预紧力下降而松动失效。陀螺仪上微晶玻璃与金属组合件由于膨胀系数不同,同时存在配合约束过大导致玻璃开裂。电子元器件中玻璃封装金属电路也出现过热胀冷缩导致的短路失效。诸如桥梁、铁路等大型工程结构,热胀冷缩也是引发破坏的重要影响因素。

磁致伸缩、电致伸缩材料一般作为功能部件,伸缩系数异常会导致信号转换异常和失效。

因为弹性变形会随着应力的解除或者环境的恢复而完全消失,所以直接判断工作状态下构件的弹性变形失效及其原因是非常困难的,需要对多种因素综合分析。例如:

(1) 相邻构件之间是否存在挤压、擦伤、磨损等接触损伤痕迹,非工作状态下构件相互分离,施加一定载荷后可以相互接触,并且接触部位与受损部位是否一致。

(2) 构件是否有严格的尺寸匹配要求,设计时是否考虑了弹性变形、热胀冷缩等影响。

(3) 构件工作的环境条件是否出现了异常,如异常的高温或低温,磁场或电场等;是否使用了合适的材料和组织状态,是否存在异常载荷。

(4) 测量工作或模拟状态下构件实际的变形量,测试失效件的弹性性能变化。

(5) 通过计算和模拟验证是否有过量弹性变形的可能。

影响弹性变形的主要因素有形状与尺寸、弹性模量、温度与载荷等,往往与设计考虑不周、计算错误或选材不当、环境异常有关。主要预防措施包括:

(1) 根据使用载荷、温度等环境条件选择合适的材料。对弹性变形有严格限制的构件,则要选择刚性高的材料,弹性模量高的材料不容易弹性变形;而对某些规定固定变形量的构件,较低的弹性模量有利于降低局部应力。

(2) 优化构件结构设计。在一定材料和外载等环境条件下,构件的结构(如形状、尺寸)是影响变形大小的关键因素,如等量相同材料,相同载荷下工字形截面的构件刚度最大,变形最小;立矩形次之,方形更次,板型最差。此外,增加承载截面积能降低应力水平而减小弹性变形。

(3) 确定适当的构件匹配尺寸或变形的约束条件。

对于过量的弹性变形会使构件丧失配合精度导致动作失误的情况,要求设计时考虑应力和温度的影响精确计算可能产生的弹性变形,并设计合适的变形约束而达到适当的配合尺寸。例如:

(1) 如果在高温等特殊环境使用的构件,要保证尺寸变化后仍能正常工作,除了计算外,可通过小型模拟件试验取得相关数据来完善设计。

(2) 采用减少变形影响的连接件,如皮带传动、软管连接、柔性轴等。

(3) 对于框架及箱体类零件,要求其具有合适、足够的刚度以保证系统的刚度,特别是防止刚度不当而造成系统振动。

4.1.2 塑性变形失效

固体材料在外力作用下发生的永久(不可恢复的)变形称为塑性变形。当塑性变形导致构件丧失了规定的功能即发生塑性变形失效。

在微观上,塑变(对晶体材料)的发展过程可以是以下一种或两种:①位错运动产生的滑移变形,超过临界切应力而发生的一般塑变。②晶粒部分相对一定晶面运动发生的孪生变形,当晶体金属在形变过程中,滑移变形很困难时,即按孪生机制变形。这两者是低温时晶粒内塑性变形的两种基本方式。③晶界运动产生的变形,在高温和低应变率条件下,可产生沿晶界的滑动变形,某些金属在特定的细晶条件下通过晶粒边界变形可以产生超塑性。④扩散蠕变变形,在近于熔点温度时发生。

总的来说,金属塑性变形在理论上具有不可逆性、变形量不恒定、慢速变形及伴随材料性能变化等特点。材料塑性变形量的大小反映了材料塑性的好坏。通常反映材料塑性性能优劣的指标是断后伸长率 δ 和断面收缩率 φ。金属在室温下的塑性变形,对金属的组织和性能影响很大,常常出现加工硬化、内应力和各向异性等现象。

塑性变形失效按形态可分为宏观塑性变形失效、局部塑性变形失效,应力松弛、蠕变虽然包含弹塑性变形,但宏观表象主要以塑性变形为主,也可以作为塑性变形对待。

4.1.2.1　宏观塑性变形失效

构件发生肉眼可见的、整体性的塑性变形失效,如拉长、扭曲、弯曲、薄壁件的凹陷等变形。这类变形较为常见,例如:螺栓由于润滑条件变化等因素造成拧紧力矩过大,导致螺栓拉长变形;由于负载卡滞导致瞬间超载,花键轴发生周向扭转变形;汽车半轴受到冲击载荷而弯曲变形、表面钢板受撞击而变形等。上述的变形可能不会导致构件立即失效,但往往因为存在失效隐患或者不再满足美观等要求而被判定为失效。

4.1.2.2　局部塑性变形失效

构件局部位置发生的小面积或微区塑性变形,此类变形一般不直接引发构件的失效,但其产生的表面损伤、应力集中等效应以及表面轮廓的微小改变将导致构件发生疲劳、应力腐蚀等失效,如撞击凹坑、表面挤压痕迹、微动损伤痕迹等。例如:压气机叶片因为表面局部打伤变形而早期疲劳或腐蚀断裂失效;具有高度表面敏感性的钛合金构件,因为表面微动等导致的挤压变形而疲劳开裂。轴承在装配、搬运过程中由于撞击等形成的伪布氏压痕,就是滚道表面局部的塑性变形损伤,将引发轴承的早期疲劳剥落失效。压力泵的精密配合部位进入异物,配合面受到挤压变形出现微观凸起,可能引发后续的摩擦磨损失效。

4.1.2.3　蠕变失效

材料在长时间恒温、恒应力作用下,即使应力低于屈服强度也会缓慢地产生塑性变形,这种现象称为蠕变。蠕变现象的发生是温度、应力和时间三者共同作用的结果,蠕变变形可用位错滑移和攀移,晶界滑动及空位扩散等理论来解释。

蠕变的变形机制有位错蠕变和扩散蠕变。位错蠕变主要发生在温度较低($<0.5T_m$)、应力较高的情况下,多数工业用的抗蠕变合金在服役条件下的变形机制都属于这一种。扩散蠕变则发生在较高的温度($(0.6\sim0.7)T_m$)且应力较小的情况下,少数工程合金和陶瓷材料的变形机制属于此类。

虽然蠕变可以在任何温度下产生,但是只有在温度超过材料熔点的0.4时才会有明显的影响。在较低温度下蠕变的特征一般是应变速率一直减少,而在高温下蠕变一般呈现三个明显阶段进行,最后导致破坏,如图4-2所示。

蠕变失效包括蠕变变形失效和蠕变断裂失效。

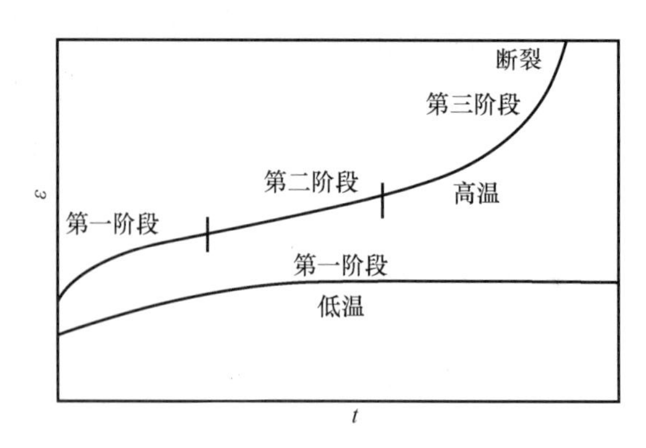

图 4-2　蠕变在两种温度范围的图示说明

1. 蠕变变形失效

蠕变变形失效也是在应力作用下产生不可恢复的变形，因此具有塑性变形失效的特点，可以归类为塑性变形失效。

蠕变变形规律以及温度、应力、时间与蠕变变形量的关系遵循蠕变曲线，载荷大时，蠕变变形失效的时间短，恒速蠕变阶段蠕变速率大。材料抵抗蠕变的能力用蠕变极限及持久强度来衡量。发动机、汽轮机的叶片、叶轮、隔板和汽缸等构件，在高温和应力下长期运行，不允许有较大的变形，因此设计时有较严格的蠕变变形量的要求。正常情况下出现蠕变变形失效的案例不多，一旦环境温度、应力明显超出设计要求，就会出现诸如发动机转子叶片蠕变伸长导致的碰磨失效。高温蠕变失效是锅炉热管最主要的失效形式之一，锅炉水冷壁管长期过热使用，管子以很高的蠕变速度发生管径胀粗甚至爆管失效。

2. 蠕变断裂失效

当构件发生持续的蠕变变形将最终发生蠕变断裂失效，由于蠕变断裂不属于变形失效，所以这里就不作介绍了。

3. 蠕变脆性

除了蠕变变形与蠕变断裂两种最为常见的失效形式外，蠕变还可能导致材料塑性降低，可能引发后续的低应力脆断，称为蠕变脆性。严格意义上讲，蠕变脆性不属于失效模式，但因其对构件失效有直接影响，这里作简单介绍。

在蠕变过程中，由于塑性变形导致位错密度急剧升高而产生加工硬化，这时晶界可能出现孔洞或者微裂纹等微观缺陷，因此经过蠕变后的材料再在室温拉伸或者进行冲击试验时其塑性或冲击韧性下降，原来韧性的材料经蠕变后有变脆的倾向，可能发生脆断。蠕变断裂也可以认为是沿晶界的低应力脆断。

蠕变脆性可以改变构件的断裂形态和断裂条件，在进行存在蠕变条件的失效分析时要加以考虑。

4.1.2.4　应力松弛失效

应力松弛是材料在恒定温度保持总变形不变的条件下，应力随时间延长而逐渐降低的现象。松弛过程中总变形保持不变，总变形中的弹性变形随时间不断转变为塑性变形，因此最终构件发生了不可恢复的变形。

应力松弛与蠕变在本质上差别不大:蠕变是在应力不变的条件下,构件不断产生塑性变形的过程;松弛则是在总变形不变的条件下,构件弹性变形不断转为塑性变形从而使应力不断降低的过程。

应力松弛曲线是在给定温度和总变形的条件下,载荷随时间的变化曲线(图4-3)。在开始阶段载荷下降很快,称为松弛第一阶段。以后载荷下降逐渐减缓,称为松弛第二阶段。最后,曲线趋于和时间轴平行,此时的载荷称为松弛极限。它表示在一定的初载荷和温度下,不再继续发生松弛的剩余载荷。

如果松弛的初始载荷并未达到材料的弹性极限,那么在松弛过程开始的时候材料发生的变形主要是弹性变形,在应力松弛的过程中弹性变形逐渐转化为不可恢复的塑性变形(残余变形),而二者的总和,即总变形数值是不变的(图4-4),这就是应力松弛现象的本质。

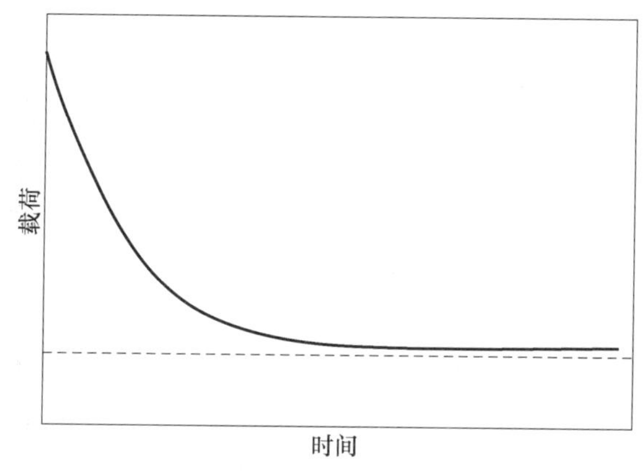

图4-3　应力松弛曲线

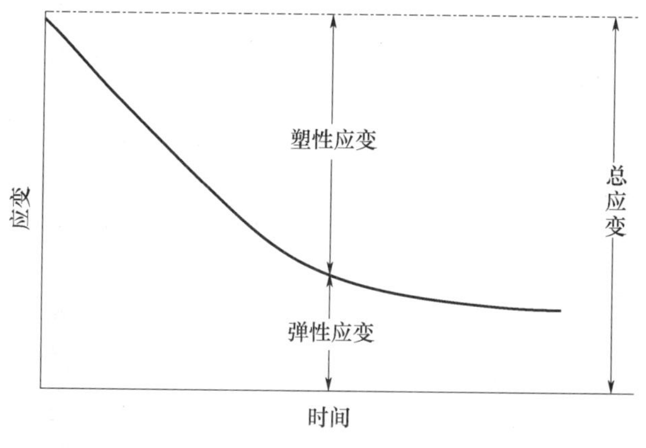

图4-4　应力松弛过程中的应变

应力松弛的表现与案例比较多,如燃气锅炉壳体、发动机热端部件等在高温环境下使用的连接螺栓,螺栓通过拧紧伸长产生的应力来紧固被连接件,如果由于应力松弛导致固定螺栓的拉力自发减小到正常水平以下,就可能导致连接件的松动,进而引发疲劳等其他失效。弹簧、扭杆等利用自身弹力工作的构件对应力松弛最为敏感,如蝶形弹簧为涡轮的轴承提供轴向压紧力,应力松弛将导致压紧力不足,轴承打滑而损伤失效。拉伸弹簧的应力松弛失效更为常见,如图4-5所示。

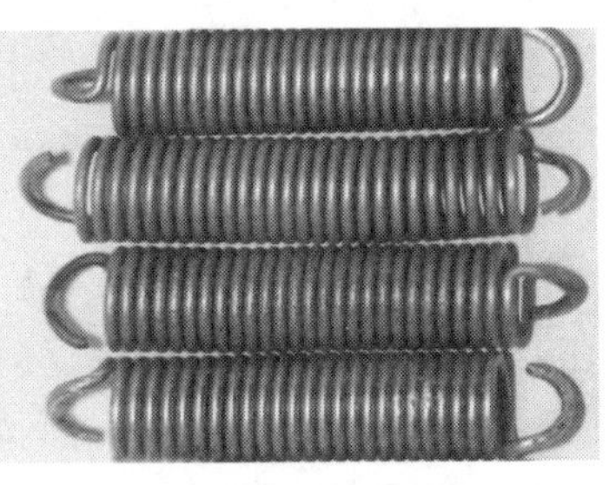

图4-5 拉伸弹簧的应力松弛变形失效

4.1.2.5 其他类型的塑性变形失效

有一类变形失效虽然不是由工作应力引起的,但其尺寸或形状也是出现无法恢复的改变,并由此引发失效,这里也作为塑性变形失效的一种进行介绍,如相变变形、辐照生长等。

组成构件的各种材料具有不同的显微组织及相结构,在材料组织转变过程中由于组成相晶格结构不同,将会导致材料体积的变化,如残余奥氏体转变为马氏体将发生体积膨胀,这种体积变化会导致构件宏观尺寸的变化。同时,对于大型构件来讲,组织转变不可能完全均匀一致,组织转变的不均匀性会在构件内部造成很大的组织内应力,导致构件的变形甚至开裂。如轴承要保持高精度的配合关系,需要极高的尺寸稳定性,如果滚子中残余奥氏体过多,使用中发生组织转变导致体积膨胀,各组件间游隙减小而运动受阻引发早期失效。柱塞阀阀体渗层中残留奥氏体过多,在与阀芯的接触应力等作用下发生马氏体转变,引起内孔尺寸畸变甚至出现负公差而磨损和卡滞失效。再如,高精度模具、齿轮等构件在最终热处理后由于尺寸和形状畸变而报废的情况很多。

核材料如铀和钚合金构件受到中子长时间轰击后会出现尺寸伸长类似生长的现象称为辐照生长。这是因为室温的 α 铀呈底心斜方点阵,有三个同素异晶体;室温的 α 钚呈单斜系,有6个同素异晶体。与普通金属不同,两者具有明显的各向异性,在中子的长期照射下,能把 α 铀的(100)晶面越来越多的转化成(010)晶面,即 α 铀沿着 b 轴的方向越变越长,沿着 a 轴方向越来越短,从而形成辐照生长变形。

4.1.2.6 塑性变形失效的特点与判断方法

1. 形貌特征判断

构件塑性变形失效的基本特征是失效件有永久性的变形。一般情况下,塑性变形可用眼睛观察判断(如伸长、弯曲、扭曲、凹陷等),局部变形可用低倍放大镜观察(如凹坑、犁沟等)。复杂结构或高精度构件可借助计量设备测量判断,也可与完好件进行对比进行辅助判断。

2. 实际应力判断

通过计算和模拟,分析失效件实际应力是否超过材料的屈服应力来判断,因构件的实际应力可能包括工作应力、残余应力和应力集中等综合应力,计算模拟时要做全面考虑。

3. 材料性能判断

构件设计通常按照屈服强度进行,但是要考虑到材料的屈服强度是随其材质状态、使用环境(特别是温度)而变化的,所以要对使用状态下材料的性能进行准确测试来验证设计是否有效。

4. 蠕变、应力松弛等其他变形失效的判断

存在恒温、恒应力和长时间作用的工作条件,永久变形速率较慢;一定应变情况下

应力下降,并且低于设计要求,出现宏观可见的变形;构件表面存在高温氧化色,变形区表面及内部可能出现蠕变孔洞或裂纹;蠕变过程中材料内部组织结构也会发生变化,如珠光体耐热钢在长期高温下会发生珠光体球化、石墨化,碳化物的聚集与长大、再结晶,固溶体及碳化物中合金元素重新分布等;高温合金可能出现组织筏排化现象等;构件是否存在过量残留奥氏体等能够引起构件组织、应力明显变化的组织,其含量是否异常。

4.1.2.7　塑性变形失效的原因及预防措施

构件塑性变形失效的原因主要是过载或者由于环境(如温度)导致的材料性能下降,出现影响构件使用功能的过量塑性变形。过载不仅包括外载荷估计不足,实际操作引起工作应力超值,还包括偏载引起的局部应力、复杂结构应力计算误差及应力集中、加工及热处理产生的残余应力、材料微观不均匀的附加应力等因素。此外,由于温度过高导致材料的屈服强度过度降低、蠕变速率与应力松弛增加也是塑性变形失效的主要原因。

除了弹性变形的有关影响因素外,对塑性变形失效较常见的影响因素有材质缺陷、使用不当、设计有误等,并且实际上往往是多种因素复合造成构件的变形失效。塑性变形失效预防措施主要包括:

(1) 合理选择材料与处理工艺,提高材料抵抗塑性变形的能力,选择屈服强度、蠕变极限合适的的材料,保证材料质量,控制组织状态及冶金缺陷,降低构件残余应力。

(2) 正确进行应力计算,选择实际环境下材料的性能参数,合理选取安全系数及进行结构设计,减少应力集中及降低应力集中水平。

(3) 严禁构件超温、超载运行,设置必要的环境监控、过载保护机构。

4.1.3　失稳变形失效

失稳即稳定性失效,失稳变形失效也就是受力构件丧失保持稳定平衡的能力而产生的变形失效,如构件径长比过大而在较小作用力下突然发生作用力平面外的极大变形而不能保持平衡的现象。广义上讲,任何物质的稳定性被破坏都可以称为失稳,如稳定流场的失稳。发动机的压缩系统(风扇/低压压气机、高压压气机)失稳是限制航空发动机性能和运行范围的主要因素之一,在实际运行中它可能造成极其严重的事故,如发动机喘振。

Hill 曾将稳定性概括为:如果对平衡物体施以任意的微小扰动所形成的附加位移保持无限小,则可以认为平衡状态是稳定的;反之,若任意微小的扰动可导致物体位移为有限值,该平衡状态则是不稳的。根据能量守恒原理,保持稳定性所应有的一个充分条件是:对平衡位置施加任何(无限小的)几何可能位移之后,物体中所存储的或由此而耗散的内能应大于外力对该系统所做的功。

失稳变形失效按照产生阶段分为工艺失稳与结构失稳,种类多种多样,这里仅对几种典型现象加以描述。

4.1.3.1　薄板的工艺失稳变形失效

金属薄板在纵向压力作用下容易发生失稳,薄板的失稳会带来严重的破坏,在以压为主的变形方式中,起皱是板料成形的主要缺陷之一。板材在轧制中出现的波浪、旋压和拉深的皱折等都属于起皱。对于板料变形失稳起皱,普遍认为是由压应力引起的,失稳瞬间的压力为临界压力。板的尺寸、材料力学性质、板所受的约束等是影响临界压力的因素。例如,由于金属板材的受压失稳条件与材料的本构有着直接的关系,金属材料的本构形式与金属晶粒的取向分布密切相关,进而可以认为材料的失稳条件也与晶粒的取向分布有一定的关系。

汽车覆盖件成形具有浅拉延、大曲率、变形分布严重不均等特点,当板材在冲压过程中的不均匀拉伸变形诱发的压应力超过某一极限时,即发生局部弹性或塑性失稳,从而引发起皱、面畸变、凹陷及鼓动等表面缺陷和几何形状误差,回弹变形与冲压过程中局部失稳的发生、发展和移动密切相关,如图 4-6 所示。

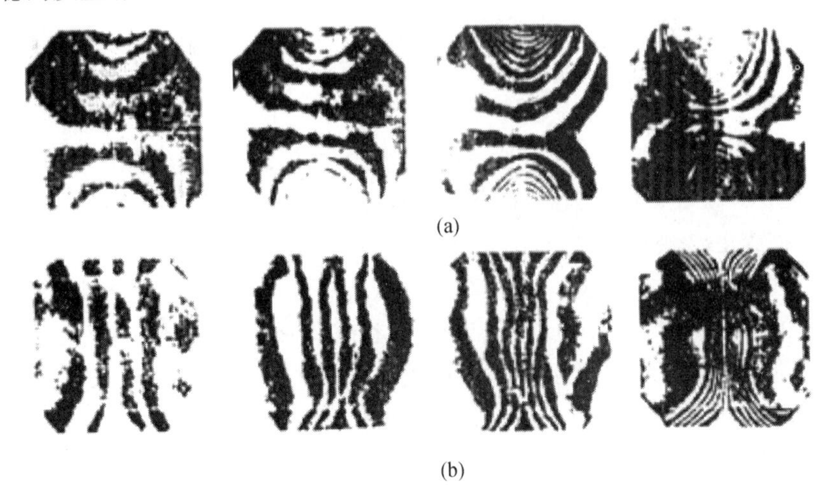

(a)

(b)

图 4-6 各变形阶段的位移场云纹图

(a)垂直位移场;(b)水平位移场。

大尺寸薄板,由于其刚度较小,焊后存在不可忽视的残余变形,焊接温度的不均匀分布使在拘束条件下的薄板产生残余应力。如铝合金搅拌摩擦焊,在薄板焊接中由于残余压应力的作用可能导致失稳变形,对其尺寸精度、装配精度和使用性能造成显著影响。

还有一个非常典型的例子:评价喷丸强化效果是通过测量喷丸后平板条(试片)的挠曲变形量而间接得到的,这种薄板的挠曲就是喷丸产生的表层残余压应力导致的一种失稳变形,如图 4-7 所示。

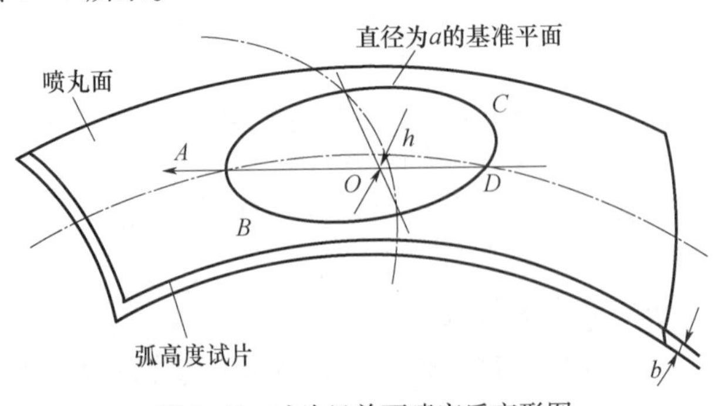

图 4-7 试片经单面喷完后变形图

4.1.3.2　薄壳结构的失稳变形失效

薄壳为曲面的薄壁结构，圆柱壳和球壳是最为典型的两种薄壳结构。薄壳结构的弹性稳定性及振动是结构力学理论研究和工程应用关注的重要问题。壳体结构的失稳取决于包括很多诸如壳体几何参数（厚度、半径、长度等）在内的因素。

圆柱壳广泛应用于火箭、导弹、鱼雷、飞机、潜艇以及海洋平台等工程中，这些壳体不但承受内压，还承受一定外压，承受外压的壳体其失效形式不同于一般的承受内压壳体。

壳体在承受均布外压作用时，壳体有两种失效形式：一种是因强度不足发生压缩屈服失效；另一种是因刚度不足发生失稳破坏。当外压达到一定数值时，壳体的径向挠度随压缩应力的增加急剧增大，直至容器压扁，这种现象称为外压容器的失稳或屈曲。

真空容器是横向和轴向同时均匀受相同外压的圆柱壳，与承受内压的容器不同，真空容器往往发生的是稳定性破坏。当压强达到某极限值时，容器壳体断面会突然失去原来的圆形，被压成两个以上的波形，即周向失稳，周向失稳往往发生在强度失稳之前（图4－8），如深海操作设备的壳体、用于加热或冷却的夹套容器的内层壳体、管壳式换热器的换热管等。另一类是壳体外表面承受大气压，而内部在真空状态下操作，如真空操作的储槽壳体、减压精馏塔的外壳等。

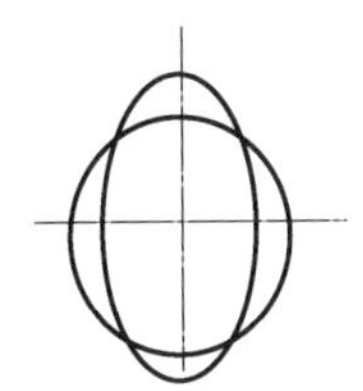
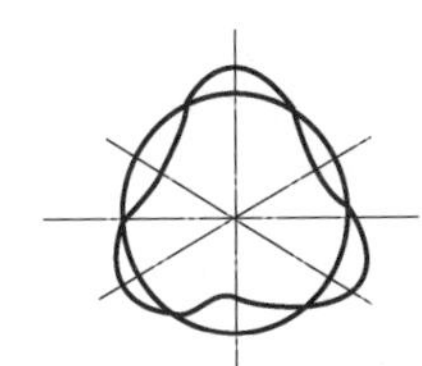
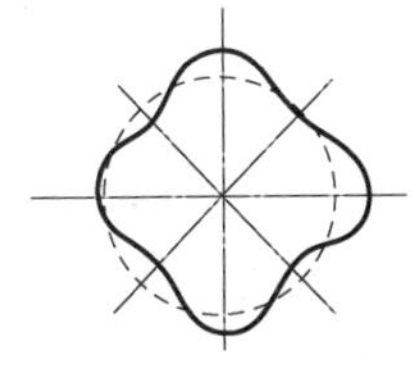
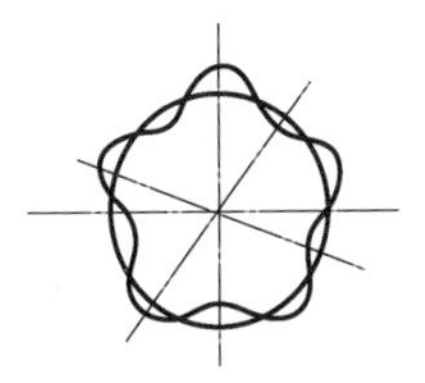

图4－8　圆筒形壳体失稳后的形态

球罩是一种常见的建筑外形，也常用作军民用设备的抗风防护结构。随着高强度的各向异性复合材料被大量采用，球罩的厚度不断变薄，重量不断减轻。由复合材料制作的轻薄结构的球罩易受风载作用发生表面形变和位移，在极端风环境因结构失稳发生结构破坏的可能性大为增加。图4－9显示了突风作用下弹性球罩的失稳大变形情况，弹性球罩的失稳与风载的加载方式和作用时间密切相关。

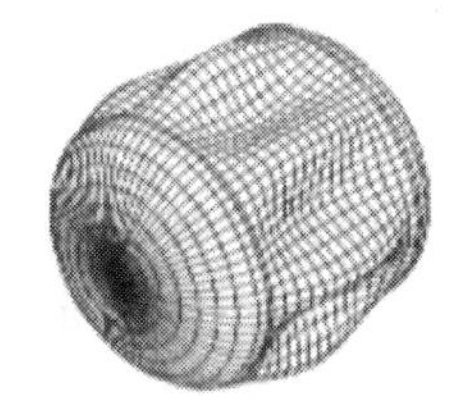
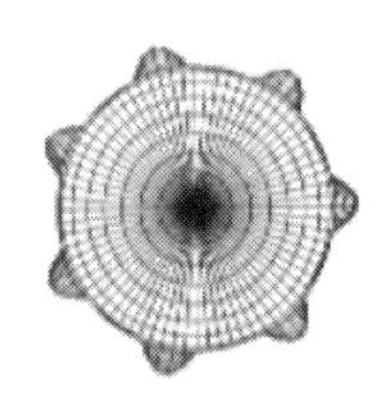

图4－9　线性屈曲模态

4.1.3.3　其他结构的失稳变形失效

航空发动机中薄壁筒体结构（如发动机机匣、火焰筒、可调喷口和隔热套等薄壁件）较多，这类结构中可能存在外压大于内压的载荷，这种情况下该类结构就存在压力失稳的可能性。

然而发动机中不仅仅是薄壁筒体结构会失稳，某些旋转部件也存在失稳，如发动机轮盘，当发动机在最大功率状态迅速停车或降到慢车时，存在轮毂部位温度比外缘部位温度高的反向温度场，外缘要收缩而轮毂收缩较小，此时在盘中产生径向应力，当它足够大时就会使轮盘屈曲变形失效。发动机的轴类零件在大的扭矩作用下也会产生失稳。某压气机的性能试验过程中,当转速达到设计转速的85.7%附近时,压气机因振动过大而迫使试验停止,扰流器的失稳载荷系数过低使得位于两级压气机盘之间的6个扰流器中有3个发生了翘曲失稳变形(图4-10和图4-11)。

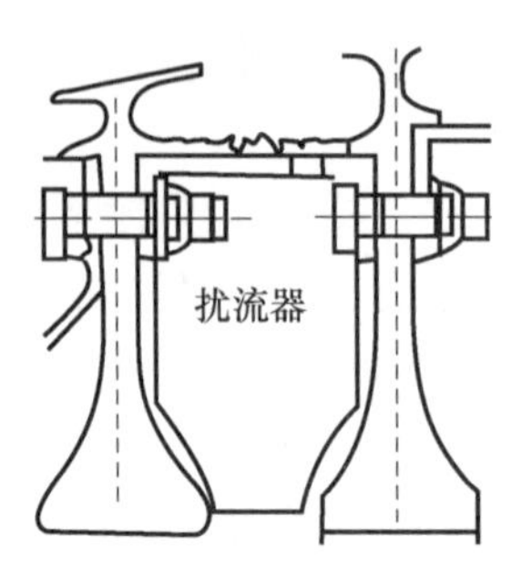

图4-10 扰流器的安装位置示意图

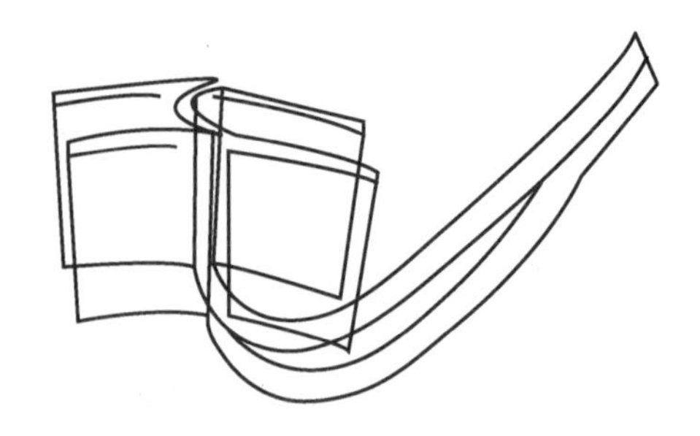

图4-11 失稳后的变形示意图

对于一些以稳定频率运转的转动部件,当振动等频率发生异常时也会出现失稳破坏。如某直升机减速齿轮发生的自激振动失稳,导致齿轮疲劳开裂(图4-12)。

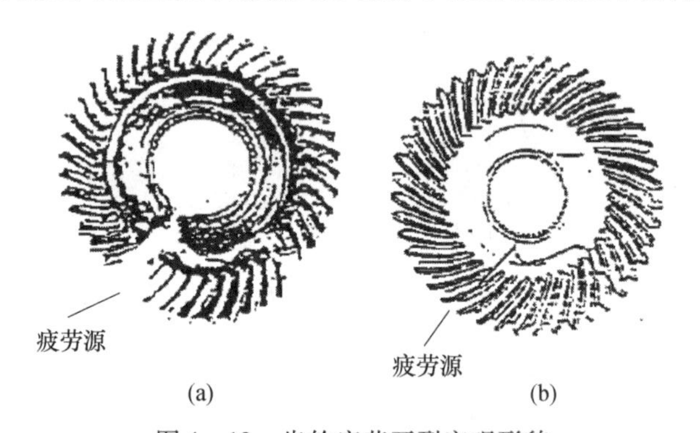

图4-12 齿轮疲劳开裂宏观形貌

4.1.3.3 失稳变形的特点与控制方法

失稳变形与一般的宏观塑性变形现象非常相似,其主要特点如下:

(1) 失稳变形失效是稳定结构或者稳定状态的失效,多为复杂三维结构变形。

(2) 失稳变形在大小、方向上一般具有复杂规律。

(3) 与拉伸、弯曲、撞击等有明显受力点和受力方向的塑性变形相比,失稳变形与整体受力有关,受力形式一般难以准确确定。

(4) 失稳变形大都发生在薄壁结构上。

(5) 失稳变形可能只出现在构件失稳过程中,恢复稳定状态可能恢复。

影响构件及结构稳定性的主要因素有材料刚度、结构形态、温度、应力、振动等。主要有如下控制措施:

(1) 对构件稳定性进行计算分析,如屈曲分析,对动部件进行振动分析等。

(2) 采用加强筋增强结构是薄壳失稳最主要的改善方法,或者通过改变构件三维截面来改进。

(3) 消除或改变引起失稳变形的应力、温度或振动等因素。

(4) 重要结构进行耐压、风洞等试验。

4.2　过载断裂

4.2.1　断口三要素典型特征

过载断口三要素的相关知识在前面章节已有介绍,这里仅对其工程实例进行描述。

对于带缺口的圆形拉伸试样,断口三要素的分布与光滑圆形试样不同。试样中心部分基本上是放射区;纤维状区在放射区周围形成环状;裂纹在缺口底部萌生,裂纹扩展方向刚好与光滑试样相反,从周围开始向中心扩展,最终在心部断裂,这类断口基本上无剪切唇区,如图 4-13 所示。

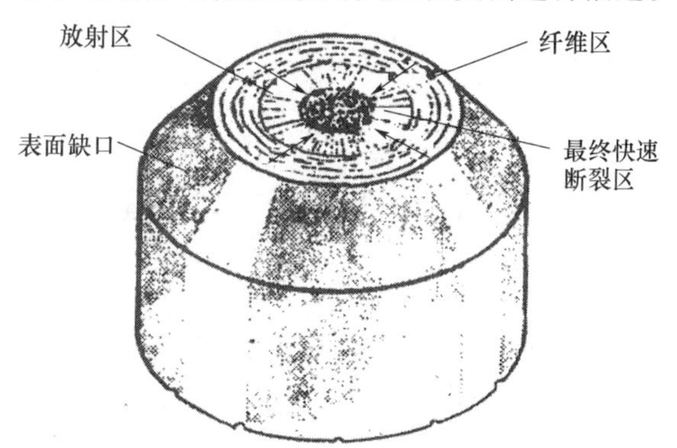

图 4-13　缺口圆形拉伸试样断口三要素示意图
(黑箭头表示裂纹扩展方向)

通常情况下,金属材料受材质、受力、温度等因素影响,过载断口宏观三区的位置、形状、大小及分布存在明显不同。如有时在断口上只出现一种或两种断口形貌特征,即断口三要素有时并不同时出现。断口三要素的分布主要有下列情况:

(1) 断口三要素同时出现,但分布比例、形态不同,如图 4-14、图 4-15 所示。

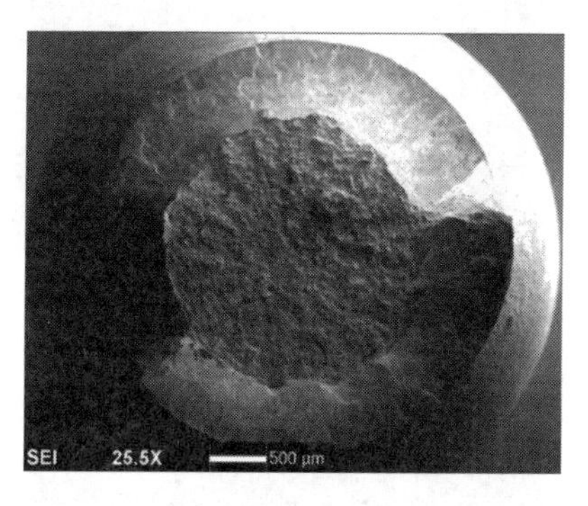

图 4-14　1900MPa 超高强度不锈钢拉伸断口

图 4-15　30CrMnSiA 合金钢拉伸断口

(2) 断口上全部为剪切唇,例如纯剪切型断口或薄板拉伸断口等就属于这种情况,有些情况下由于纤维区、放射区不明显,断面以剪切唇为主,宏观也类似全剪切唇形貌,如图 4-16 所示。

图 4 - 16　2E12 铝合金薄板拉伸断口

(3) 断口上只有纤维区和剪切唇区,而没有放射区,如图 4 - 17 所示。

(4) 断口上没有纤维区,仅有放射区和剪切唇区,如图 4 - 18 所示。

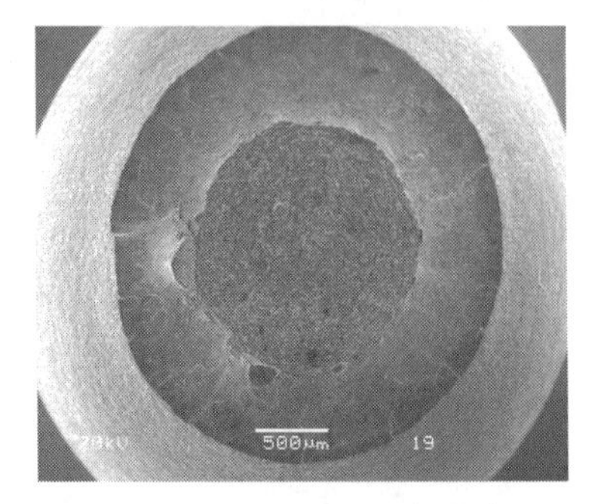

图 4 - 17　A100 钢室温拉伸断口

图 4 - 18　FGH96 拉伸断口

(5) 断口上无法准确区分三区,三区形貌差异不明显,如无明显纤维区、放射区,或者没有明显剪切唇等,如图 4 - 19 ~ 图 4 - 22 所示。

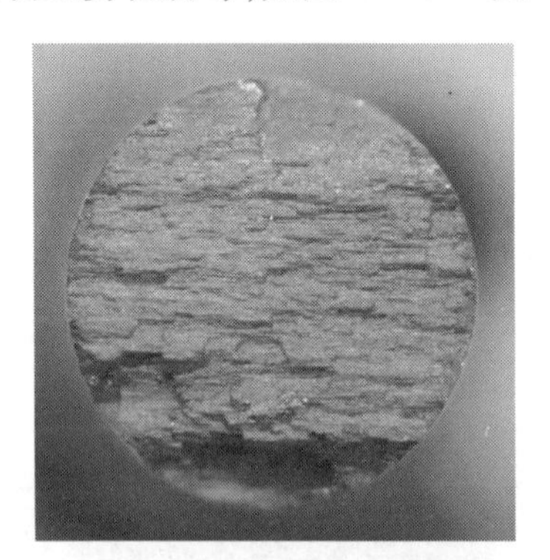

图 4 - 19　7B50 光滑拉伸断口

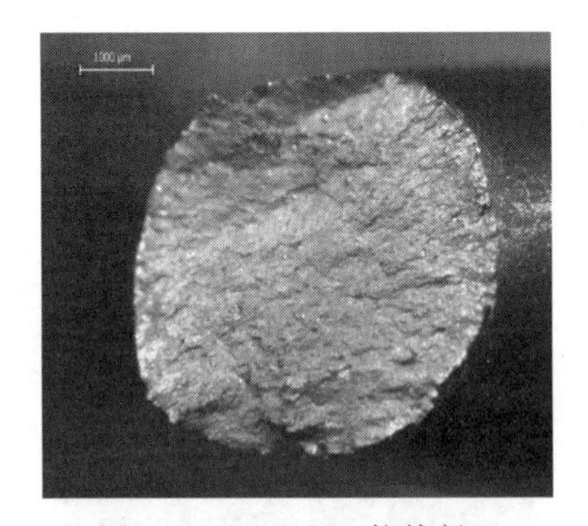

图 4 - 20　GH4169 拉伸断口

图 4 - 21　QT800 拉伸断口

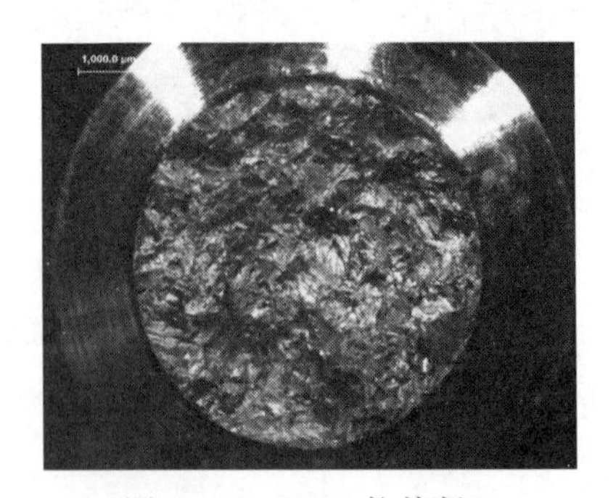

图 4 - 22　TC21 拉伸断口

4.2.2　断口三要素的影响因素

影响过载断口三要素的因素很多，如试样或零件的形状、材料微观结构、环境温度和受力形式等，过载断口的宏观形态也千变万化。

4.2.2.1　零件形状的影响

圆形拉伸试样断口三要素中形态及位置的变化在前面章节已有叙述，在此就不赘述；矩形拉伸试样的变化情况如图4－23和图4－24所示，纤维区近似椭圆形且位于试样中心部位，放射区可能出现人字纹，周边为剪切唇区。矩形试样厚度越薄，剪切唇区的面积越大，而放射区面积越小，直至消失。

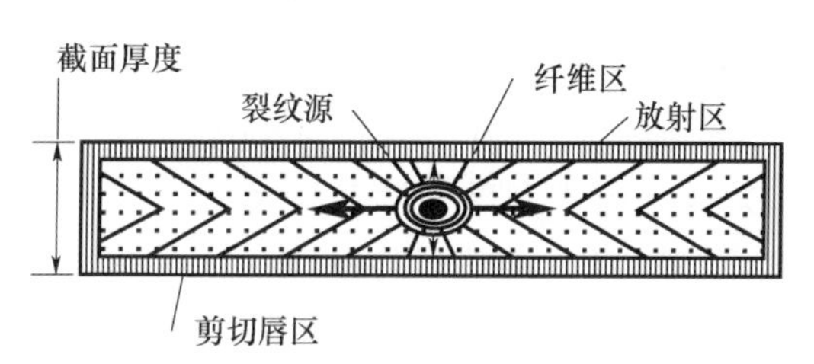

图4－23　人字纹反方向指向裂纹扩展方向
（黑箭头表示裂纹扩展方向）

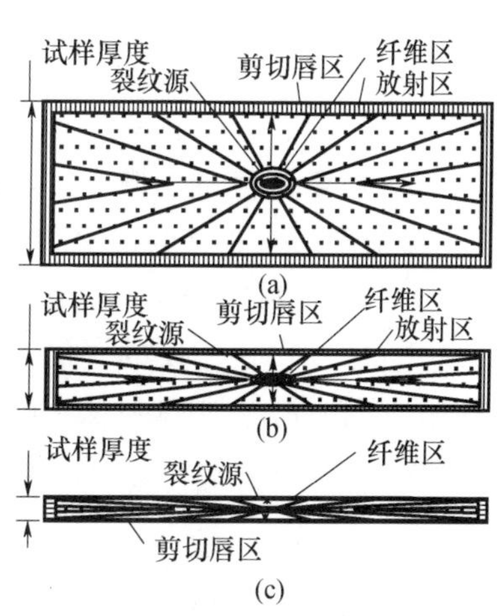

图4－24　矩形拉伸试样断口三要素变化示意图

韧性较好的室温冲击断口上往往可见到断口三要素，如图4－25所示。纤维区在缺口中部呈半圆状，放射区呈现半轮辐型，剪切唇区在三侧边缘区域。韧性相对较差的冲击断口可能只有缺口纤维区、放射区与小的剪切唇。

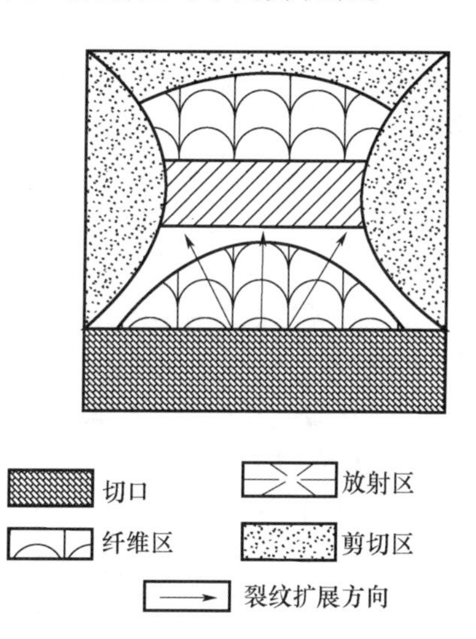

(a) (b)

图 4-25 冲击断口三要素分布、形状及位置示意图

(a)超高强度不锈钢室温冲击断口;(b)42CrMoA 室温冲击断口。

4.2.2.2 环境温度的影响

温度对断口三要素的影响最为明显。一般情况下,对于同一材料及相同形状的试样,随着温度的降低,断口上的纤维区和剪切唇区减少,而放射区面积增加。随着试验温度的升高,则出现相反的变化。如 IC10 等合金,在 1000℃左右,断口形貌则表现出了相反的变化规律,如图 4-26 所示。特别是相同材料在韧脆转变温度两侧的过载断口呈现韧性、脆性两种完全不同的形态,这都与温度影响了材料的变形和断裂机制有关。

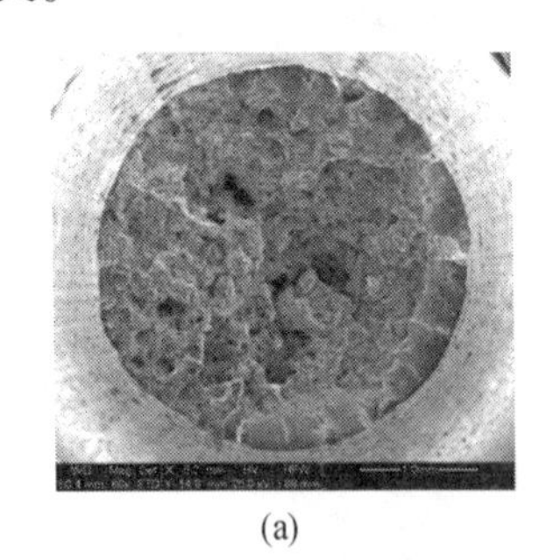
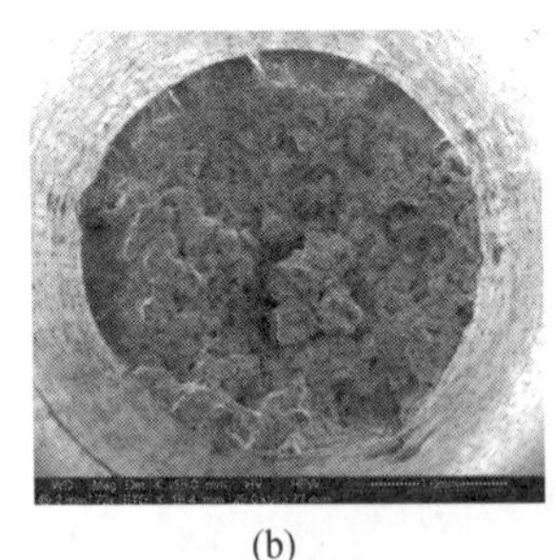
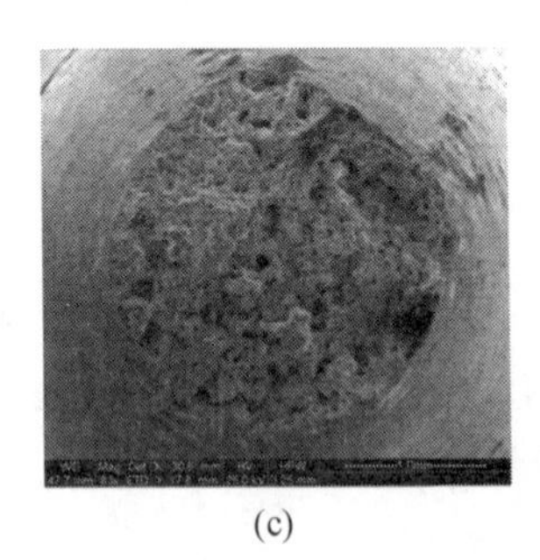

(a) (b) (c)

图 4-26 IC10 高温合金拉伸断口

(a)温度为 980℃;(b)温度为 1000℃;(c)温度为 1100℃。

4.2.2.3 材料组织结构的影响

材料的组织结构可以直接影响断裂形态,如粗大晶粒(包括定向、单晶组织)及织构组织(包括高变形锻造、分层制造等)、脆性组织(包括淬火组织、渗层组织、化合物相等)和非晶组织等。前面提到的较粗大的钛合金组织可以影响缺口拉伸断口纤维区、放射区的形态,锻造铝合金以及 3D 激光打印材料的断口出现明显的层状结构,淬火组织过载断口可能完全呈现脆性沿晶断裂等。

在室温条件下,随着材料强度的增加,纤维区与放射区由大变小,而剪切唇区由小变大,这与前面提到的温度对断口的影响以及一般认为剪切唇区表示塑性断裂的看法相反,这与材料形变强化与软化变化有关。

4.2.2.4　拉伸速率的影响

从能量观点看,塑性变形时金属所吸收的能量绝大部分转化为热能,这种现象称为热效应。这一部分热能产生的温升在某种程度上会影响材料的变形行为,热效应与变形温度、应变速率与变形程度有关。静态加载(10^{-5} ~ $10^{-2}s^{-1}$)在拉伸过程中可以认为是一个等温过程;动态加载(10^1 ~ 10^4s^{-1})则可以认为是一个绝热过程,伴随着做功引起的绝热温升。材料在动载特别是高速冲击载荷作用下的性能与静载下的性能显著不同。对于不同的金属材料来说,应变速率对合金的抗拉强度、屈服强度及延伸率等力学性能有着不同的影响,进而会影响材料的断裂行为。如镁合金属于应变速率敏感材料,应变速率增大,材料的抗拉强度和屈服强度都增加。Mg-7.98Li 合金的抗拉强度上升的幅度要大于屈服强度上升的幅度,断后伸长率和断面收缩率则几乎呈线性降低(图4-27),该合金的拉伸性能表现出明显的应变率强化效应。合金的微观断口在低加载速率时主要为微孔聚合剪切断裂。断面中有大量的韧窝和深孔,随着加载速率的升高,合金的断裂机制由微孔聚合剪切断裂向微孔聚合与准解理混合型断裂转变,沿晶断面有所增多,且出现了少量的解理台阶(图4-28),表明随加载速率的提高,合金塑性降低,脆性断裂倾向增大。

30CrMnSiNi2A 等超高强度钢在拉伸和三点弯曲时也会产生沿晶、准解理等典型脆性断裂特征。

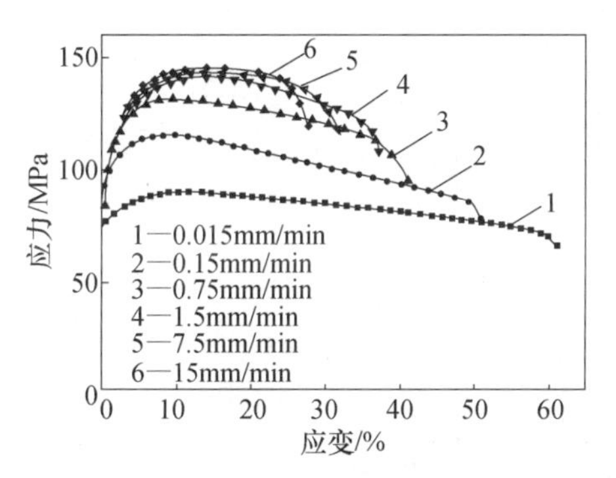

图4-27　不同加载速率 Mg-7.98Li 合金的应力—应变曲线

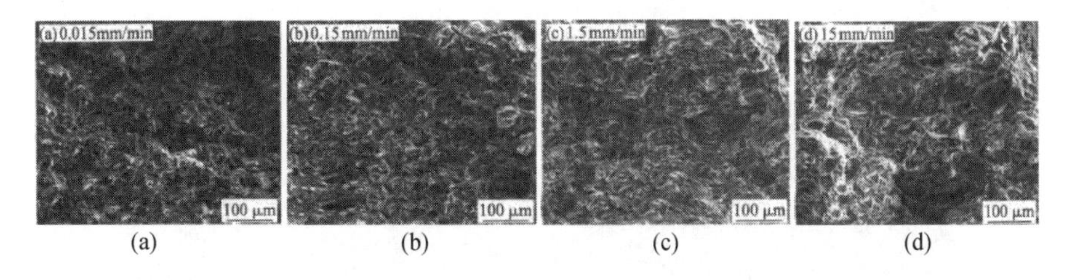

图4-28　不同加载速率下 Mg-7.98Li 合金的微观断口形貌

TiC 颗粒增强钛基复合材料 TP-650,在两种准静态应变率下,基体和复合材料的应力—应变曲线都非常接近理想态,几乎没有应变硬化。复合材料动态拉伸表现出明显的脆性。与基体相比,材料在动态冲击下,只有线弹性和非线弹性两个阶段,几乎没有塑性变形就迅速断裂,如图 4 - 29、图 4 - 30 所示。

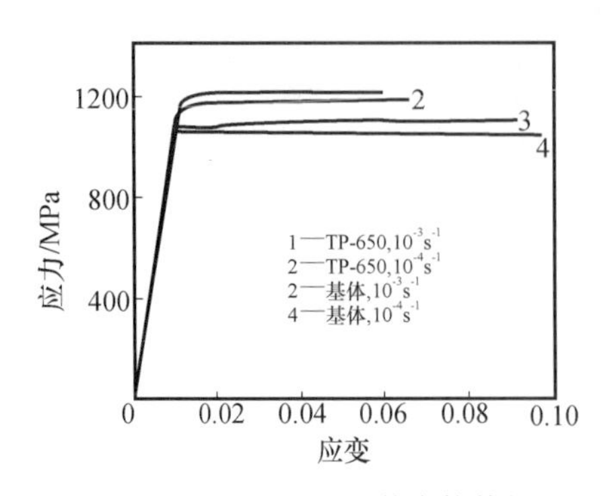

图 4 - 29　TP - 650 准静态拉伸的应力—应变曲线

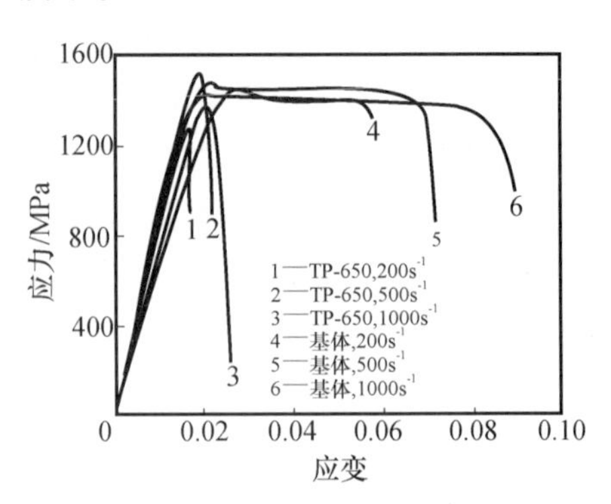

图 4 - 30　TP - 650 动态拉伸的应力—应变曲线

动态拉伸时,复合材料断面人字纹随拉伸速率增加而更加明显,与准静态拉伸相比,微观上韧窝减少,解理类特征明显增加,如图 4 - 31、图 4 - 32 所示。

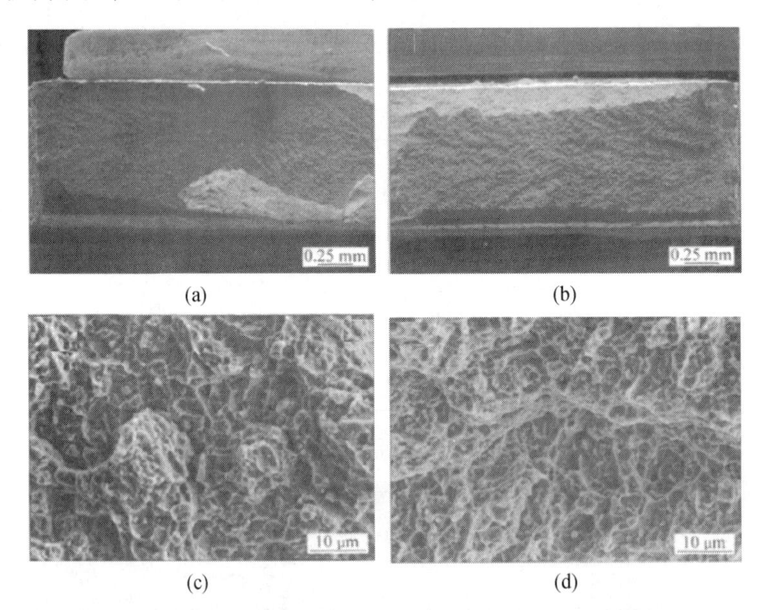

(a)　(b)

(c)　(d)

图 4 - 31　应变率为 $1300s^{-1}$ 和 $250s^{-1}$ 时基体的动态拉伸断口形貌

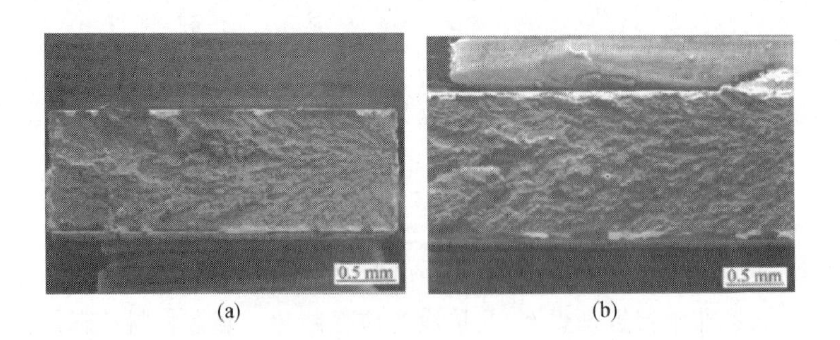

(a)　(b)

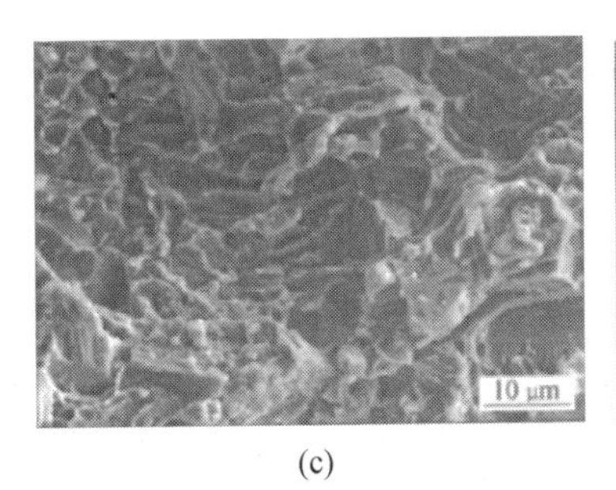

(c)

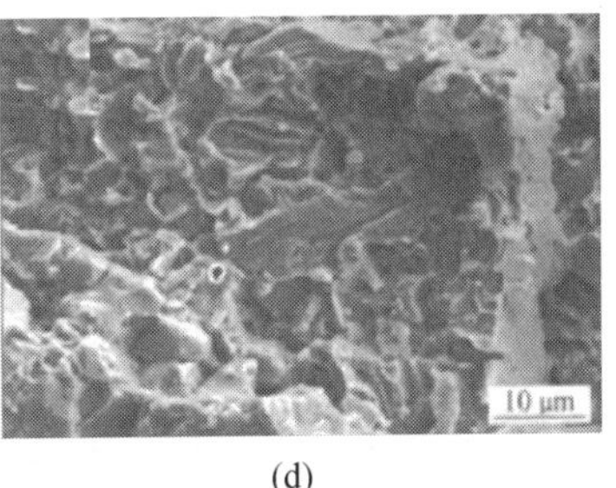

(d)

图 4－32　应变率为 $1000s^{-1}$ 和 $250s^{-1}$ 时复合材料 TP－650 动态拉伸断口形貌

4.2.3　断口三要素的应用

在失效分析中，构件断口宏观形态的观察和分析至关重要，其中断口三要素可以提供很多信息，如裂纹源位置、裂纹扩展方向、最终断裂区、材料状态的判断。

4.2.3.1　裂纹源位置的判断

通常情况下，光滑表面试样和构件的裂源位于纤维状区的中心部位，因此找到了纤维区的位置就可基本确定裂源的位置。另一方法是利用放射区的形貌特征，一般条件下，光滑表面试样放射条纹收敛处为裂源位置。在失效分析过程中一定要注意：上述判断只是在大多数情况下成立，而非做出判断的重要条件，如缺口试样可能让放射条纹反向，缺口疲劳的瞬断区可能出现在断口心部，此时宏观形貌与纤维区极为接近，放射条纹也汇聚于此，但并非裂纹源。图 4－33为 TC21 钛合金室温缺口疲劳断口。

图 4－33　TC21 钛合金室温缺口疲劳断口

4.2.3.2　裂纹扩展方向的判断

在断口三要素中，放射条纹指示裂纹扩展方向。通常，裂纹的扩展方向是由纤维区指向剪切唇区方向。如果是板材零件，断口上放射区的宏观特征为人字条纹，其反方向为裂纹的扩展方向（图 4－34）。需要指出的是：如果在板材的两侧开有缺口，则由于应力集中的影响，形成的人字纹尖顶指向与无缺口时正好相反，逆指向裂纹源。影响放射条纹走向的因素还很多，要在实践中加以学习。

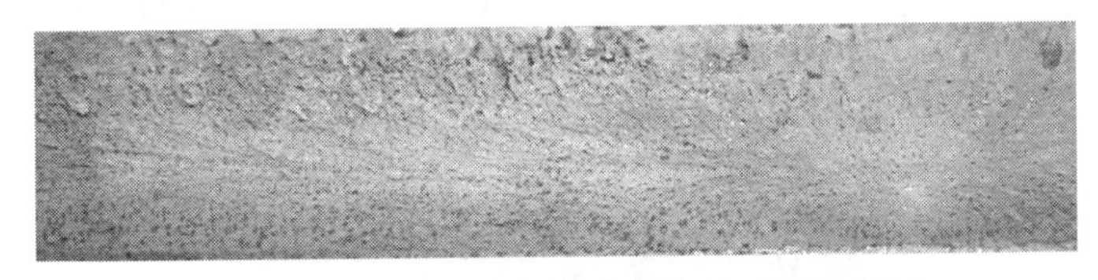

图 4－34　起源于内部缺陷的热处理裂纹断面

4.2.3.3　最终断裂区的判断

当断口上有两种或三种要素区时，剪切唇区往往是最后断裂区。在某些材料拉伸、冲击缺口试验的根部，表层的断面可能也为倾斜的剪切断裂区（图 4－35）。在宏观观察时往往被忽略，但对裂纹微观起源真正位置的判断却非常重要，薄板弯曲断口也具有类似现象。

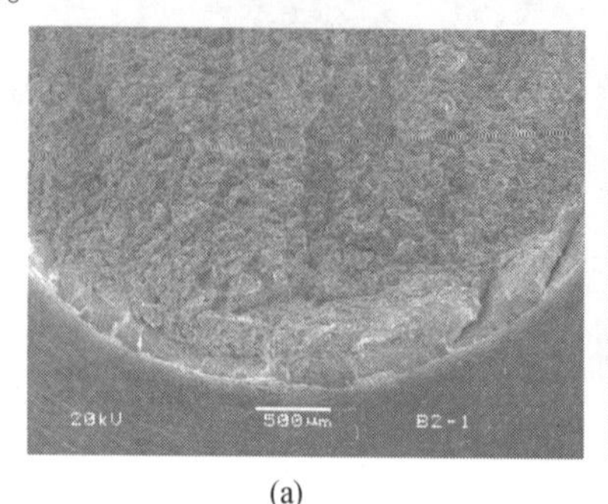

(a)

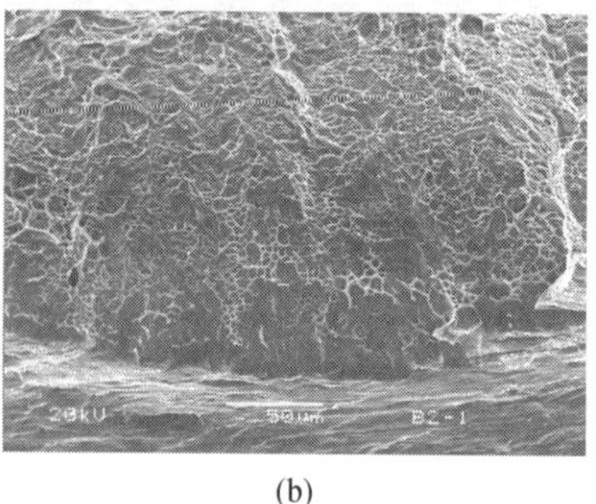

(b)

图 4－35　TC21 室温缺口拉伸断口

4.2.3.4　材料状态的判断

如同材料的微观组织结构可以影响断裂特征一样，通过对断裂特征的观察也可以间接判断材料的组织状态。通常，判断的基础是建立在对不同组织状态标准试样或构件断裂特征的观察经验之上，结构钢冲击断口检验就是最为典型的案例。当然，也可以根据材料微观组织对变形与断裂的影响机制来进行分析判断，这需要深入的理论研究基础。

口三要素最直接的作用是对材料韧性、脆性状态的判断，如回火脆与正常断口。除了前面提到的晶粒大小、微观变形织构、相结构特性等对断裂特征的影响外，低倍组织形态的影响也很明显，如材料宏观的各向异性可以导致拉伸椭圆断口的出现，如图 4－36 所示。

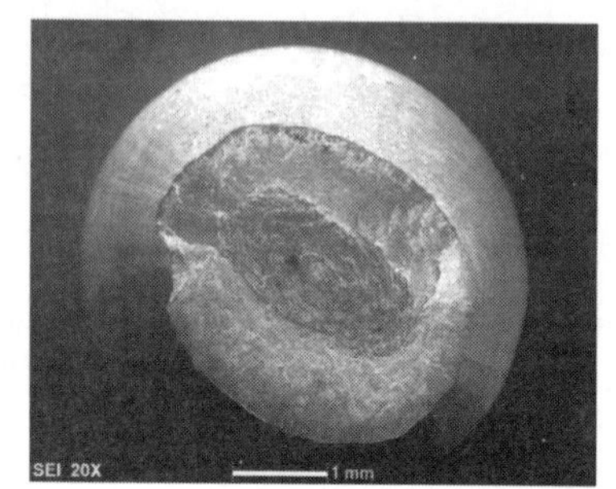

图 4－36　TC17 锻件拉伸断口

4.3　案例分析

4.3.1　1Cr18Ni9Ti 弹簧垫圈回弹变形失效

弹簧垫圈在安装过程中发现有多个垫圈装配后回弹明显减小，不能满足设计要求（图 4－37 和图 4－38），其他批次检查发现部分垫圈弹力不足，垫圈材料为 1Cr18Ni9Ti。

图 4－37　弹簧垫圈

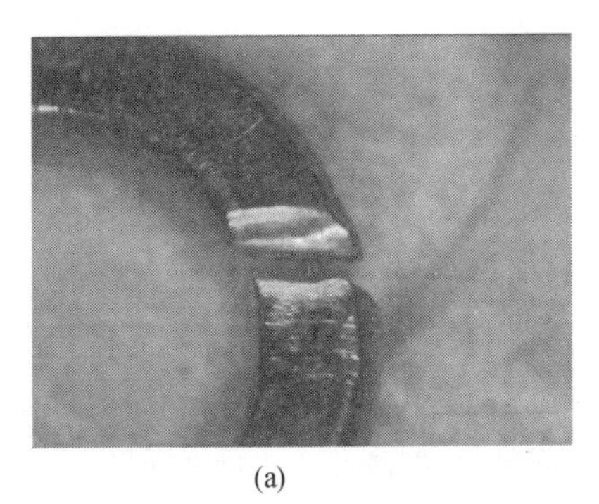
(a)

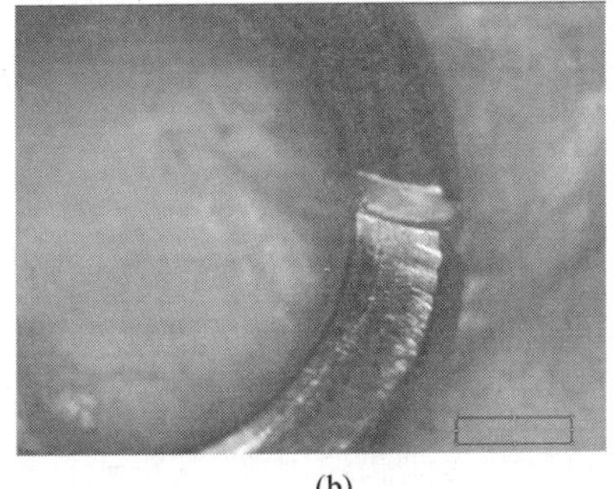
(b)

图4-38　回弹不同弹簧垫圈

(a)回弹正常;(b)回弹不足。

垫圈厚度 S、开口自由高度 H,压平后开口宽度 m 均符合标准要求。垫圈组织、硬度差异很大,失效件硬度较低在37HRC左右,可见晶粒和大量滑移带,变形较小;合格件硬度较高在50HRC左右,变形织构非常明显,晶粒不可见(图4-39)。

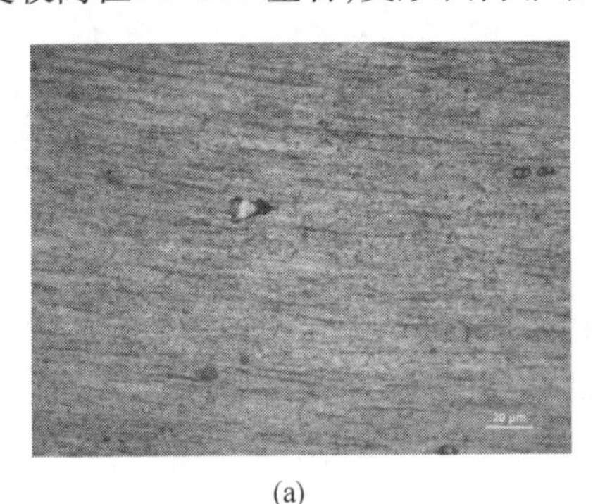
(a)

(b)

图4-39　不同垫圈组织

(a)回弹正常组织;(b)回弹不足组织。

这是典型的弹性性能异常和应力松弛失效问题。加工变形量大,织构越强烈,形变强化作用越明显,形变马氏体含量也越多,其强度、硬度也越高,弹性越好。加工变形量小,未形成明显织构,形变强化弱,形变马氏体转变较少,弹性差。

结论与建议:弹簧垫圈回弹量的变化是垫圈在静应力长时作用下应力松弛的结果;弹簧垫圈回弹的差异与垫圈的组织、硬度不同有关,硬度高的垫圈回弹较好,硬度低的垫圈回弹较差;垫圈的硬度不同与材料变形程度不同及成分差异有关。建议在选用弹簧垫圈时考虑垫圈松弛的时间效应,选取硬度相对较高的弹减抗力更好的垫圈。

弹簧垫圈为弹性元件,导致其使用前后回弹量变化的主要原因是垫圈材料的弹性减退(又称为应力松弛)。应力松弛强调在恒应变下应力随工作时间延长而下降的现象,而弹性减退强调弹性变形能衰退的现象,两者与时间有函数关系。在选择弹性元件时一定要考虑弹性衰减问题,重要的是材料工艺控制。

4.3.2　18Cr2Ni4WA 螺桩塑性伸长变形失效

在使用定力扳手装配螺桩时,有两根螺桩达不到规定安装力矩值,检查发现两根螺桩光杆处出现缩颈,螺桩伸长变形失效(图4-40)。

螺桩光杆段存在拉长、缩颈等明显的塑性变形特征,表面存在明显的滑移带,螺桩为塑性变形失效。

螺桩的组织、硬度符合技术要求(图4-41),正常安装力矩下螺桩光杆处的应力约为屈服强度的50%,不会导致螺桩发生塑性变形。但估算公式中的参数均为经验值,实际情况的微小差别对实际载荷的影响很大,例如在润滑条件下,螺桩光杆处所受载荷明显增大,所以实际安装时,螺桩光杆处承受的应力有可能逼近螺桩的屈服强度。如果附加安装冲击等其他偶然因素,螺桩光杆处应力值就可能超过其屈服强度,导致螺桩光杆处发生塑性变形失效。

图4-40 失效件与完好件外形对比

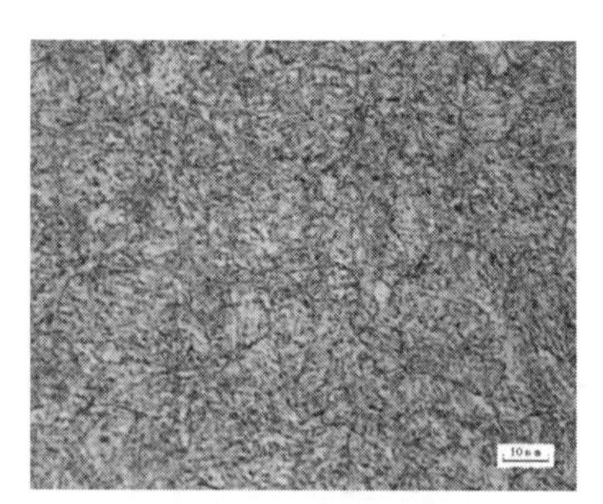

图4-41 螺桩组织

结论与建议:螺桩均为塑性变形失效,两根螺桩的塑性变形失效主要与偶然因素导致的载荷过高超过材料屈服强度有关。建议测试同批次螺桩的屈服强度,并检测在不同润滑条件下导致螺桩屈服的力矩大小。

屈服是材料在应力作用下发生宏观塑性变形的一种现象。屈服现象是金属材料开始塑性变形的标志,对于服役过程中不允许产生塑性变形的零件来说,出现屈服现象即代表零件的失效。设计操作中除了考虑材料本身屈服强度外,装配、使用条件变化导致的计算外载荷必须高度关注。

4.3.3 散热器壳体局部失稳变形

散热器壳体材料为1Cr18Ni9Ti,薄壁管车削加工后采用氩弧焊连接,焊接后发现壳体局部凹陷变形(图4-42)。

这是典型的结构失稳变形案例。正常情况下散热器由于尚未使用,基本不存在内部负压现象,壳体本身是不可能凹陷变形的,通过对壳体内壁的观察发现,凹陷处附近存在多道焊缝和焊接缺陷(图4-43)。这种焊接热的作用不但会影响壳体刚度,而且焊缝附近会出现明显残余应力,当应力达到一定水平时会导致壳体失稳凹陷变形,同时由于焊缝对变形的拘束作用,变形仅局限于焊缝附近的小面积区域。

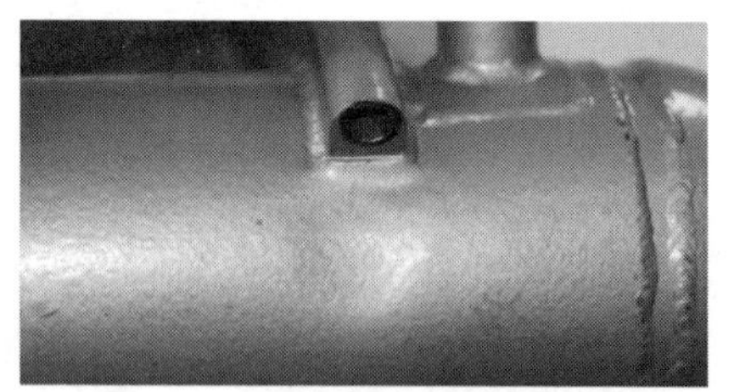

图4-42 薄壁壳体凹陷处形貌

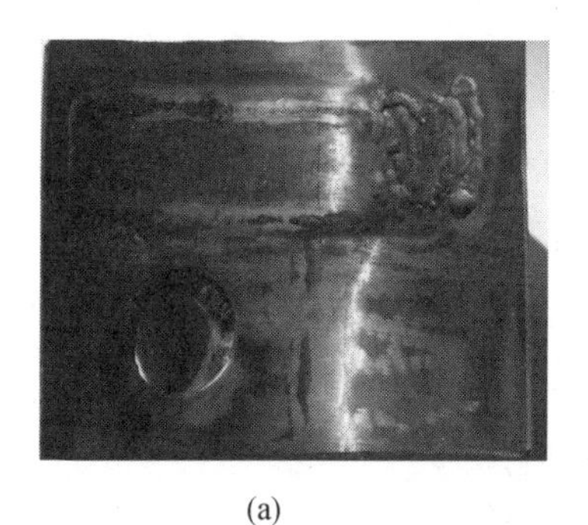

(a)

(b)

图 4－43　凹陷区附近内部焊缝及缺陷

结论与建议:壳体为失稳变形,多次焊接热和变形引起的局部焊接应力和结构应力升高是导致结构失稳的主要原因。建议改进局部焊缝分布、降低焊接热量。

虽然壳体的失稳变形没有造成散热器失效,但很可能引发局部疲劳等破坏性损伤,也可视为失效。结构失稳除了应力作用,环境温度的影响也很重要。

4.3.4　铂膜热敏电阻器热胀冷缩变形断裂失效

铂膜热敏电阻器试验件是在炉温约为 60℃时放入高温炉开启电源加热升温,当达到 400℃时保温 3h,关闭电源,试验件随炉自然冷却,当温度降至 137℃时打开炉门(按规范要求是 120℃),然后温度降至 105℃时,将试验件取出放在室温,20min 后将试验件拿到室外约零下 20℃,送去进行检测时发现为开路状态(图 4－44)。

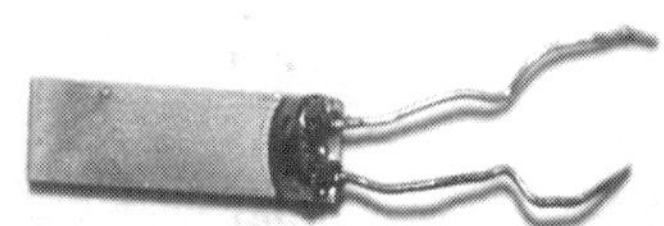

图 4－44　热敏电阻器

电阻器玻璃表面与引线无明显裂纹,电阻器外表面玻璃层表面较平整,未见裂纹,与铂丝电阻接触的陶瓷表面无明显裂纹。检查发现,铂丝电阻有一处轮廓异常,存在断裂现象(图 4－45)。该电阻器铂丝在制造过程中出现局部缺陷,有效截面很小,在加热和冷却过程中铂丝与玻璃、陶瓷之间线膨胀系数不同,造成的应力导致缺陷处断裂开路失效。

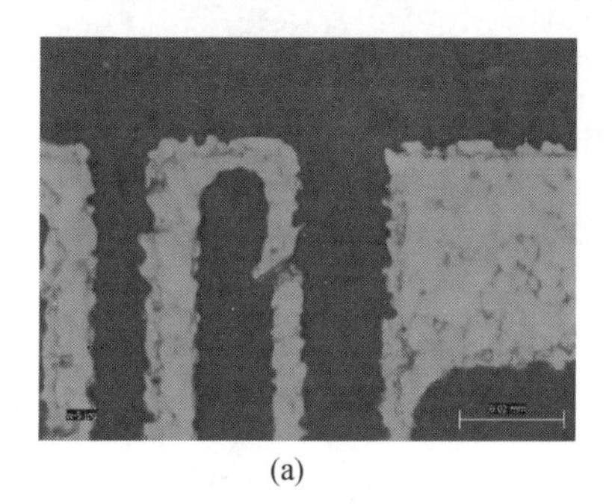

(a)

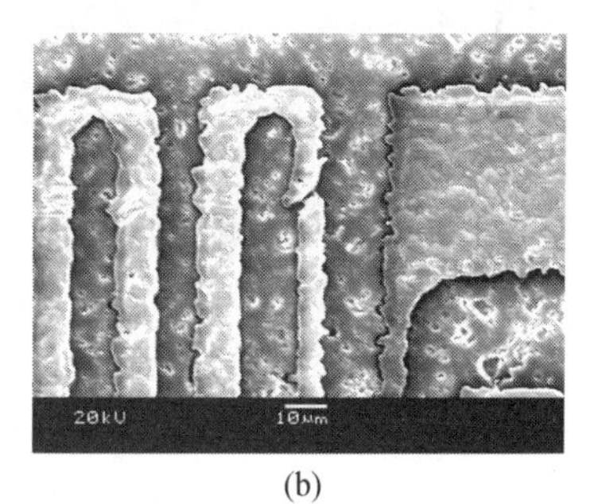

(b)

图 4－45　铂膜局部损伤断路

结论:热敏电阻开路是由于铂膜热胀冷缩时与制造缺陷处过载断裂所致。

宏观的过载断裂往往伴随大的变形和应力,而微观的过载断裂则往往难以察觉,可在宏观无明显表象的热、磁、电场中发生,危害更为隐蔽。

4.3.5 液压柱塞泵传动轴扭转过载断裂

飞机着陆滑行转弯时，液压系统Ⅱ压力突降为0，检查发现液压泵的传动轴断裂（图4－46）。

传动轴断口平齐，与轴线垂直，边缘较光亮，可见扭转摩擦痕迹，心部粗糙，灰黑色（图4－47）。微观上断口边缘区均为扭转剪切韧窝，方向大致与轴边缘相切，越接近心部粗糙区韧窝越趋向于等轴化（图4－48）。

图4－46　断裂传动轴

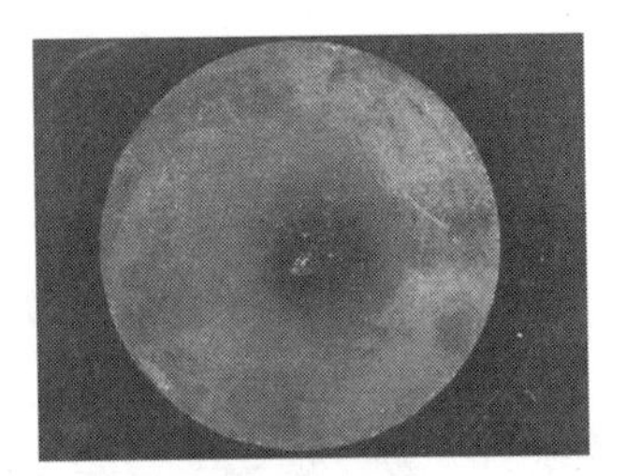

图4－47　扭转过载断口宏观形貌

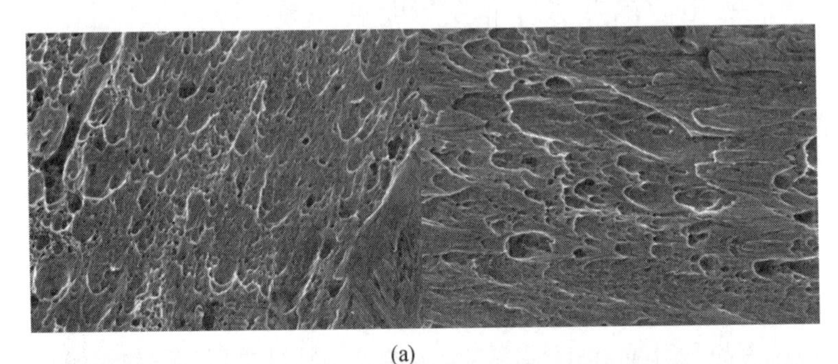

(a)

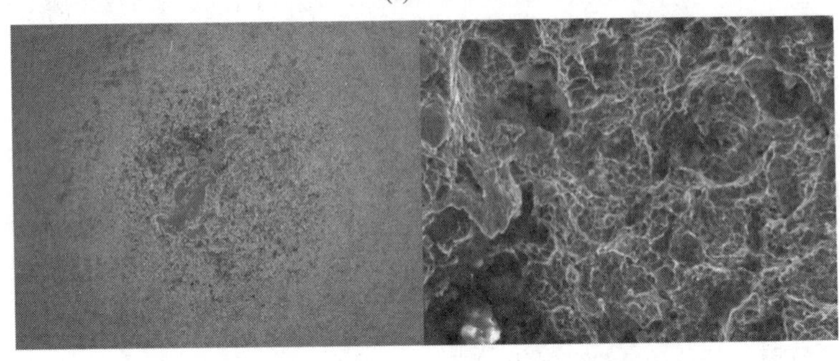

(b)

图4－48　断口微观形貌

（a）边缘剪切韧窝；（b）心部等轴韧窝。

结论：传动轴为扭转过载断裂；异物导致个别柱塞孔异常磨损和卡滞，柱塞体卡死，其头部发生撞击断裂后，柱塞系统崩溃，旋转阻力急剧加大，最终使得传动轴瞬间发生扭转剪切断裂。

在某些特殊情况下，扭转过载断裂与扭转疲劳特征很难区分，要根据材料、受力以及其他构件损伤情况综合加以判断。

4.3.6　信号器膜片回火脆性开裂

信号器膜片进行性能测试时发现裂纹(图4－49)。膜片材料为3Cr13不锈钢。热处理工艺:真空退火(880℃,60～120min)—真空淬火(1030℃,30～40min)—冷处理(－73℃,＞3h)—真空回火(350℃,3h)。要求硬度≥480HV。

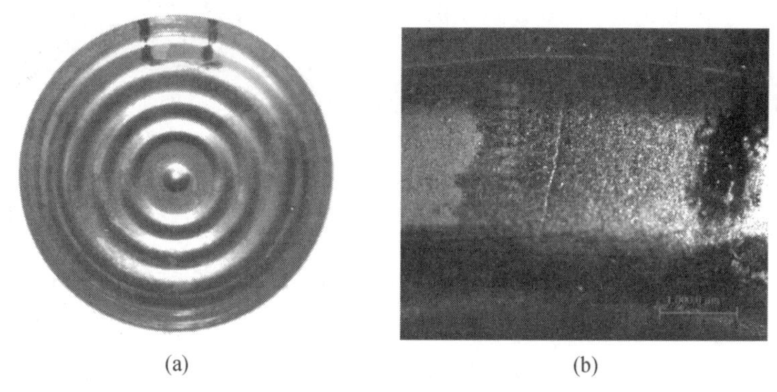

(a)　　(b)

图4－49　膜片裂纹

膜片断口整体为沿晶断裂特征,沿晶的晶面较粗糙,可见塑性变形痕迹,晶界面局部可见细小韧窝(图4－50)。膜片人工折断后观察断口,人工断口主要为沿晶特征和韧窝的混合特征(图4－51)。

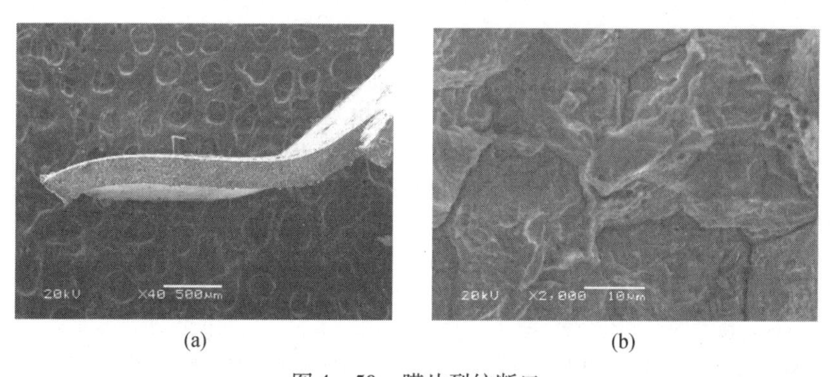

(a)　　(b)

图4－50　膜片裂纹断口

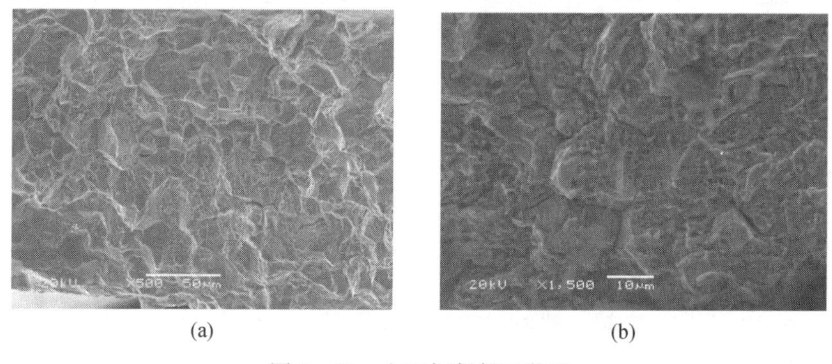

(a)　　(b)

图4－51　人工打断断口微观

图 4－52　膜片金相组织

膜片材料均为中温回火组织，可见清晰的原奥氏体晶界(图 4－52)，膜片硬度符合要求。

膜片人工打断断口与故障断口特征一致，均主要为沿晶特征，人工断口为沿晶特征和韧窝特征均匀混合，表明膜片材料存在一定的回火脆性。

3Cr13 不锈钢在 350～550℃ 回火时易产生回火脆。回火脆性有两类：在 250～400℃ 发生的称为回火马氏体脆性；在 350～550℃ 发生的称为回火脆性。回火马氏体脆性又称为 350℃ 脆性，国内普遍称为第一类回火脆性、低温回火脆性或不可逆回火脆性。回火脆性又称为 500℃ 脆性，国内普遍称为第二类回火脆性、高温回火脆性或可逆回火脆性。

结论与建议：膜片的断裂模式为回火脆断。建议避开 350～550℃ 的回火温度区间，选择该温度区间外能满足设计要求的回火温度。

回火脆性借助常规检测手段一般难以判断，失效件又往往不能提供冲击试样，因此人工打断断口分析对性质判断至关重要。回火脆除了会引发脆性过载断裂，还对氢脆、应力腐蚀有直接影响。

参考文献

[1] 王宁宁．应变速率对挤压变形 Mg－Zn－Nd 合金拉伸性能的影响[D]．沈阳：沈阳工业大学，2007.

[2] 芮二明．60Si2MnA 弹簧钢的应力松弛加速试验技术研究[D]．哈尔滨：哈尔滨工业大学，2010.

[3] 王爽．FGM 夹层圆柱壳的弹性稳定性及自由振动[D]．兰州：兰州理工大学，2009.

[4] 熊荣刚．TWIP 钢在不同应变速率下的应变行为研究[D]．上海：上海大学，2008.

[5] 叶丽燕，李细锋，陈军．不同拉伸速率对 SUS304 不锈钢室温拉伸力学性能的影响[J]．塑性工程学报，2013，20(2)：89－93.

[6] 臧少锋．超大型真空容器的强度分析和稳定性研究[D]．北京：北京化工大学，2009.

[7] 晏砺堂，任光明．齿轮断块失效原因再探[C]．中国航空学会第九届航空发动机结构强度振动学术会议论文集，1998，355－361.

[8] 任志敏，骆家文，李春光，等．冲压发动机燃烧室壳体静热试验局部失稳变形分析[J]．推进技术，2011，32(5)：717－721.

[9] 吴长波，覃志贤．发动机上典型零件失稳故障分析[C]．中国航空学会第十四届发动机结构强度振动学术研讨会论文集，2008，59－64.

[10] 李媛，利风祥，李越森，等．复合材料壳体外压稳定性分析[C]．首届全国航空航天领域中的力学问题学术研讨会论文集(下册)，2004：90－93.

[11] 吴子奇．各向异性板材的受压失稳研究[D]．南昌：南昌大学，2008.

[12] 王志博，田于逵．基于表面应变与变形测量的弹性球罩临界失稳风洞试验[J]．测控技术，2010(29)：158－166.

[13] 韩峰，沙桂英，尹森，等．加载速率对 Mg－7.98Li 合金拉伸性能的影响[J]．热加工工艺，2014，43(16)：71－73.

[14] 楚金援，刘高远，章菊华，等．加载速率对硅橡胶拉伸断裂行为的影响[J]．机械工程材料，2007，31(12)：69－71.

[15] 王建军，韩勤锴，李其汉．考虑延长啮合时齿轮参数振动稳定性[J]．振动工程学报，2009，22(4)：400－405.

[16] 杨新歧，秦红珊，霍立兴，等．客车侧墙结构失稳变形预测方法研究[C]．第三届计算机在焊接中的应用技术交流会论文集，2000，177－181.

[17] 王淑花,安秀娟．拉伸速率对2A40合金拉伸性能的影响[J]．材料热处理技术,2012(7):72-73.
[18] 姜勇,何浩礼,丁燕怀,等．拉伸速率对尼龙6力学性能和颈缩区结晶度的影响[J]．工程塑料应用,2012,40(1):66-68.
[19] 付强．铝合金薄板搅拌摩擦焊残余应力及失稳变形的预测研究[D]．天津:天津大学,2010.
[20] 吴长波,卿华,崔弘,等．某压气机涡流器失稳故障分析[C]．中国航空学会第三届航空发动机可靠性学术交流会,2005,214-217.
[21] 刘守荣,李大永,中村雅勇．汽车覆盖件弹塑性失稳机理实验模拟研究[J]．塑性工程学报,2007,14(3):60-63.
[22] 刘道新,刘双梅,樊国福．钛合金的固态Cu致脆行为研究[J].2006,26(1):1-5.
[23] 蒋波．椭圆型封头外压失稳特性研究[D]．沈阳:东北大学,2006.
[24] 陈静宜,徐力平．压缩系统的失稳及其控制[C]．中国航空学会21世纪航空动力发展研讨会论文集,2000:110-116.
[25] 杨蕾,王延荣．叶片模态振动下非定常气动力做功的数值仿真[C]．中国航空学会2007年学术年会,动力专题63:1-5.
[26] 张黎,冼爱平,王中光,等．应变速率对Sn-9Zn共晶合金拉伸性能的影响[J]．金属学报,2004,40(11):1151-1154.
[27] 李伟,宋卫东,宁建国．应变速率对TP-650钛基复合材料拉伸力学行为的影响[J]．中国有色金属学报,2010,20(6):1131-1136.
[28] 刘杨,王磊,乔雪璎．应变速率对电场处理GH4199合金拉伸变形行为的影响[J]．稀有金属材料与工程,37(1):66-71.

第五章　疲劳断裂失效分析

疲劳断裂是材料(或构件)在循环应力反复作用下发生的断裂。循环应力是指应力的大小、方向或大小和方向同时都随时间做周期性改变的应力。这种改变可以是规律性的或不完全规律性的。

1. 疲劳断裂的危害性

(1) 多数机件承受的应力是周期性变动的(称为循环交变应力),如各种发动机曲轴、发动机的主轴、齿轮、弹簧、涡轮叶片、钢轨、飞机螺旋桨以及各种滚动轴承等。据统计,这些零件的失效,60% ~80% 属于疲劳断裂失效。

(2) 疲劳破坏表现为突然断裂,断裂前无显著变形。不用特殊探伤设备,无法预察损坏迹象。除定期检查外,很难防范偶发性事故。

(3) 造成疲劳破坏时,循环交变应力中的最高应力一般远低于静载荷下材料的抗拉强度。有时也低于屈服强度。

(4) 零件的疲劳断裂不仅取决于材质,而且对零件的形状、尺寸、表面状态、使用条件、外界环境等非常敏感。加工过程也对疲劳抗力有很大影响。材料内部宏观、微观的不均匀性对材料抗疲劳性能的影响也远较静负荷下为大。

(5) 很大一部分机件承受弯曲扭转应力。这种机件的应力分布都是表面应力最大。而表面情况,如切口、刀痕、粗糙度、氧化、腐蚀及脱碳等都对疲劳抗力有极大的影响,增加了疲劳损坏的机会。

2. 循环应力与循环应变

为了清楚地看出应力的变化规律,人们将应力 σ 随时间 t 的变化规律绘成图形,见图 5 -1 的正弦波应力。

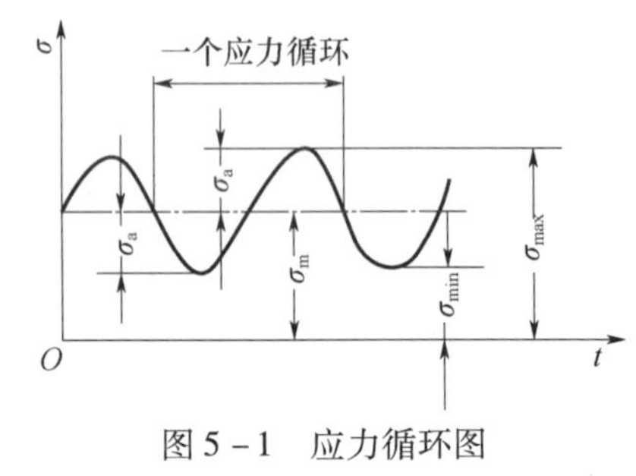

图 5 -1　应力循环图

图 5 -1 中,各符号所代表的意义如下:

σ_{max}——最大应力,$\sigma_{max} = \sigma_m + \sigma_a$;

σ_{min}——最小应力,$\sigma_{min} = \sigma_m - \sigma_a$;

σ_m——平均应力,$\sigma_m = (\sigma_{max} + \sigma_{min})/2$;

σ_a——应力振幅,$\sigma_a = (\sigma_{max} - \sigma_{min})/2 = (1-r)\sigma_{max}/2$;

$\Delta\sigma$——应力范围,$\Delta\sigma = 2\sigma_a$;

r——应力比,$r = \sigma_{min}/\sigma_{max}$。

同样,循环应变也是在上、下两个极值之间随时间作周期性变化的应变,如图 5 -2 所示。

图 5 -2 中各符号所代表的意义如下:

ε_{max}——最大应变,$\varepsilon_{max} = \varepsilon_m + \varepsilon_a$;

ε_{min}——最小应变,$\varepsilon_{min} = \varepsilon_m - \varepsilon_a$;

ε_m——平均应变，$\varepsilon_m=(\varepsilon_{max}+\varepsilon_{min})/2$；

ε_a——应变幅，$\varepsilon_a=(\varepsilon_{max}-\varepsilon_{min})/2=(1-R)\varepsilon_{max}/2$；

$\Delta\varepsilon$——应变范围，$\Delta\varepsilon=2\varepsilon_a$；

R_ε——应变比，$R=\varepsilon_{min}/\varepsilon_{max}$。

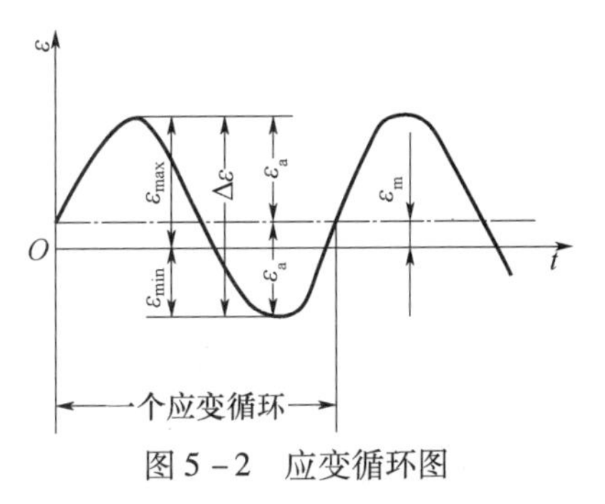

图 5－2　应变循环图

应力或应变的每一周期性变化称为一个应力循环或一个应变循环。

应力或应变幅的最大值为正值，最小值为负值，称为交变。此时其应力比或应变比为负值。当最大值和最小值的绝对值相等时，称为完全交变（对称循环），此时，$\sigma_{max}=-\sigma_{min}$，$\sigma_m=0$ 或 $\varepsilon_{max}=-\varepsilon_{min}$，$\varepsilon_m=0$。完全交变的循环特征是 $R=-1$ 或 $R_\varepsilon=-1$。火车轴的弯曲、曲轴轴颈的扭转及旋转弯曲疲劳试验的试样等都是对称循环的例子。当应力和应变最大值和最小值都是正值或都是负值时，称为脉动。当应力和应变最小值为0，即 $\sigma_{min}=0$ 或 $\varepsilon_{min}=0$ 时，称为完全脉动。完全脉动的循环特征是 $R=0$ 或 $R_\varepsilon=0$。如一些齿轮齿根的弯曲就是完全脉动循环的例子。当 R 或 R_ε 等于其他任意值时，则属于非对称循环。加汽缸盖螺钉即受大拉小拉循环应力，$0<R<1$；内燃机连杆受小拉大压循环应力，$R<1$。

5.1　疲劳断裂失效的分类

根据零件在服役过程中所受载荷的类型与大小，加载频率的高低及环境条件等的不同，可将疲劳断裂分为如图 5－3 所示的类别。

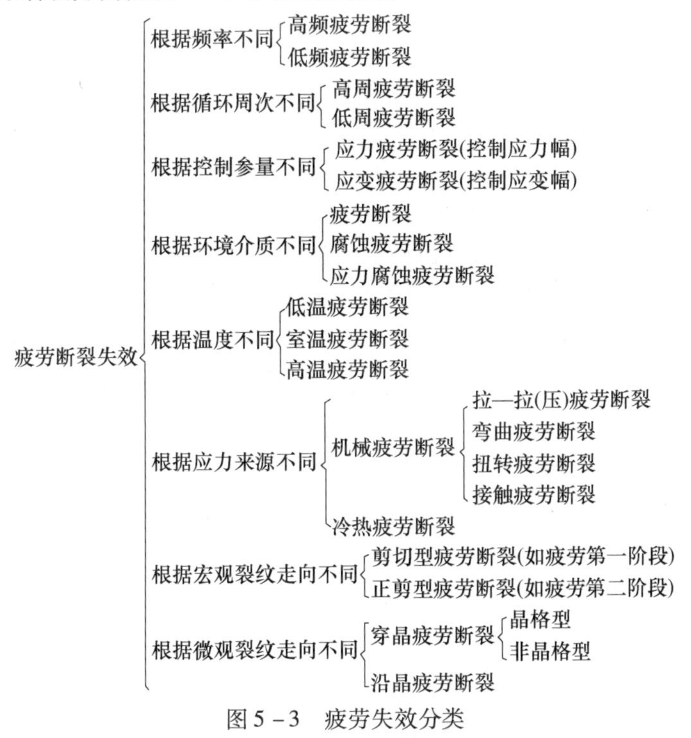

图 5－3　疲劳失效分类

5.2 疲劳断裂的宏观分析

典型的疲劳断口按照断裂过程的先后有三个明显的特征区,即疲劳源区、扩展区和瞬断区(图5-4),具体的断口特征在前面章节已有介绍。

在实际构件的低应力高周疲劳断口上,一般能看到典型的疲劳弧线(图5-5),疲劳弧线是由于外载荷大小发生显著变化留下的扩展痕迹。而在恒应力疲劳断口上一般没有疲劳弧线。此外,在某些静应力作用下的应力腐蚀破坏断口上有时也有类似于疲劳弧线的宏观特征,这些弧线一般是使用和停放时裂纹不同扩展阶段的痕迹。

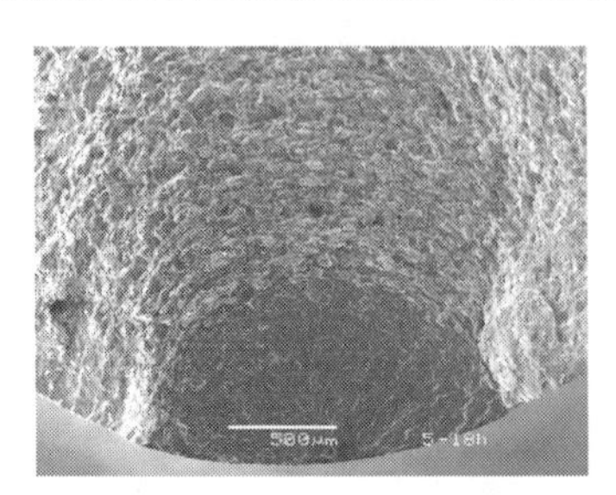

图5-4 疲劳断口宏观形貌

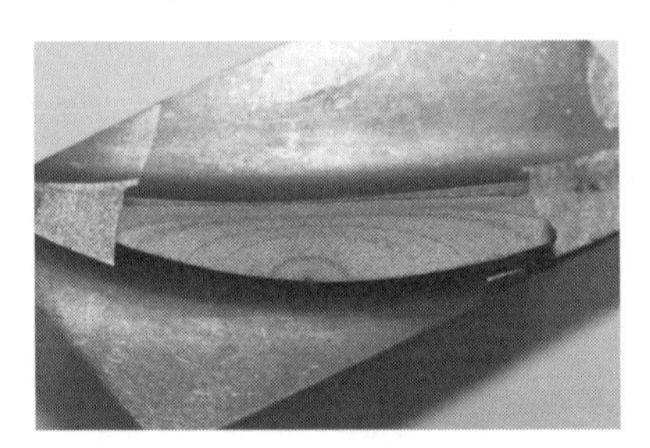

图5-5 疲劳弧线形貌

另外,疲劳弧线的形状(绕着疲劳源向外凸起或向外凹下)和疲劳弧线的间距变化等与受力状态,材质及环境介质等有关,后面将分别介绍。

5.3 疲劳断口的微观分析

疲劳断裂的微观分析必须建立在宏观分析的基础上。在很多情况下,通过宏观分析即可判明断裂是否属于疲劳断裂,找出疲劳断裂源区的位置、裂纹的扩展方向、瞬断区面积的大小等。在某些情况下,仅仅通过宏观分析还难以判明断裂的性质和找出准确的断裂源位置等,这就需要对断口进行深入的微观分析,才能较准确地判明断裂失效的模式与机制。疲劳断裂的微观分析一般包括以下内容:

(1) 疲劳源区的微观分析。首先确定疲劳源区的具体位置是表面还是亚表面,对于多源疲劳还需判明主源与次源。其次分析源区的微观形貌特征,包括裂纹萌生处有无外物损伤痕迹、加工刀痕、磨损痕迹、腐蚀损伤及腐蚀产物、材质缺陷(包括晶界、夹杂物、第二相粒子)等。

疲劳源区的微观分析能为判断疲劳断裂的原因提供十分重要信息与数据,是分析的重点。如图5-6所示的粉末高温合金疲劳源区形貌,有的起源于夹杂缺陷,有的起源于疏松缺陷,有的从材料表面起源,还可看到滑移特征。

(2) 疲劳扩展区的微观分析包括对扩展第一阶段与第二阶段的微观形貌特征(图5-7)。由于第一阶段的范围较小,尤其要仔细观察其上有无疲劳条带、韧窝、台阶、二次裂纹以及断裂小刻面的微观形貌。对第二阶段的微观分析主要是观察有无疲劳条带、疲劳条带的性质(包括区分晶体学延性与脆性条带、非晶体学延性与脆性条

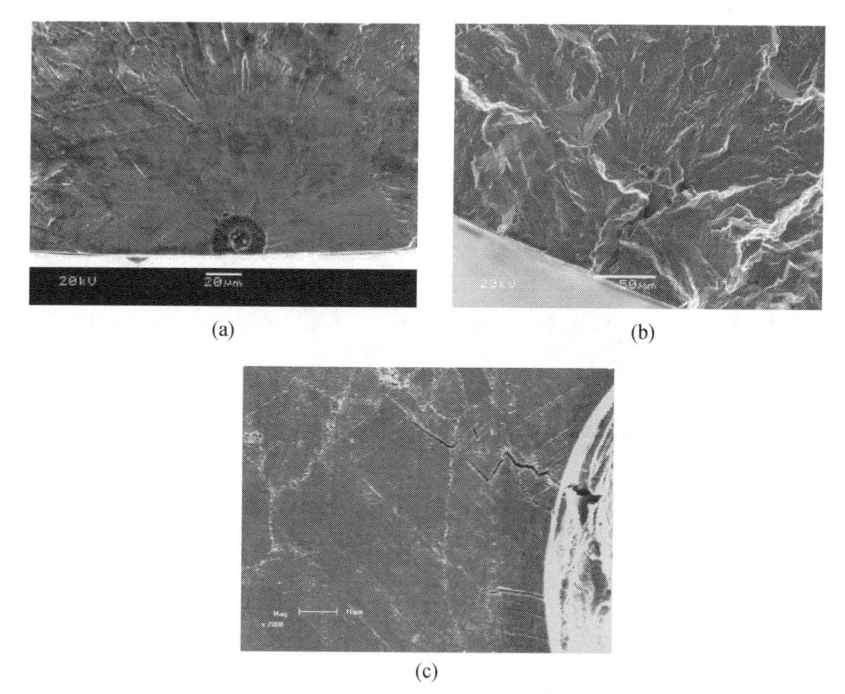

(a)　(b)

(c)

图 5-6　粉末高温合金不同的起源形貌

(a)起源于夹杂;(b)起源于疏松;(c)起源于表面。

带)、条带间距的变化规律等。搞清这些特征,对于分析疲劳断裂机制、裂纹扩展速率、载荷的性质与大小等将起到重要作用。

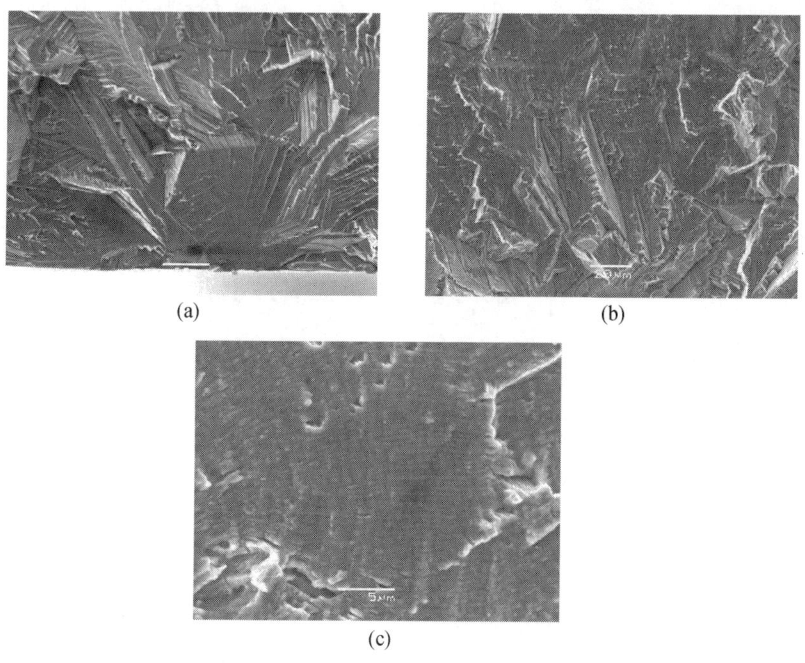

(a)　(b)

(c)

图 5-7　疲劳扩展区微观形貌

(a)疲劳扩展第一阶段类解理特征;(b)疲劳扩展第一阶段与第二阶段交界形貌;

(c)疲劳扩展第二阶段的疲劳条带形貌。

在稳定扩展区与瞬断区之间还会有快速扩展区,其断裂形貌一般为疲劳特征与韧窝混合特征,对于面心立方高温合金,快速扩展区往往是滑移台阶、类解理与韧窝混合特征(图5-8)。

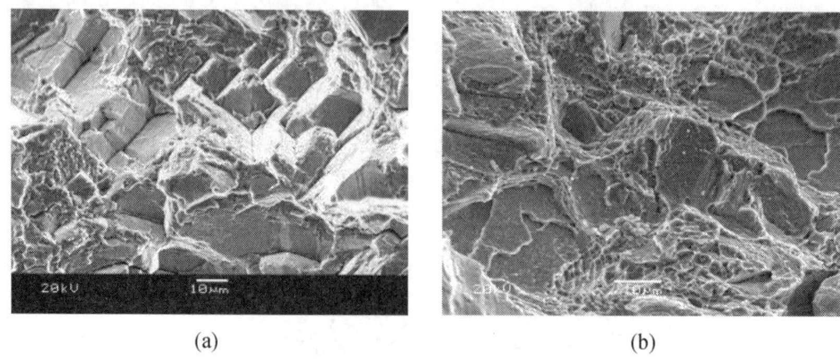

(a) (b)

图5-8 粉末高温合金快速扩展区特征

(a)快速扩展区的滑移台阶;(b)快速扩展区类解理+韧窝。

(3)瞬断区微观特征分析主要是观察韧窝的形态是等轴韧窝、撕裂韧窝还是剪切韧窝(图5-9)。搞清韧窝的形貌特征有利于判断引起疲劳断裂的载荷类型。

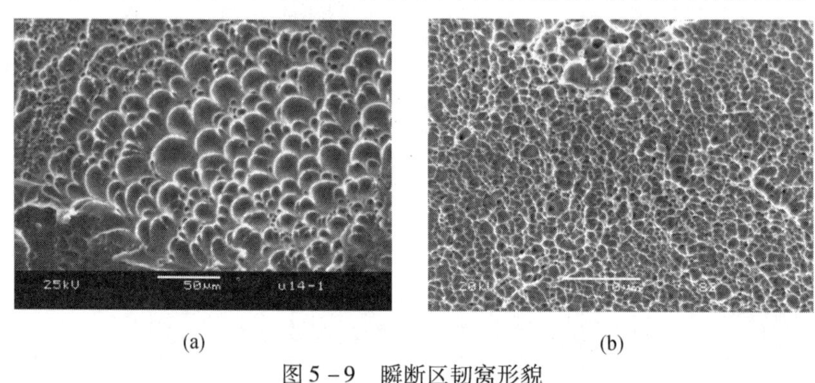

(a) (b)

图5-9 瞬断区韧窝形貌

(a)扭转剪切韧窝;(b)等轴韧窝。

5.4 疲劳载荷类型的判断

各种类型的疲劳断裂失效均是在循环载荷作用下造成的,因此,在分析疲劳断裂失效时,首要的是以断口的特征形貌来分析判断所受载荷的类型。

5.4.1 反复弯曲载荷引起的疲劳断裂

构件承受弯曲载荷时,其应力在表面最大、中心最小,所以疲劳核心总是在表面形成,然后沿着与最大正应力相垂直的方向扩展,当裂纹达到临界尺寸时,构件迅速断裂,因此,弯曲疲劳断口一般与其轴线成90°。

5.4.1.1 单向弯曲疲劳断口

在交变单向平面弯曲载荷作用下,疲劳破坏源是从交变张应力最大的一边的表面开始的(图5-10)。

当轴为光滑轴时，没有应力集中，裂纹由核心向四周扩展的速率基本相同。当轴上有台阶或缺口时，由于缺口根部应力集中大，故疲劳裂纹在两侧的扩展速率较快，其瞬断区所占的面积也较大。光滑试样一般起源位置较少，缺口试样往往多处起源（图5－11）。

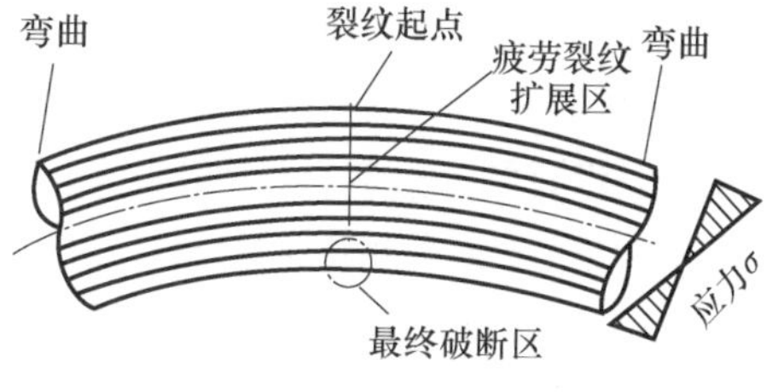

图5－10　单向弯曲疲劳

5.4.1.2　双向弯曲疲劳断口

在交变双向平面弯曲的作用下，疲劳破坏源则从相对应的两边开始几乎同时向内扩展（图5－12）。对尖缺口或轴截面突然发生变化的尖角处，由于应力集中的作用，疲劳裂纹在缺口的根部扩展较快。

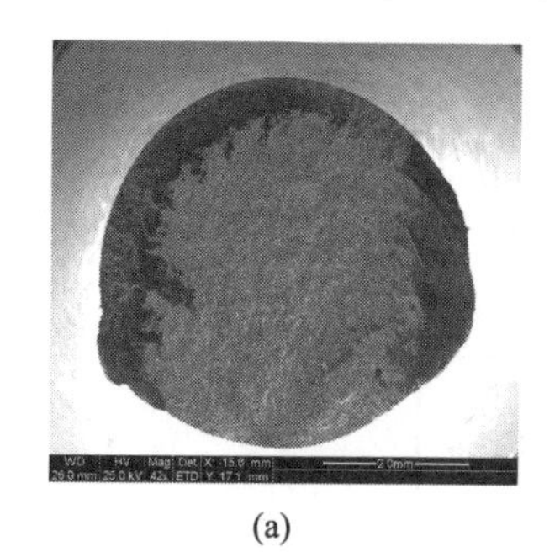

(a)

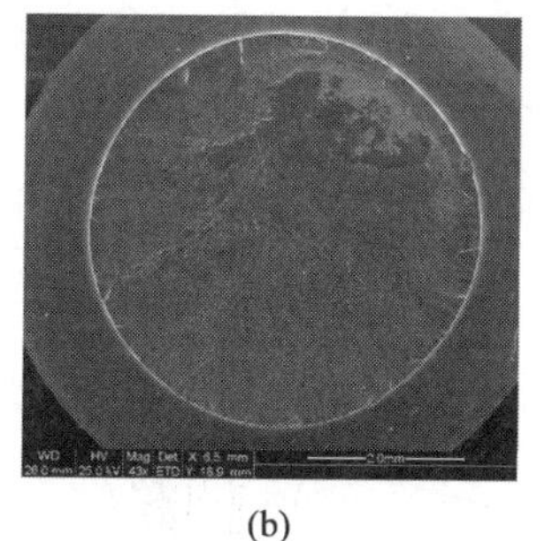

(b)

图5－11　16Cr3NiWMoVNbE 钢高周疲劳

(a) $t=200℃$，$R=-1$，$\sigma_{max}=850MPa$（$K_t=1$）；

(b) $t=200℃$，$R=-1$，$\sigma_{max}=500MPa$（$K_t=3$）。

图5－12　双向弯曲疲劳断口

5.4.1.3　旋转弯曲疲劳断口

旋转弯曲疲劳时，其应力分布是外层大、中心小，故疲劳核心在两侧，且裂纹发展的速度较快，中心较慢，其疲劳线比较扁平。由于在疲劳裂纹扩展的过程中，轴还在不断的旋转，疲劳裂纹的前沿向旋转的相反方向偏转。因此，最后的破坏区也向旋转的相反方向偏转一个角度。由这种偏转现象，即疲劳断裂源区与最终断裂区的相对位置便能推断出轴的旋转方向。

偏转现象随着材料的缺口敏感性的增加而增加，应力越大，轴的转速越慢，周围介质的腐蚀性越大，偏转现象越严重（图5－13）。

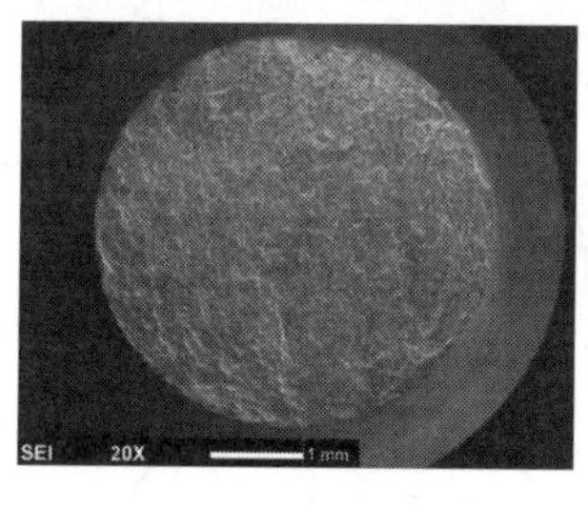

(a)

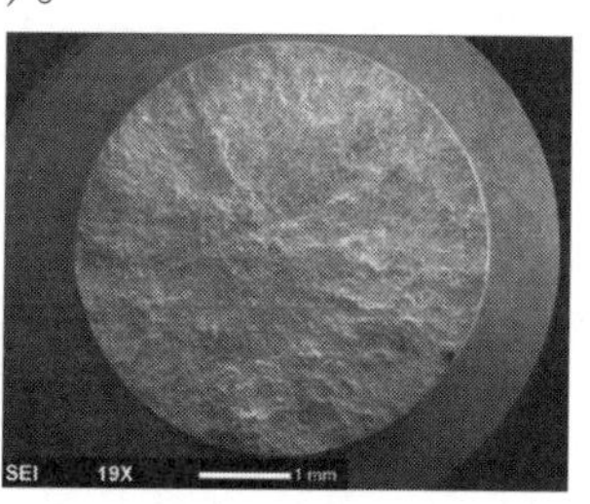

(b)

图5－13　不同应力集中的旋转弯曲断口

(a) $t=400℃$，$K_t=1$，TA12 钛合金；(b) $t=400℃$，$K_t=3$，TA12 钛合金。

当应力大小和应力集中的程度不同时，旋转弯曲疲劳断口不同(图 5-14)。情况1是轴的外圆平滑过渡(有比较大的圆弧)，应力集中小；情况2是轴的外圆上有尖锐的缺口，或没有圆弧过渡，应力集中大。在情况1时：当名义应力(公称应力，又称平均应力)小(接近于疲劳极限)时，疲劳源只在一处生核，疲劳最后破断区发生在外周；而当名义应力大时，疲劳在多处生核，最后破断区面积不仅比前者大，而且发生在轴中心附近。在情况2时：当名义应力较小，大的应力集中使得周界上裂纹扩展速率加大，而且使多处同时生成裂纹，最后使最终破断区向轴的中心移动。如果既有大的应力集中，名义应力又很大，那么不仅最后瞬时破断区的面积大，基本上在轴的中心，而且在沿应力集中线上同时产生许多疲劳源点，形成大量的沿径向分布的疲劳台阶。

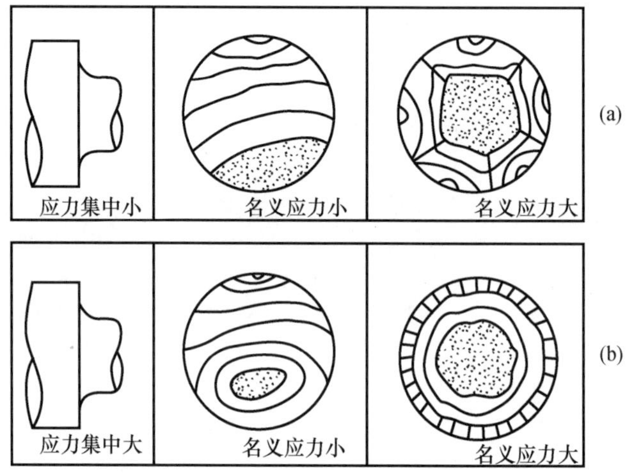

图 5-14　应力集中和大小对旋转疲劳断口的影响

(a)情况1；(b)情况2。

根据上述分析可知，旋转轴上缺口越尖锐(应力集中越大)、名义应力越大，最后瞬断区越移向中心。因此，可以根据最终瞬断区偏离中心的程度，推测旋转轴上负荷的情况。

最后还应指出，由于弯曲疲劳裂纹的扩展方向总是与拉伸正应力相垂直，所以，对于那些轴颈突然发生变化的圆轴，其断面往往不是一个平面。而是像皿一样的曲面，此种断口叫皿状断口。轴颈处与主应力线相垂直的曲线及裂纹扩展的路线如图 5-15 所示。

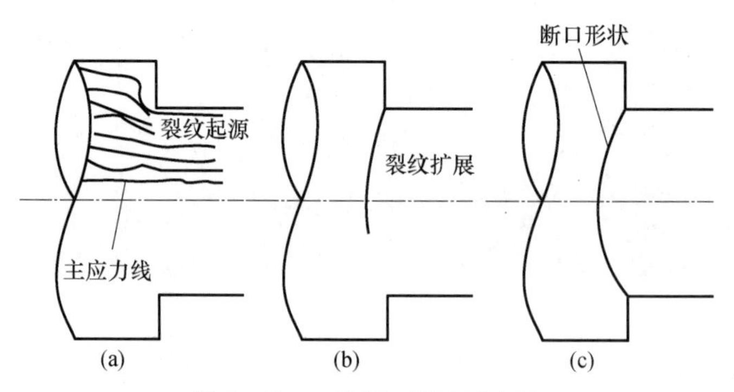

图 5-15　皿状断口形成示意图

5.4.2　拉－拉(拉－压)载荷引起的疲劳断裂

当材料承受拉－拉(拉－压)交变载荷时,其应力分布与轴在旋转弯曲疲劳时的应力分布是不同的,前者是沿着整个零件的横截面均匀分布,而后者是轴的外表面远高于中心。

由于应力分布均匀,使疲劳源萌生的位置变化较大。源既可以在零件的外表面,也可以在零件的内部,这主要取决于各种缺陷在零件中分布状态及环境因素的影响。这些缺陷可以使材料的强度降低,并产生不同程度的应力集中。因此轴在承受拉－拉(拉－压)疲劳时,裂纹除可在零件的表面萌生向内部扩展外,还可以在零件内部萌生而后向外部扩展。

载荷大小及试样的形状对断口的形态的影响如图 5－16 所示。图中:阴影部分为瞬断区,箭头为疲劳裂纹扩展方向,弧线为疲劳弧线。

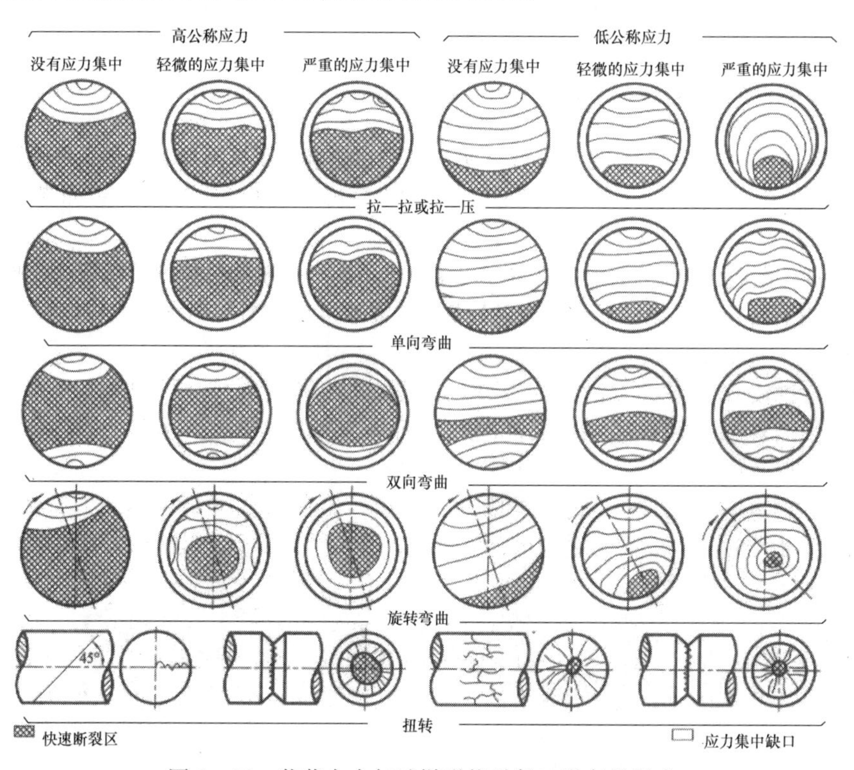

图 5－16　载荷大小与试样形状对断口形态的影响

高应力、光滑圆试样由于没有明显的应力集中,裂纹萌生于外表面,并且向四周的扩展速度基本相同。由于应力高,使得疲劳断口的瞬断区所占的比例相对较大,而稳定扩散区较小。

高应力、有缺口试样缺口根部有应力集中,故二侧裂纹扩展较快,形成波浪形疲劳弧线。

低应力试样疲劳裂纹扩展充分,使瞬断区所占的面积较小,疲劳稳定扩展区较大。当有应力集中时,缺口的两侧发展快于中心。

5.4.3 扭转载荷引起的疲劳断裂

轴在交变扭转应力作用下，可能产生一种特殊的扭转疲劳断口，即锯齿状断口（图 5－17）。一般在双向交变扭转应力作用下，在相应各个起点上发生的裂纹分别沿着 ±45°两个侧斜方向扩展（交变张应力最大的方向），相邻裂纹相交后形成锯齿状断口（图 5－18）。而在单向交变扭转应力的作用下，在相应各个起点上发生的裂纹只沿 45°倾斜方向扩展，当裂纹扩展到一定程度，最后连接部分破断而形成棘轮状断口。

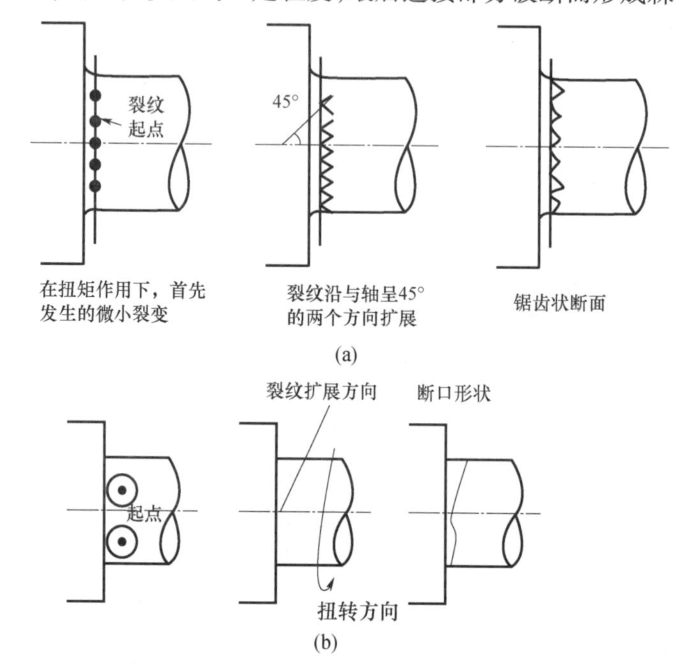

图 5－17 锯齿状与棘轮状断口的形成示意图

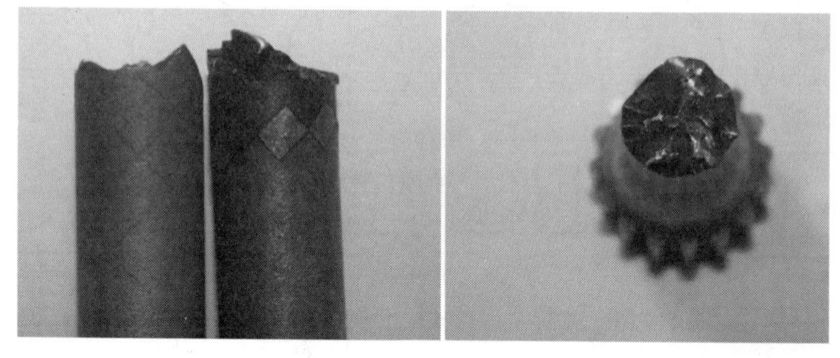

图 5－18 锯齿形断口

在轴上开有轴向缺口，如轴上的键槽和花键，则在凹槽的尖角处产生应力集中。裂纹将在尖角处产生，并沿着与最大拉伸正应力相垂直的方向扩展。特别是花键轴，可能在各个尖角处都形成疲劳核心，并同时扩展，在轴的中央汇合，形成星形断口（图 5－19）。

图 5－19 星形断口

在交变扭转应力作用下，断口的基本形态可以总结成

图 5－20 所示的几种情况。

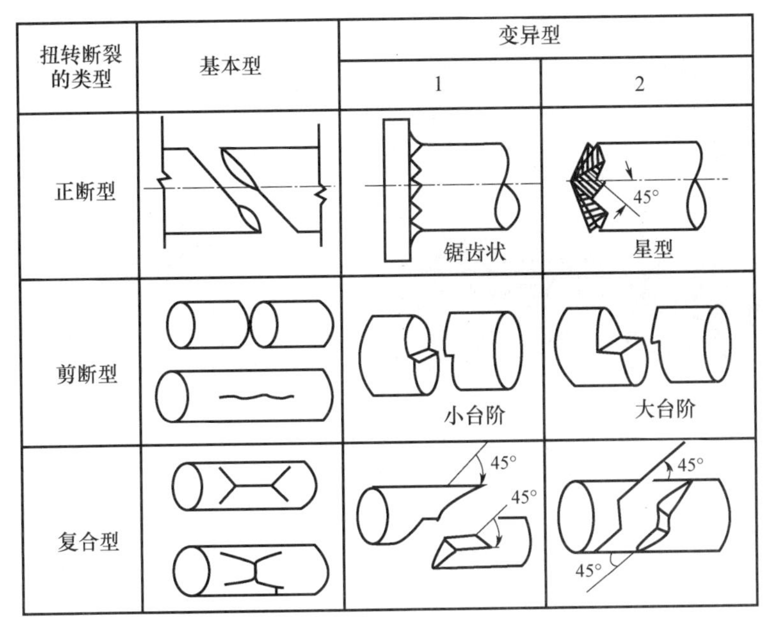

图 5－20　扭转疲劳断口主要形态

5.5　低周疲劳断裂失效分析

低周疲劳又称大应力或大应变、短寿命疲劳，零件在较高的循环应力（应变）作用下至断裂的循环周次较低，一般 $N_f \leqslant 10^4$。

1. 宏观特征

低周疲劳断裂宏观断口除具有疲劳断裂宏观断口的一般特征之外，还有如下几点：

（1）具有多个疲劳源点，且往往呈线状。源区间的放射状棱线（疲劳一次台阶）多而且台阶的高度差大（图 5－21）。

（2）瞬断区的面积所占比例大，甚至远大于疲劳裂纹稳定扩展区面积。

（3）疲劳弧线间距加大，稳定扩展区的棱线（疲劳二次台阶）粗且短。

（4）与高周疲劳断口相比。整个断口高低不平。随着断裂循环数 N_f 的降低，断口形貌越来越接近静拉伸断裂断口。

2. 微观特征

低周疲劳断裂微观断口的变化是由于宏观塑性变形较大，静载断裂机理就会出现在疲劳断裂过程中，在断口上出现各种静载断裂所产生的断口形态。对一般合金钢而言：当 $N_f < 90$ 时，断口上为细小的韧窝，没有疲劳条带出现；当 $N_f \geqslant 300$ 时，出现轮胎花样（图 5－22）；当 $N_f > 10^4$时，才出现疲劳条带，此时的条带间距较宽。

如果使用温度超过等强温度，断口形态除上述几种之外，还会出现沿晶断裂。例如，GH2136 合金 550℃下施加不同的应变幅，断裂特征明显不同。当 $\Delta\varepsilon/2 < 0.8\%$ 时，

可观察到清晰的疲劳条带；随着应变幅的增加，沿晶断裂开始出现，并不断增加；当 $\Delta\varepsilon/2=4.2\%$ 时，沿晶断裂与条带并存；当 $\Delta\varepsilon/2=2.0\%$ 时，以沿晶断裂为主。

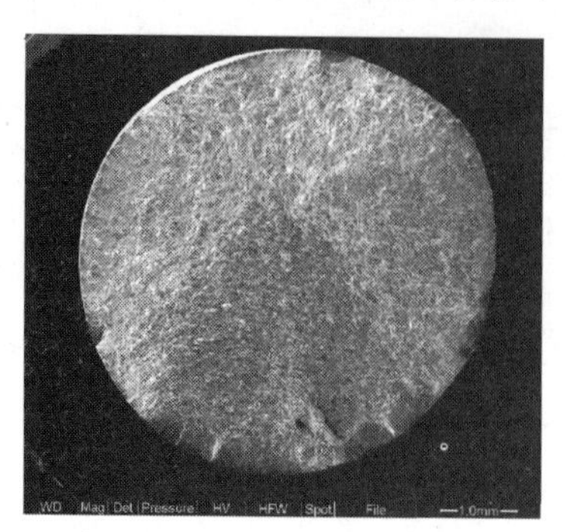

图 5－21　FGH96 粉末高温合金低周疲劳断口

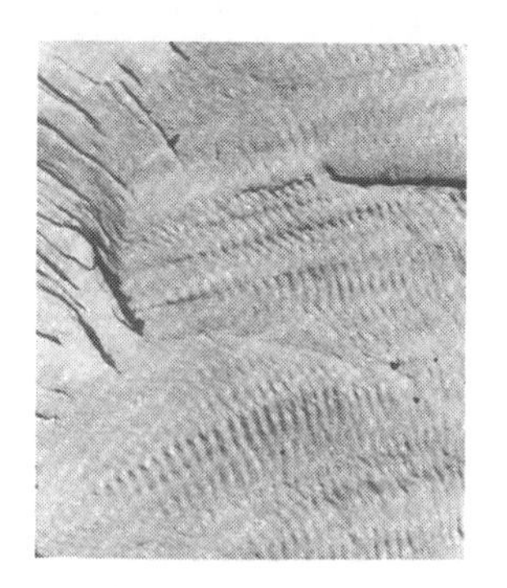
图 5－22　轮胎花样

5.6　高周疲劳断裂失效分析

5.6.1　高周疲劳

高周疲劳又称低应力疲劳或长寿命疲劳，是指零件在较低的循环应力作用下直至断裂的疲劳过程，也是常见的疲劳断裂，其循环周次较高（一般 $N_f>10^4$）。$10^4<N_f<10^6$ 的疲劳称为中周疲劳。

在多数情况下，零件光滑表面上发生高周疲劳断裂只有一个或有限个疲劳源。只有在零件的应力集中处或在较高水平的循环应力下发生的断裂，才出现多个疲劳源。对于承受循环载荷较低的零件，断口上的大部分面积为疲劳扩展区。

高周疲劳断口的基本微观特征是细小的疲劳条带，该特征是判断高周疲劳断裂的一个主要依据。但是要准确区分高周疲劳和低周疲劳破坏，仅靠断口观察往往不够，还要结合零件实际所受载荷的大小、频率等特点进行综合分析。

高周疲劳与低周疲劳主要区别如下：

1. 断口形貌特征的区别

（1）高周疲劳以点源和小线源为主，而低周疲劳一般为多源或线源，源区疲劳台阶多且高差大。

（2）高周疲劳断口一般平坦细腻，而低周疲劳断口粗糙，随着应力循环周次的降低，断口特征越来越接近静拉伸断口。

（3）高周疲劳疲劳扩展区相对较大，而低周疲劳瞬断区面积相对较大，稳定扩展区表面棱线粗而短。

（4）在高周疲劳断口常可见典型疲劳弧线，而低周疲劳断口一般看不到疲劳弧线。

（5）高周疲劳断口上常可见细密疲劳条带，而低周疲劳断口上的疲劳条带较宽，其间还可能伴随有韧窝断裂特征，当应力循环周次很低时甚至在断口上看不到条带，呈现韧窝、沿晶等特征。

2. 载荷区别

高周疲劳的应力水平较低，但频率一般较快，多为振动所致，此类失效模式较为常见；而低周疲劳应力、应变水平较高，频率相对较低，多为异常大应力所致。

5.6.2　高低周复合疲劳

高低周复合疲劳是指在低周疲劳基础上叠加高周疲劳载荷。工程上许多构件受高低周复合疲劳载荷作用，如航空发动机压气机叶片和风扇叶片在工作中，主要受离心力引起的低周载荷作用，同时受到飞行中的高频振动引起的高周疲劳载荷作用，可能引起叶片的高低周复合疲劳。叶片高低周复合疲劳失效，断裂特征一般表现为断口上有明显的疲劳弧线，疲劳弧线之间有疲劳条带(图 5－23)。疲劳弧线是由不同的起落或较大的载荷变化产生的，疲劳条带一般是振动应力产生。

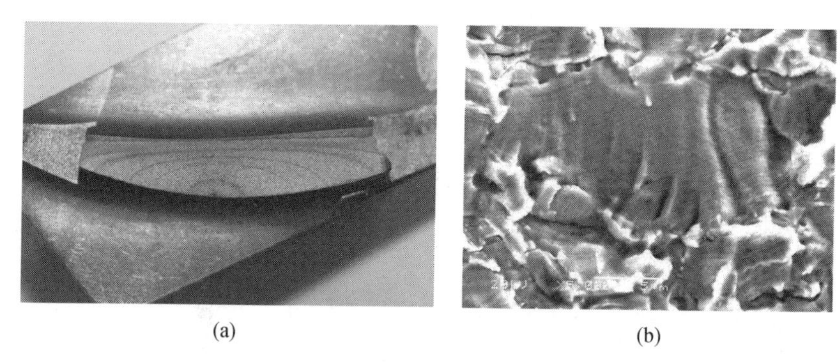

(a)　(b)

图 5－23　叶片高低周复合疲劳断裂特征
(a)断口上的疲劳弧线；(b)疲劳弧线之间的疲劳条带。

大量研究表明，叠加高周载荷作用会明显降低材料的低周疲劳寿命。如在 MTS 试验机上进行 FGH95 试样的高低周复合疲劳试验，试验波形是梯形波、正弦波及其复合(图 5－24)。低周应力范围采用 －1150～1150MPa 和 －1000～1000MPa 两个应力级别，叠加的高周应力变幅分别为低周应力变幅的 0、5%、10% 和 15%；定义高低周循环应力的振幅比为 m，开展不同 m 下的高低周复合疲劳试验，不同振幅比下对低周疲劳寿命的影响如图 5－25 所示。

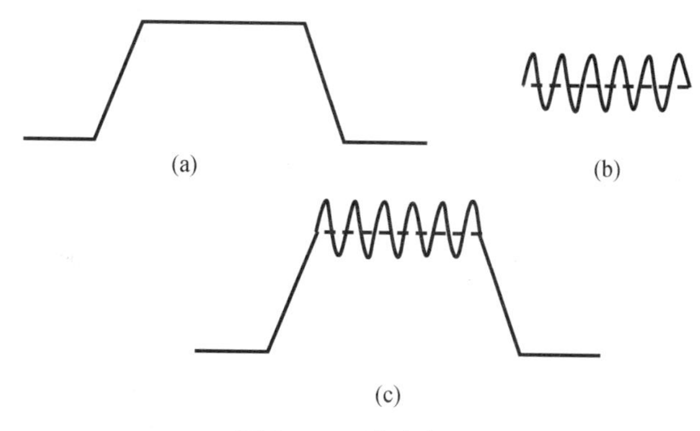

(a)　(b)

(c)

图 5－24　试验波形
(a)梯形波；(b)正弦波；(c)复合波。

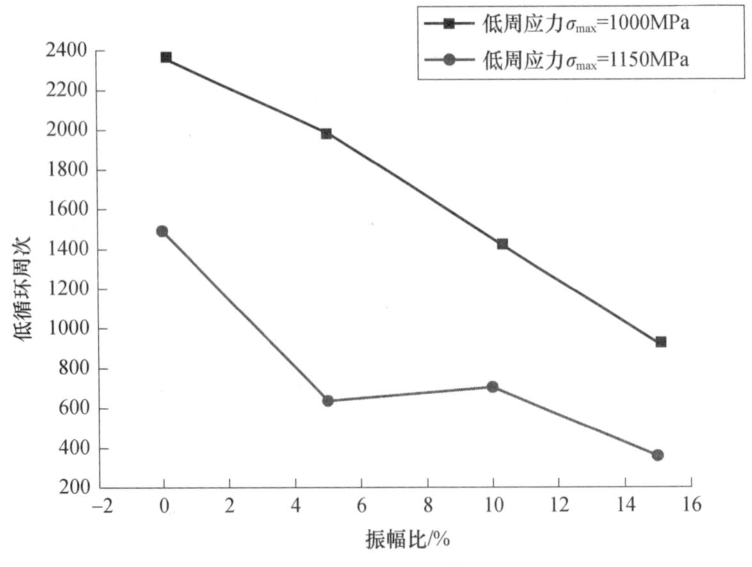

图 5－25　振幅比与低循环周次的关系

5.7　腐蚀疲劳断裂失效分析

腐蚀疲劳断裂是在腐蚀环境与交变载荷交互作用下发生的一种失效模式。在航空装备的实际运行中，因腐蚀疲劳而导致早期断裂失效的事例屡见不鲜，如起落架、机翼大梁、刹车轮毂、涡轮盘、叶片等关键部件均发生过腐蚀疲劳断裂失效，有的还酿成灾难性事故。

腐蚀疲劳断裂失效既不同于应力腐蚀开裂也不同于一般的机械疲劳断裂，腐蚀疲劳对环境介质没有特定的限制，不像应力腐蚀那样，需要金属材料与腐蚀介质构成特定的组合关系。腐蚀疲劳一般不具有真正的疲劳极限，腐蚀疲劳曲线类似非铁基合金的一般疲劳曲线，没有与应力完全无关的水平线段。腐蚀疲劳性能同循环加载频率及波形密切相关，尤其是加载频率的影响更为明显，一般频率越低，腐蚀疲劳越严重。

影响腐蚀疲劳断裂过程（包括裂纹的萌生与裂纹的扩展过程）的相关因素如下：

（1）环境因素，包括环境介质的成分、浓度、介质的酸度（pH 值）、介质中的氧含量、介质的电极电位以及环境温度等。

（2）力学因素，包括加载方式、平均应力、应力比、载荷波形、频率以及应力循环周次。

（3）材质冶金因素，包括材料的成分、强度、热处理状态、组织结构、冶金缺陷、夹杂物等。

对工程构件在使用过程中出现的疲劳断裂失效，准确地判断是否属于腐蚀疲劳性质，对采取有针对性的预防措施，提高构件的使用可靠性是十分重要的。在实际的失效分析中，判断腐蚀疲劳断裂失效的主要判据如下：

（1）构件是在交变应力和腐蚀条件下工作，交变应力的频率和应力比一般处在图 5－26的腐蚀疲劳区内，在液态、气态和潮湿空气中有腐蚀性元素。

(2) 断裂表面颜色灰暗,无金属光泽,通常可见到较明显的疲劳弧线。

(3) 断裂表面上存在腐蚀产物和腐蚀损伤痕迹。

(4) 疲劳条带多呈类解理脆性特征,断裂路径一般为穿晶,有时出现穿晶与沿晶混合性甚至沿晶型。

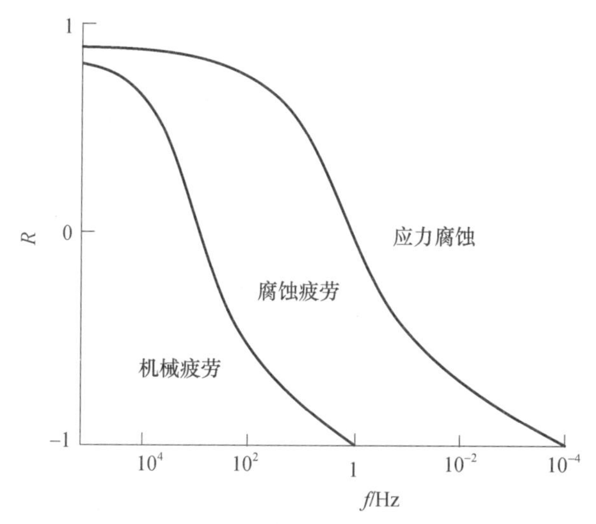

图 5－26　机械疲劳、腐蚀疲劳、应力腐蚀疲劳之间的关系

腐蚀疲劳断口形貌如图 5－27 所示,可见在断口上有明显呈龟裂分布的腐蚀产物,腐蚀产物是分析、判定失效零件工作环境和工作时间的重要依据。可以采用能谱仪、电子探针以及其他分析方法确定腐蚀产物的化学元素及量的分布规律。

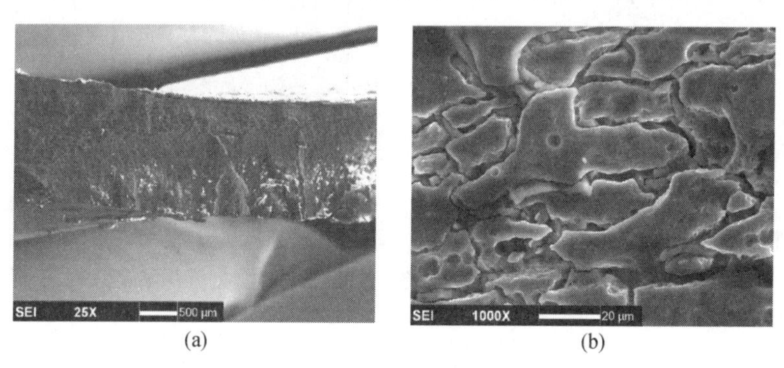

(a)　(b)

图 5－27　腐蚀疲劳断口特征

5.8　热疲劳断裂失效分析

零件即使在没有外加载荷的情况下,由于工作温度的反复变化也会导致疲劳开裂,称为热疲劳。如果金属零件不能自由膨胀和收缩,或者冷热快速的交变而产生了热应力梯度,则此零件均处于热应力作用之下。在热循环频率较低的情况下,热应力值有限,而且会逐渐消失,难以引起破坏。但当快速加热、冷却循环条件下所产生的交变热

应力超过材料的热疲劳极限时,就会导致零件疲劳破坏。

在冷热循环中所产生的交变应力可能并不大,但材料处于高温状态时在热应力作用下处于塑变状态,因此热疲劳属于应变疲劳。

影响热疲劳的主要因素是冷热循环的频率和上限温度的高低。频率提高,热应力来不及平衡,使零件的应力梯度增加,材料的热疲劳寿命降低;在同样的频率下,上限温度升高,材料塑变增加,降低了材料的热疲劳寿命;如果温度差的大小一定,上限温度降低,使得下限温度很低(0℃以下),而成为连续地冷骤变,此时对材料所造成的损伤远小于热骤变。

影响热疲劳性能的其他因素有材料的热膨胀系数 α、热导率 K 和材料抗交变应变的能力 ε。当然,材料的热膨胀系数小、热导率高、抗交变应变的能力强时,有利于提高材料的热疲劳性能。

显然,热疲劳性能与材料的室温静强度及延性无关,因损伤是在高温下产生的。

对于有表面应力集中零件,热疲劳裂纹易产生于应变集中处;而对于光滑表面零件,则易产生于温度高,温差大的部位,在这些部位首先产生多条微裂纹(图 5-28)。在酸浸显示晶粒度后,可发现热疲劳裂纹发展极不规则,呈跳跃式,忽宽忽窄。有时还会产生分枝和二次裂纹,裂纹多为沿晶开裂(图 5-29)。

热疲劳断口与机械疲劳断口在宏观上有相似之处,也可以分为裂纹起始区、扩展区和瞬时断裂区。其微观形貌为韧窝和疲劳条带。

热疲劳裂纹附近,显微硬度降低,这是由于高温氧化使靠近热疲劳裂纹两侧的材料产生合金元素贫化。

图 5-28 源区侧表面多条微裂纹

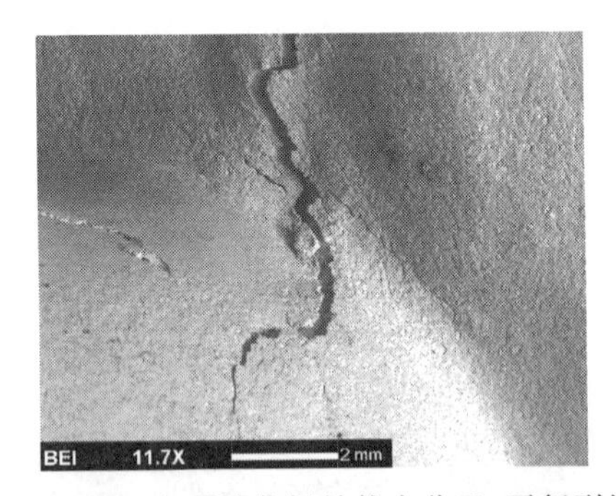

图 5-29 主裂纹曲折并伴有分叉、平行裂纹

5.9 微动疲劳断裂失效分析

微动疲劳与微动磨损是分不开的,微动磨损是指两个名义上静配合表面由于一微小振幅的不断往复滑动所引起的一种磨损形式。

1. 微动磨损的特点

(1) 往复滑动的速率小,磨损缓慢。由于往复滑动的振幅小,滑动的相对速率低,因此,微动磨损的构件属于高频、小振幅。其微动时的运动速率和方向不断改变,其速率始终在 0 与最大速率之间变化,但最大速率不会很大,因此,基本上属于慢速运动,外观上一般难以发现往复式滑动,所以其磨损过程很缓慢。

（2）由于振幅小，且属于往复性的相对摩擦运动，因此，磨屑很难逸出。摩擦面多为三体磨损，磨粒与金属表面产生的接触应力大，常超过磨粒的压溃强度，使延性金属的摩擦表面产生塑性变形或疲劳，使脆性金属的摩擦表面脆裂或剥落。

（3）微动磨损损伤属于表面损伤，损伤涉及的范围（深度）很小，基本与微动的幅度相当。

（4）铁基金属的微动磨损产物为红棕色粉末，主要成分 $\alpha-Fe_2O_3$ 和 FeO；铝和铝合金的微动磨损产物为黑色粉末，主要成分为金属铝和 Al_2O_3；铜、镁、镍等金属的磨屑多为黑色氧化物粉末。

2. 微动疲劳的特征

工程中一构件与其他构件接触面间发生微动磨损的条件下，受交变载荷作用而发生的疲劳损伤过程称为微动疲劳。它是微动磨损、氧化及腐蚀、交变应力综合作用的结果。微动疲劳也包括裂纹的萌生和扩展过程，微动疲劳裂纹一般萌生于微动磨损造成的表面损伤的边界处，如皿状浅坑的边缘或微动磨损深坑的边缘。如没有微动磨损存在，零件承受的交变载荷根本不足以使疲劳裂纹萌生，因此，微动磨损是微动疲劳产生的根本原因。

微动磨损的初期可能出现多个疲劳裂纹，这些微裂纹同时扩展，在扩展过程中可合并为一主裂纹并垂直于外加交变正应力而进一步扩展。在扩展过程中，疲劳裂纹的扩展速率受外加应力强度因子幅和微动磨损过程中形成的腐蚀产物及腐蚀性介质（空气、水、润滑剂）进入裂纹内部产生的附加应力强度因子幅叠加作用的影响，而大大加速。同时，化学作用的影响也会加速疲劳裂纹的扩展。

影响微动疲劳寿命的主要因素是微动磨损过程中配合表面之间的法向压应力、相对运动幅度、摩擦力、内应力、周围介质、相匹配面的材料等。一般，随加紧压应力的增加，微动疲劳寿命会降低，但达到一定值后，再增加加紧应力对微动疲劳寿命的影响已不大。

3. 微动疲劳的断口特征

微动疲劳断口的宏观、微观形貌与纯机械疲劳断口的完全一致，整个断口在宏观上也可分为疲劳源区、裂纹扩展区和瞬断区，但瞬断区的面积相对较小；在微观上，可以看到典型的疲劳条带。

在裂纹源区和扩展区的前期，往往可以看到腐蚀产物，对这些产物的分析可为诊断微动疲劳失效的模式和原因提供大量信息。

微动疲劳失效的最明显特征是在断口的侧表面，即微动磨损面上有大量的微裂纹、表面金属掉块、不均匀磨损擦伤，色泽发生明显改变且有腐蚀坑。微动产生的微裂纹大多集中于微动区的边缘，大多与表面成45°，断口常呈杯锥状。

微动损伤表面还常常可以看到层状及山丘状的塑性变形，同时还可看到由于碾压形成的微裂纹（图5－30）。

图5－30　微动损伤表面特征

4. 微动疲劳失效模式的判据

微动疲劳失效模式可根据以下判据对其进行诊断：

（1）工况条件存在引起紧配合表面间滑动的振动或交变应力。

（2）接触表面存在麻点坑或小划痕，以及残留的磨屑。

（3）在与接触表面垂直的面上，可观察到接触亚表层有微小裂纹，这些微裂纹可与表面平行，也可与表面呈一定角度。

（4）磨屑的颜色，钢的磨屑比普通铁锈红得多，极易团聚；铝的磨屑是黑色，而氧化铝通常是白色的。

5. 微动疲劳的形成机理

从微动疲劳发展的过程可知，磨损初期为黏着并形成黏着磨屑、磨屑的研磨和磨屑的氧化；在稳定磨损阶段，以疲劳磨损为主的磨损。当存在应力循环时，微动磨损不但会造成零件的装配松动，还会造成微动疲劳而引起断裂。

5.10 案例分析

5.10.1 高压涡轮整体叶盘叶根裂纹分析

高压涡轮整体叶盘在试车考核过程中，多个叶片在叶根位置出现裂纹。针对多次出现的整体叶盘叶片裂纹问题，叶盘从提高抗力的角度上先后采取了铸造工艺（从普通精密铸造改为细晶铸造）和选材（从 K417G 调整为 K447A、GH710）等措施的调整，仍未解决叶盘叶片裂纹问题，叶盘工作温度约为 650℃。

图 5-31 涡轮整体叶盘形貌及裂纹叶片

高压涡轮整体叶盘共 43 片叶片，其中 18 片叶片在叶根处存在荧光线性显示，裂纹叶片在整个叶盘上的分布无规律性，但均位于叶片尾缘距叶根 2～3mm，线性显示长度为 1～7mm，横向扩展，且在叶背叶盆侧呈穿透性显示（图 5-31）。

叶片裂纹细小、弯曲横向扩展，局部可见锯齿扩展和局部裂纹分叉的现象（图 5-32）。

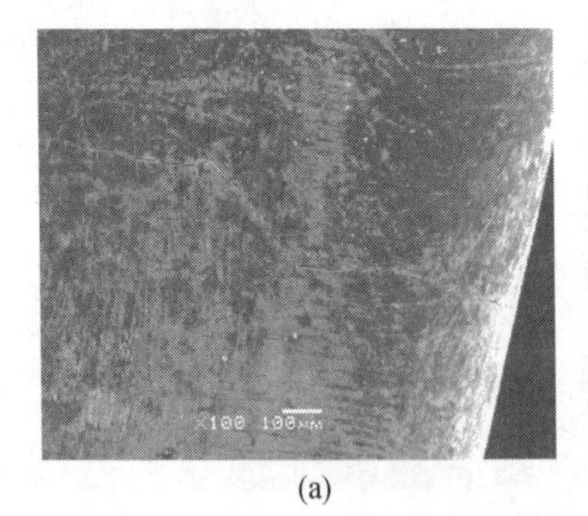

(a)

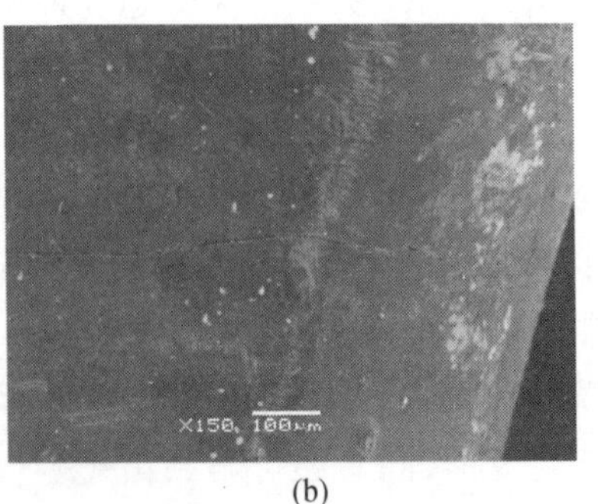

(b)

图 5-32 叶片裂纹形貌

打开裂纹断口上呈现蓝色的高温氧化色，疲劳均起源于叶片靠排气边处，由叶盆往叶背、排气边往进气边扩展。有的裂纹疲劳起源于排气边基体内部夹杂处，源区附近可见类解理刻面，呈现镍基高温合金高周疲劳扩展第一阶段的典型特征。有的裂纹起源于叶盆侧表面，呈小线源特征，源区未见冶金缺陷，疲劳扩展区均可见疲劳弧线和疲劳条带等特征(图5-33)。

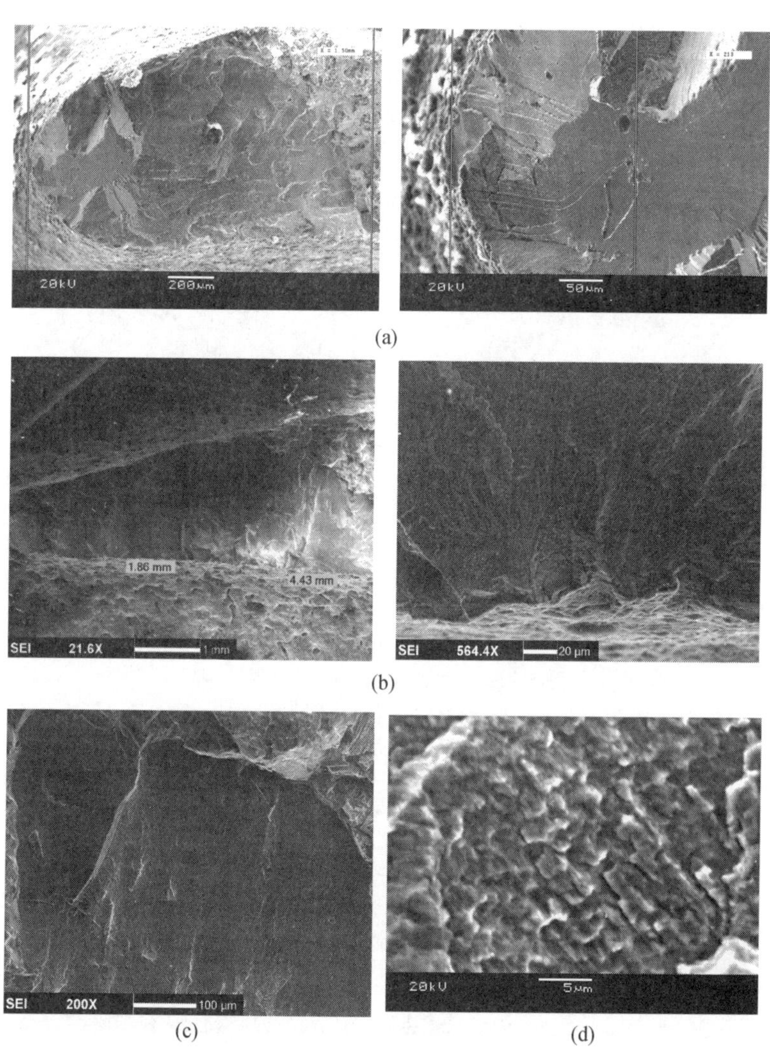

图5-33　打开裂纹断口微观形貌

(a)裂纹1断口形貌；(b)裂纹2断口形貌；(c)疲劳小弧线；(d)疲劳条带。

整体叶盘叶片裂纹位置一致，均位于尾缘或近尾缘距叶根1/3叶身高度附近，大多数集中在距叶根3mm以内，裂纹形貌相似，细小弯曲，断口起源位置和扩展方式大致相同，尤其是部分断口源区呈现镍基高温合金高周疲劳扩展第一阶段典型的类解理小刻面特征，断口可见明显的疲劳弧线和细密的疲劳条带。综合裂纹位置、形貌、断口特征看，所有裂纹性质相同，均为起裂应力较大的高周疲劳裂纹。

叶片出现高周疲劳破坏往往与其振动有关，此型整体叶盘裂纹位置均集中在叶根处，即一弯振动节线附近，从其位置上看也符合振动导致的高周疲劳破坏形式。解决叶片振动疲劳破坏一方面从解决振动入手，另一方面在振动不可避免的情况下提高材质抗力。

5.10.2 动力涡轮导向器裂纹分析

动力涡轮导向器共有17片静子叶片，其中3片为空心叶片，互成120°，其中两个空心叶片为油路导管通道。动力涡轮导向器静子叶片上的裂纹主要位于靠外环的叶片叶根附近，进排气边均有，且分布无明显规律。以出油嘴通道的空心叶片上最为严重，在空心叶片叶根与外环R转接处呈三叉裂纹形貌，其一扩展至外环与挡板焊接位置，另两处各往叶片排气边和进气边扩展，空心叶片进气边一侧的裂纹延伸至篦齿（图5-34）。其他叶片排气边叶根处也可见裂纹（图5-35）。

(a)

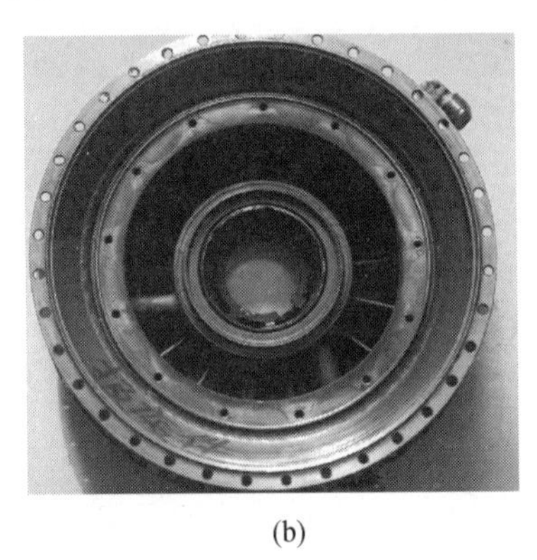
(b)

图5-34　动力涡轮导向器宏观形貌
(a)排气边面；(b)进气边面。

(a)

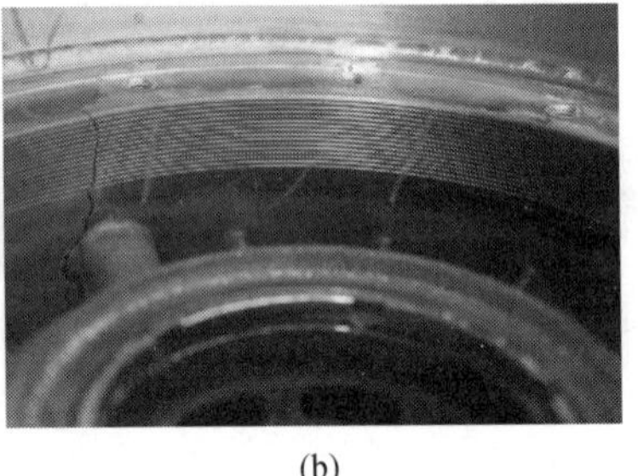
(b)

图5-35　导向器排气边面出油嘴通道的空心叶片上裂纹形貌
(a)排气边；(b)进气边及篦齿。

进、排气边裂纹曲折，尤其是进气边叶根转接处裂纹，开口较大。且主裂纹周围均可见许多的分叉裂纹及平行裂纹（图5-36）。

断口呈现灰绿色的高温氧化色，裂纹起源于叶片内腔表面一侧（图5-37和图5-38），呈多个线源特征，源区附近低倍即可见较宽的疲劳条带，源区侧面（内腔表面）可见橘皮状的微裂纹，断口氧化严重（图5-39）。

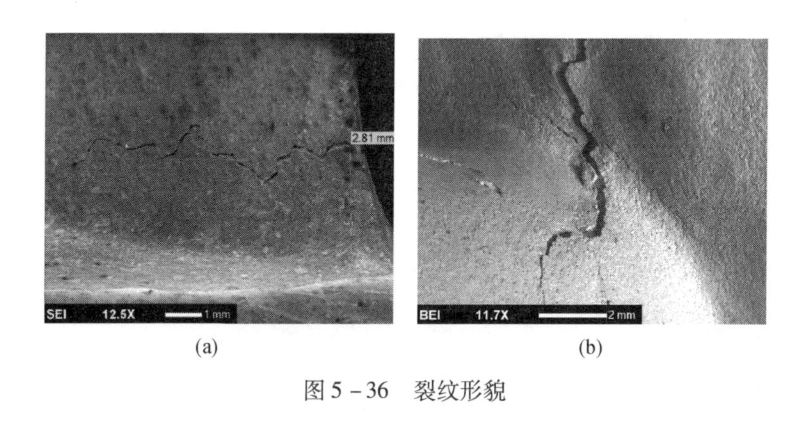

(a)　　(b)

图 5-36　裂纹形貌

图 5-37　排气边外环叶根 R 转接处裂纹断口

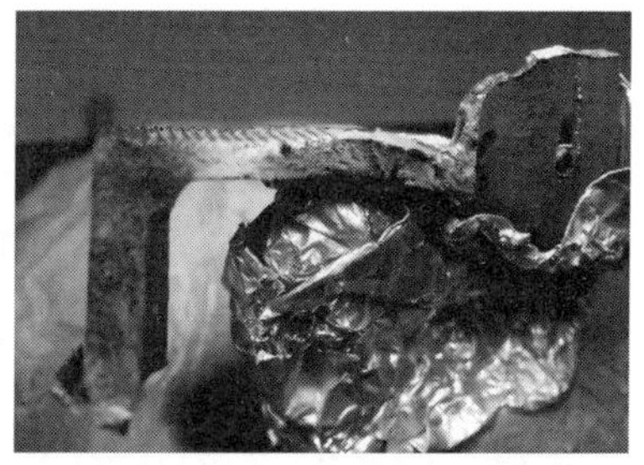

图 5-38　进气边延伸至蓖齿裂纹断口

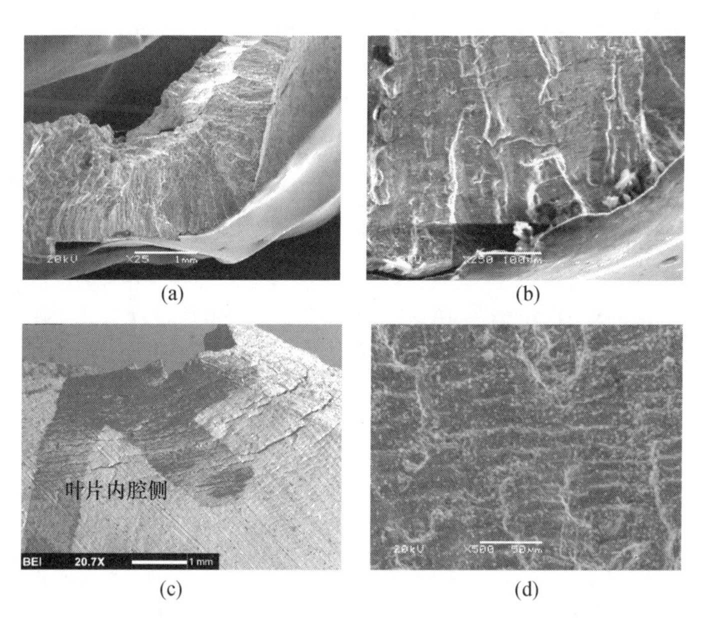

图 5-39　排气边外环叶根 R 转接处裂纹断口微观形貌

(a)源区低倍;(b)源区高倍;(c)源区侧面微裂纹;

(d)扩展区氧化皮附着下的疲劳条带特征。

排气边叶根附近裂纹断口沿晶+穿晶断裂,局部可见较为细密的疲劳条带,从条带扩展大致推测,裂纹起源于叶片排气边叶盆侧(实心叶片),如图 5-40 所示。

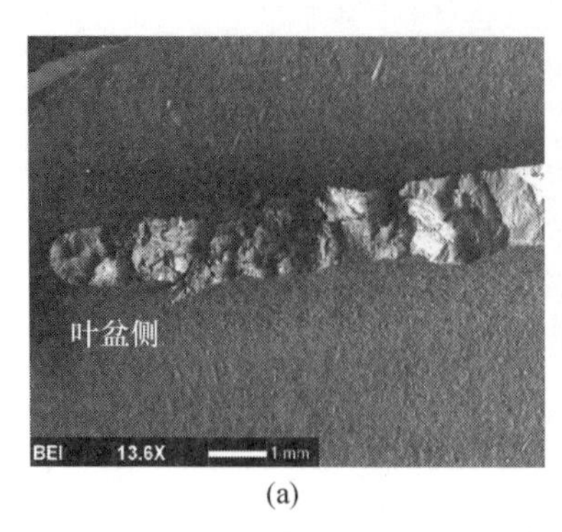

(a)

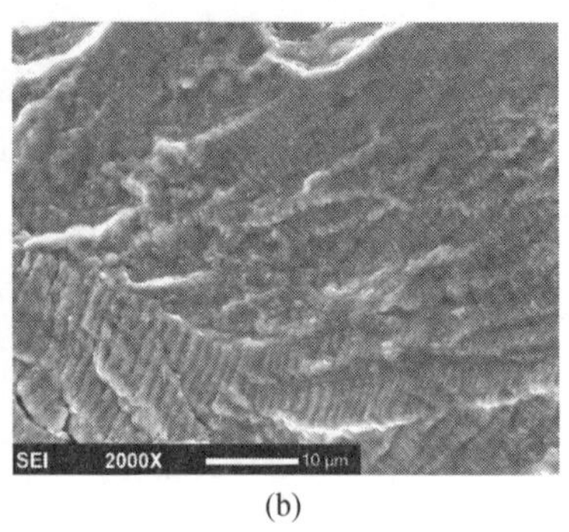

(b)

图 5-40 叶片排气边裂纹断口微观形貌

(a)实心叶片排气边裂纹断口形貌；(b)局部可见疲劳条带。

动力涡轮导向器空心叶片处裂纹弯曲，呈跳跃性扩展，裂纹条数多且分叉，叶片裂纹区域存在"皱皮"等变形特征。裂纹断口呈暗灰色，氧化严重，主裂纹断口可见氧化层附着下的疲劳条带，条带间距宽。疲劳源呈多个线源特征，源区附近可见许多平行的微裂纹，金相上裂纹分叉严重，充满氧化物，由此可知，动力涡轮导向器空心叶片裂纹性质为热疲劳裂纹。

叶片热疲劳是由于热应力多次反复作用而产生的累积损伤，起动机涡轮每一次启动，都伴随着涡轮温度的急剧变化，在叶片断面上产生极大的温差，是产生热应力的根源。叶片裂纹集中分布在两个区域：

（1）排气边和进气边叶根 R 转接处（最严重的裂纹叶片位于空心叶片进排气边，从叶片叶根 R 转接处的内腔表面起源）。从结构上看，空腔叶根 R 转接处的壁厚变化以及气流的冲击变化都会存在不均匀的现象，容易造成很大的温差。

（2）叶片排气边叶身中部。排气边壁厚最薄，叶身中部为叶片高温区，承受较高的热应力。从工作状态下看，叶片热应力主要取决于温度循环的上限温度和下限温度，且上限温度其主导作用，由于异常导致起动机工作温度过高，热应力水平较大，多次温度循环导致热损伤；从金相组织上看，局部组织存在片状次生 α 相回溶的过热现象，但未见这些过热特征分布规律，可能与叶片温度场分布不均匀或材质本身组织的不均匀性有关。

5.10.3 高压涡轮叶片掉块与裂纹分析

在对发动机高压涡轮盘做低循环寿命考核试验中，作为配重的涡轮叶片在前缘缘板处有 8 片出现掉块、60 片出现裂纹（全台叶片共 73 片），本次试验叶片发生失效前总寿命为 888 循环周次。

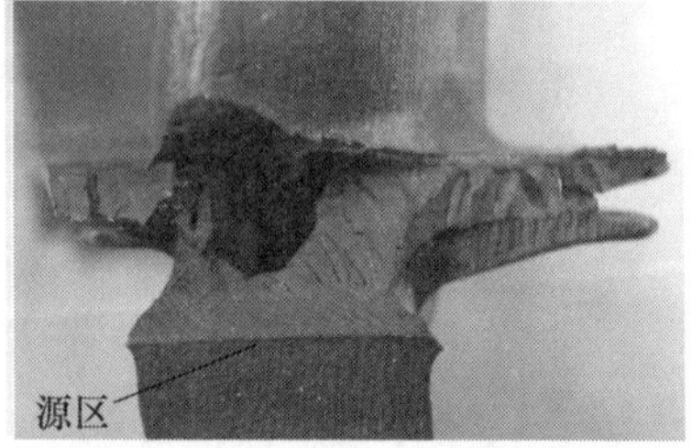

图 5-41 叶片掉块后宏观形貌

叶片损伤及断裂形式主要有以下特点：

（1）73 件叶片中有 68 件出现开裂或掉块现象，且开裂位置及形貌基本相似（图 5-41）。

（2）叶片断面粗糙，放射棱线粗大（图 5-42），断口源区位于前缘缘板与伸根段交接处,呈大线源特征(图5-43)。

(3) 断口扩展区疲劳条带较宽,疲劳条带平均间距达到8.5μm(图5-44);对1件叶片断口定量分析结果可知,叶片裂纹扩展寿命为382循环周次,萌生寿命为506循环周次;

(4) 在裂纹扩展中后期还可见大量的二次裂纹(图5-55)。

由以上特征及计算结果可知,本次涡轮叶片失效具有寿命较短、断面粗糙、裂纹扩展较快等特点,可判断涡轮叶片掉块性质为低周疲劳断裂。

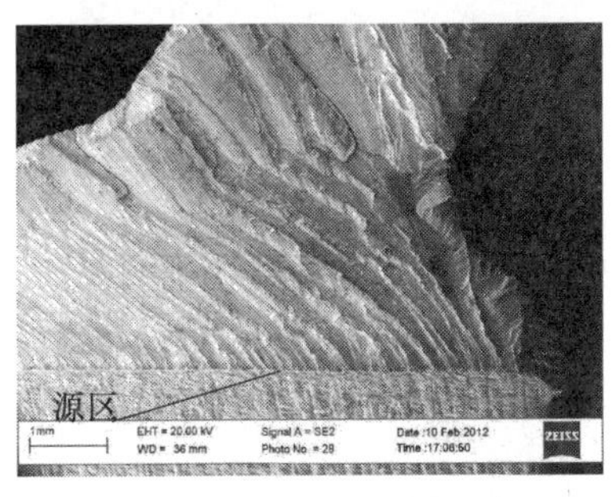

图5-42　断口低倍形貌

图5-43　源区高倍形貌

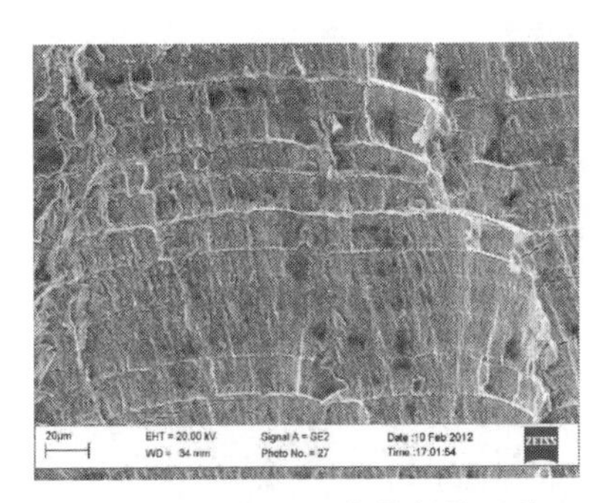

图5-44　扩展区疲劳条带形貌

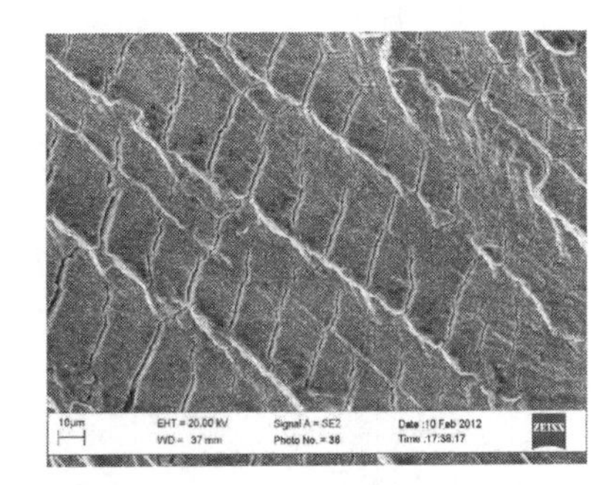

图5-45　扩展区大量的二次裂纹

5.10.4　钛合金中央件耳片断裂分析

钛合金旋翼主桨毂中央件试验件在高周疲劳试验进行到25.2万次时,耳片发生断裂。

耳片与衬套配合表面损伤形貌及断口形貌存在以下特点:

(1) 耳片断面A扩展区占断口面积较大,瞬断区面积较小,A、B断面裂纹均起源于距孔边倒角约2mm处(图5-46),源区颜色较深,存在磨损特征,点源(图5-47)。

(2) 源区侧面呈明显磨损形貌(图5-48),能谱分析表明磨损表面含Fe、Cr元素,来源于衬套材料(不锈钢),与源区位置相对应的衬套表面也可见明显的磨损形貌(图5-49)。

(3) 疲劳扩展区疲劳条带明细、细密(图5-50)。

由以上特征可知,耳片断口呈典型的高周疲劳,且源区及侧表面存在明显的磨损形貌。这说明耳片与衬套之间存在微动磨损,因此耳片的断裂性质为微动疲劳断裂。

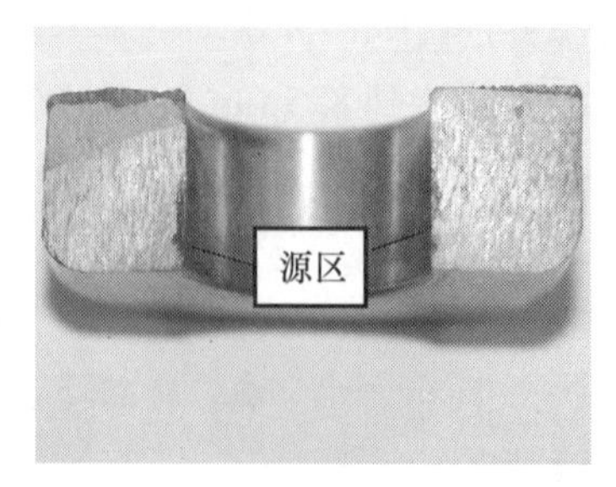

图 5 - 46　耳片断口宏观形貌

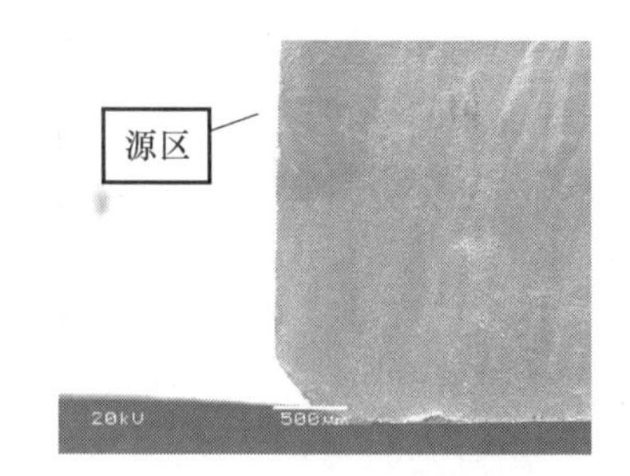

图 5 - 47　断口源区低倍形貌

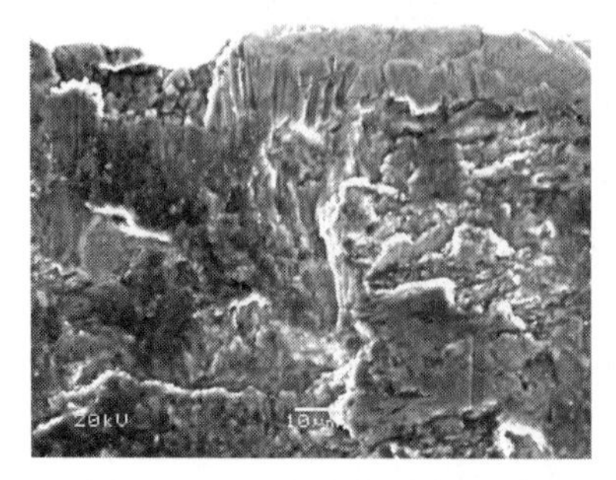

图 5 - 48　源区侧面磨损形貌

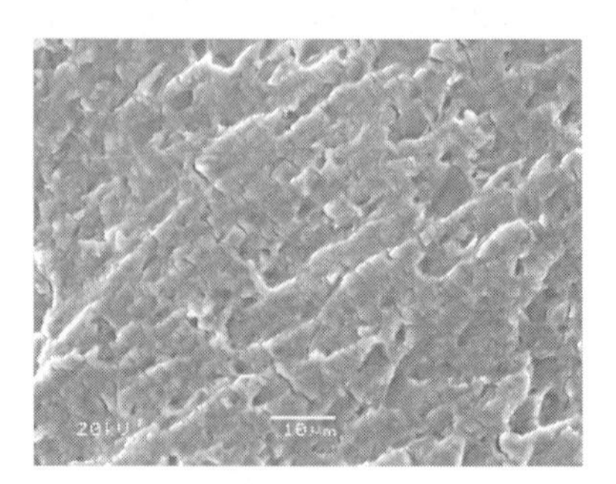

图 5 - 49　疲劳扩展区细密的疲劳条带

(a)

(b)

图 5 - 50　与耳片配合的衬套宏观形貌

(a)一侧的磨损痕迹;(b)对面一侧的磨损痕迹。

5.10.5　油箱端盖裂纹分析

某后油箱在试验过程中端盖出现漏水,检查发现油箱端盖加强筋底部 R 角出现开裂。端盖材料为 LF6 防锈铝合金。

端盖裂纹沿着加强筋 R 角(平行于轧制方向)曲折、断续分布(图 5 - 51),裂纹附近可见大量腐蚀产物(图 5 - 52)。将裂纹打开,对断口进行观察,断口形貌存在以下特点:

(1) 裂纹起源于内表面侧,断面平坦,颜色灰暗,呈多源特征,棱线粗大,疲劳弧线特征清晰可见,如图 5 - 53(a)所示。

(2) 扩展初期呈沿晶断裂特征,晶界面上存在较多腐蚀凹坑,如图 5 - 53(b)所示。

(3) 扩展中后期可见疲劳条带特征、疲劳条带+沿晶的混合特征,如图5-53(c)、(d)所示。

(4) 断口源区侧表面可见腐蚀凹坑。

由以上特征可知,端盖裂纹性质为腐蚀疲劳开裂。

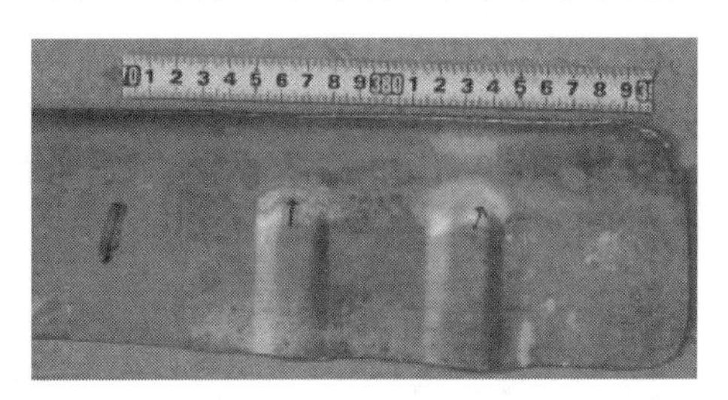

图5-51　后油箱端盖宏观形貌

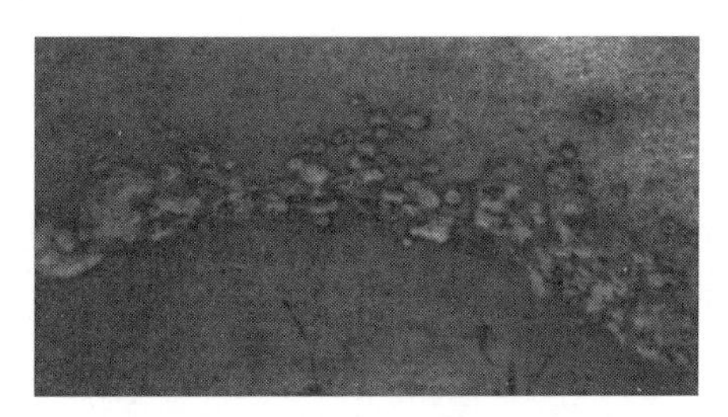

图5-52　后油箱端盖裂纹形貌

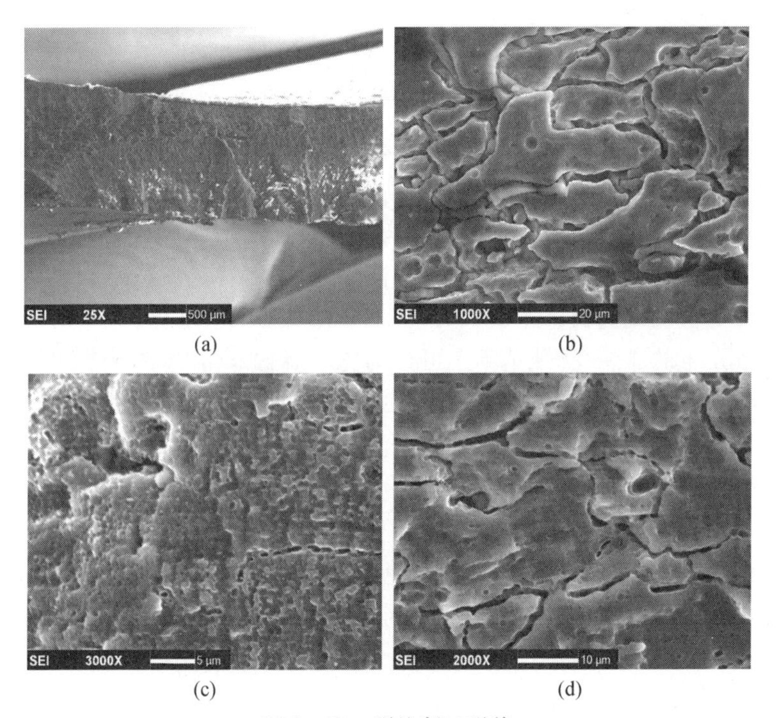

图5-53　裂纹断口形貌

(a)源区形貌;(b)沿晶形貌;(c)疲劳条带形貌;(d)沿晶+疲劳条带形貌。

参考文献

[1] 张栋,钟培道,陶春虎,等. 失效分析[M]. 北京:国防工业出版社,2005.

[2] 钟群鹏,张峥,骆红云. 材料失效诊断、预测和预防. 长沙:中南大学出版社,2008.

第六章　环境介质作用下的失效分析

环境是相对于某个主体而言的,主体不同,环境的大小、内容也不同。一切产品都处于一定的环境中,一切产品的失效也都与环境有关。本章重点关注环境介质作用下的失效,介质是指能够传播媒体的载体,如传递波的物质。气体、液体、固体是最常见的介质,环境中的大气、水、土壤、微生物也是介质,而引起产品失效的环境介质包括材料制备、加工、储存、使用中接触的所有物质。

6.1　腐蚀的基本概念与分类

金属构件或产品环境介质作用下的主要失效方式是腐蚀,如应力腐蚀、晶间腐蚀、氢脆、腐蚀疲劳等。腐蚀破坏是机电装备失效的三大模式之一。

金属零件的腐蚀损伤是指金属材料与周围介质发生化学及电化学作用而遭受的变质和破坏。因此,金属零件的腐蚀损伤多数情况下是一个化学过程,是由于金属原子从金属状态转化为金属化合物状态造成的,是一个界面的反应过程。

按照腐蚀发生的原因,腐蚀基本上可分为化学腐蚀和电化学腐蚀两大类。二者的差别在于:化学腐蚀是金属表面与介质只发生化学反应,而在腐蚀过程中没有电流产生;而电化学腐蚀在腐蚀进行的过程中有电流产生。

化学腐蚀过程中没有电流产生,氧化反应和还原反应在同时、同一位置发生。相对电化学腐蚀而言,发生纯化学腐蚀的情况较少,它可分为两类:

(1) 气体腐蚀,是金属在干燥气体中(表面上没有湿气冷凝)发生的腐蚀。气体腐蚀一般情况下为金属在高温时的氧化与腐蚀,材料热加工过程以及发动机涡轮叶片常发生这类损伤。

(2) 在非电解质溶液中的腐蚀,一般指金属在不导电的溶液中发生的腐蚀,例如金属在有机液体(如酒精和石油等)中的腐蚀。

电化学腐蚀的特点是在腐蚀的过程中有电流产生,构成腐蚀电池,有阴、阳极区域,氧化反应和还原反应分别在阳极和阴极两处位置同时发生。

金属的电化学腐蚀是由金属和周围介质之间的电化学作用引起的,其基本的特点是在金属不断遭到腐蚀的同时,并伴有微弱的电流产生。电化学腐蚀原理如图 6－1。

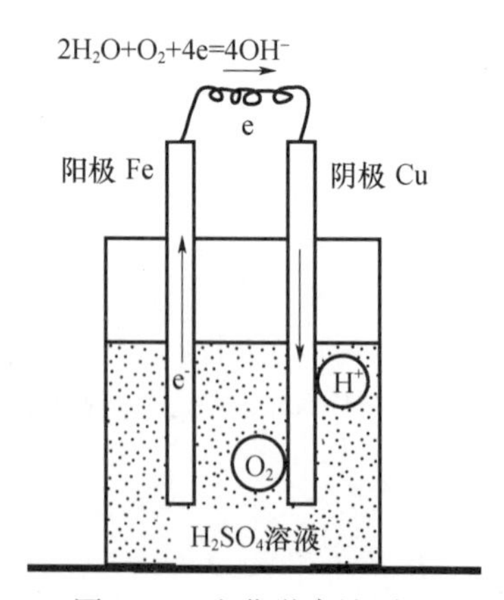

图 6－1　电化学腐蚀原理

考虑一根铁棒和一根铜棒都插入硫酸溶液中的

情况。

在铁棒上（阳极）：$Fe - 2e = Fe^{2+}$

在铜棒上（阴极）：$2H^{+} + 2e = H_2 \uparrow$

在导线上不断流过电子（从铁棒流向铜棒），形成电流。在阳极上不断发生铁的溶解，在阴极上不断放出氢气，而溶液中不断有铁溶解成亚铁离子，金属被腐蚀。

金属发生电化学腐蚀的基本条件如下：

(1) 两种金属（包括金属与非金属之间）或合金中的两个不同区域甚至两相之间的电极电位不同，即在某溶液中的稳定性不同。

(2) 使这两种金属或合金中的两个不同区域相互接触或用导电介质将其连接起来。

(3) 在同一个电解溶液中，受腐蚀的是电位低的（或更负的）更活泼的一极。

(4) 反应的本质是活泼一极的金属发生氧化反应，介质中的氢离子或氧原子发生还原反应。

上面仅是一个典型的例子，实际上不仅是两种稳定电位不同的合金接触时可能产生电化学腐蚀，同一合金中的不同区域或不同相、金属局部冷加工变形引起的内应力的不均匀、金属表面膜的不均匀性、腐蚀介质内部浓度不均匀性等均会导致电化学的不均匀性，从而造成不同区域电位的差别，并引起电化学腐蚀。

按照所接触的环境不同，电化学腐蚀可分为如下几类：

(1) 大气腐蚀，是指金属的腐蚀在潮湿的气体中进行，如水蒸气、二氧化碳、氧等气相与金属均形成化合物。

(2) 土壤腐蚀，埋设在地下的金属结构件与潮湿土壤中的腐蚀介质发生的腐蚀。

(3) 在电解质溶液中的腐蚀，金属结构件在天然水中和酸、碱、盐等的水溶液中所发生的腐蚀属于这一类。实际上，金属在熔融盐中的腐蚀也可视为这一类。

(4) 接触腐蚀（电偶腐蚀），两种电极电位不同的金属（或金属与非金属之间）互相接触时发生的腐蚀。由于两者电极电位不同，组成一对电偶，因此也称为电偶腐蚀。

(5) 缝隙腐蚀，在两个零件或构件的连接缝隙处产生的腐蚀。

(6) 应力腐蚀和腐蚀疲劳。在应力（外加应力或内应力）和腐蚀介质共同作用下的腐蚀称为应力腐蚀。当应力为交变应力时，一般发生腐蚀疲劳。

除上述几种环境外，生物腐蚀、杂散电流的腐蚀、摩擦腐蚀、液态金属中的腐蚀都属于电化学腐蚀。对航天航空结构件而言，发生电化学腐蚀的情况远远多于发生化学腐蚀的情况。而在电化学腐蚀中，常见的有大气腐蚀、接触腐蚀、缝隙腐蚀、应力腐蚀和腐蚀疲劳。

按照腐蚀破坏的方式，腐蚀可分为三类：

(1) 均匀腐蚀，腐蚀作用在整个金属表面上，腐蚀速率大体相同。

(2) 局部腐蚀，腐蚀作用仅限于一定的区域内，包括斑点腐蚀、脓疮腐蚀、点蚀（孔蚀）、晶间腐蚀、穿晶腐蚀、选择腐蚀、剥蚀等。

(3) 腐蚀断裂，是在应力（外加应力或内应力）和腐蚀介质共同作用下导致零件或构件的最终断裂。

6.2 金属腐蚀损伤特征

6.2.1 腐蚀表面的基本形貌特征

金属材料由于组成和组织状态以及所处环境不同、腐蚀形式不同，遭腐蚀后的表面形貌也各异。按腐蚀后表面形貌特征，可分为以下两种。

1. 全面腐蚀

腐蚀分布在整个金属表面，它既可以是均匀的，也可以是不均匀的。这种腐蚀的危险性较小，在设计时也比较容易控制。这类腐蚀的腐蚀程度可用平均腐蚀速度来评定，如以每小时(或每天)、每平方米(或平方厘米)损失多少克(或毫克)来表示，或以每年腐蚀深度(mm)来表示。

2. 局部腐蚀

腐蚀是在金属表面的个别部位或合金的某一组织上发生。属于这类腐蚀的包括：

(1) 选择性腐蚀，优先腐蚀合金中的某一成分或组成物。如黄铜发生电化学腐蚀时，黄铜中锌优先被腐蚀，并进入溶液，金属表面则逐渐成为低锌黄铜甚至成为纯铜。

(2) 点蚀，腐蚀表面呈点坑状，腐蚀点多、比较浅。包括腐蚀发生在表面有限的面积上，但腐蚀很深、成巢穴。

(3) 晶间腐蚀，腐蚀沿晶界发生并扩展。

下面介绍两种典型的表面腐蚀形貌。

(1) 点蚀。点腐蚀简称点蚀，又叫做小孔腐蚀或孔蚀，是一种腐蚀集中于金属表面的很小范围，并深入到金属内部的蚀孔状腐蚀形态，一般是直径小而深，呈尖锐小孔，进而向深部扩展成孔穴甚至穿透(孔蚀)。

点蚀坑的剖面形貌特征如图6-2所示，金属零件的点蚀坑边沿比较平滑，因腐蚀产物覆盖，坑底呈深灰色。垂直于蚀坑磨片观察，蚀坑多呈半圆形或多边形。点蚀并不一定择优沿晶界扩展。菊花形点蚀坑往往外小内大，犹如蚁穴般，所以点蚀损伤对金属结构件的危害很大。某型发动机压气机叶片因进气边点蚀引发疲劳断裂如图6-3所示。

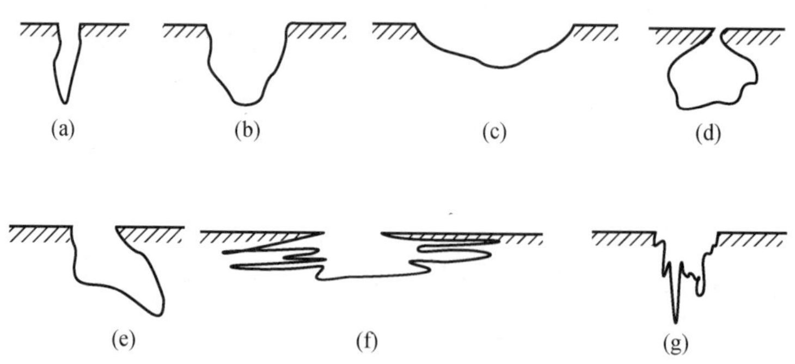

图6-2 点蚀坑的各种剖面形貌

(a)楔形(窄而深的孔坑)；(b)椭圆形(长圆形孔坑)；(c)盘碟形(宽浅形(碟形)孔坑)；(d)皮下变形(闭口孔坑)；(e)掏蚀形；(f)水平形；(g)垂直形。

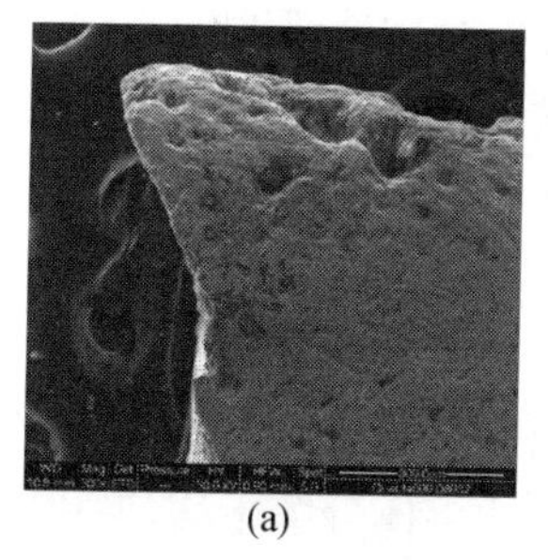
(a)

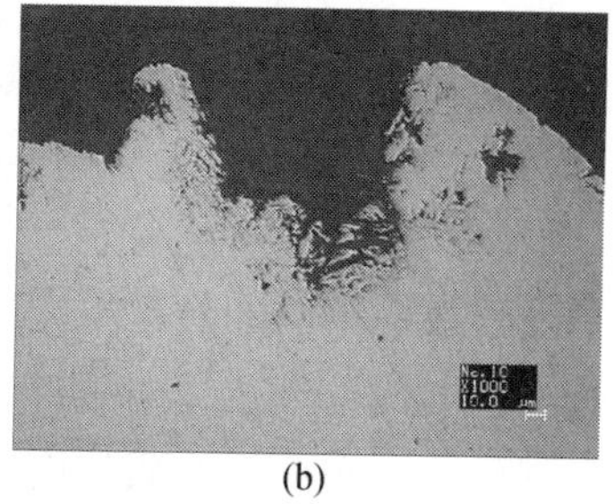
(b)

图 6－3　不锈钢压气机叶片点腐蚀形貌

金属构件发生点蚀损伤与金属构件表面结构的不均匀性，尤其与表面的夹杂物、表面保护膜的不完整性有关。点蚀坑的扩展不仅包括金属的溶解过程，而且包括通过已溶解的金属离子的水解而在腐蚀坑底部具有较高的酸度这一过程。图 6－4 示意了金属在中性充气的氯化物溶液中发生点蚀及其扩展的过程。

图 6－4　点蚀坑形成扩展机制示意图

在点蚀坑的底部发生金属的阳极溶解：

$$M \rightarrow M^{+} + e$$

在相邻的面上发生阴极反应：

$$O_2 + 2H_2O + 4e \rightarrow 4OH^{-}$$

点蚀坑内 M^{+} 浓度的增高，将导致氯离子的迁移，以保持点蚀坑内溶液的电中性。所形成的金属氯化物 $M^{+}Cl^{-}$ 发生水解：

$$M + Cl^{-} + H_2O \rightarrow MOH + H + Cl^{-}$$

这种酸性物质的产生使点蚀坑底部溶液的 pH 值下降为 1.3～1.5。

金属构件由点蚀而导致的失效，大多都是氯化物或含氯离子的氯气所引起的，特别是次氯酸盐的腐蚀性更强。溶液中的氯离子浓度越高，合金越易于发生点蚀。若在氯化物溶液中含有铜、铁以及汞等金属离子，则点蚀的倾向增大。在其他卤素离子中，溴化物也引起点腐蚀。氟化物和碘化物一般降低不锈钢的点蚀倾向。降低氯化物溶液产生点蚀倾向的阴离子有 SO_4^{2-}、OH^{-}、ClO^{4-}、CO_3^{2-}、CrO_4^{2-} 及 NO_3^{-}。它们降低点蚀倾向的程度取决于其含量以及溶液中氯化物的浓度。

改善介质条件：降低溶液中 Cl^{-} 含量，减少氧化剂，降低温度，提高 pH 值等皆可减少点蚀的发生。主要措施如下：

① 选用耐点蚀的合金材料。奥氏体不锈钢、近双相钢及高纯铁素体不锈钢抗点蚀性能都是良好的。钛和钛合金有最好的抗点蚀性能。

② 阴极保护。阴极极化使电位低于点蚀电位，使不锈钢处于稳定钝化区。

③ 对合金表面进行钝化处理，提高材料钝态稳定性。在金属表面注入铬、氮离子也能明显改善合金抗点蚀的能力。

④ 使用缓蚀剂，特别是在封闭系统中使用，用于不锈钢的缓蚀剂有硝酸盐、铬酸

盐、硫酸盐和碱,但要注意,缓蚀剂用量不足,反而会加速腐蚀。

(2) 晶间腐蚀。晶间腐蚀损伤是指金属材料或构件沿晶界产生并沿晶界扩展而导致金属材料或构件的损伤,因而也称晶界腐蚀。金属构件的晶间腐蚀不仅降低力学性能,而且由于难以发现,易于造成突然失效。

金属晶界是结晶学取向不同的晶粒间紊乱错合的区域,也是各种溶质元素偏析或金属化合物(如碳化物和 δ 相)沉淀析出的有利区域。因此,大多数的金属和合金,如不锈钢、铝合金,由碳化物分布不均匀或过饱和固溶体分解不均匀,引起电化学不均匀,从而促使晶界成为阳极区而在一定的腐蚀介质中发生晶间腐蚀损伤。金属构件的晶间腐蚀损伤起源于表面,裂纹沿晶扩展(图 6-5)。

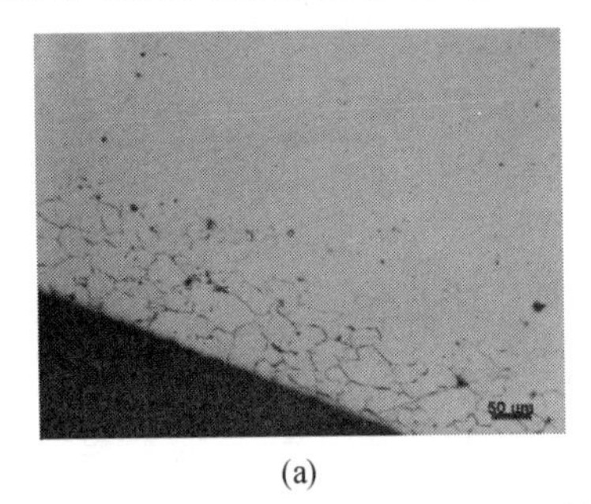

(a)

(b)

图 6-5　晶间腐蚀形貌

晶间腐蚀的一种特殊但较为常见的形式是剥落腐蚀,简称剥蚀,也称层状腐蚀。形成这类腐蚀应满足下列条件:

(1) 适当的腐蚀介质。

(2) 合金具有晶间腐蚀倾向。

(3) 合金具有层状晶粒结构。

(4) 晶界取向与表面趋向平行。

铝合金中的 Al-Cu-Mg 系、Al-Zn-Mg-Cu 系和 Al-Mg 系合金具有比较明显的剥蚀倾向。这类合金的板材及模锻件制品,因其加工变形的特点,使晶粒沿变形方向展平,即晶粒的长宽尺寸远大于厚度,并且与制品表面接近平行。在适当的介质中产生晶间腐蚀时,因腐蚀产物($AlCl_3$或 $Al(OH)_3$)的比容大于基体金属,发生膨胀。随着腐蚀过程的进行和腐蚀产物的积累使晶界受到张应力,这种锲入作用会使金属成片地沿晶界剥离(图 6-6)。

(a)

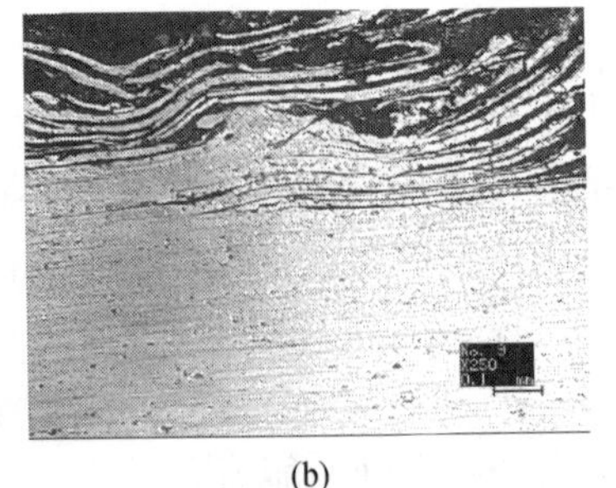

(b)

图 6-6　某型客机排污口 Al-Zn-Mg-Cu 系铝合金剥层腐蚀

6.2.2 大气腐蚀

金属由于大气中氧和水等化学或电化学作用而引起的腐蚀称为大气腐蚀。大气腐蚀可分为潮湿大气腐蚀、干大气腐蚀、工业大气腐蚀、海洋大气腐蚀和农业大气腐蚀五种。其中,工业大气及潮湿大气腐蚀最严重。

金属置于大气环境中,在其表面往往形成一层极薄的不易看见的湿汽膜(水膜),当这层水膜达到20~30个分子厚度时,它就变成电化学腐蚀所需要的电解液膜,此时就有可能发生电化学腐蚀。这种电解液膜是由于水分(雨、雪)的直接沉淀,或大气的湿度或温度的变化以及其他原因引起的凝聚作用而形成的。如果金属表面只是处于纯净的水膜中,由于纯水的导电性很差,一般不足以造成强烈的电化学腐蚀反应。然而,实际上水膜往往含有水溶性的盐类及溶入的腐蚀性气体(如二氧化碳、氧气、二氧化硫等),这样就使水膜成为具有导电性的电解薄膜。

金属零件在大气条件下,一方面因在其表面上凝聚了一层电解液膜,另一方面由于金属本身的电化学不均匀性,造成了腐蚀微电池,促使其表面受到电化学腐蚀损伤,产生宏观可见锈蚀(图6-7(a))。

在航空工业中,有机材料广泛地应用于仪器、仪表、电机、机器及附件等机械制造行业中,这些材料在生产加工和产品存放使用过程中很多会挥发出有机气氛。而大多数仪器仪表均处于封闭状态,因而有机气氛存在于仪表中易于导致电化学腐蚀,这一腐蚀也称为气氛腐蚀(图6-7(b))。

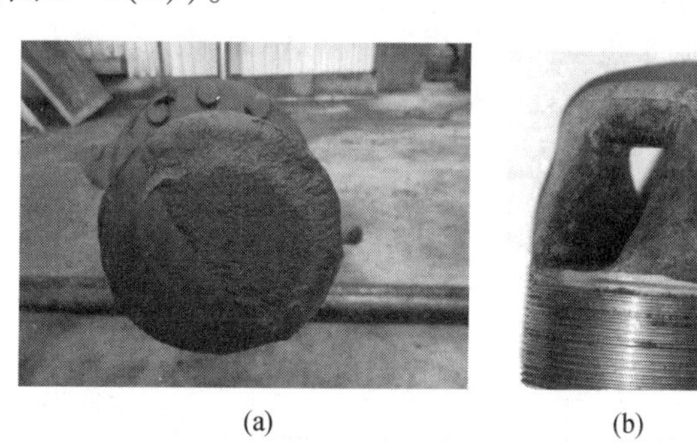

(a) (b)

图6-7 典型大气腐蚀

(a)工业大气腐蚀;(b)有机气氛腐蚀。

6.2.3 接触腐蚀

若把一对相接触的异类金属(电位不同)浸入电解液中,电位较负的金属(阳极)就会受到电化学腐蚀,这就是接触引起腐蚀的实质。由于飞机结构中使用的材料很多,因此接触腐蚀在实际中是十分广泛的。

防止接触腐蚀的最根本的方法是在设计时尽可能地使相接触的金属及其合金的电位差最小,然而飞机的结构异常复杂,在结构中的某些零件或部件往往有特殊的功能。它们的材料主要是由其各自的工作条件决定的,所以对于不允许接触的零件必须装配在一起时,通常采用湿装配和表面处理(如钢零件镀锌、镀镉后可与阳极化的铝合金零件接触),增加腐蚀电路的电阻,减少腐蚀的速率,或在其间放置绝缘衬垫(如纤维纸板、硬橡胶、夹布胶木、胶粘绝缘带等)。但是不允许用棉花、毛毡、报纸及不涂漆的麻布作为绝缘材料,这些材料因吸湿性强反而使之接触的金属发生强烈的腐蚀。

6.2.4 缝隙腐蚀

金属零件缝隙腐蚀损伤是指金属材料由于腐蚀介质进入缝隙并滞留产生电化学腐蚀作用而导致零件的损伤。不仅电位不同的金属相互接触会引起缝隙腐蚀,就是电位相同的同类金属相接触而存在缝隙时,也会发生腐蚀。这是由于缝隙中氧含量与其他部位存在差异而产生电位差的缘故。如板材之间的搭接处,加强板的连接处都会存在缝隙而引起缝隙腐蚀。

作为一条能成为腐蚀电池的缝隙,其宽窄程度必须足以使腐蚀介质进入并滞留其中,从而与非缝隙位置存在浓度差。所以,缝隙腐蚀通常发生在宽几微米至几百微米的缝隙中,而在那些宽的沟槽或宽的缝隙,因腐蚀介质畅流而一般不发生缝隙腐蚀损伤。

图6-8为Fontana和Creene提出的不锈钢在充气的氯化钠溶液中发生缝隙腐蚀的机理示意图。假定起初不锈钢处在钝化状态,整个表面(包括缝隙内表面)均匀地发生一定的腐蚀。按照混合电位理论,阳极反应($M \rightarrow M^{+} + e$)由阴极反应($O_2 + 2H_2O + 4e \rightarrow 4OH^{-}$)来平衡。但由于缝隙内的溶液是停滞的,阴极反应耗尽的氧来不及补充,形成氧的浓度电池(充气不均匀电池),从而使缝隙内的阴极反应中止。然而,缝隙内的阳极反应($M \rightarrow M^{+} + e$)仍然继续进行,以致形成一个充有高浓度的带正电荷金属离子溶液的缝隙。为了平衡这种电荷,带负电荷的阴离子特别是Cl^{-}移入缝隙内,而形成的金属氯化物($M^{+}Cl^{-}$)又被水解成氢氧化物和游离酸:$M^{+}Cl^{-} + H_2O \rightarrow MOH + H^{+}Cl^{-}$。

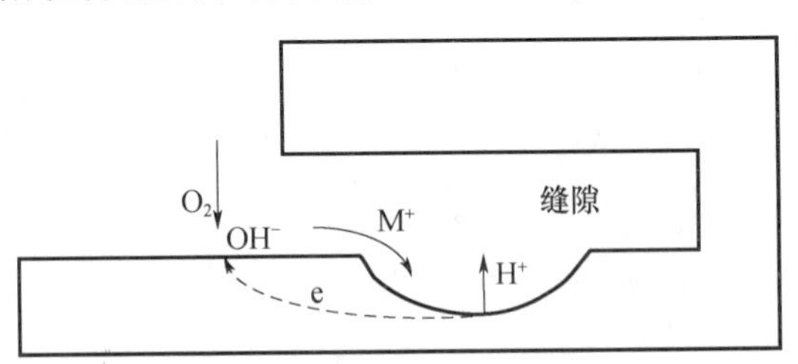

图6-8 不锈钢在氯化钠溶液中发生缝隙腐蚀的机理示意图

酸度增大的结果导致钝化膜的破裂,因而形成与自催化点腐蚀相类似的腐蚀损伤。如同点腐蚀一样,水解反应所产生的酸使缝隙内溶液的pH值降至2以下,而缝隙外部溶液的pH值仍然保持中性。有人通过对304不锈钢自然缝隙中离子种类分析发现:缝隙内部溶液的酸化主要是由铬离子的水解控制,即$Cr^{3+} + 3H_2O \rightarrow Cr(OH)_3 + 3H^{+}$;而$Ni^{2+}$的水解作用主要是导致pH值为中性,有利于抗缝隙腐蚀能力的提高。图6-9为腐蚀环境下轴承与轴承座之间的缝隙腐蚀。

图6-9 轴承与轴承座之间的缝隙腐蚀

6.2.5　金属的热腐蚀

金属的热腐蚀是指金属材料在高温工作时，基体金属与
沉积在机件表面的沉盐（主要是指 Na_2SO_4）及机件同气体的综合作用而产生的腐蚀现象。

热腐蚀是发生在热燃气通道部件上的一种非常严重的表面腐蚀，早期曾称“硫化腐蚀”，它主要是燃烧气氛中的 S、O、Ca、Na 等发生如下反应：

$$2CaO + 2S + 3O_2 = 2CaSO_4$$

$$4NaCl + 2S + 3O_2 + 2H_2O = 2Na_2SO_4 + 4HCl$$

在 600～1000°C 温度范围内，热腐蚀表现剧烈。根据相对腐蚀率与温度的关系，可将热腐蚀分为两类：在 600～850°C 之间称为低温热腐蚀；在 850°C 以上的称为高温热腐蚀。

热腐蚀与燃料中的杂质（如硫、钠、钒及碳离子等）及随空气一起摄入的海盐、灰尘及水蒸气等复杂的化学作用、热力学作用及流体动力学作用有关。热腐蚀与正常的氧化是有区别的。以含 GH783 合金为例（图 6－10），正常氧化在合金表面上生成薄而致密的 Al_2O_3层，起到防护作用，阻止氧化的进一步进行。而热腐蚀则由于复杂的过程使得防护性的氧化物破坏，形成一层疏松的、无黏附性的氧化物，在这种氧化物层下面还有内部氧化物和硫化物，并加速氧化过程的进行，或形成大量的夹杂着金属颗粒和硫化颗粒的疏松而无黏附性的氧化物层，造成灾难性氧化，因此，热腐蚀又可定义为加速氧化或灾难性氧化。加速氧化或灾难性氧化的实质相同，只是在腐蚀程度上有些差别。

图 6－10　GH783 合金的热腐蚀形貌

对燃气轮机尤其是以燃油作为燃料的燃气轮机而言，涡轮叶片的热腐蚀问题非常突出。上述反应产物的熔盐黏附在叶片表面，从而产生热腐蚀损伤。热腐蚀损伤的特征是腐蚀产物呈“瘤”状生长，将“瘤”去掉后，则显示出深孔状局部腐蚀，腐蚀坑面积较大。热腐蚀多发生在叶片进气边和叶盆面上。

燃气炉的炉管热腐蚀时，外层氧化皮、内层鳞皮主要是硫化铁。

某些碱类与硫、钒相结合特别具有促进腐蚀的作用，钒腐蚀的案例很多。例如，一些在锅炉过热管火焰侧的管道上沿着长度方向所发生的沟状腐蚀，最大深度达 2mm。

6.2.6　熔盐腐蚀损伤

熔盐是盐类在高温下熔化以后得到的高温熔体。在冶金工业中，熔盐电解占有十分重要的地位：铝、镁、钙、钠、钾和锂等金属都是用熔盐电解法生产的；难熔金属的熔盐电镀近年来也受到重视；熔盐电池或者称为高温燃料电池已作为电池的一个重要部分；在热处理中经常使用盐浴（盐炉）；在电厂和原子能工业中还使用熔盐作为热传导的载体。总之，随着熔盐应用的日益广泛，与熔盐相接触的金属所发生的熔盐腐蚀问题也越来越受到重视。

溶盐腐蚀是一种电化学腐蚀,可以明确地分为阳极过程和阴极过程。阳极过程是金属的离子化过程,离子进入熔盐并同熔盐阴离子发生溶剂化作用。阴极过程是熔盐中的氧或其他离子接收电子的去极化过程。

在熔盐电池和熔盐电解中,还经常遇到金属在自身的熔盐中腐蚀溶解的问题,如铅和镁可以分别在 $PbCl_2$、$MgCl_2$熔盐中发生腐蚀溶解。

6.2.7 腐蚀产物的去除

根据金属材料及其防护层的特性,可选择表 6-1 所列的溶液进行腐蚀产物的化学清除或电解清除。

表 6-1 清除腐蚀产物用的溶液及工作条件

<table>
<tr><th rowspan="2">金属材料及其防护层</th><th rowspan="2">溶液</th><th colspan="2">工作条件</th><th rowspan="2">备注</th></tr>
<tr><th>温度</th><th>时间</th></tr>
<tr><td rowspan="2">铝及铝合金(包括经化学氧化或阳极化的铝及铝合金)</td><td>(1) 铬酐
CrO_3 80g/L
磷酸(密度 1.7g/mL)
H_3PO_4 50mL/L</td><td>室温</td><td>15~30min</td><td rowspan="4">如有残余膜应在硝酸 HNO_3(密度 1.42g/mL)中浸泡 1min,然后在(1)或(2)溶液中重复处理</td></tr>
<tr><td>(2) 铬酐
CrO_3 20g/L
磷酸(密度 1.7g/mL)
H_3PO_4 50mL/L</td><td>80℃</td><td>5~10min</td></tr>
<tr><td rowspan="2">镁及镁合金(包括经化学氧化或阳极化的镁及镁合金)</td><td>(1) 铬酐
CrO_3 200g/L</td><td>室温</td><td>8~10min</td></tr>
<tr><td>(2) 铬酐
CrO_3 150g/L
铬酸银
$AgCrO_4$ 10g/L</td><td>沸腾</td><td>1min</td></tr>
<tr><td rowspan="2">锌及锌合金(包括钢、铜、铝的镀锌件)</td><td>(1) 醋酸铵
CH_3COONH_4 (饱和)</td><td>80℃</td><td>10~20min</td><td rowspan="2">配制时将溶解的 $AgNO_3$ 加到沸腾的铬酸溶液中</td></tr>
<tr><td>(2) 氢氧化铵(密度 0.9g/mL)
NH_4OH 150mL/L
然后浸于:
铬酐 CrO_3 50g/L
硝酸银 $AgNO_3$ 10g/L</td><td>室温

沸腾</td><td>数分钟

10~20s</td></tr>
<tr><td rowspan="2">镉(包括钢、铜的镀镉件)</td><td>(1) 醋酸铵
CH_3COONH_4 饱和</td><td>80℃</td><td>10~20min</td><td rowspan="2"></td></tr>
<tr><td>(2) 氯化铵
NH_4Cl 100g/L</td><td>室温或
70℃</td><td>10min
2.5min</td></tr>
</table>

（续）

金属材料及其防护层	溶液	工作条件		备注
		温度	时间	
钢铁(腐蚀产物较厚)	铬酐 CrO_3 150g/L 硫酸(密度1.84g/mL) H_2SO_4 1mL/L	80~90℃	20min至数小时	
钢铁(包括钢的镀铬、镀镍以及镀装饰铬件)	(1) 硫酸(密度1.84g/mL) H_2SO_4 54mL/L 甲醛(40%水溶液) HCHO 10mL/L	室温	10min	＊可用二邻甲苯基硫脲等有机缓蚀剂电解法: 阳极为炭棒 阴极为试样
	(2) 硫酸(密度1.84g/mL) H_2SO_4 28mL/L 有机缓蚀剂＊ 2mL/L	75℃	3min 电流密度 $2A/dm^2$	
锡及锡合金(包括钢、铜的镀锡件)	(1) 盐酸(密度1.19g/mL) HCl 42mL/L	室温	10~15min	
	(2) 磷酸钠 Na_3PO_4 150g/L	沸腾	10min	
铅及铅合金(包括钢的镀铅件)	(1) 醋酸(99.5%) CH_3COOH 10mL/L	沸腾	5min	
	(2) 同钢铁件用的电解法			
铜及铜合金、镍及镍合金	(1) 盐酸(密度1.19g/mL) HCl 500mL/L	室温	1~3min	
	(2) 硫酸(密度1.84g/mL) H_2SO_4 100mL/L	室温	1~3min	
不锈钢	(1) 硝酸(密度1.42g/mL) HNO_3 100mL/L	60℃	20min	电流密度 $10A/dm^2$
	(2) 柠檬酸铵 150g/L			
	(3) 电解法 氢氧化钠 NaOH 10% 然后用10%的柠檬酸铵于80~90℃下刷洗	室温	5~8min	
注:上述溶液用3级纯的化学试剂和蒸馏水配制				

6.3 应力腐蚀断裂失效分析

金属构件在静应力和特定的腐蚀环境共同作用下所导致的脆性断裂为应力腐蚀断裂。

6.3.1 应力腐蚀的条件

应力腐蚀的条件可归纳为如下几点：

(1) 引起应力腐蚀的应力一般是拉应力。但这种拉应力可以很小，如不锈钢、黄铜等在外加应力 19.6 ~ 29MPa 时即会引起应力腐蚀破坏。能引起金属产生应力腐蚀的最小应力称为应力腐蚀开裂的临界应力，用 σ_{scc}表示。当外界应力低于临界应力时，材料不发生应力腐蚀，自身的腐蚀也非常轻微。然而用 σ_{scc}表示应力腐蚀开裂的临界应力有很大的局限性，原因如下：

① 用表面光滑试样测定的应力腐蚀断裂时间包括应力腐蚀裂纹形核阶段和扩展阶段。这两阶段很难分开，因此用这种方法。两种不同性能的合金可得出同样的断裂时间曲线：一种合金裂纹萌生快、扩展慢；另一种合金裂纹萌生慢、扩展快。因此，用 σ_{scc}不能反映出已有裂纹材料在应力腐蚀条件下裂纹扩展的性质。例如，钛合金光滑试样放在 3.5% NaCl 溶液或海水中是不发生应力腐蚀开裂的，然而一旦试件有了裂纹，则很快地发生应力腐蚀开裂。在金属构件中，实际上很难避免存在原始裂缝或缺陷。

② σ_{scc}不能用来确定具有缺口或裂纹的试样其应力腐蚀裂纹是否扩展。应力腐蚀裂纹扩展速率主要是受裂纹尖端的应力强度因子 K 所控制，因此人们采用断裂力学指标应力腐蚀临界应力强度因子 K_{Iscc}来表征材料抗应力腐蚀的能力。当 $K_I < K_{Iscc}$时，在该腐蚀环境中长期暴露不发生应力腐蚀破坏；当 $K_{Iscc} < K_I < K_{IC}$时，在腐蚀环境中经一定时间的裂纹稳定扩展而最终断裂；当 $K_r \geqslant K_{IC}$时，初始裂纹就会直接在应力作用下失稳（非应力腐蚀）扩展。

需要注意的是：在特定条件下，压应力也可以导致应力腐蚀。

例如，奥氏体不锈钢在 42% $MgCl_2$沸腾溶液中，会在压应力条件下产生应力腐蚀裂纹，其断口为岩层状的类解理断口。低碳钢在硝酸盐溶液中，经 576h 后也会出现很多很浅的压应力腐蚀裂纹。

LC4 铝合金在 NaCl 溶液中，同样也能产生应力作用下的应力腐蚀开裂。需要重点关注的是其断口由传统的沿晶断口变成了类解理断口，可见平行的弯曲条纹花样甚至局部可见韧窝特征。

黄铜在氨水溶液中，在较长的孕育期后同样会出现许多较浅的压应力腐蚀裂纹。

压应力状态针对钢、铝合金和黄铜等材料，是可以普遍引发应力腐蚀的。但是，一方面，压应力腐蚀裂纹的萌生期远远超过拉应力腐蚀，当零件整体暴露在腐蚀环境中时，拉应力区会先发生应力腐蚀，因此工程上一般不会遇到压应力腐蚀的案例。另一方面，若零件整体均处于压应力状态，裂纹萌生后会快速闭合阻隔腐蚀介质，因此无法进一步扩展，不会引发断裂，从工程角度来说，不具备明显的危害性。

因此，在失效分析过程中，遇到疑似的压应力腐蚀情况，需要仔细甄别。有可能是以下两种情况导致的结果：

① 对应力方向的误判导致。如圆柱形薄壁零件发生垂直于半径而平行于轴向的应力腐蚀裂纹时，残余应力测得平行于半径方向的径向应力 σ_r是压应力，因而有时误以为是压应力引起的应力腐蚀裂纹。实质上引起应力腐蚀的应力是切向应力 σ_τ，它是

σ_r的分应力，属拉应力。

② 在试样的最表面虽存在一定的压应力，但在亚表面以及往内有较大的拉应力存在，因此总体上仍为拉应力（图6-11）。

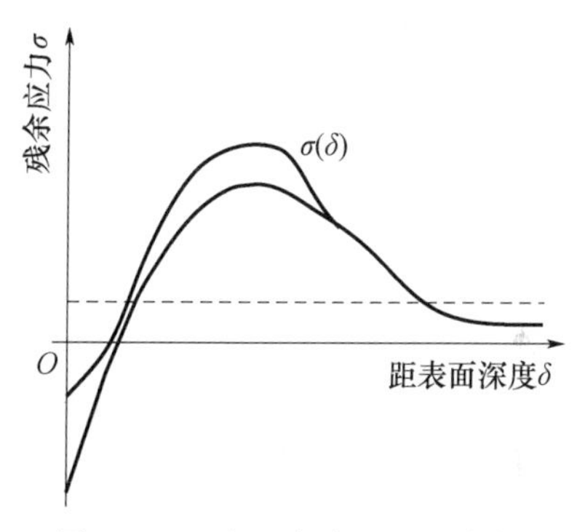

图6-11　表面存在一层压应力

（2）纯金属不发生应力腐蚀破坏。但几乎所有的合金在特定（敏感）的腐蚀环境中，都会引起应力腐蚀裂纹。添加非常少的合金元素都可能使金属发生应力腐蚀，如99.99%的铁在硝酸盐中不发生应力腐蚀，但含有0.04% C则会引起应力腐蚀。

（3）金属材料只有在特定的活性介质中才发生应力腐蚀开裂，即对于一定的金属材料，需要有一定特效作用的离子、分子或铬合物才会导致构件的应力腐蚀断裂。它们的浓度有时甚至很低也可以引起应力腐蚀断裂（如钢在Cl^-或OH^-离子的作用下等），而且阴离子对应力腐蚀速度的影响不是简单的叠加关系（如添加NO_3^-），反而减弱了不锈钢在Cl^-作用下的应力腐蚀。

在同样环境中，钛合金的耐腐蚀性比合金钢好得多，因而人们在20世纪60年代中期以前一直认为钛合金是制造潜水艇壳体的首选材料。但Brown等在60年代中期的研究发现，一些有原始裂纹的高强度钛合金在载荷作用下浸入蒸馏水和盐水时，仅在若干分钟内就破坏了，在所有的试验中，初始应力强度因子的水平均远低于材料的K_{IC}。几乎在与Brown研究的同一时期，即1965—1966年美国在执行登月飞行计划时，用Ti-6Al-4V钛合金制作的N_2O_4压力容器曾发生应力腐蚀开裂而导致失效或事故，多达10次，曾成为宇航技术中的严重问题。

表6-2列出了常用金属材料易发生应力腐蚀开裂的敏感介质。

表6-2　常用金属材料发生应力腐蚀开裂的敏感介质

基体	合金组元	应力腐蚀开裂的敏感介质
铝基	Al-Zn	大气
	Al-Mg	$NaCl+H_2O_2$，NaCl溶液，海洋性大气
	Al-Cu-Mg	海水
	Al-Mg-Zn	海水
	Al-Zn-Cu	NaCl，$NaCl+H_2O_2$溶液
	Al-Cu	$NaCl+H_2O_2$溶液，NaCl，$NaCl+NaHCO_3$，KCl，MgCl
	Al-Mg	$CuCl_2$，NH_3Cl，$CaCl_2$溶液
镁基	Mg-Al	HNO_3，NaOH，HF溶液，蒸馏水
	Mg-Al-Zn-Mn	$NaCl+H_2O_2$溶液，海洋大气，$NaCl+K_2CrO_4$溶液，潮湿大气$+SO_2+CO_2$
	Mg	KHF_2溶液
铜基	Cu-Zn-Sn Cu-Zn-Pb	HN_3溶液，水蒸气
	Cu-Zn-P	浓NH_4OH

（续）

基体	合金组元	应力腐蚀开裂的敏感介质
铜基	Cu－Zn	NH_3蒸气，溶液，胺类，潮湿SO_2气氛，$Cu(NO_2)_2$溶液
	Cu－Zn－Ni Cu－Sn	NH_3蒸气和溶液
	Cu－Sn－P	大气
	Cu－P Cu－As，Cu－Ni－Al Cu－Si，Cu－Zn， Cu－Si－Mn	潮湿的NH_3气氛
	Cu－Zn－Si	水蒸气
	Cu－Zn－Mn	潮湿SO_2气氛，$Cu(NO_2)_3$溶液
	Cu－Mn	潮湿SO_2气氛，$Cu(NO_3)_3$，H_2SO_4，HCl，HNO_3溶液
铁基	软铁	NaOH，硝酸，碳酸盐溶液，$FeCl_3$溶液
	Fe－Cr－C	NH_4Cl，$MgCl_2$，$(NH_4)H_2PO_4$，Na_3HPO_4溶液，H_2SO_4＋NaCl NaCl＋H_2O_2溶液，海水，H_2S溶液
	Fe－Ni－C	HCl＋H_2SO_4，水蒸气，H_2S溶液
钛基	Ti－Al－Sn，Ti－Al－Sn－Zr， Ti－Al－Mo－V	H_2、CCl_4、NaCl水溶液、海水、HCl、甲醇、乙醇溶液、发烟硝酸、融熔NaCl或熔融$SnCl_2$、汞、氟三氯甲烷和液态N_2O_4、Ag（＞466℃）、AgCl（371～482℃）、氯化物盐（288～427℃）、乙稀二醇等
镍基	Ni Ni合金	NaOH，氢氟酸，硅氟酸

6.3.2 应力腐蚀的特点

应力腐蚀断裂具有如下特点：

（1）应力腐蚀断裂属脆性损伤，即使是延性极佳的材料产生应力腐蚀断裂时也是脆性断裂。断口平齐，与主应力垂直，没有明显的塑性变形痕迹，断口形态呈沿晶或解理形貌（图6－12）。

（2）应力腐蚀是一种局部腐蚀，而且腐蚀裂纹常常被腐蚀产物所覆盖，从外表很难观察到。

（3）应力腐蚀试样持续加载时，应力腐蚀裂纹扩展大体上由三个阶段组成（图6－13）：在第Ⅰ阶段，da/dt与K_r值有强烈的关系，曲线以K_{Iscc}为渐近线；在第Ⅱ阶段，da/dt与K_r值无明显的关系，但温度和环境仍产生强烈的影响；第Ⅲ阶段，da/dt又与K_r值有强烈的关系，曲线以K_{Ic}为渐近线。应力腐蚀试样到断裂的总时间t_f为以上三阶段稳定裂纹扩展时间t_s与稳定扩展前孕育期t_i的总和，即$t_f=t_i+t_s$。

（4）焊接、冷加工产生的残余应力和组织变化很容易成为应力腐蚀的力学原因，甚

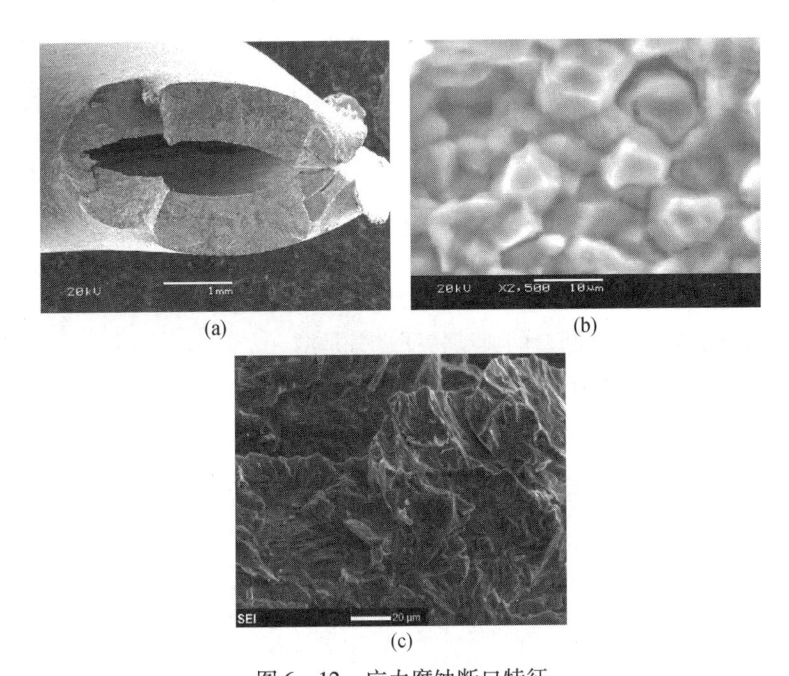

(a)　(b)　(c)

图 6-12　应力腐蚀断口特征

(a)304 不锈钢的脆性断面;(b)5A06 铝合金沿晶断口;(c)奥氏体不锈钢解理断口。

至不同合金的膨胀系数的差别也可能成为应力腐蚀的应力源。这就是说,应力腐蚀的应力源可以由外加载荷引起,也可以由在部件加工成型过程中,如铸造、锻造、轧制、挤压、机加工、焊接、热处理及磨削等工序中产生的残余应力引起。然而,不管是外加载荷还是金属内部的残余应力,引起应力腐蚀的应力源一般要有拉应力的成分。

同时,在拉应力垂直拉长晶粒情况下材料的耐蚀性比拉力平行拉长晶粒时要小得多。通常情况下,板材的晶粒一般沿轧制方向延伸,因此,板材危险的受力状态是垂直于板材平面的拉伸应力(短横向的拉伸应力)。对于很薄的板材,在垂直表面的方向上(厚度方向上,或称晶粒的短横向上)没有表面拉伸应力,因此薄的板材很少有应力腐蚀破坏。应力腐蚀裂纹往往沿模锻件的模锻分离面进行,这也是那里的拉伸应力作用在短横晶向的缘故。

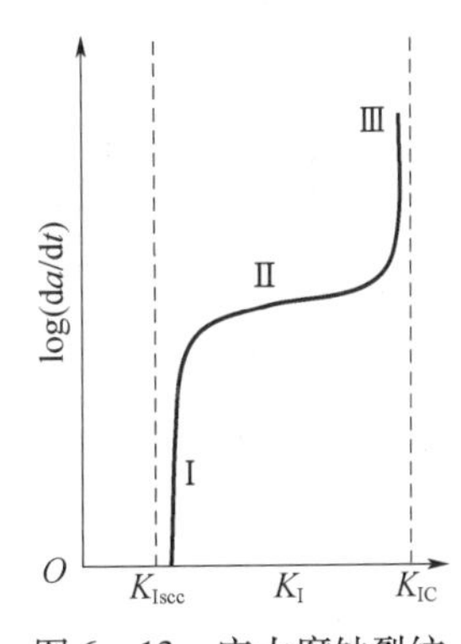

图 6-13　应力腐蚀裂纹扩展速率与 K 的关系

(5) 应力腐蚀断裂的速率比机械快速脆断慢得多,快速机械拉伸可比应力腐蚀断裂快 10^{10} 倍,应力腐蚀断裂速率为 0.0001 ~ 3mm/h。但应力腐蚀断裂的速率比点蚀等局部腐蚀速率快得多,如钢在海水中应力腐蚀的速率比点蚀速率快 10^6 倍。

(6) 金属材料在腐蚀环境中所经历的过程也很重要,如果在腐蚀性环境中放置一段时间,然后再干燥一段时间,再重新置于腐蚀性环境中时,其腐蚀速率更快。

6.3.3　应力腐蚀的断口特征

应力腐蚀断裂断口的宏观特征为脆性断裂的特征,即断口平直,并与正应力垂直,裂纹一侧没有明显的塑性变形,断口表面有时比较灰暗(一层腐蚀产物覆盖着断口)。

同时应力腐蚀断裂起源于表面,且伴随裂纹分叉和二次裂纹。起源处表面一般存在腐蚀坑(图6-14),且存在有腐蚀产物,离源区越近,腐蚀产物越多,腐蚀介质含量越高。腐蚀断裂断口上一般没有放射性花样。

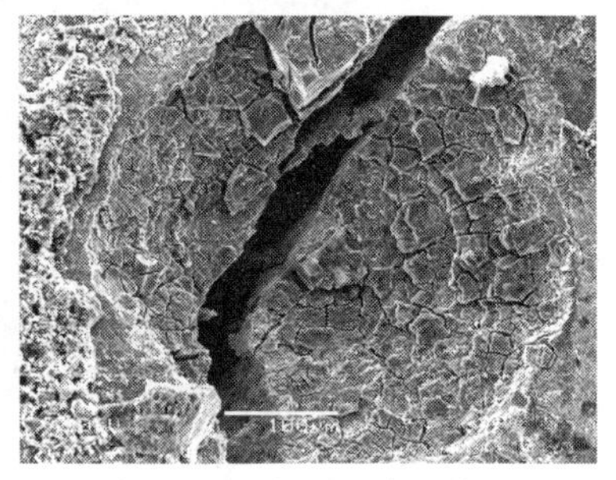

图6-14 起源于表面腐蚀坑的应力腐蚀裂纹

应力腐蚀断口的微观形态可以是解理或准解理(河流花样、解理扇形)、沿晶断裂或混合型断口。

高强度铝合金应力腐蚀断口的典型特征之一是沿晶断裂,并在晶界面上有腐蚀产生的痕迹(图6-15),其他合金的应力腐蚀断口也常存在沿晶断裂的特征。

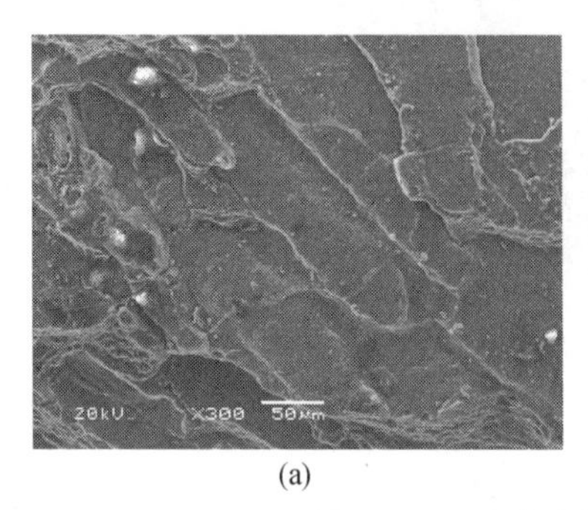

(a)

(b)

图6-15 应力腐蚀断裂的沿晶特征

(a)2A12 铝合金;(b)2Cr13Mn9Ni4 不锈钢。

应力腐蚀断口上还可以看到另一种泥纹状花样(图6-16),平坦面上分布着龟裂裂纹,平坦面并不是断口金属的真实面貌,而是晶界面上覆盖了一层厚厚的腐蚀产物,铝合金的泥纹状花样最常见。

奥氏体不锈钢在 Cl^- 介质中主要是穿晶断裂,而300系列不锈钢在海洋性大气介质中除产生沿晶断裂之外,还可见到韧窝。应力腐蚀裂纹扩展的早期断面上可以见到泥纹花样。

呈河流花样或扇形的准解理形貌是面心立方金属(Al合金、奥氏体不锈钢)发生应力腐蚀断裂的又一典型特征(图6-17)。

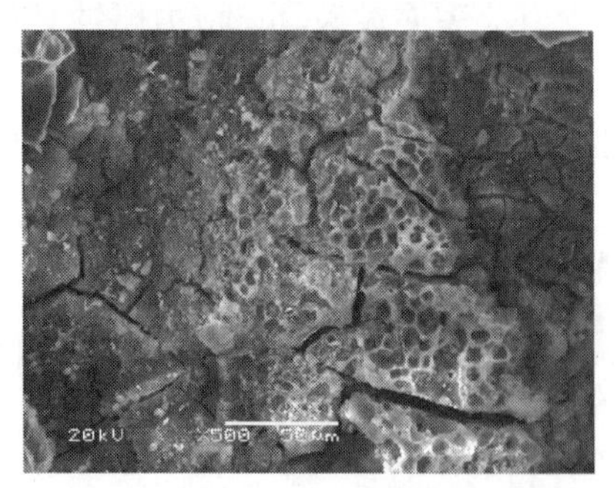

图6-16 应力腐蚀断口上的龟裂及泥纹花样

图6-17 Al合金应力腐蚀断口上的准解理形貌

应力腐蚀的微观断口上还常见二次裂纹，沿晶界面上一般存在腐蚀沟槽，棱边不大平直。

应力腐蚀裂纹扩展过程中会发生裂纹分叉现象，即在应力腐蚀开裂中裂纹扩展时有一主裂纹扩展得最快，其余是扩展得较慢的支裂纹。

亚临界裂纹扩展中，裂纹分叉可分为两种：一种是微观分叉，这种分叉表现是裂纹前沿分为多个局部裂纹，这些分叉裂纹的尺寸都在一个晶粒直径范围之内；另一种是宏观分叉，分叉的尺寸较大，有时可达几毫米甚至厘米（图6－18）。

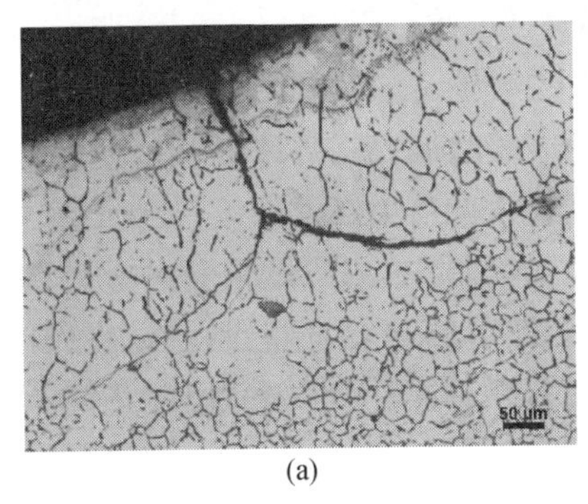

(a)

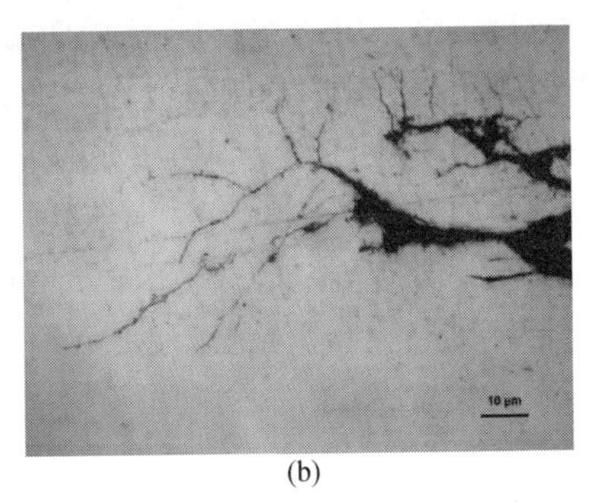

(b)

图6－18　304不锈钢应力腐蚀裂纹分叉形貌

这种应力腐蚀裂纹分叉现象在铝合金、镁合金、高强度钢及钛合金中都可以见到。应力腐蚀这一特征可用来区分实际断裂构件是应力腐蚀还是腐蚀疲劳或其他断裂方式。

6.3.4　不锈钢的腐蚀与应力腐蚀

由于不锈钢材料具有优异力学性能和耐蚀性，所以广泛用于各种腐蚀环境中。当环境中的氧化性足够强时，这种钢的表面不仅能生成钝化膜，而且钝化膜的任何破损都能修复，这层氧化膜十分致密，在大多数介质中十分稳定。但不锈钢也会发生腐蚀，尤其是不锈钢的局部腐蚀十分常见，如点蚀、晶间腐蚀、缝隙腐蚀、冲刷腐蚀、应力腐蚀、腐蚀疲劳等。从腐蚀控制角度看，目前预测和防止局部腐蚀而言仍存在困难。特别是应力腐蚀破坏（SCC），腐蚀与应力相叠加，失效的发展速度远高于普通腐蚀和应力单独作用的情况，也是人们一直关注的问题。应力腐蚀的机理以及裂纹形核机制一直是研究的热点，但这些研究成果在实际工程构件的失效预防上难以直接应用，不锈钢特别是奥氏体不锈钢构件的应力腐蚀失效问题仍有非常突出。

6.3.4.1　冷热加工对不锈钢构件应力腐蚀的影响

不锈钢构件一般要经冷热变形加工成形，如锻造、轧制、拉拔和挤压等；之后为了获得合适的力学性能还要进行热处理，而不锈钢的应力腐蚀敏感性却往往受到变形程度和热处理制度的直接影响，一旦冷热加工制度不合理，将严重降低不锈钢构件的耐蚀性，导致应力腐蚀失效。

例如，1Cr17Ni2不锈钢本身具有良好的耐蚀性，对S、Cl离子腐蚀具备一定的抗力；但1Cr17Ni2不锈钢螺栓回火温度位于其回火脆性温度区内时，会导致杂质元素在晶界处偏聚，造成其耐腐蚀性能和力学性能均下降，对环境的敏感性增大，在氯离子和硫离子作用下产生应力腐蚀失效。又如,2Cr13Mn9Ni4 是低镍亚稳定奥氏体不锈钢,固溶状态下耐蚀性较好;但是在一定的固溶温度、冷速和冷变形率状态下,材料会有晶间腐蚀倾向,该材料制成的钢带在冷作硬化状态下使用,而其轧制变形量、加热温度较难精确控制,一旦出现敏化此种状态的材料很容易发生应力腐蚀。再如,如果 304L 不锈钢长期处于敏化温度,耐蚀性也会明显下降。

材料具有应力腐蚀敏感性是材料发生应力腐蚀的首要前提,因此,在不锈钢材料和构件的制造和使用过程中,一定要严格控制冷热加工的变形率和温度,并避免材料长期处于敏化温度工作,只有这样,不锈钢的耐蚀性才能得到保证。

6.3.4.2 使用条件对不锈钢构件应力腐蚀的影响

影响不锈钢应力腐蚀敏感性的使用条件包括腐蚀介质、环境温度和应力状态,其中任何一项条件如果达到特定程度,也会造成不锈钢的应力腐蚀破坏。例如,换热管材料为 304L 不锈钢,该钢具有良好的耐腐蚀性能,由其制造的换热管在国外大量使用,但在国内使用时并未充分考虑当地水质低 pH 值及高盐、高硬度的特点,导致优质不锈钢因“水土不服”在短短十几天就发生了应力腐蚀开裂。这是一个典型的由于环境造成的应力腐蚀失效案例。

有关资料表明,不锈钢的良好耐蚀性主要依赖于金属表面存在的氧化膜,这层氧化膜仅在有氧、氧化剂或阳极极化时才形成。一旦必要的氧化条件丧失,氧化膜就会破坏,换热管内沉积的水垢会影响氧化膜的形成和修复,材料的耐腐蚀能力就会降低,从而形成垢下腐蚀。同时,水垢具有很高的热阻,导致管壁温度明显升高,304L 不锈钢换热管在高温长期作用下将出现敏化现象,导致应力腐蚀。

不同系列的不锈钢都有特定的应力腐蚀敏感介质,相应的不同牌号不锈钢都有最适用的环境。螺栓、钢带的表面沉积物中含有 S、Cl 元素的多种盐类,这些物质来自潮湿海洋大气或工业大气,而 1Cr17Ni2 和 2Cr13Mn9Ni4 奥氏体不锈钢的应力腐蚀恰好对这两种元素尤其敏感,这就为两种构件的应力腐蚀失效特供了条件。

此外,不锈钢构件在使用中不可避免地要承受工作应力、结构应力以及内应力的作用,这三者叠加如果超过材料的应力腐蚀阈值,将导致应力腐蚀失效。例如,卡箍钢带处于冷硬状态,本身存在形变残余应力,弯制加工中又产生了结构应力,卡箍紧固过程又产生工作应力,这三种应力共同作用虽未超过应力腐蚀阈值,但直接影响了卡箍裂纹的分布。

因此,要使不锈钢材料充分发挥其耐蚀的特性,必须要充分了解各类不锈钢的材料特性以及构件的使用环境条件,特别是要考虑某些极端条件的影响,以便更加合理地选择使用不锈钢。

6.3.4.3 强度设计对不锈钢构件应力腐蚀的影响

不锈钢一般用于制造承力结构件,因此设计上除考虑材料的环境耐受性外,往往片面地强调构件的承载能力设计,不能将两者良好地结合在一起。不锈钢的强度恰恰与其应力腐蚀敏感性是一对矛盾体,同一种材料,在通过冷热处理获得更好强度的同时,也对其耐应力腐蚀能力造成了难以避免的严重损害。例如,钢带的表层和裁剪边缘因剧烈变形而硬度、强度升高,这些区域应力腐蚀开裂的程度就相对严重。

2Cr13Mn9Ni4 不锈钢卡箍设计时对钢带的强度要求很高，达到 1225MPa，因此必须采用冷硬态的不锈钢，而实际使用的钢带强度甚至超过了 1300MPa，这种强度下 2Cr13Mn9Ni4 不锈钢的耐蚀性较软态明显下降，在相同的试验条件下，强度高的 2Cr13Mn9Ni4 不锈钢发生了明显的晶间腐蚀，而强度低的 2Cr13Mn9Ni4 不锈钢完好。

因此，在设计不锈钢构件时，要充分考虑强度对不锈钢耐蚀性的影响，尽量降低其工艺强度水平，不要采用材料强度上限设计。如果在此情况下强度不能满足要求，则应选用强度更高的其他材料。

总而言之，在不锈钢材料和构件的制造与使用过程中，要严格控制冷热加工的变形率和温度，并避免材料长期在敏化温度工作；要充分了解各类不锈钢的材料特性以及构件的使用环境，特别是要考虑某些极端条件的影响，才能更加合理地选择不锈钢牌号；在设计不锈钢构件时，要充分考虑强度对不锈钢耐蚀性的影响，尽量降低其工艺强度水平，不宜采用材料强度上限设计，如果在此情况下强度不能满足要求，则应选用更高强度的其他材料。

6.4　氢脆断裂失效分析

由于氢渗入金属内部导致损伤，从而使金属零件在低于材料屈服极限的静应力作用下导致的失效称为氢致破断失效，简称氢脆。

有关氢脆断裂的机制分别有氢气压力假设、位错假设、氢吸附假设和晶格脆化假设等。目前以氢气压力假设较为流行，基本内容如下：氢原子具有最小的原子半径（r_H = 0.053nm），所以易于进入金属，随后在静应力（包括外加的、残余的以及原子间的相互作用力）作用下，向应力高的部位扩散聚集，由原子变为分子，$H^+ + e \rightarrow H, 2H \rightarrow H_2 \uparrow$。此时在氢聚集的部位会产生巨大的体积膨胀效应，导致氢脆。

6.4.1　氢脆的类型及特点

金属的氢脆可用不同的方法进行分类：根据氢的来源不同（金属内部原有的和环境渗入的）可分为内部氢脆和环境氢脆；根据应变速度与氢脆敏感性的关系可分为第一类氢脆（随着应变速度增加，氢脆敏感性增加）和第二类氢脆（随着应变速度增加，氢脆敏感性降低）；根据经过低速度变形，去除载荷，静止一段时间再进行高速变形时其塑性能否恢复，又可分为可逆性氢脆和不可逆性氢脆。

下面简述第一类氢脆和第二类氢脆的特点：

1. 第一类氢脆

第一类氢脆特点如下：

（1）这种氢脆裂纹都是由于金属内部氢含量过高所造成的。在钢中氢含量超过 $(5 \sim 10) \times 10^{-6}$。

（2）在材料承受载荷之前金属内部已经存在某些断裂源，在应力作用下加快了这些裂纹的扩展。

（3）属于不可逆氢脆，当裂纹已经形成，再除氢也无济于事。

氢蚀、氢分子气泡及氢化物氢脆均属于此类。

2. 第二类氢脆

第二类氢脆特点如下：

（1）变形速度对氢脆影响很大，变形速度增加，金属的氢脆敏感性下降，变形速度降低，金属的氢脆敏感性增加。

（2）氢脆裂纹源的萌生与应力有关。裂纹源的生成是应力和氢交互作用下逐步形成，加载之前并不存在裂纹源。

（3）氢脆有些是可逆的，有些是不可逆的。

第二类氢脆在工程中更为常见。

6.4.2 氢的来源

金属材料在加工、制造过程中，以及在使用环境下很容易受到氢的浸入。就氢的来源来说，涉及的范围是相当广的，但氢进入金属材料的方式来说，可归纳为如下三种：

（1）在钢的冶炼、焊接及热处理过程中进入的氢。由于氢在金属材料中的溶解度随着温度而变化，当温度降低或组织转变，氢的溶解度由大变小时，氢便从固溶体中析出。而由于凝固或冷却速度较快，跑不出去，就残留在金属材料基体内。图6－19为氢在铁中的固溶度随温度变化的情况。从图6－19可以看出，氢固溶在奥氏体中比在α－Fe及δ－Fe中要多得多，白点就是这样形成的。

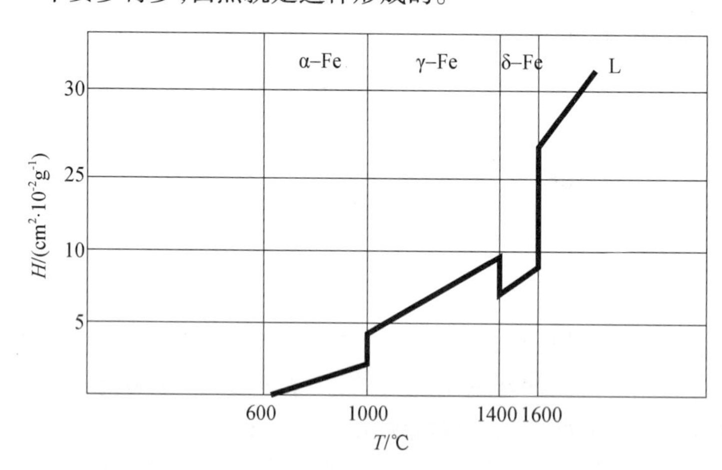

图6－19　氢在铁中的溶解度

（2）在电镀、酸洗及放氢型腐蚀环境中产生的氢。这类氢通常在化学或电化学处理中进入。这种过程最突出的是电镀、酸洗及腐蚀。电镀时零件作为阴极，因此氢的渗入是难免的，此时在宏观阴极或微观阴极上可以放出氢来：

$$H^{+} + e \rightarrow H \quad 或(H_3O)^{+} + e \rightarrow H + H_2O$$

$$H + H \rightarrow H_2\uparrow \quad 或 H + H^{+} + e \rightarrow H_2\uparrow$$

因此，要尽量采取氢脆性较小的电镀液，或采取镀后处理及采用真空镀、离子镀等无氢脆或少氢脆的工艺来尽量减少氢的渗入。

在酸洗过程中除金属表面的油污、附着物、氧化膜与酸洗液反应之外，还有可能发生金属与酸洗液之间的化学反应：

$$Fe + 3HCl \rightarrow 3H + FeCl_3$$

反应所产生的氢除以分子氢的形式逸出外，还有部分氢可能进入金属内部。因此，高强度钢和一些对氢脆敏感的材料一般不允许酸洗；否则，金属经酸洗后应尽快进行除氢处理。

在应力腐蚀过程（或在其他腐蚀过程）中，腐蚀的阳极过程是基体的溶解过程，而阴极过程中形成氢，部分原子态氢被基体吸收，有可能进入金属内部。当进入的量较小时，不足以造成氢脆，这时仅产生阳极溶解，作为阳极的金属变成了金属化合物，这种纯应力腐蚀破坏相对是较轻的。而当阴极反应所产生的氢进入金属时，氢脆和上述应力腐蚀共同作用，金属破坏就要严重得多。这也是在一些情况下难以区分氢脆和应力腐蚀断裂的原因。

（3）在使用环境下氢的渗入。金属材料处于在高温的氢气氛中，以致氢进入金属促进氢脆。特别是当温度高于400°C 以上时，这时氢可以轻易地夺取钢中的碳，形成甲烷，使钢变脆。

$$Fe_3C + 2H_2 \rightarrow 3Fe + CH_4 \uparrow$$

6.4.3　氢在金属中存在的形式与作用

氢并不能以分子状态渗入金属材料中，气相的氢渗入钢中只能通过部分或全部地在钢表面上分解或电离后进入。

阴极反应过程中生成的是氢原子，而不是氢分子。由于氢原子具有高度的化学活泼性，它首先吸附在金属表面上，然后一部分氢原子脱附而生成氢分子，另一部分氢原子扩散渗入金属内部被吸收。

氢进入金属之后，部分氢可能解离成离子和电子，这种 H^+ 被电子所束缚，活动能力降低。而以原子存在的氢则并不被静电所吸引，它们在浓度梯度下扩散而占据晶体点阵中的空隙、结点、空穴等缺陷处。在高强钢中，这种呈原子态的氢是产生氢脆的主要作用者。

以分子态存在的氢活动能力较差，多存在于金属的缺陷处，不易从金属中逸出。

氢还可以氢化物的形式存在于金属材料的晶界处，使晶界脆化。

因此，除氢在金属中以离子态存在时相对比较稳定外，其他存在方式都会在金属中产生氢分布的局部化，位错、晶界、沉淀相及夹杂与基体的界面、气孔等缺陷处均是氢易于聚集的地方。此外，缺口根部、微裂纹尖端处等应力集中的区域，氢与局部应力场交互作用，在此处形成氢的局部高浓度偏聚。

6.4.4　氢脆的断口特征

6.4.4.1　氢脆断口宏观形貌特征

严格地讲，氢脆不是一种独立的断裂机制，氢的加入只是有助于某种断裂机制，如解理断裂或沿晶断裂的作用。其断裂的方式可能是沿晶的，也可能是穿晶的，或是两者的混合。

氢脆断口宏观形貌主要特征(图6-20)是:断口附近无宏观塑性变形,断口平齐,结构粗糙,氢脆断裂区呈结晶颗粒状,色泽为亮灰色,断面干净,无腐蚀产物。非氢脆断裂区呈暗灰色纤维状,并伴有剪切唇边。

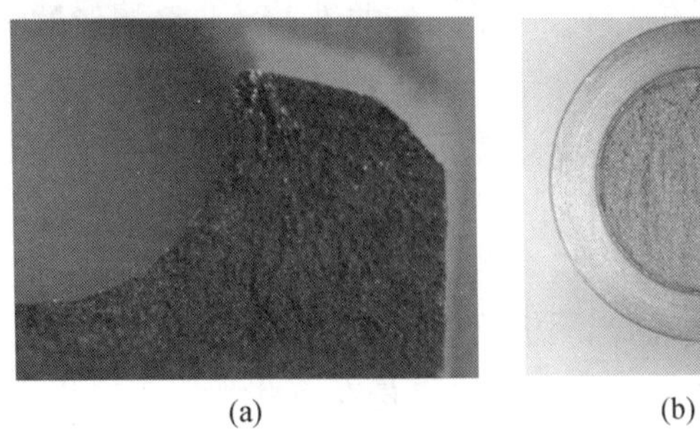
(a)

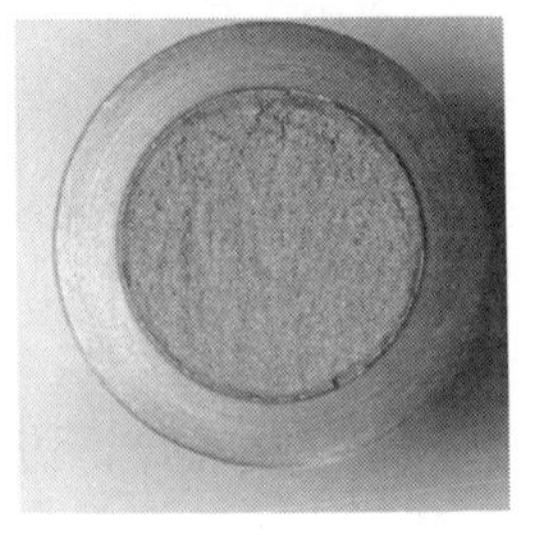
(b)

图6-20 氢脆典型断口宏观
(a)ZG0Cr14Ni5Mo2Cu 氢脆断口;(b)4340M 钢氢脆试棒。

高强度钢氢脆断裂新鲜断口宏观形貌,往往在灰色的基体上显示出银白色的亮区;在大截面锻件的断口上可观察到白点;在小型零件或丝材断口边沿上可观察到白色亮环。放大观察时可看到细小的裂缝(发裂),如图6-21所示。

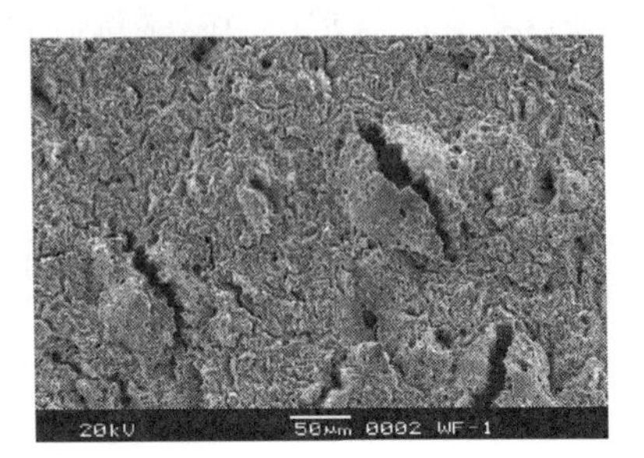

图6-21 氢脆断口上的发裂

氢脆断裂源可在表面,也可在次表层,与拉伸应力水平、加载速率及缺口半径、氢浓度的分布等因素有关。氢脆断裂源大多在零件表皮下三向应力最大处(图6-22),只有当表面存在尖角或截面突变等应力集中时才有可能产生于表面。在氢脆断裂宏观断口上,粗大棱线收敛方向即氢脆裂缝萌生区(氢脆断裂起始区)。

氢脆断裂源大多在零件表皮下与氢在表面容易逸出及表面为二维应力有关,氢脆断裂对三向应力非常敏感。

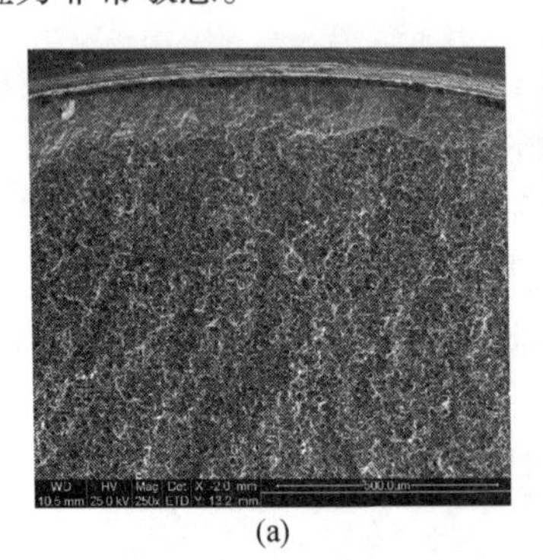
(a)

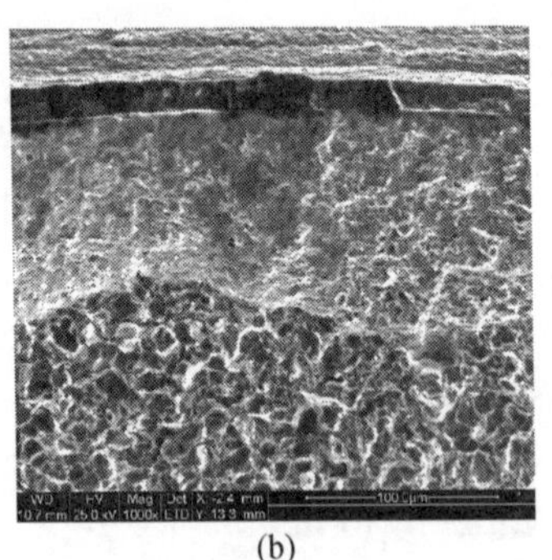
(b)

图6-22 起源于次表面的沿晶氢脆断裂

6.4.4.2 氢脆断口微观形貌特征

金属氢脆断口微观形貌一般显示沿晶分离,也可能是穿晶的,沿晶分离系沿晶界发生的沿晶脆性断裂,呈冰糖块状。断口的晶面平坦,没有附着物,有时可见白亮的、不规则的细亮条,这种线条是晶界最后断裂位置的反映,并存在大量的鸡爪形的撕裂棱(图6-23)。

氢脆破断类型不同,其断口形貌特征也各不相同,因此,在进行金属氢脆破断断口微观形貌特征分析时应综合考虑材料成分、强度级别、组织形态、晶粒大小、加工方式、使用环境、受力条件、工作时间及氢含量等。在实际金属氢脆失效件分析中,也发现同属氢脆破断,但断口微观形貌特征不尽相同,这是零件裂纹尖端的应力强度因子不同的结果。有人研究确定:当 K 值较大时,出现穿晶韧窝型断口;当 K 值中等时,出现准解理或解理断口,或准解理与韧窝混合断口;当 K 值较小时,出现沿晶断口,见图6-24。

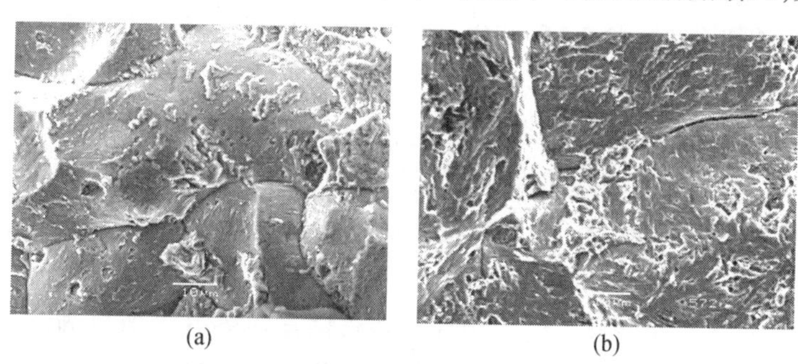

(a)　　(b)

图6-23　金属氢脆沿晶断口及鸡爪形撕裂棱

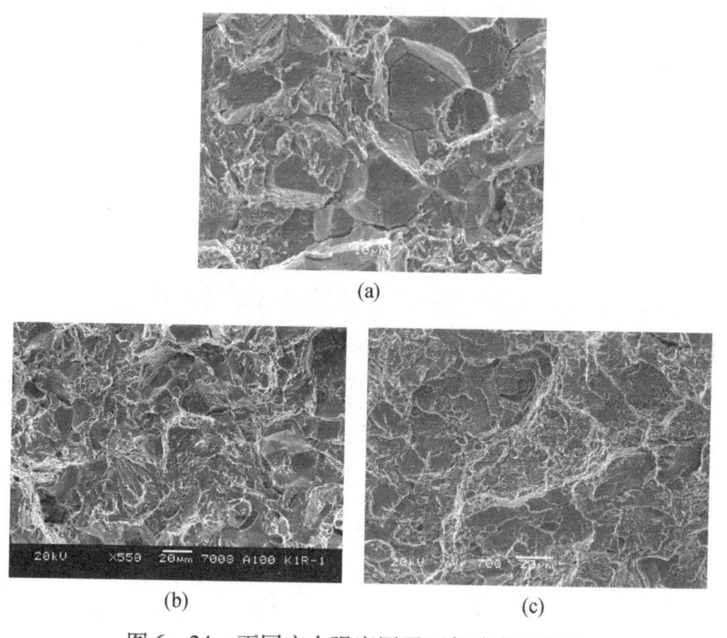

(a)

(b)　　(c)

图6-24　不同应力强度因子下氢脆断裂特征

6.4.5　氢脆断裂失效判据

判断金属零件氢脆断裂失效的主要依据如下:

(1) 宏观断口表面洁净,无腐蚀产物(开裂后腐蚀除外),断口平齐,有放射花样。氢脆断裂区呈结晶颗粒状亮灰色。

(2) 显微裂缝呈断续而曲折的锯齿状,裂纹一般不分叉。

(3) 微观断口沿晶分离,晶粒轮廓鲜明,晶界面上伴有变形线(发纹线或鸡爪痕),二次裂纹较少,撕裂棱或韧窝较多。

(4) 失效部位应力集中严重,氢脆断裂源位于表面;应力集中小,氢脆断裂源位于次表面。

(5) 失效件存在工作应力主要是静拉应力,特别是三向静拉应力。

(6) 氢脆断裂的临界应力极限 σ_H 随着材料强度的升高而急剧下降;硬度低于22HRC 时一般不发生氢脆断裂而产生鼓泡。

(7) 一般钢中的含氢量在$(5\sim10)\times10^{-6}$以上时就会产生氢致裂纹,但对高强度钢,即使钢中含氢量小于1×10^{-6},由于应力的作用,处在点阵间隙中的氢原子会通过并扩散集中于缺口所产生的应力集中处,氢原子与位错的交互作用,使位错线被钉扎住,不能再自由活动,从而使基体变脆。对于由酸性介质中氢的扩散所需 $pH<4$,但是碳酸溶液在室温下 $pH=6$ 就会扩氢,特别对于在裂缝尖端处由于电位比其他部位更负,溶液的酸性大,对氢的扩散更有利。

但是,由于实际工作条件下的复杂性和多种因素对零件失效行为的影响,所以,一般具有(1)、(3)和(5)即可判别为金属零件属氢脆断裂失效。

6.4.6 氢脆与应力腐蚀断裂的区别

氢脆与应力腐蚀断裂表现在断口形貌特征上的主要区别如下:

(1) 应力腐蚀断裂起源于表面;氢脆大多情况下起源于亚表面,但有时也起源于表面。

(2) 应力腐蚀断裂沿晶区有较多、较深的二次裂缝或蚀坑;氢脆没有或很少。

(3) 应力腐蚀断裂的晶粒界面常有蚀坑、腐蚀沟痕,晶粒轮廓外形亦显得圆滑;氢脆的晶界面上常有变形线(发纹或鸡爪痕),晶粒轮廓鲜明。

(4) 应力腐蚀断裂区没有韧窝花样;氢脆断裂区常伴有撕裂韧窝。

(5) 应力腐蚀断裂源区常有腐蚀产物,多有泥纹花样;氢脆断裂则不应有泥纹花样。

应力腐蚀损伤与氢脆损伤表现在裂纹特征的主要区别:应力腐蚀裂纹易分叉,因而常呈多条裂纹或是树枝状;而氢致裂纹则几乎不分叉。

表6-3 列出了应力腐蚀开裂与氢脆开裂在产生条件及外观形貌特征上的比较。

表6-3 应力腐蚀与氢脆开裂条件及特征比较

	应力腐蚀开裂	氢 脆
产生条件	临界值以上的拉应力	临界值以上的拉应力(三轴应力)
	合金发生,而纯金属不发生	合金与某些纯金属都能发生
	一种合金对少数特定化学介质是敏感的,其数量和深度不一定大	只要含氢或能产生氢(酸洗和电镀)的情况都能发生
	发生温度从室温到300℃	-100~100℃
	阳极反应	阴极反应
	采用阴极防护能明显改善	阴极极化反而促进氢脆

（续）

	应力腐蚀开裂	氢　脆
产生条件	受应力作用时间支配	不明显
	对金属组织敏感	对金属组织敏感
	不同 σ_s 有不同的阈值	不同 σ_s 有不同的含氢量
形貌特征	裂纹从表面开始，断口不平整	裂纹从亚表面开始，断口较平整
	裂纹分叉，二次裂纹多	几乎不分叉，有二次裂纹
	张开度（裂纹开口宽度/裂纹深度）小	不张开
	萌生处可能有腐蚀产物，但不一定有点蚀	萌生易于在亚表面，与腐蚀无关
	萌生点可一个或多个	萌生点一个或多个
	不一定在应力集中处萌生	多在三轴应力区萌生
	多数为沿晶，奥氏体不锈钢为穿晶断口	多数为沿晶
	晶界面上有腐蚀产物、失去金属光泽	断口晶界面上没有腐蚀
	与轧向有一定关系	对轧制方向敏感
	裂纹走向与正应力垂直	裂纹走向与正应力垂直

然而，氢脆与应力腐蚀往往同时发生，这时判别二者就非常困难，尤其是在应力腐蚀过程中，阳极过程中形成的氢有可能进入金属内部，当进入的量较大时，就会发生氢脆和应力腐蚀的共同作用。一般来说，由于冶炼及加工过程中渗入金属中的氢而导致的氢脆是较为典型的氢脆，而在使用过程中受到环境中氢的污染或由于应力腐蚀过程的阴极反应导致的氢脆则可看作是广义上的应力腐蚀破坏。由应力腐蚀过程中的阴极反应而导致的氢脆，在源区附近则呈现典型的应力腐蚀特征。

6.5　液态金属致脆

液态金属致脆是指延性金属或合金与液态金属接触后导致塑性降低而发生脆断的过程。延性金属材料遭受液态金属环境致脆主要有如下四种方式：

（1）与液态金属接触时，在外加应力或残余应力作用下突然失效。

（2）在低于构件强度下的延迟破坏。

（3）液态金属导致材料晶界的破坏。

（4）导致金属构件的高温腐蚀。

在上述四种，（1）是最有破坏性的，因此液态金属致脆指的是这一种。它是一种严重的损伤现象，有时是在应力强度因子仅为正常断裂的20%的情况下产生的，引发的亚临界裂纹生长速率可达100mm/s。

6.5.1　液态金属致脆的特点

液态金属致脆引起塑性降低一般表现为失效时延伸率及断面收缩率的下降，真实的断裂应力大大下降，甚至低于材料的屈服强度，而材料本身的许多性能，如弹性模量、屈服强度、加工硬化等维持不变。

液态金属致脆开裂一般发生在固—液态金属界面,某些情况下也可在内部开裂(如含有低熔点夹杂的深加工合金),因此导致液态金属致脆的金属元素为低熔点金属,且具有相应的温度范围。实际上,低熔点金属有时在固态下也导致合金发生脆断,这是由于在一定温度下(接近低熔点金属元素的熔点),低熔点金属处于一定的热激活状态,与基体元素相互扩散发生界面的化学吸附而导致的脆断。

液态金属脆断的裂纹扩展速率极高,裂纹一般沿晶扩展,仅在少数情况下发生穿晶扩展。虽然有时也发生裂纹分叉,但最终的断裂是由单一裂纹引起。导致开裂的表面通常覆盖着一层液态金属,对该层表面膜进行化学分析是判断液态金属致脆的重要途径,但由于该覆盖层极薄(几个原子到几微),因而很难检测。

液态金属致脆断裂起始于构件表面,起始区平坦,在平坦区有发散状的棱线,呈河流状花样,且有与棱线方向一致的二次裂纹。其典型形貌如图 6-25 所示。

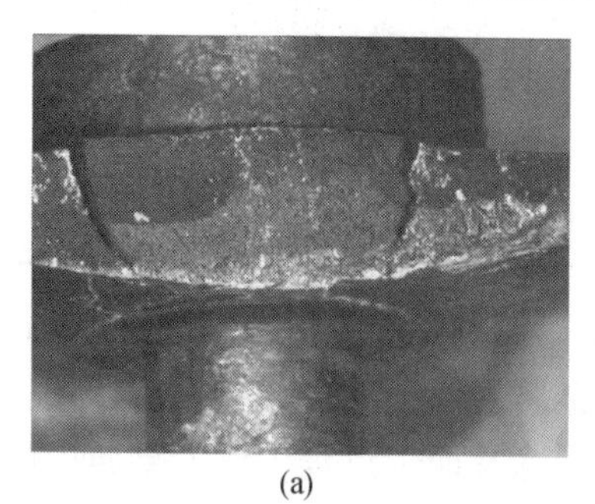

(a)

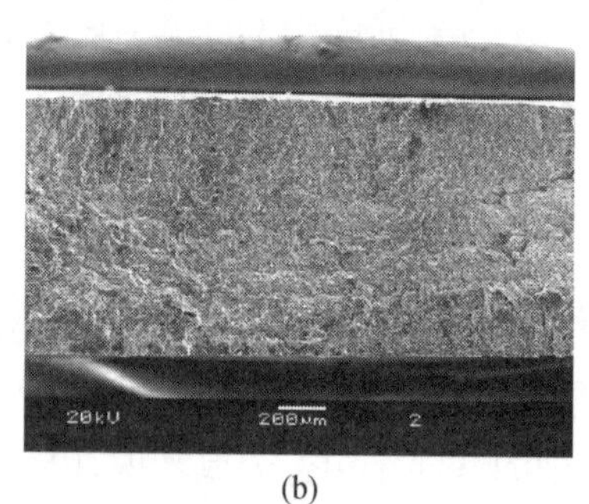

(b)

图 6-25 液态金属致脆断口的典型形貌

(a)30CrMnSiA 镉脆断口;(b)TC4 镉脆断口。

6.5.2 液态金属致脆机制

在通常情况下,大多数液态金属致脆是由于液态金属化学吸附作用造成的。Westwood 等提出:如果裂纹尖端最大拉伸破坏应力 σ 与裂纹尖端交滑移面的最大剪应力 τ 之比,大于真实破断应力 σ_T 与真实剪应力 τ_T 之比,即 $\sigma/\tau > \sigma_T/\tau_T$ 时,则在裂纹尖端处的原子受拉而分离,裂纹以脆性方式扩展。由于深度大于 10nm 的表面层的吸附效应被屏蔽,吸附降低裂纹尖端原子间结合键的拉伸强度,而不影响相交于裂纹尖端平面上的滑移,因此,促进了脆性开裂而不是塑性开裂。图 6-26 示出了液态金属致脆机制。另外,吸附抑制位错的形成,即局部地提高了 τ_T,这也促进了脆性开裂。

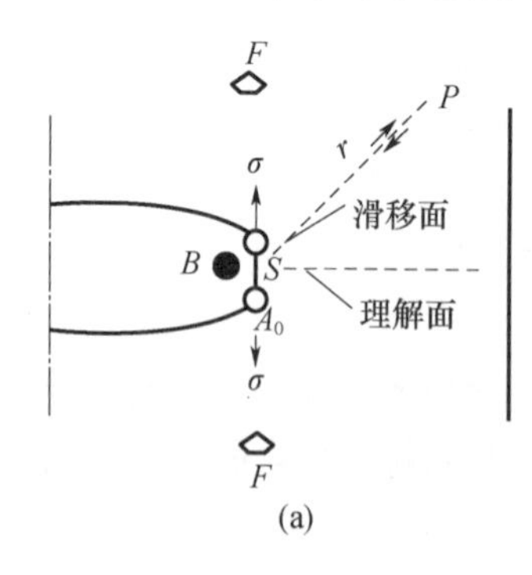

(a)

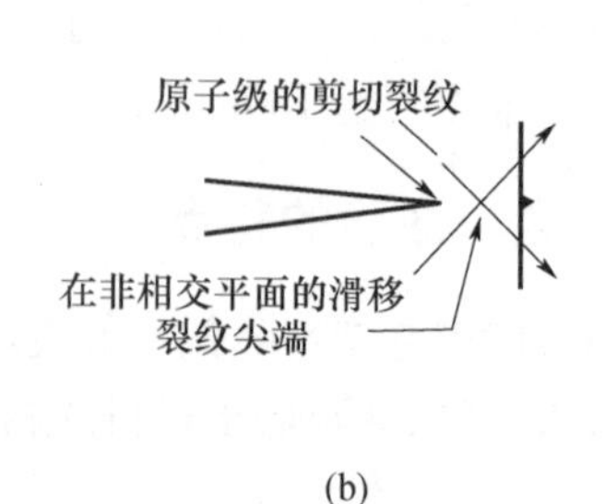

(b)

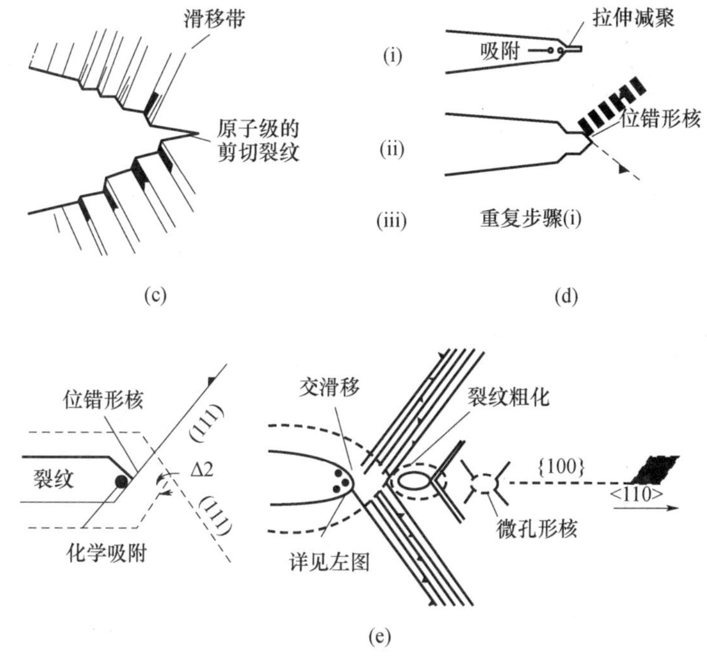

图 6－26　液态金属致脆机制示意

(a)裂纹尖端原子间拉伸分离，吸附降低了 A－A 结合键间拉伸强度，但不影响 S－P 面上的滑移；(b)拉伸减聚力与裂纹尖端不相交处的位错环共同作用；(c)拉伸减聚力伴随滑移，这些滑移使很尖的裂纹(原子尺度)变宽为宏观尺度；(d)拉伸减聚力与位错发散交替作用；(e)在裂尖上的位错发散(促进吸附)与裂纹前的空洞形核生长，而产生宏观脆性断裂。

6.5.3　发生液态金属致脆的主要途径

6.5.3.1　热浸涂及热变形过程

工艺过程中导致液态金属致脆主要有热浸涂工艺及表面热变形(热脆性)。热浸涂工艺广泛应用于改善基体材料的抗腐蚀及耐磨性能。Zn、Sn、Cd、Pb 和 Al 常涂于钢表面，由这种浸涂过程引起的液体金属致脆失效分为两类，即在浸涂过程以及构件在服役过程中。在后一种情况下，浸涂过程通常并非失效的真实原因。在浸涂过程中，液态金属与构件接触，如果存在应力，就构成形成液态金属致脆的理想条件。当然，并非浸涂过程一定发生液态金属致脆。

表面热脆性是指含低熔点金属构件在热变形过程中发生的表面开裂。熔化金属与变形应力提供了液态金属致脆的条件，如含铜的钢在热轧过程中的热脆性。

6.5.3.2　焊接加工过程

制造加工过程中发生液态金属致脆主要指在焊接过程中为改善加工性而加入的低熔点金属。如在黑色或有色金属的钎焊料中加入 Pb－Bi 以改善可加工性，它对室温性能没有影响，但在高温下易于发生液态金属致脆。

6.5.3.3　熔炼炉等的低熔点金属污染

如叶片在熔炼与铸造过程中来自液态金属冷却或机加工而造成的低熔点金属污

染，如 Bi－Sn 定位模造成的表面污染而在一定温度下使用时导致液态金属致脆。

6.5.3.4 其他过程导致液态金属致脆

这类过程包括轴承卡滞、意外起火、过烧及电接触不良等造成局部的低熔点金属熔化，从而导致结构件发生液态金属致脆。

6.6 案例分析

6.6.1 卡箍螺栓断裂失效分析

沿海机场使用的飞机卡箍螺栓发生断裂失效，磁粉检查发现更多的螺栓存在裂纹，裂纹位于 T 形卡箍螺栓光杆部位，周向分布（图 6－27）。螺栓材料为 1Cr17Ni2 不锈钢。

宏微观观察发现，螺栓裂纹沿晶界曲折扩展，局部可见晶粒脱落（图 6－28），裂纹的两侧存在腐蚀坑，能谱测试结果表明，坑底表面含 0.38%（质量分数）的 Cl 元素和 0.47%（质量分数）的 S 元素。

螺栓断口分为两个区域，裂纹区颜色呈暗黄色，人为打断区呈银灰色（图 6－29），暗黄色断面均为沿晶特征，靠近螺栓表面的断口沿晶腐蚀特征较明显（图 6－30）。能谱测试表明，断口腐蚀区表面含 0.44%（质量分数）的 Cl 元素和 0.22%（质量分数）的 S 元素。

金相检查表明，螺栓光杆部位表层约 50μm 存在沿晶腐蚀特征，裂纹均沿晶界曲折扩展。化学成分分析结果表明，螺栓的 C 含量高于技术要求上限。

图 6－27　卡箍螺栓的裂纹分布

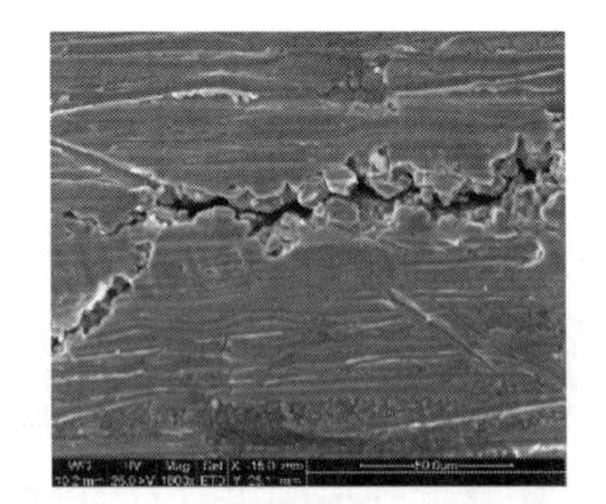

图 6－28　螺栓裂纹的沿晶形貌

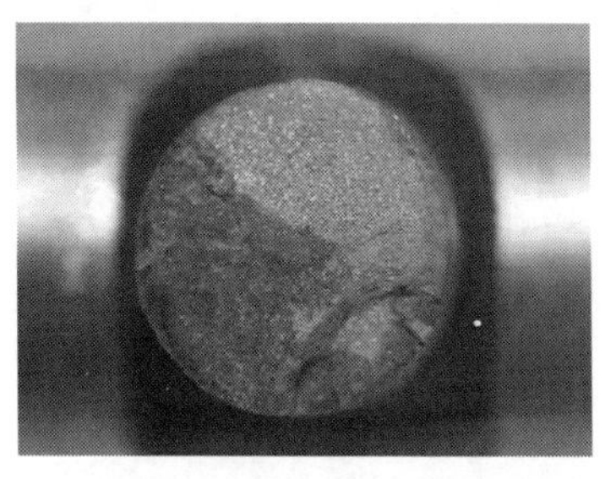

图 6－29　螺栓断口宏观形貌

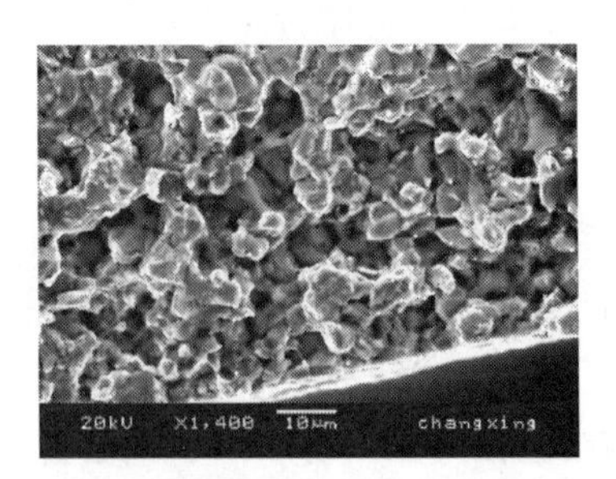

图 6－30　螺栓断口沿晶腐蚀形貌

失效分析结果表明，开裂与断裂卡箍螺栓的失效性质均为应力腐蚀。卡箍螺栓在回火脆性温度区间回火以及表层脱碳导致材料耐蚀性下降导致了螺栓应力腐蚀失效。

不锈钢由于本身可以形成较致密的钝化膜，因此在常规情况下不会发生应力腐蚀。但是，如果表面钝化的状态由于机械原因或表面脱碳等材质因素而受到破坏，则会大大增加其应力腐蚀速率。

6.6.2　氧气瓶瓶口裂纹分析

2011 年经大修更换的新氧气瓶，2014 年发现瓶口处存在裂纹。该氧气瓶随飞机的飞行使用时间为 1132.52h，气瓶更换期为 10 年。

根据断口的颜色亮度可分为两个区域（图 6－31）：①颜色相对灰暗且呈层条状的区域为原始裂纹区域，断口相对平整，且靠近螺母上端面一侧可见放射状的棱线，棱线收敛位置偏靠螺纹侧，原始裂纹断面未见剪切唇和塑性变形特征。沿径向观察断口发现，原始裂纹已从螺母外侧完全扩展至内螺纹侧，螺母径向已完全裂透。②颜色相对光亮并呈小颗粒状区域为人为打开区域。

靠近螺母上端面的断面腐蚀较重，S（3.06%（质量分数））、Cl（0.39%（质量分数））腐蚀元素含量较高，断裂特征不可见，表面布满了泥纹状的腐蚀产物。继续往断口中部观察，腐蚀情况逐渐减轻，仅在局部可见小范围的泥纹腐蚀区域，S（0.96%（质量分数））、Cl（0.25%（质量分数））元素含量相对近螺母上端面断面较低，其余部位均为沿晶形貌特征，晶粒轮廓清晰，如图 6－32 所示。

材料晶粒组织明显，晶界比较清晰，可见大块的晶粒沿挤压方向呈带状分布，以及小块的再结晶晶粒聚集分布。裂纹沿小块的晶粒之间开裂，且可见二次裂纹，如图 6－33 所示。

图 6－31　螺母裂纹打开后断面宏观

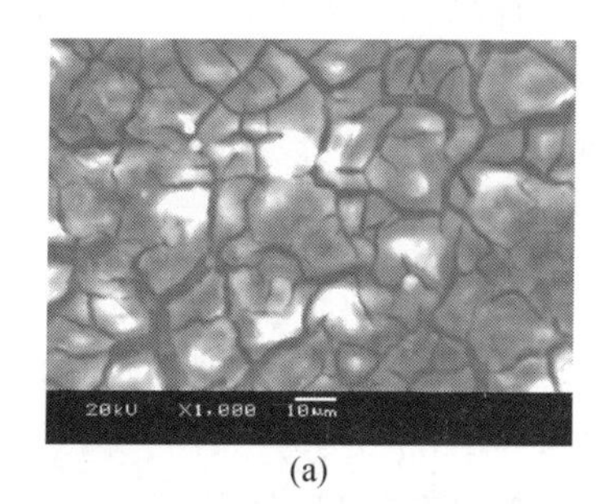

(a)

(b)

图 6－32　断口微观形貌

由以上特征不难得出结论：

(1) 氧气瓶瓶口螺母的开裂模式为应力腐蚀开裂。

(2) 瓶口材料存在应力腐蚀敏感性，在含 S、Cl 的腐蚀环境中，受到持续拉应力作用，导致了螺母应力腐蚀开裂。

对于铝合金来说，其应力腐蚀敏感性很强，因此，大部分的铝合金零件均容易发生应力腐蚀。使用该材料，需要从应力状态和表面防护状态两个方面着重考虑。

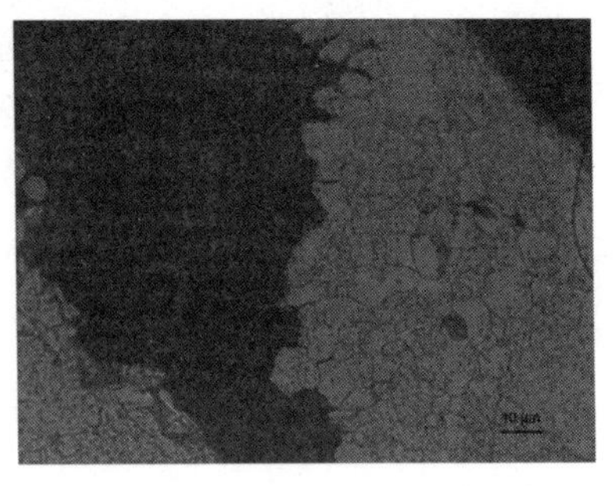

图 6-33　截面沿晶裂纹形貌

6.6.3　燃烧室壳体裂纹分析

某固体火箭发动机燃烧室壳体进行水压爆破试验，在加压至 11.8MPa 时（设计要求爆破破坏压强不得小于 24.1MPa），燃烧室壳体后封头端试验堵盖处发生泄漏并泄压，从第Ⅱ象限至第Ⅲ象限的第 3 ~ 5 颗喷管固定螺钉头部断裂飞出。螺钉材料为 30CrMnSiNi2A 超高强度钢。

螺钉均断裂于第一扣螺纹处，断口的宏观特征基本相同，呈暗灰色，断口平齐，断面可见放射棱线，由棱线可知断裂从退刀槽呈线性起源（图 6-34）。断口上存在两个明显不同的区域：Ⅰ区呈结晶颗粒状；Ⅱ区呈纤维状。Ⅰ区（源区）微观呈沿晶形貌，晶粒轮廓鲜明，晶界面上布满了细小条状的撕裂棱线，可见鸡爪状形貌和二次裂纹（图 6-35）。Ⅱ区呈韧窝断裂特征。

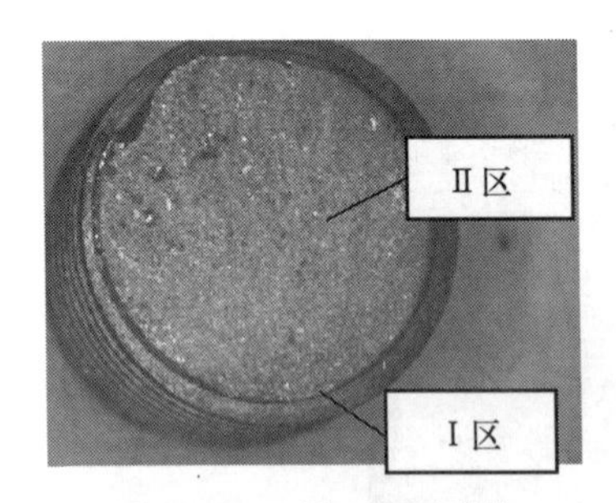

图 6-34　断口宏观形貌

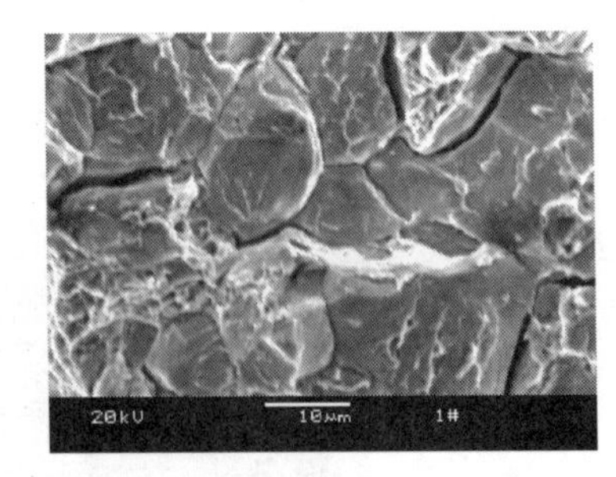

图 6-35　断口Ⅰ区的沿晶高倍形貌

材质检查表明，螺钉的显微组织均为回火马氏体、下贝氏体及少量的残余奥氏体，组织正常。螺钉的硬度值均为 49HRC 左右，在设计要求的 48 ~ 50.3HRC 范围内；换算后的抗拉强度 $\sigma_b \approx 1690$MPa，符合 $\sigma_b = (1666 \pm 98)$MPa 的设计要求。氢含量测试结果显示，螺钉基体的氢含量质量分数均小于 $\times 10^{-6}$。

失效分析结果表明，螺钉的断裂性质为氢脆断裂。按照工程经验，小于 $\times 10^{-6}$ 的氢含量并不易导致 30CrMnSiNi2A 螺钉发生氢致脆性断裂。螺钉硬度换算所得的抗拉强度为 1690MPa 左右，符合 $\sigma_b = (1666 \pm 98)$MPa 的设计要求。然而，螺钉材料的初始设计强度 $\sigma_b = (1500 \pm 98)$MPa，按淬火 + 回火的热处理制度，回火温度应在 360℃ 左右，恰处在该材料的回火脆温度区间(350～550℃)。为避免回火脆,设计部门将设计强度改为 σ_b = (1666 ±98) MPa,采用的热处理制度 890～910℃,油淬(300 ±30)℃,回火。热处理后螺钉的强度达到了设计要求,但在使用过程中发生了氢脆断裂失效。为查找断裂的真正原因,螺钉材料的设计强度改回初始值 σ_b = (1500 ±98) MPa,为此用等温淬火代替淬火 + 回火工艺,即 890～910℃加热,310～330℃保温 1h,空冷。采用该工艺后,材料的强度 σ_b = (1500 ±98) MPa。采取上述改进措施后,螺钉的氢脆断裂得到了有效预防。

螺钉的断裂性质为氢脆断裂,断裂原因主要是由于螺钉材料的抗拉强度偏高,增大了螺钉的氢脆敏感性。

强度越高的结构钢,氢脆敏感性越大。因此在设计时,选用的螺栓强度并不是越高越好,而是强度适应原则,即在满足要求的前提下尽可能降低强度。而实现这个目的,是依靠整体结构优化的。因为只有结构设计更合理,紧固件需要承受的额外应力才越小。

6.6.4　TC4 钛合金舵翼开裂分析

导弹舵翼在生产过程中检查时发现,表面焊缝边缘的热影响区存在裂纹(图 6－36)。舵翼是采用两层 TC4 钛合金薄板通过电阻焊连接,舵翼一端薄板内部有配重块,通过三个钢制螺栓与钛合金骨架连接,螺栓表面有镀镉层。舵翼去应力退火工艺:工件入炉后抽真空→以≤10℃/min 升温至 600～650℃,保温 180～300min→随炉冷至 190℃后充氮气冷却后出炉。

裂纹断口宏观特征一致,表面呈黑色,与周围人工打断的亮灰色断口反差明显。断裂从钛板的内表面起源,向外表面扩展(图 6－37)。

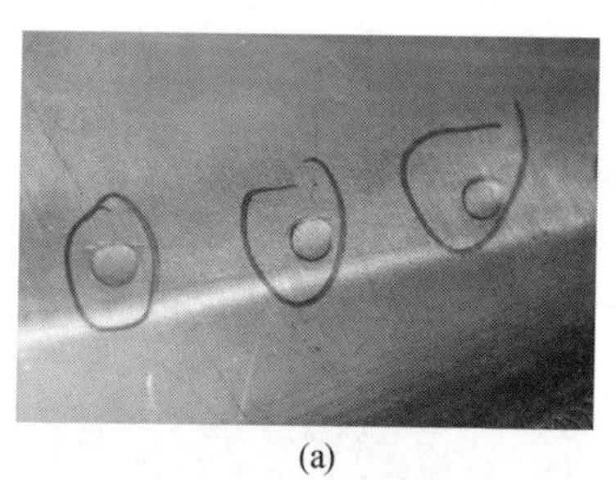

(a)

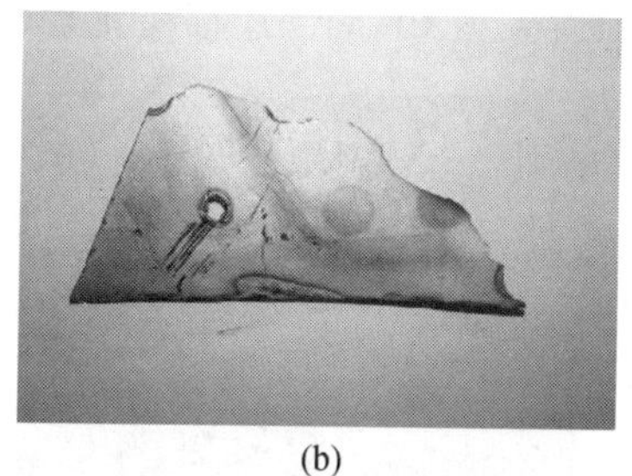

(b)

图 6－36　舵面裂纹及断口

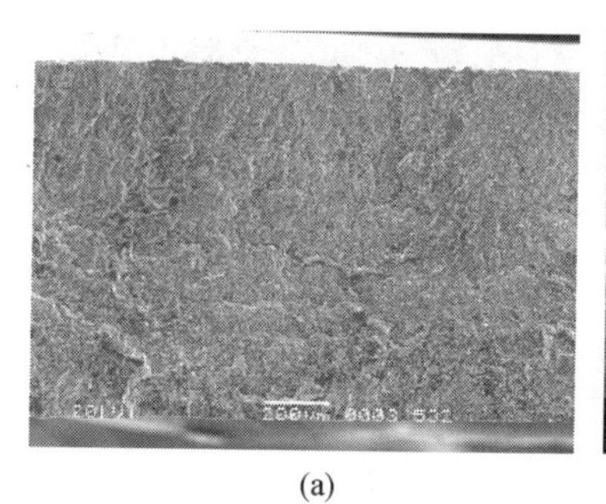

(a)

(b)

图 6－37　板面断口微观形貌

裂纹均是在焊后的高温热处理过程中产生，而且是在长时间保温条件才出现的，而产生镉脆裂纹需同时具备金属镉的存在、一定的温度、一定的拉应力三个条件。

舵翼上配重块连接用的是钢制螺栓，表面经过镀镉处理，而镉的熔点只有 319.5℃，在真空条件下镉的熔化和气化温度更低，而镀镉层的使用温度也不能超过 200℃。在舵翼进行高温热处理过程中，温度已经达 610℃，由于镉的熔点相当低，在该温度条件下，钢制螺栓表面的镀镉层会发生熔化甚至汽化成镉蒸气，舵翼在 610℃ 条件下进行热处理时，舵翼内腔特别是在螺栓周围会形成镉蒸气浓度很高的气氛。同时，由于焊缝热影响区的残余应力为拉应力状态，使该区域成为镉快速扩散的区域，高温下气态镉沿材料晶界、相界快速扩散，镉脆裂纹随之产生。

舵翼失效性质为镉脆断裂，其原因是与镀镉件接触且在高温下使用。

任何涉及镀镉的零件，首先要考虑镉脆的问题。一旦存在高温环境，就不能使用镀镉处理。目前，镀镉工艺由于镉脆以及污染等问题也逐渐被取代。

6.6.5 铝合金大梁腐蚀分析

LD2 大梁由毛坯加工成成品后，检查时发现内腔表面存在成片黑色斑点（图 6 – 38）。

大梁内腔的阳极化膜致密，黑色斑点表现为阳极化膜表面成片出现的点状损伤，黑色斑点形状不规则，周围浅、中部深，大小不一，大的接近 0.5mm；黑色斑点表面可见沿晶形貌和细小覆盖物，边缘的阳极化膜破碎（图 6 – 39），整体呈腐蚀特征。黑色斑点和周围的圆斑区域则均存在腐蚀性元素 Cl，局部还存在元素 S。

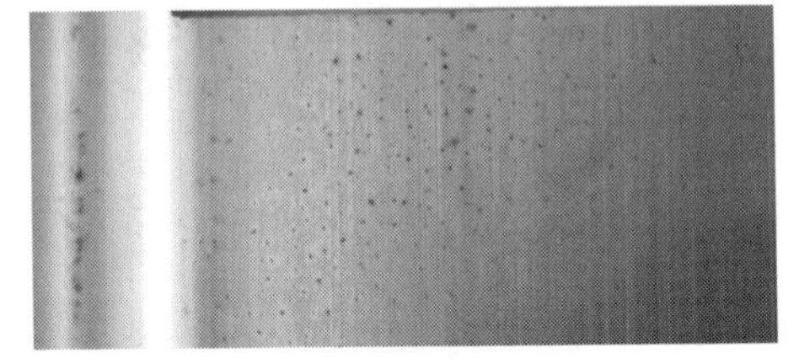

图 6 – 38　铝合金大梁表面黑色斑点

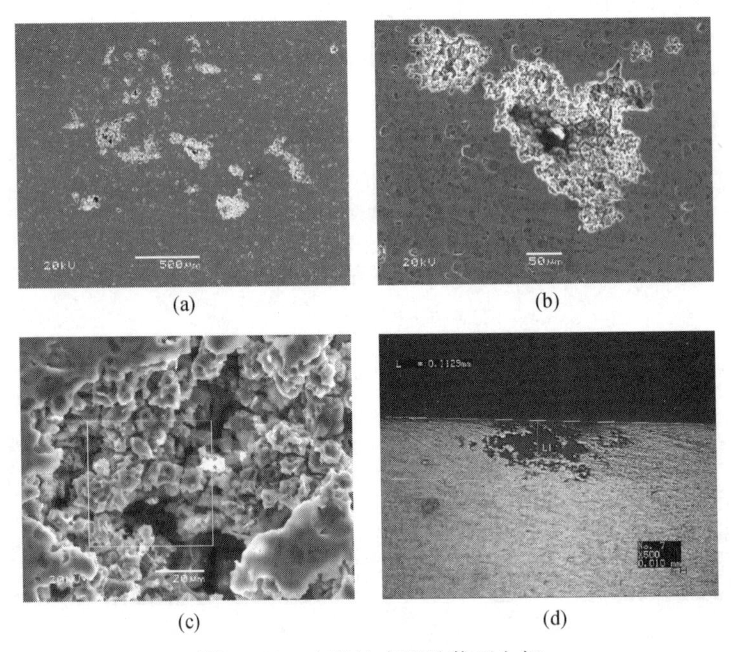

图 6 – 39　点蚀坑表面及截面金相

大梁的组织正常，内腔表面阳极化膜均匀、致密，黑色斑点为Cl、S元素导致的点状腐蚀坑，破坏了阳极化膜完整性。LD2铝合金是耐腐蚀性能较好的一种材料，但铝合金对Cl元素都非常敏感，容易发生晶间腐蚀。在阳极化时如果杂质离子Cl^-被氧化膜吸收，会导致氧化膜的疏松、粗糙甚至局部腐蚀，溶液中铜、铁离子多时，氧化膜易出现暗色条纹和黑色斑点，所以要对溶液中的Cl^-、Cu^{2+}、Fe^{3+}等杂质离子含量进行严格控制。

大梁失效性质为点腐蚀，其原因是阳极化过程中存在Cl^-等杂质离子。

铝合金经表面阳极氧化后，耐蚀性会有显著的提升。但是，由于Cl^-有很强的吸附性和穿透性，对阳极氧化膜这种疏松结构的破坏尤其显著。此外，由于阳极氧化膜的疏松特性，其他金属离子，如Cu^{2+}、Fe^{3+}等离子，会与铝原子发生置换反应，从而直接基体。因此，Cl^-以及部分金属离子，均对铝合金阳极氧化膜存在明显的危害。

参考文献

[1] 金属机械性能编写组．金属机械性能[M]．北京：机械工业出版社，1982.

[2] 胡世炎，等．机械失效分析手册[M]．成都：四川科学出版社，1987.

[3] Brown B F. A new stress – corrosion cracking test for high – strength alloys[J]. Mater. Res. Stand，1966，6：129 – 133.

[4] Brown B F，Beachem C D. A study of the stress factor in corrosion cracking by use of the pre – cracked cantilever beam specimen[J]. Corrosion Science，1965，5：745 – 750.

[5] Brown B F. Titanium eliminates corrosion in nitric acid storage tanks[J]. Met. Rev.，1968，13：17 – 19.

[6] Fernandes P J L，Clegg R E，Jones D R H. Engineering Failure Analysis，1994，1(1)：51.

[7] 姜涛，于洋，杨胜，等．从失效案例探讨不锈钢的应力腐蚀问题[J]．腐蚀与防护，2011，32(4)：297 – 300.

[8] 刘洲，于美，刘建华，等．锌镍和镍磷双层膜的制备及抗蚀行为研究[C]．第六届全国腐蚀大会，2011，361 – 365.

[9] Liu J H，Chen J L，Liu Z，et al. Fabrication of Zn – Ni/Ni – P compositionally modulated multilayer coatings[J]. Materials and Corrosion，2011，62：9999.

[10] 刘洲，孙兰佳，肖丽宇．注水管内涂层系统检验与评价技术[J]．理化检验——物理分册，2016，52(1)：32 – 35.

[11] 刘洲，刘德林，何玉怀，等．以贮存件探讨阳极氧化膜耐蚀寿命评估方法[J]．测控技术，2013，32：338 – 341.

[12] 刘洲，程琴，刘德林，等．黄铜弹壳裂纹失效分析[J]．兵器材料科学与工程，2015，38(4)：119 – 121.

第七章　磨损失效分析

7.1　磨损的基本概念与分类

磨损是固体摩擦表面上物质不断损耗的过程，表现为物体的尺寸和（或）形状的改变。磨损是渐进的表面损耗过程，但也能导致断裂的后果。按照形成原理，磨损可分为由机械作用引起的磨损（称为机械磨损）和由机械作用及材料与环境的化学和（或）电化学作用共同引起的磨损（称为机械化学磨损）。

磨损是否构成零件的失效，主要看磨损是否已危及该零件的工作能力。磨损可能是零件失效的最终表现形式，但在多数情况下，是导致零件丧失工作能力的原因，而非零件失效的最终表现形式。

磨损失效有磨粒磨损、冲蚀磨损、黏着磨损、疲劳磨损、腐蚀磨损和微动磨损六种基本类型。

7.2　磨粒磨损

7.2.1　概念与影响因素

由硬质物体或硬质颗粒的切削或刮擦作用引起的机械磨损称为磨粒磨损。当摩擦副仅仅由于其材料表面的硬质微凸体作用而引起的磨损称为二体磨损。由外界硬质颗粒进入摩擦副中而造成的磨损称为三体磨损。磨粒磨损既可以发生在干态，也可以发生在湿态。

磨粒磨损过程中，材料一般有两种去除机制：

（1）由塑性变形机制引起的材料去除过程，此种机制主要发生在塑性材料中。当材料与塑性材料表面接触时，主要会发生两种塑性变形：犁沟，材料受磨料的挤压向两侧产生隆起；微观切削，材料在磨料作用下发生如刨削一样的切削过程。

（2）由断裂机制引起的材料去除过程，这种去除过程在脆性材料中比较常见。

影响磨粒磨损的主要因素如下：

（1）磨粒特性的影响，包括磨粒硬度、磨粒尺寸、磨粒形状等。

（2）材料力学性能影响，材料力学性能对耐磨性的影响包括材料的弹性模量、宏观硬度及表面硬度、强度、塑性和韧性等。

（3）材料微观组织的影响，钢的不同组织类型在不同硬度水平时具有不同耐磨性。在同样硬度条件下，奥氏体和贝氏体优于珠光体和马氏体。各种类型钢在不同含碳量和热处理条件下，耐磨性有相当的变化。

（4）工况和环境条件的影响，主要包括速度、载荷、磨损距离、磨粒冲击角，以及环境湿度、温度和腐蚀介质条件等。一般情况下，湿磨损的磨损率低于干磨损。

7.2.2　典型案例：轴承磨损分析

轴承完成 50h 性能试验后分解发现，轴承 1 粒滚珠表面在接近最大圆周处出现周向划伤，内、外圈滚道局部也可见损伤斑痕。

图 7－1 为滚珠划伤区及套圈损伤斑痕表面微观形貌，可见大量凹坑，凹坑底部存在明显刮削痕迹，凹坑存在尖锐棱角；损伤较轻的区域可见硬质颗粒物滑动形成的犁沟（图 7－2），局部可见镶嵌的颗粒物（图 7－3）。上述形貌为典型的磨粒磨损形成的损伤特征。能谱检测结果表明损伤区及镶嵌的颗粒物均含较高的 Al、O 元素，为外来物成分。外来颗粒物进入轴承，从而导致轴承产生磨粒磨损。

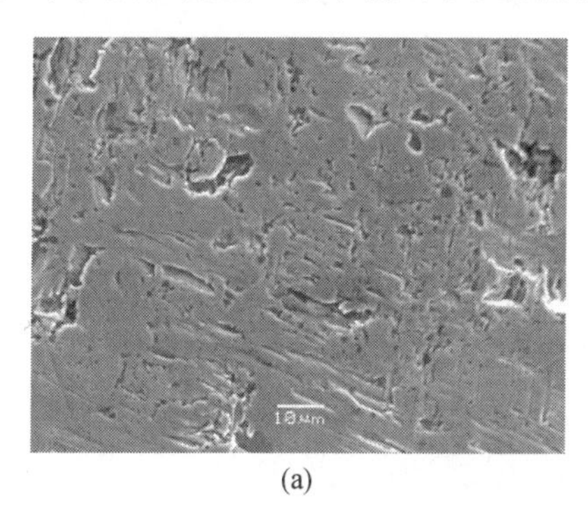

(a)

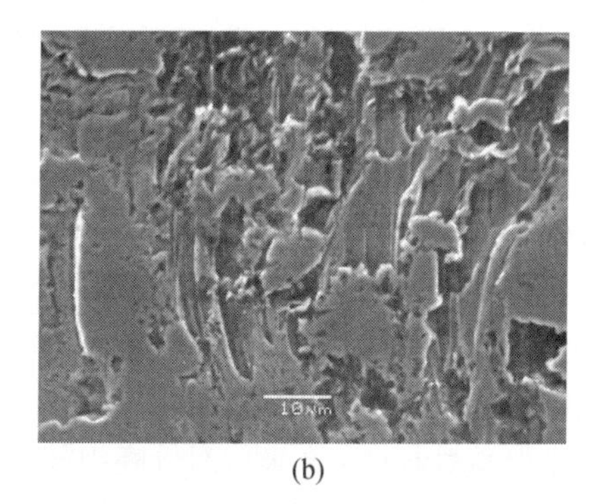

(b)

图 7－1　磨粒磨损微观形貌

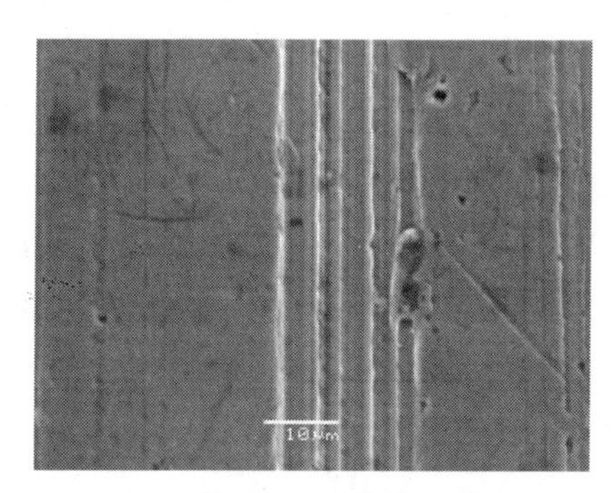

图 7－2　犁沟

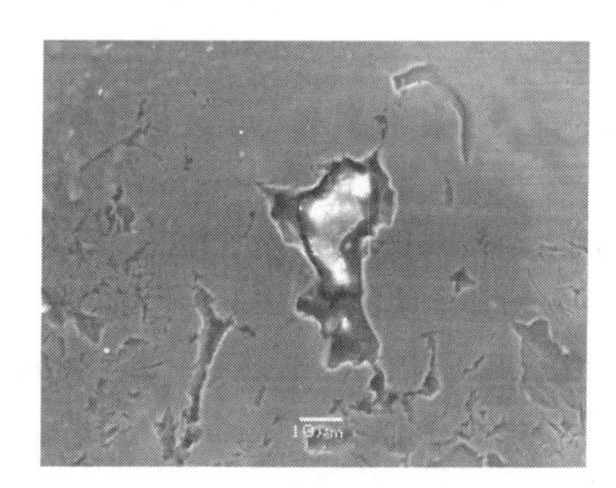

图 7－3　镶嵌颗粒物形貌

7.3　黏着磨损

7.3.1　概念与影响因素

两个相对滑动表面在摩擦力作用下，表面层会发生塑性变形，表面污染膜和氧化膜发生破裂，金属表面裸露出来，由于分子力的作用使两个表面发生焊合。如果外力能克服焊合点的结合力，相对滑动的表面就可以继续运动。当剪切发生在强度较低的金属一方,强度较高的材料表面将黏附对磨件的金属,即形成黏着磨损。如果外力不能克服界面的结合强度时,摩擦副的相对运动将被迫停止,这种现象叫做咬卡或咬死。

黏着磨损最常见的形式是胶合。胶合的实质是固相的焊合。以塑性变形为主要原因引起的黏焊称为第一类胶合。由于摩擦热,接触表面温度升高为主要原因引起的黏焊称为第二类胶合。第二类胶合也叫做热黏着。

第一类胶合发生的特点是相对滑动速度不高(约0.5m/s),表层温度较低(约100℃),摩擦表面有不氧化的金属磨屑。金属表面发生第一类胶合时,摩擦表面层一般不发生相变和成分变化,但表面层会发生严重的塑性变形。

第二类胶合的明显标志是相变引起的白亮层,白亮层是摩擦热引起的再结晶的产物。

影响粘着磨损发生和发展的因素概括起来是两个方面的问题:一是摩擦副本身的材质与特性,金属的互溶性、原子结构、晶体结构和显微组织等均对黏着磨损有影响;二是工作条件。

7.3.2 典型案例:齿轮泵动密封装置磨损分析

某齿轮泵动密封装置由套筒(材料9Cr18)、环(材料ZCuSn5Pb5Zn5)及盖(材料12Cr2Ni4A,球面渗碳)组成,在试验时发生严重的磨损现象。整套动密封装置均有不同程度的磨损,特别是环的磨损严重,重量损失较大,伴随产生大量的铜屑;套筒与环接触面产生严重磨损,盖的球窝面也磨损较重,并产生严重的变色现象。

环损伤表面可见犁沟、碾压、撕脱(图7-4)及大量的磨粒(图7-5)等粘着磨损花样。套筒、盖的损伤表面大多为犁沟、碾压、撕脱等粘着磨损花样,还可见较多的磨粒嵌在表面上(图7-6和图7-7),对粘着较为典型的部位进行能谱分析,结果大多均存在大量的Cu、Fe及Cr、Pb、Zn元素,可见该表面有粘Cu,即存在材料转移。由上述分析结果可知,套筒、环、盖的磨损失效模式均为粘着磨损。

粘着磨损典型的特征是接触点局部的高温使相互运动的物体表面发生了固相粘着,使材料从一个表面转移到另一表面,如套筒、盖上的粘有Cu。产生粘着磨损时表面温度较高,如盖表面严重变色,从温色判断,零件经历的温度可达700℃以上。这种现象一般只有干磨时才会出现,主要与系统润滑不良有关。

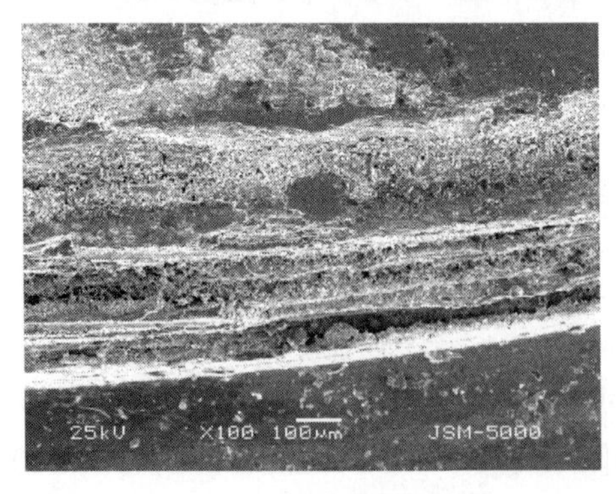

图7-4 环的磨损微观形貌

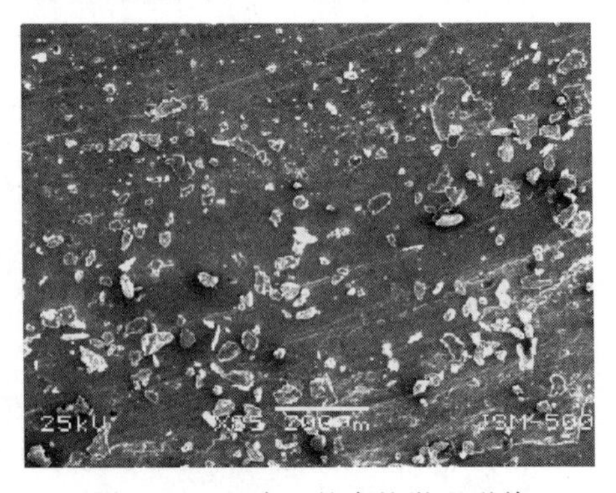

图7-5 环表面的磨粒微观形貌

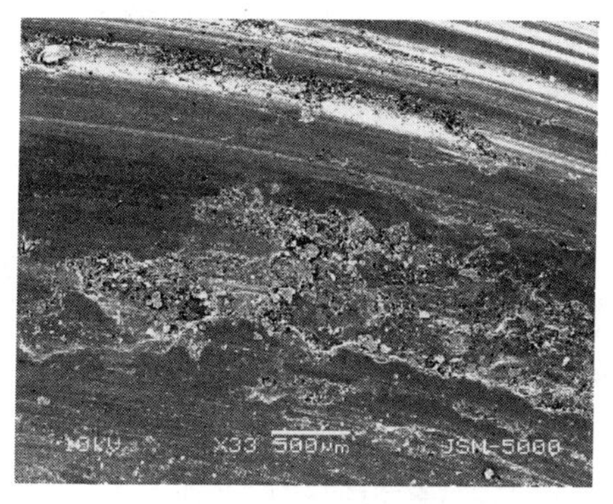

图 7－6　套筒磨损微观形貌

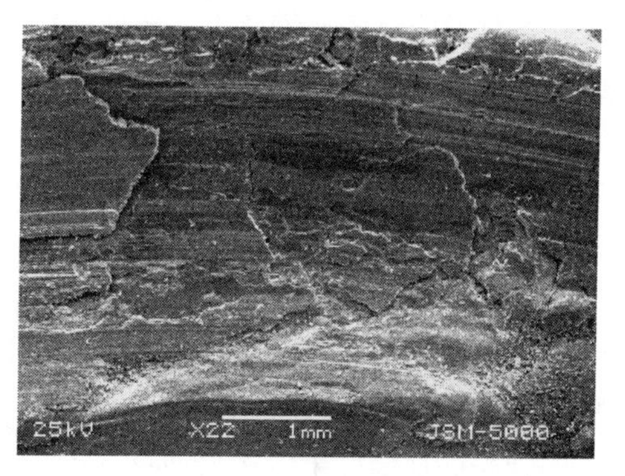

图 7－7　盖磨损微观形貌

结论与预防措施：

（1）套筒、环、盖的磨损失效模式均为黏着磨损；产生原因主要与系统润滑不良有关。

（2）装配时，动、静环表面应涂上一层清洁的机油和黄油，以避免启动瞬间产生干摩擦。辅助密封圈（包括动密封圈和静密封圈）安装前也需要涂上一层清洁的机油或黄油，以确保安装顺利。

（3）装配时避免安装偏差，保证压盖与轴或轴套外径的配合间隙（同心度）。

7.4　冲蚀磨损

7.4.1　概念与影响因素

冲蚀磨损是由于流动粒子冲击造成表面材料损失的磨损。从广义上讲，粒子可以是固体、液滴和气泡。

材料的冲蚀率定义为单位质量粒子造成材料流失的质量或体积。冲蚀率主要受三个方面因素的控制：环境参数，如入射粒子的速度、浓度、入射角、环境温度等；磨料性质，如硬度、粒度、可破碎性等；材料性能，如热物理性能和强度。

（1）攻角（入射角）。攻角是指粒子入射轨迹与表面的夹角。塑性材料在 20°～30°攻角时冲蚀率出现最大值，而脆性材料在一般情况下最大冲蚀率出现在接近 90°攻角处。因此，塑性材料应尽可能避免在 20°～30°攻角下工作，脆性材料尽量不垂直入射。

（2）粒子速度。冲蚀率与粒子速度呈指数函数关系，不因粒子种类、材料类型和攻角大小而改变。

（3）冲蚀时间。冲蚀磨损呈现较长的潜伏期或孕育期，经过一定的累积损伤后才能逐渐过渡到稳定冲蚀阶段。典型塑性材料失重—时间曲线分为孕育区、最大冲蚀率区和稳定区三个区域。

（4）入射粒子性能。固体粒子的形状和粒度对冲蚀有很大的影响。冲蚀率随冲蚀粒子的增大而增大，但当粒度超过临界尺寸后，冲蚀率趋于平稳。同样条件下，尖锐粒子比球形粒子造成的冲蚀率大。此外,粒子的可破碎性也有重要影响,破碎粒子屑片会对微观上凹凸不平的材料表面产生第二次冲蚀。液滴冲蚀中液滴直径变大时,其冲蚀破坏能力也增大。

7.4.2 典型案例:雷达罩涂层磨损分析

目前,机载雷达罩常用的抗静电涂层主要为弹性和非弹性涂层。使用中发现,两种抗静电涂层在服役不同的时间后均发生了失效,导致雷达罩表面电阻突增,无法正常工作。

两种涂层损伤严重区域表面抗静电涂层呈网格状剥落,类似冲刷磨损特征,露出了里面的抗雨蚀层。涂层的损伤程度随着服役时间的延长而加重,非弹性涂层的损伤较弹性涂层严重,并在剩余涂层表面可见微裂纹特征,两种涂层的损伤形貌分别如图 7 - 8 和图 7 - 9 所示。未损伤区域两种涂层的颜色明显变浅。随着服役时间的增加,涂层粉化明显,涂层发生了一定程度的老化。

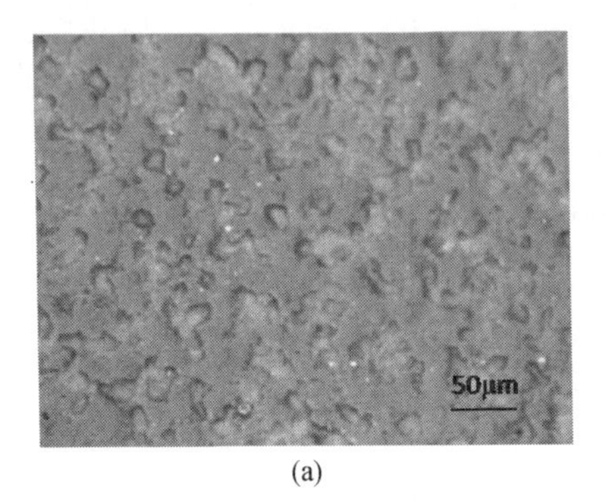

(a)

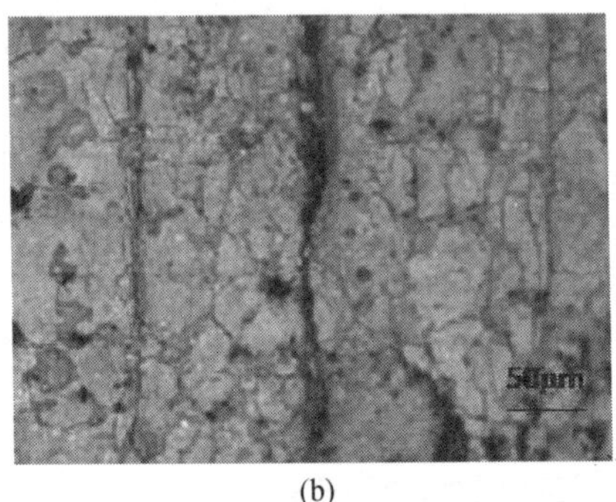

(b)

图 7 - 8 非弹性涂层失效形貌

(a)服役时间较短;(b)服役时间较长。

为确定涂层的失效模式,参考 GB/T 1868—1997 对涂层进行老化试验,参考 ASTM D968—93 对新涂层与老化试验后涂层进行 45°落砂试验,模拟涂层在服役中受粒子的冲蚀磨损情况。

老化试验后发现:非弹性涂层明显粉化,弹性涂层表面发生了轻微粉化,非弹性涂层较弹性涂层老化程度严重。

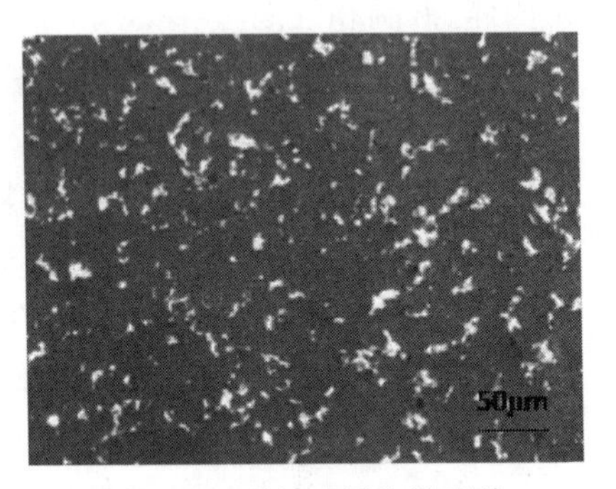

图 7 - 9 弹性涂层失效形貌

涂层落砂试验的结果见表 7 - 1。由表 7 - 1 可以看出,弹性涂层在入射角为 45°时的磨耗系数明显低于非弹性涂层。两种涂层老化后磨耗系数稍增。试样老化前后弹性涂层均以块状脱落,非弹性涂层均以粉状脱落。可见,涂层的冲刷磨损主要与其自身的性能有关,老化对涂层的损耗起了一定的促进作用。

落砂试验后涂层粉末为块状与颗粒状,如图 7 - 10(a)所示。失效件涂层稍粉化,但仍可见颗粒特征,与落砂涂层粉末形状相似,如图 7 - 10(b)所示。失效涂层的外观和微观特征与落砂试验的涂层相似。

以上分析表明，涂层主要发生了冲蚀磨损失效，随着服役时间的延长，涂层老化对冲蚀磨损失效起了一定的促进作用。

表 7－1　非弹性涂层与弹性涂层落砂试验结果（入射角 45°）

涂层	老化时间/h	磨耗系数/（l/μm）
非弹性涂层	0	1.270
	100	1.272
弹性涂层	0	0.257
	100	0.260

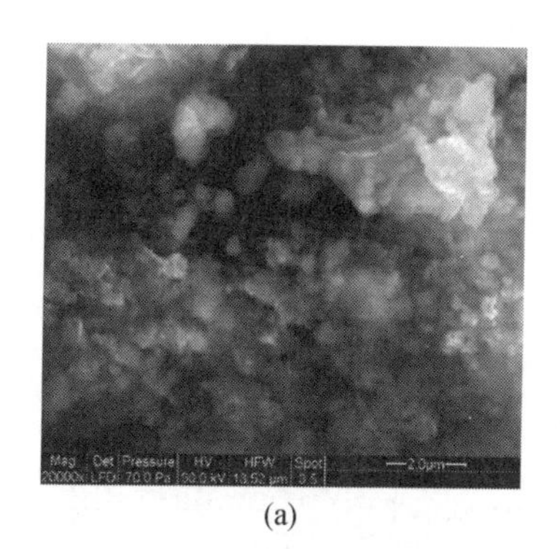

(a)

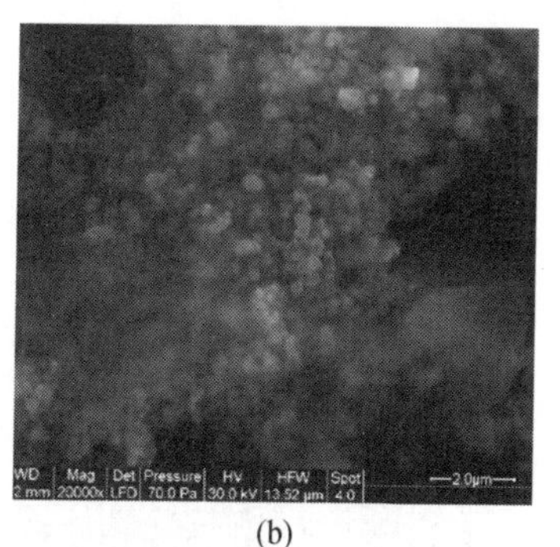

(b)

图 7－10　涂层粉末微观形貌

（a）落砂试验涂层；（b）失效件涂层。

参考 GB/T 13022—1991《塑料薄膜拉伸性能试验方法》采用拉开法测两种涂层的强度，结果见表 7－2。由表 7－2 可见，弹性涂层的强度和断后伸长率明显高于非弹性涂层，断后伸长率是非弹性涂层的 5 倍多。可见，涂层的剥落失效主要是涂层自身性能低所致。非弹性涂层的磨损程度较弹性涂层严重，主要是由于其强度特别是断后伸长率明显低于弹性涂层。

表 7－2　涂层的拉伸试验结果

涂层类型	拉伸强度/MPa	断后伸长率/%
树脂型涂层	8.7	79.4
橡胶型涂层	11.0	450.0

将非弹性涂层与弹性涂层均处理成各向同性的均匀体，由于抗雨蚀层未见破坏，假定涂层以下的材料为一体化的刚性体，涂层与一体化的刚性层之间的接触为紧密接触，涂层与一体化的刚性层均受到完全约束。涂层采用单层三维变形 Orphan 网格，模拟两种涂层受不同角度粒子冲击后的变形。两种涂层在 45°冲击时涂层的剪切变形情况如图 7－11 和图 7－12 所示。

从有限元模拟结果可以看出，涂层受到冲击后会发生剪切变形，冲击角度在 30°～45°范围内，非弹性涂层的失效程度最为严重，表现为涂层材料的严重折翘，并因此出现涂层剥落。这是由于非弹性涂层弹性差、断后伸长率低，材料脆性较大，协调变形能力较差,易造成涂层表面局部冲击能量集中而导致裂纹萌生,最终发生粉状剥落。

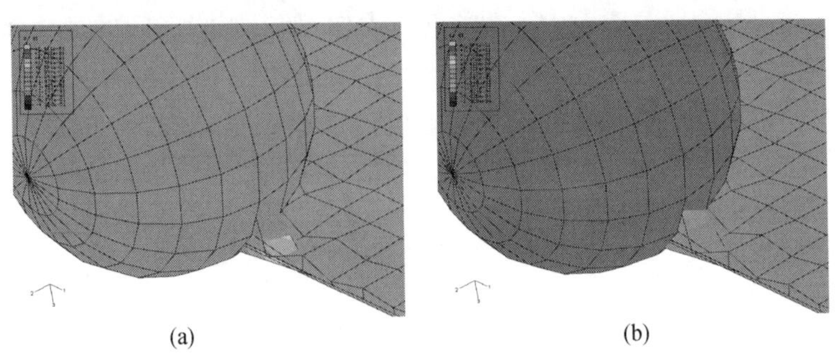

(a) (b)

图 7-11 非弹性涂层 45°冲击时切向与法向最大位移

(a)切向;(b)法向。

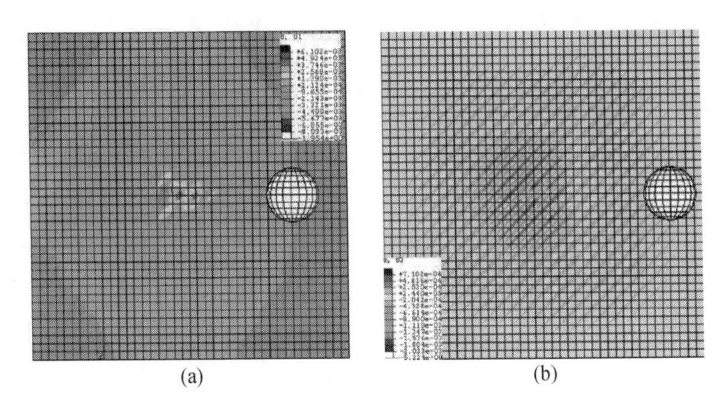

(a) (b)

图 7-12 45°冲击下弹性涂层内最大的切向位移与法向位移以及泥砂反弹瞬间

(a)切向;(b)法向。

对于弹性涂层,尽管切向位移在涂层内集中分布,但法向位移在涂层内均匀分布,并且分布的范围比较大,尤其在 45°冲击时,泥砂接触涂层后反弹出去。这表明,尽管泥砂冲击在涂层内造成了法向位移,但大部分向涂层厚度方向的冲击能量均被弹性涂层吸收,而涂层内的集中性切向位移不足以造成涂层的破坏。以上描述是针对同一部位受一次性冲击的情况。若连续多次冲击或砂粒的尺寸增大,则在同样的冲击条件下弹性涂层也将出现失效。冲击角度在 30°~45°范围内失效较严重。

涂层冲蚀磨损失效主要是由于涂层断后伸长率低、弹性差、协调变形能力差,无法抵抗受到冲击时的剪切变形导致的。

7.5 疲劳磨损

7.5.1 概念与影响因素

当两个接触体相对滚动或滑动时,在接触区形成的循环应力超过材料的疲劳强度的情况下,表面层将引发裂纹,并逐步扩展,最后使裂纹以上的材料断裂剥落下来的磨损过程,称为疲劳磨损。这种形式的磨损也称为表面疲劳磨损或接触疲劳磨损。

疲劳磨损的主要模式如下：

（1）点蚀与剥落。点蚀与剥落是机器零件表面上接触疲劳损伤的典型特征。点蚀裂纹一般从表面开始，向内倾斜扩展（一般与表面成10°～30°），最后二次裂纹折向表面，材料脱落形成点蚀。单个的点蚀坑表面形貌常表现为扇形或贝壳形。

剥落裂纹一般起源于亚表面内部较深的层次，沿与表面平行的方向扩展，最终形成片状的剥落坑。一般认为，剥落裂纹是由亚表层的循环切应力引起的。点蚀与剥落均属于应力疲劳。

（2）剥层与擦伤。两个滑动表面互相接触时，由于摩擦力的作用，软表面上的微凸体折断，形成较光滑的表面。在硬表面微凸体的作用下，软表面层将发生整体的塑性变形。塑性变形集中在表面及亚表面层。当亚表面层的塑性变形继续发展，在离开表面一定深度的位置将萌生裂纹。裂纹源经常出现在第二相质点和基体金属的界面，当界面的应力超过其结合强度时，就会引起开裂。塑性变形进一步发展，裂纹将发生扩展。当裂纹最后折向表面，裂纹上的材料将变成薄片状的磨屑剥落下来，形成剥层。

擦伤是滑动磨损中经常出现的一种严重磨损形式。擦伤的机制有黏着磨损和疲劳磨损两种。在高的滑动速率和干摩擦的情况下，擦伤机制为黏着磨损；在较低速率条件下，擦伤机制为疲劳磨损。

影响疲劳磨损的主要因素如下：

（1）材料中杂质的影响。非金属夹杂物破坏了金属的连续性，容易形成应力集中和引发疲劳裂纹。氮原子和氮化物有钉扎位错的作用，会促进裂纹的萌生。所以应尽量减少非金属夹杂物和气体含量。

（2）材料组织结构的影响。如增加残余奥氏体量可以增大接触面积，使接触应力下降，阻碍疲劳裂纹的萌生扩展。因此其含量越高，疲劳寿命也越长。

（3）材料硬度的影响。对于点蚀和剥落，裂纹的萌生是主导过程，材料硬度越高，疲劳裂纹越难萌生，疲劳磨损寿命越长。对于擦伤，裂纹的扩展寿命是影响总寿命的主要因素，硬度越高，裂纹扩展速率越快，疲劳磨损寿命越短。

（4）表面粗糙度的影响。摩擦副表面的微凸体在局部高压下产生的局部黏结，随后相互滑动而使黏结处撕裂，即为黏着磨损。被黏撕下的金属微粒，可能由较软的表面撕下又黏到另一表面上，也可能成为磨粒造成磨粒磨损。

（5）润滑油的影响。疲劳磨损寿命一般是随润滑油黏度的提高而增加。

（6）环境的影响。润滑油中的水分、表面吸附的氢原子以及润滑油分解造成的表面酸性物质的堆积，均会降低构件的疲劳磨损寿命。

7.5.2 典型案例：推力球轴承异常磨损分析

某型飞机在准备起飞时，检查发现地面有较多油液，立即停飞检查，发现某系统液压泵漏油。该液压泵工作时间长于270h。

分解检查发现：泵内E46106X单列向心推力球轴承异常磨损（图7－13），轴尾密封环工作面磨损严重。磨损表面呈典型的疲劳特征（图7－14）。轴承失效性质为疲劳磨损。

图 7－13　轴承磨损外观

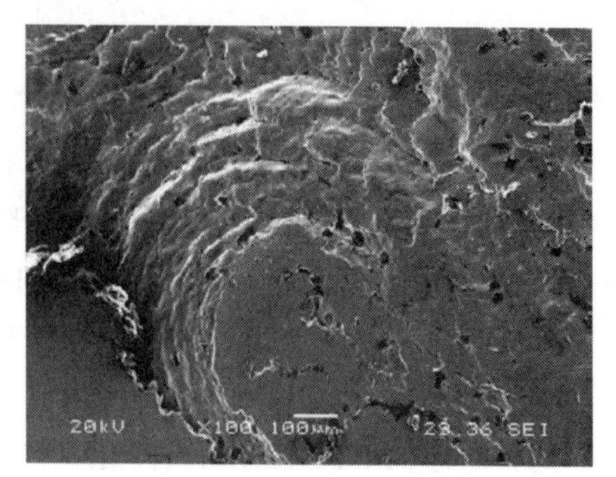

图 7－14　疲劳磨损微观形貌

7.6　腐蚀磨损

在摩擦过程中，金属同时与周围发生环境（化学或电化学）反应，产生表层金属移失的现象，称为腐蚀磨损。腐蚀磨损是腐蚀与磨损交互作用的结果。

1. 腐蚀对磨损的影响

在腐蚀磨损过程中，由于腐蚀介质的作用，材料表面的力学性能将受到影响，从而降低材料的耐磨性。如果腐蚀介质在材料表面产生的腐蚀产物是疏松的或脆性的，随后在磨粒或微凸体的作用下很容易破碎去除，从而导致材料磨损的增加。

2. 磨损对腐蚀的影响

腐蚀磨损的电化学试验表明，磨损过程可对腐蚀的阳极过程和阴极过程产生极大的影响，腐蚀速度平均可增加 2 ~4 个数量级，最大可增加 6 ~8 个数量级。

金属表面与氧化介质反应，在金属表面形成氧化膜，随后在磨粒或者微凸体的作用下被去除的过程，即为氧化磨损。当金属表面生成的氧化膜为脆性时，由于氧化膜与基体金属物理性能差别较大，很容易被去除，随后在新鲜金属表面又开始新的氧化—磨损过程。而当生成的氧化膜是韧性的时，在外部机械作用下可能只有部分被去除，因此其腐蚀过程比脆性氧化膜的情况轻微。在氧化磨损的情况下，磨损产物通常为红褐色的三氧化二铁或者灰黑色的四氧化三铁。氧化磨损是最常见的腐蚀磨损形式，在空气中进行的磨损过程均存在该磨损机制，只是未占主导地位而已。

材料在酸、碱、盐等腐蚀介质中的腐蚀磨损过程与氧化磨损过程基本一致，但由于介质的强腐蚀作用，其腐蚀磨损的过程比氧化磨损一般要更大。摩擦表面一般存在点状或丝状的磨蚀痕迹，磨损产物为酸、碱、盐的化合物。

金属材料在导电性电解质溶液中会发生电化学腐蚀磨损。由于合金中的组成相的电极不同，在不同相之间或者第二相和基体之间会形成腐蚀电池，从而产生相间腐蚀，削弱界面结合力，在磨粒或硬质点的作用下发生材料去除。

影响腐蚀磨损的主要因素如下：

（1）腐蚀介质的影响。腐蚀介质的 pH 值、成分、浓度、温度及缓蚀剂均对腐蚀磨损的速度有影响；

（2）机械因素的影响。机械因素主要是通过破坏材料表面膜和改变材料表面电化学活性来影响其腐蚀磨损速度,如载荷值、载荷频率等均对腐蚀磨损的速度有影响。

(3) 材料因素的影响。由于腐蚀磨损中同时存在磨损和腐蚀的作用,而材料的腐蚀磨损特性是不尽相同的。

7.7　微动磨损

微动磨损的相关内容在前面疲劳失效分析章节(微动疲劳)中已有介绍,这里不再详细叙述,仅阐述其预防措施。

为了控制微动损伤,首要的是尽可能减少接触面,如用单一元件代替组合件,用焊接代替铆接和设计时尽可能地减少或消除不必要的振动源或交变应力。

由于微动损伤往往起源于黏着,而且磨屑的氧化和不易溢出会在一定程度上促进磨损过程,故选材时不仅要注意微动副之间的黏着倾向,而且要对产生的氧化物磨屑性质,特别是硬度给予充分估计。

利用表面处理工艺可以在很大程度上抑制微动损伤。各种化学热处理方法都可以提高材料的抗黏着能力,从而改善微动磨损和微动疲劳程度。钢制零件表面渗硫或硫氮共渗抗微动损伤效果最佳,它使出现扩展性裂纹的循环周次增加了4倍。渗金属处理如铬、钒。

7.8　磨损失效的分析方法

7.8.1　磨损失效分析的特点

1. 磨损失效分析的重要部位

由于磨损的部位必是摩擦副的薄弱部位,因此,被磨损严重的部位的摩擦副包括摩擦介质(润滑剂、磨粒)组成分析的对象与重要部位。

2. 磨损失效分析的关键

各种不同的磨损过程都是由其特殊机制决定,并体现为相应的磨损失效模式。因此,进行磨损失效分析,找出基本影响因素进而提出对策的关键就在于确定具体分析对象的失效模式。由于实际磨损失效问题的复杂性,一个零件的失效模式常可能是复合型的。

磨损失效模式的判断,主要是根据磨损部位的形貌特征和决定此形貌的机制及具体条件来进行。例如:磨粒磨损再损伤表面有沿滑动方向的沟槽划痕;黏着磨损则应有黏着痕迹和黏附物质;腐蚀磨损则有腐蚀产物;疲劳磨损则有点蚀或剥落坑,即相应的疲劳源及层状扩展特征,冲蚀、微动磨损则应有高速气、液流冲蚀表面和微动振蚀等工况条件才能发生。各种磨损模式及其过程、特征、磨损机制和磨屑特征情况见表7-3。

3. 磨损失效分析的特殊性

(1) 在完成对失效件的初步检查时,不能对其进行任何清洗,对附着的油滴、润滑剂等也需保留。

(2) 对失效件的相关材料,如润滑剂、沉淀物、油滤器等。

(3) 对失效件的摩擦磨损合金应进行重点分析。

表 7－3　磨损失效模式及其特征

磨损类型	根据服役条件定义	主要磨损机制	磨损表面损伤过程及特征	磨屑的形成及形貌
磨粒磨损	相对滑动的工作表面，由硬质点机械作用所引起的人们不希望的表面损伤并以碎片形式局部脱落	微切割 低周疲劳 脆性断裂	锐利磨料切削材料表面，形成较规则的沟槽，韧性好的材料沟边产生毛刺，硬而脆的材料沟边比较光滑。沟边有一定的塑性变形。 磨料不够锐利，不能有效的切削金属，只能将金属推挤向磨粒运动方向的两侧或前方，使表面形成沟槽、沟槽两边或前方材料隆起，变形严重。 脆性相断裂或硬质点脱落，形成坑或孔洞	切削形成磨屑形貌如同刨屑一样，与磨粒摩擦的一面尚留有微细磨痕，另一面是剪切皱折；较硬材料或加工硬化指数高的材料卷曲特征明显。 变形磨屑无剪切皱折。另一面磨痕也不明显，但两边中常有一边是自由边变形，剪切开裂。另一边是撕裂特征。 脆性碎屑
	硬物以一定能量压入材料表面，使之过度塑性变形。或经多次变形造成过度塑性变形。局部碎落导致局部脱落。也可能有短程微切削	低周疲劳 高周疲劳微切削	硬磨粒被多次压入金属金属表面使材料发生多次塑性变形。而加工硬化，加工硬化表面能有效的减低磨损。但在低周疲劳作用下，材料亚表面或表面层出现了裂纹和裂纹扩展而形成碎片，在表面上留下坑或断口。磨粒在压下时也可能发生短程滑动出现少量微切屑	碎薄片 颗粒状碎屑
疲劳磨损	由交变应力的反复作用而出现的疲劳磨损，造成材料表面层下开裂，开裂后形成碎片脱落	高周疲劳 低周疲劳	在交变应力作用下，工作表面出现点蚀坑和剥落，磨损表面上出现的深约 20μm 的浅坑称为微观点蚀；深约 200μm 称为深层剥落。宏观表面粗糙，亚表面有平行表面裂纹微观是细小坑，坑表面粗糙。鱼鳞坑，亚表面层有通信及辐射裂纹	片状磨屑 微细碎屑
黏着磨损	由于真实接触面积的材料间分子引力作用发生黏着，在切应力作用下发生断裂成形磨屑或原子从一个表面转到另一个表面上去	分子吸引 物质迁移 冷焊后脆性或韧性断裂	两个配合表面，只有真实接触面积上发生接触，局部应力很高，使之严重塑性变形并产生牢固的黏着或焊合。在切应力作用下，黏合部位中强度较差的材料被撕裂，零件表面上形成一个表面粗糙的凹坑	不规则形状碎屑，碎屑硬度很高，可对表面形成磨粒磨损，磨损方式向磨粒磨损转化

（续）

磨损类型	根据服役条件定义	主要磨损机制	磨损表面损伤过程及特征	磨屑的形成及形貌
冲蚀磨损	高速粒子流或液流中含有粒子对零件工作表面不断冲蚀造成选择性磨损	微切削、反复变形导致疲劳	由于粒子的冲刷，形成短程沟槽是磨粒切削、金属变形结果，磨损表面宏观上粗糙，有粒子嵌入表面，粒子冲击出许多小坑，金属有一定的变形层，变形层有裂纹产生甚至局部熔化，软相基体首先磨损，硬质相磨损率较低	细颗粒 小片状颗粒
腐蚀磨损	发生化学或电化学作用而产生的松脆腐蚀物。又由于物体相对运动而磨掉。加速材料流失	化学反应（由于介质或高温作用），电化学反应	表面形成一层松脆的化合物，当配合表面接触运动时被磨掉，露出新鲜表面又很快腐蚀磨掉的一种循环过程。腐蚀加速磨损，磨损加速腐蚀	腐蚀产物

7.8.2 磨损失效分析的一般步骤

磨损失效分析的一般步骤如下：

（1）情况调查，初步确定磨损失效模式。对磨损件的表面损伤类型应仔细观察；查明磨料和磨屑；了解润滑剂和环境条件。

（2）确定磨损表面的磨损量曲线。

（3）查明摩擦副相对运动的情况、载荷、压力与应力以及硬度与变形等情况。

（4）确定磨损速率与摩擦系数。

（5）确定摩擦副的润滑条件。

（6）确定磨损是否属于允许范围。

（7）进行磨损失效原因分析。

7.9 磨损失效的影响因素及预防措施

1. 基本影响因素

磨损失效主要与摩擦副和工况条件有关。摩擦副因素主要包括摩擦副的材料、表层的组织和性能等。磨损工况是指摩擦副的相对运动参数、磨损作用力、接触持续时间、工作温度、介质与润滑条件等。

2. 磨损失效的预防措施

（1）选择合适的材料。根据摩擦副的磨损类型，选择具有适当性能的材料。例如：在高应力、高滑动速度条件下选择高温硬质材料，而对出现脆性碎屑的情况应改用韧性较好的材料；对于可能出现黏着磨损的情况则应尽量选用不同类的材料作为摩擦副。

（2）增强表面性能。一般来讲，摩擦副匹配表面的粗糙度应尽可能低，以降低摩擦系数，并且可以避免出现局部应力过大的情况。另外，摩擦副表面可进行硬化处理，以提高其耐磨性能，防止出现破坏性磨损的发生。

（3）改善润滑条件。尽量采用流体润滑，如不能实现可在摩擦副表面涂润滑涂层，或者采用自润滑材料等。

参考文献

[1] 李璠. 某动密封装置摩擦副磨损失效分析[C]. 第七届航空航天装备失效分析会议，2009.

[2] 张栋，钟培道，陶春虎，等. 失效分析[M]. 北京：国防工业出版社，2003.

[3] 金振邦. 液压泵和马达用旋转轴动密封装置的设计与应用[J]. 机电国际市场，2002(9)：1－5.

[4] 范金娟，姜涛，陶春虎，等. 雷达罩表面抗静电涂层失效原因分析[J]. 首届航空物理冶金学术研讨会论文集，2011：49－53.

[5] 全永昕，施高义. 摩擦磨损原理[M]. 杭州：浙江大学出版社，1986.

[6] 材料耐磨抗蚀及其表面技术编委会. 材料耐磨抗蚀及表面技术概论[M]. 北京：机械工业出版社，1986.

[7] 张栋. 机械失效的痕迹分析[M]. 北京：国防工业出版社，1996.

[8] 高彩桥,刘家浚. 材料的粘着磨损与疲劳磨损[M]. 北京:机械工业出版社,1989.
[9] 李诗卓,董祥林. 材料的冲蚀磨损与微动磨损[M]. 北京:机械工业出版社,1987.
[10] 李东紫,等. 微动损伤与防护技术[M]. 西安:陕西科学技术出版社,1992.
[11] 李英杰,成强. 磨损失效分析[M]. 北京:机械工业出版社,1991.

第八章　断口定量分析

8.1 概　　述

8.1.1 断口定量分析的基本概念

结构件的断口分析是判断断裂模式、确定失效机理、找出失效原因并提出设计改进和预防措施必不可少的重要手段。断口形貌记录了断裂的全过程,也就是说,断裂经历了局部损伤、裂纹萌生、裂纹扩展直至最终破断阶段,而每一个阶段都与内部的、外部的、力学的、化学的以及物理的等因素有关。同时,断裂过程的每一阶段又会在断口上留下相应的痕迹、形貌与特征。断口侧面则反映了产品构件加工制造过程中材料、表面完整性等质量的痕迹。

断口分析分为定性分析和定量分析。定性分析一般限于确定失效模式和导致失效的宏观直接原因,即仅能给出导致失效因素的类型,如应力类型、腐蚀介质类型、缺陷类型、设计、制造或使用等。定量分析则着重于估算失效因素的大小或量级,如应力的大小、表面完整性、疲劳区的面积、裂纹的长短、缺陷的尺寸、疲劳寿命的长短等。目的在于:确定深层次的失效原因及提出有针对性的改进和预防措施,为零部件设计改进的具体细节提供参考和依据,确定零部件的可靠寿命与检修周期;也可以在构件使用前给出安全性和可靠性的评价。

断口的定量分析主要指对断口表面的成分、结构和形貌特征等方面进行定量参数的测试、描述和表征。断口表面的成分定量分析是指对断口表面平均化学成分、微区成分、元素的面分布以及线分布、元素沿深度的变化、夹杂物及其他缺陷的化学元素比等参数进行分析和表征。断口表面结构定量分析的对象是断口所在面的晶面指数、断口表面微区(夹杂、第二相、腐蚀产物等)的结构。断口形貌特征的定量分析的内涵是断口表面的各种“花样”,包括各种断口特征花样区域的相对大小以及与材料组织、结构、性能及导致发生断裂的力学条件、环境条件之间的相互关系。因此,断口定量分析研究涉及的领域非常广,内容十分丰富。在本章主要针对疲劳断口定量分析展开叙述。

8.1.2 疲劳断口定量分析的方法

疲劳断裂过程分为疲劳裂纹的萌生、稳定扩展、快速扩展直至断裂三个阶段。在这三个阶段中,疲劳断口上留有疲劳弧线、疲劳条带、疲劳沟线(疲劳台阶线)、临界裂纹长度、瞬断区大小等特征,定量分析的基础就是对这些特征的位置、间距和大小等进行研究与分析,并建立与失效因素之间的联系。

8.1.3　疲劳断口定量分析的意义

对于产品的疲劳断裂而言,构件实际断裂过程中的疲劳寿命与疲劳应力的断口定量反推分析是非常有意义的。这是因为通过对产品断裂失效构件疲劳寿命与疲劳应力的断口定量反推分析,不仅可以得到构件实际的阶段寿命(疲劳裂纹的萌生寿命与扩展寿命)以及疲劳裂纹扩展不同阶段所受到的应力,更重要的是有利于对同类构件进行剩余寿命的预测与失效评估,防止类似失效或故障的再现。

(1) 疲劳试验裂纹监测的补充工具。当由于结构所处部位或当裂纹较短时,造成裂纹不易监测,或是由于裂纹首先在构件内部扩展,监测到的裂纹不能反映裂纹的真实扩展过程,而形成较小裂纹时的寿命又对构件很重要,可通过疲劳断口定量分析技术进行寿命定量反推计算,获得裂纹扩展速率情况。

(2) 深入研究失效原因与本质。通过对断口形貌特征的定量描述,建立起断口形貌特征与材料的力学性能及断裂过程的各种参数关系,达到从断裂结果到断裂过程的反向推导,深入了解断裂本质,判定断裂失效模式和具体影响参量,且给出参量的定量影响结果。断口定量分析不仅可以给出失效因素的大小和量级,从而有助于对产品失效的深入分析和找出深层次的原因,而且可以充分利用失效件上的定量信息,避免一些因素的干扰,使分析更为接近实际情况。

(3) 对含缺陷(裂纹)产品构件进行预测与评估。采用疲劳断口定量分析技术与失效评估技术,可对构件进行寿命预测与失效评估,在确保产品安全可靠使用的基础上,使其得到最大限度地充分利用。

(4) 叶片振动应力反推计算。叶片振动疲劳属多发性故障,由于高速旋转和温度场变化的影响,振动载荷难以通过受力分析确定。目前,通常采用的发动机叶片振动应力动态测量的方法不易监测到最大振动应力值,而采用疲劳断口定量分析技术对叶片振动应力进行反推计算,可以弥补和解决发动机叶片振动应力动态测量存在的不足。这不仅对确定叶片的失效模式和原因具有极其重要的工程价值,而且对叶片的设计与改进具有重要的价值。

(5) 评估结构或材料原始疲劳质量。原始疲劳质量是耐久性与损伤容限设计中的重要参数,疲劳断口定量分析技术作为一种原始疲劳质量的推断方法,其重要作用越发凸显出来。此外,通过原始疲劳质量评估,还可以比较、评价不同的工艺效果。

(6) 用于关键结构或整机寿命预测或检修周期的确定。整机或某个部件的结构细节很多,无法在疲劳试验过程中确定哪个细节首先萌生裂纹,而通过疲劳断口定量分析方法,可以确定首先萌生裂纹的部位,找到结构的薄弱环节。

8.2　疲劳断口定量分析基础技术

8.2.1　疲劳断口定量分析的特征参数

疲劳断口定量分析是利用断口上的疲劳特征及合理的数理模型,将这些特征与断裂过程的参数建立起关系。因此,疲劳断口定量分析技术最基本的是疲劳特征的确定以及断口定量分析模型。

1. 疲劳弧线

疲劳弧线是疲劳断口最基本的宏观形貌特征,它是在疲劳裂纹稳定扩展阶段形成的与裂纹扩展方向垂直的弧形线,是疲劳裂纹瞬时前沿线的宏观变形痕迹,此为疲劳弧线的物理意义。疲劳弧线的法线方向即为该点的疲劳裂纹扩展方向。用肉眼观察疲劳弧线,看起来很像贝壳或海滩,因此又称为贝壳花样或海滩花样。疲劳弧线形貌如图 8-1 所示。疲劳弧线不仅是诊断疲劳断裂的主要依据,对一些脆性材料或特殊结构及特殊环境,有时甚至是唯一的依据,同时也是疲劳断口定量分析的凭证。

疲劳弧线间距是构件尤其是载荷条件下断口定量反推疲劳扩展寿命的重要参量。疲劳弧线定量反推疲劳扩展寿命的依据是裂纹扩展过程中一条疲劳弧线对应载荷或应变发生一次大的改变(如载荷谱的加载、环境条件等的改变)。

2. 疲劳小弧线

疲劳小弧线是相对于疲劳弧线而言的,本质上与疲劳弧线没有区别,疲劳小弧线是在比较复杂的载荷谱中,对应有规律的某种载荷变化而产生的一种特征,从形貌层面上它介于疲劳弧线与疲劳条带之间,从对应载荷的变化规律上介于最底层面上应力的变化循环与最高层面的载荷谱块之间的一种载荷变化。疲劳小弧线不好明确地界定是断口的宏观特征还是微观特征,但一般需要在一定的放大倍数下才能进行观察、测量,应该属于细观特征,其法线方向也为该点的疲劳裂纹扩展方向。疲劳小弧线的形貌如图 8-2 所示。

图 8-1 疲劳弧线

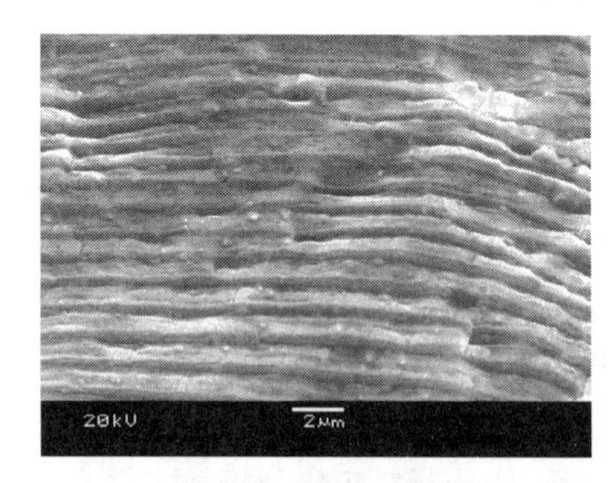

图 8-2 疲劳小弧线

3. 疲劳条带

疲劳条带是疲劳裂纹局部瞬时前沿线的微观塑性变形痕迹,其法线方向大致指向疲劳裂纹扩展方向。疲劳条带是判断疲劳断裂的充分依据,但不是判断疲劳断裂失效的必然判据。断口上疲劳条带的数量与间距是进行疲劳断口定量分析的主要参数。疲劳条带形貌如图 8-3 所示。利用断口疲劳条带间距进行定量分析的理论依据是,每一疲劳条带相当于载荷或应变的一次循环。

断口上经常有一些弧状线条,如应力腐蚀海滩标记、滑移线、珠光体组织、腐蚀痕迹等,这就要求在对断口进行诊断时要仔细甄别,不与断口上的疲劳弧线和疲劳条带相混淆,综合各方面的条件进行分析判断。

4. 疲劳沟线

疲劳沟线是疲劳断口的重要特征之一。有些疲劳失效情况下，在断口上往往看不到明显的疲劳弧线或疲劳条带，但经常可发现疲劳沟线。疲劳沟线是由于高度不同的疲劳区扩展汇合时相交的结果，一般垂直于疲劳裂纹瞬时前沿线（疲劳弧线或疲劳条带）。疲劳沟线又包括一次疲劳沟线和二次疲劳沟线，分别如图 8－4 和图 8－5 所示。一次疲劳沟线是指从源区起始的沟线，由于不同位置起源形成的。二次疲劳沟线是位于扩展区的痕迹，是在裂纹扩展过程中由于不同高度扩展区域相交形成的。

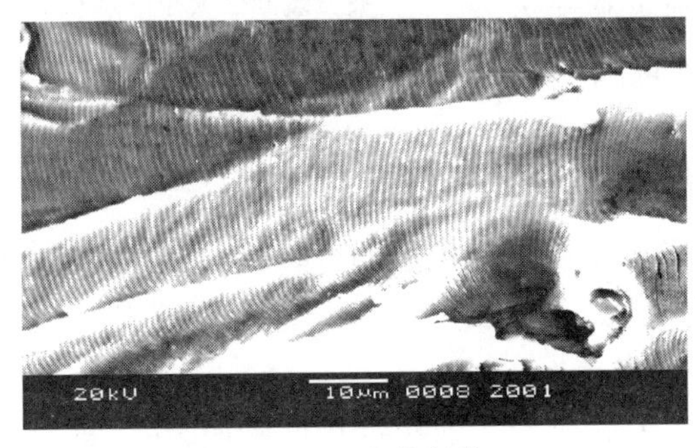

图 8－3　疲劳条带

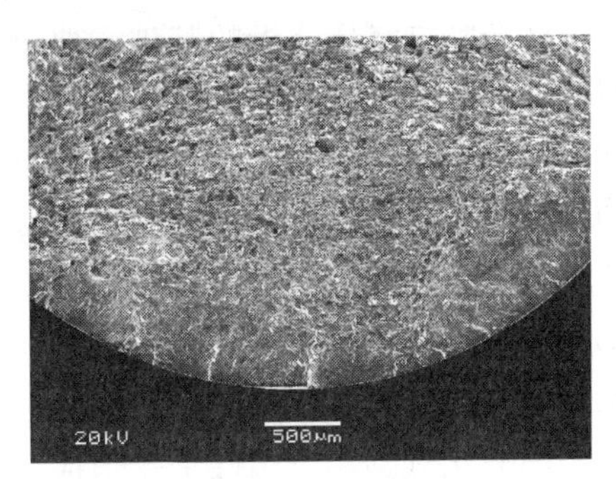

图 8－4　一次疲劳沟线

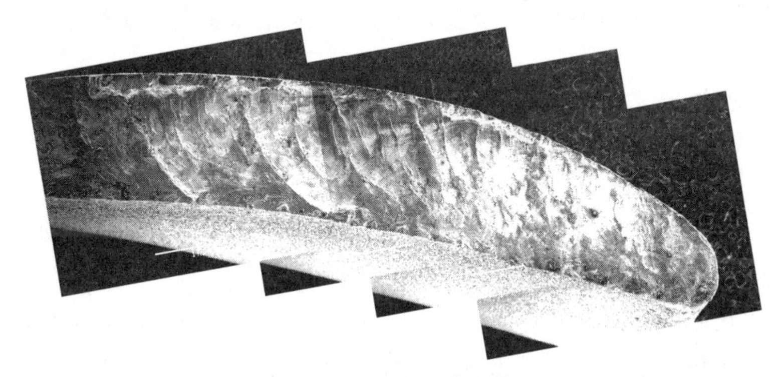
图 8－5　二次疲劳沟线

可用疲劳沟线进行半定量分析。一次疲劳沟线的方向、疏密是确定疲劳源区（点）位置的特征参数。一般认为，如果宏观疲劳源多或宏观疲劳源存在疲劳沟线，则认为疲劳的起始应力幅较大。通过对一次疲劳沟线的物理数学模型进行分析研究表明，疲劳沟线的稀疏处，即疲劳扩展区较大处的疲劳源往往是最早的裂纹萌生源，该源是分析的重点。二次疲劳沟线可以表征扩展区疲劳应力的大小，二次疲劳沟线多、粗糙，表明扩展应力较大。

5. 临界裂纹长度

对于大多数工程疲劳断裂，疲劳扩展区的大小与疲劳扩展临界裂纹长度 a_c 有关，疲劳扩展临界裂纹长度 a_c 代表着构件失稳破坏的开始。由于 a_c 与临界应力幅 σ_c 和疲劳扩展寿命 N_f 有关，因此，可以建立 σ_c 与 a_c、N_f 与 a_c 之间的定量关系。σ_c 随 a_c 增加而减小，N_f 随 a_c 增加而增加；当几何形状因子 Y 相对于 a_c 的变化可忽略时，$\lg\sigma_c$ 与 $\lg a_c$ 成反比，$\lg N_f$ 与 $\lg a_c$ 成正比。

6. 疲劳瞬断区大小

瞬断区是表征疲劳裂纹到达临界尺寸后发生快速破断形成的区域。瞬断区的面积一定程度反映了材料临界应力 σ_c 的大小。临界裂纹长度与疲劳瞬断区大小的示意图如图 8-6 所示。

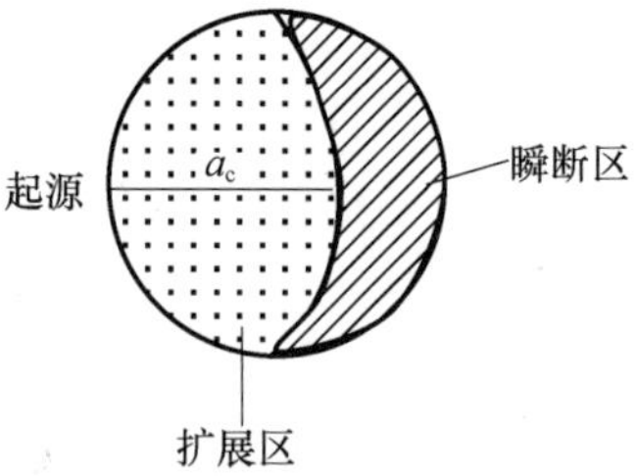

图 8-6　临界裂纹长度与疲劳瞬断区大小的示意图

8.2.2　疲劳断口定量分析主要模型

疲劳断口定量分析的基础主要是断裂力学理论,针对弹性为主的情况。用于表达裂纹扩展的 Paris 公式,方式简单,参数易获取,主要用于表达裂纹扩展速率与应力强度因子范围之间的关系,方便用于分析疲劳裂纹的扩展行为,可作为疲劳断口定量分析的基础模型。

从微观机理上说,疲劳裂纹是以疲劳条带机制进行扩展的,即疲劳裂纹扩展速率 da/dN 可用疲劳条带间距 S 来表征。因此,可以将疲劳条带间距与应力强度因子范围相联系,这就将 Paris 与疲劳条带特征联系起来。

Paris 公式适用于构件承受恒应力幅疲劳载荷破坏的稳定扩展阶段,在工程应用中,有很大一部分机械零部件承受恒应力幅或近似恒应力幅的载荷。因此,可以利用 Paris 公式进行断口反推,即使在复杂载荷作用下,利用 Paris 公式进行断口反推可获得当量恒应力幅。

1. Paris 公式

Paris 公式是表征疲劳裂纹扩展的经典公式,即

$$da/dN = c(\Delta K)^n \tag{8-1}$$

式中:c、n 为裂纹扩展材料常数;$\Delta K = \Delta\sigma(\pi a)^{1/2}Y$,$Y$ 为与裂纹有关的构件几何形状因子,$\Delta\sigma$ 为最大应力 σ_{max} 和最小应力 σ_{min} 之差,a 为裂纹长度。

在 c、n、Y 已知的条件下,某一应力幅下,将式(8-1)在裂纹长度 a_0 至临界裂纹长度 a_c 的区间内对 da 进行积分,可求得疲劳裂纹的剩余扩展寿命。反过来,如果能由疲劳断口测知 da/dN,就可以根据 Paris 公式反推出疲劳应力变幅 $\Delta\sigma$,再根据应力比 R 计算出疲劳应力 σ_{max}。

进行疲劳扩展寿命反推的基本公式为

$$N_p = \int_{a_0}^{a_c} da/\mu \tag{8-2}$$

式中:μ 为裂纹扩展速率,如果是应用疲劳条带间距进行寿命反推,则 μ 为疲劳条带间距。对载荷谱加载,式(8-2)依然适用,此时 N_p 为载荷谱的数目,裂纹扩展速率为疲劳弧线间距或疲劳小弧线间距。

Paris 公式进行疲劳应力定量分析:

$$da/dN = c(\Delta K)^n = c[\Delta\sigma\sqrt{\pi a}Y]^n$$

裂纹形状因子 Y 可用解析式计算求得或由试验测得。在 c、n 和 Y 已知的条件下,再由疲劳断口的疲劳条带宽度 S 测得裂纹扩展速率 da/dN,就可以根据 Paris 公式反推出疲劳应力变幅 $\Delta\sigma$:

$$\Delta\sigma = \left(\frac{S}{c}\right)^{\frac{1}{n}} \cdot (Y \cdot \sqrt{\pi a})^{-1} \tag{8-3}$$

求出疲劳应力变幅$\Delta\sigma$后，可求出最大应力$\sigma_{max} = \Delta\sigma/(1-R)$。

2. 梯形法

用Paris公式反推疲劳扩展寿命的过程中，如果不同裂纹长度处及其裂纹扩展速率分别取对数后能很好的符合线性关系，则反推结果准确性高，计算过程方便。如果不同裂纹长度及其裂纹扩展速率分别取对数后不能很好地符合线性关系，需要采取分段的方法分别处理。直接用Paris公式的方法进行扩展寿命定量分析会产生较大误差，用分段Paris公式方法则会计算繁琐，在这种情况下，利用裂纹扩展速率的内涵以及扩展累积理论，提出了列表梯形法计算疲劳扩展寿命。梯形法是基于微分的原理，将疲劳寿命分成很小的小段然后累积起来，即

$$N_f = \sum N_n = \sum (a_n - a_{n-1}) \Big/ \left(\frac{\dfrac{da_n}{dN_n} + \dfrac{da_{n-1}}{dN_{n-1}}}{2}\right) \tag{8-4}$$

式中：a_n为第n点距离源区的裂纹长度；a_{n-1}为第$n-1$点距离源区的裂纹长度；da/dN为裂纹扩展速率。

梯形法使用方便，计算过程简单。通过材料和构件扩展寿命反推计算结果可知，梯形法反推计算精度高，在裂纹扩展随裂纹长度变化规律性差的情况下具有很好的实用价值，是工程构件寿命反推的重要工具。

8.3　疲劳特征的测定方法

在对疲劳特征进行定量测量之前首先要确定需定量分析的疲劳特征。简单的试验条件下的疲劳特征比较单一，需定量分析的疲劳特征一般是疲劳条带。而如果是在载荷谱下开展的试验，由于载荷谱的复杂性，往往产生综合的疲劳特征花样，如何确定不同的疲劳特征花样与疲劳试验寿命参数之间关系是准确进行扩展寿命定量分析的前提和基础。

载荷谱下的疲劳特征可能有疲劳弧线、疲劳小弧线、疲劳条带，对哪种特征进行定量分析必须首先要结合载荷谱的具体形式开展研究，进而确定要定量分析的疲劳特征。

在进行疲劳特征测定之前，首先要分析裂纹的萌生与扩展过程，确定主裂纹扩展路径，从源区开始，沿着主裂纹扩展路径选取观测点进行不同裂纹长度处的疲劳特征的测量，当裂纹改变扩展方向时应分段进行观测、计算。

通过疲劳特征的测定，目的是在主裂纹扩展的路径上，疲劳裂纹稳定扩展阶段，得到距离源区不同裂纹长度处疲劳特征的间距（如疲劳条带间距、疲劳弧线间距、疲劳小弧线间距），进而利用该数据进行疲劳寿命、疲劳应力的分析。无论测量哪种疲劳特征，在进行测量之前，放置试样时都需将断面大致垂直于测试设备的光源。

1. 疲劳条带的测定

疲劳条带间距一般利用扫描电镜进行测量，给出不同裂纹位置的疲劳条带间距，见

表8－1。在测量疲劳条带间距的过程中应遵守的测量原则如下：

（1）测量与断口基本在同一平面上的多个并排的疲劳条带，尽量选择数量多、分布均匀、轮廓清晰的条带进行测量。

（2）一般不测量倾斜于断口主裂纹方向的疲劳条带，以防止实测结果偏小。

（3）对于斜面上的疲劳条带，可利用扫面电镜的倾斜功能，将斜面变成平面，再对其上的疲劳条带进行测量。

（4）在同一测量区内疲劳条带宽度变化不大，应测量多个并排的疲劳条带数据，取其平均值作为实测数据以便减小多种因素所造成的误差。

表8－1　A100钢疲劳试样疲劳条带间距相关数据

序号	裂纹长度 a_i/mm	疲劳条带平均间距/μm
1	0.24	0.25
2	0.47	0.22
3	0.7	0.29
4	0.76	0.29
5	1.01	0.3
6	1.27	0.42
7	1.50	0.37
8	1.61	0.5
9	2.03	0.5
10	2.67	0.65
11	3.08	0.97
12	3.49	0.96
13	4.09	1.02
14	4.62	0.97
15	5.31	1.51
16	5.67	1.15
17	6.15	1.31
18	6.66	1.23

2. 疲劳小弧线的测量

疲劳小弧线一般也需要利用扫描电镜进行测量，测量方法与疲劳条带的测量方法相似，只是测量的是疲劳小弧线的间距。

3. 疲劳弧线的测量

可以用实体光学显微镜或扫描电镜在较低的倍数下进行测量。

（1）实体光学显微镜。如果断面平坦，疲劳弧线清晰，可用实体光学显微镜对疲劳弧线进行测量，该方法简便、直观、准确，利用实体显微镜观察时通常采用偏光照明，以增强衬度。

（2）扫描电镜。用扫描电镜对疲劳弧线进行测量前，首先要区分疲劳弧线与其他疲劳特征，如疲劳条带的区别。疲劳弧线一般较长，而且两条疲劳弧线之间又存在细小的疲劳条带。分辨出疲劳弧线后，利用与测定疲劳条带相同的测量原则对疲劳弧线进行测量。用扫描电镜测定疲劳弧线时，要根据具体的断口特征情况选取合适的放大倍数。

8.4　断口反推疲劳裂纹扩展寿命

8.4.1　疲劳裂纹萌生与扩展过程

疲劳裂纹萌生与扩展过程示意图如图8-7所示。目前在工程应用中，通常认为一个零件或结构的疲劳寿命可以分为疲劳裂纹形成或萌生寿命N_i和扩展寿命N_p两部分，即

$$N_f = N_i + N_p$$

裂纹萌生或形成寿命定义为由微观缺陷发展到宏观可检裂纹或工程裂纹长度a_0所对应的疲劳寿命。疲劳裂纹扩展寿命定义为由宏观裂纹尺寸a_0扩展到临界裂纹尺寸，使零件发生失效这段区间的疲劳寿命。

N_p取决于零件的初始裂纹长度a_0、临界裂纹长度a_c和疲劳裂纹扩展速率da/dN。a_0通常取可检裂纹尺寸，它与无损检测水平、结构的可检程度和对其漏检概率的要求有关。a_c则可根据材料的断裂韧度来确定。因此，确定N_p的关键问题在于研究各种交变载荷下的疲劳裂纹扩展速率。

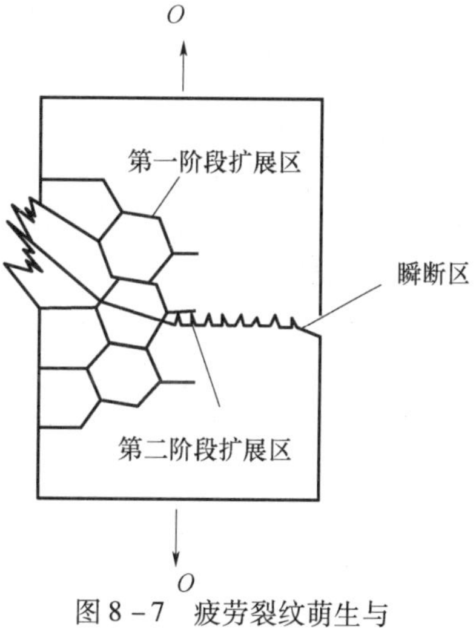

图8-7　疲劳裂纹萌生与扩展过程示意图

对应于裂纹的扩展过程，疲劳断口一般包括疲劳源区、疲劳稳定扩展区、瞬断区。

1. 疲劳起源阶段

疲劳往往从试样的表面或有缺陷处或最大应力处起源，疲劳源区是疲劳裂纹萌生或形成的位置或区域，在断口上单纯的疲劳源区观察不到断裂特征。源区不同形貌如图8-8所示。

2. 疲劳裂纹稳定扩展阶段

疲劳裂纹稳定扩展阶段形成的特征区域称为疲劳扩展区。该区的宏观特征：断面较平坦，与主应力相垂直，颜色介于源区与瞬断区之间。疲劳断裂扩展阶段留在断口上最基本的宏观特征是疲劳弧线，这也是识别和判断疲劳失效的主要依据。但并不是在所有的情况下疲劳断口都有清晰可见的疲劳弧线，有时看不到疲劳弧线。载荷谱条件下断口上一般会具有典型的疲劳弧线特征。

疲劳裂纹的稳定扩展按其形成机理与特征的不同又可分为两个阶段，即疲劳裂纹稳定扩展第一阶段与疲劳裂纹稳定扩展第二阶段。

（1）疲劳裂纹稳定扩展第一阶段。疲劳裂纹稳定扩展第一阶段是在裂纹萌生后，在交变载荷作用下沿着滑移带的主滑移面向金属内部伸展。此滑移面的取向大致与正

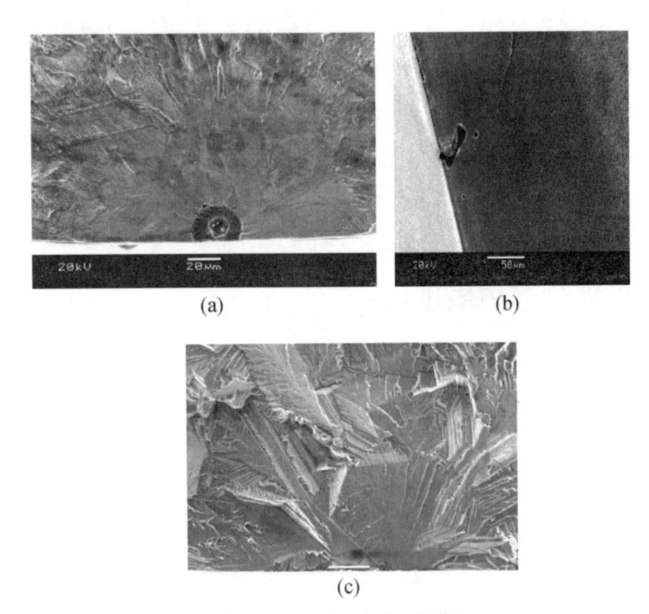

(a)　(b)

(c)

图 8-8　裂纹起源形貌

(a)起源于夹杂;(b)起源于疏松;(c)起源于表面。

应力成45°,这时裂纹的扩展主要是由于切应力的作用。对于大多数合金来说,第一阶段裂纹扩展的深度很浅,为2~5个晶粒。这些晶粒断面都是沿着不同的结晶学平面延伸,与解理面不同。疲劳裂纹第一阶段的显微特征取决于材料类型、应力水平与状态以及环境介质等因素。

对于体心立方晶系及密堆六方晶系材料,这一阶段的断口区极小,又因断面之间相互摩擦等原因,使得这个区域的显微特征难以分辨。

对于面心立方晶系材料,如镍基高温合金、奥氏体不锈钢以及铝合金,在特定的疲劳断裂条件下,疲劳断口上的第一阶段常呈现一种低倍下为结晶小平面,而在高倍下呈现类解理断裂小平面和平行锯齿状断面。这种断裂特征在镍基高温合金疲劳断裂中尤为突出,如图8-9所示。

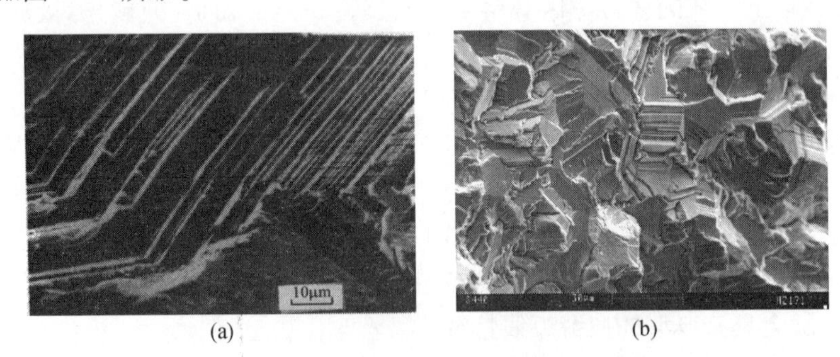

(a)　(b)

图 8-9　面心立方金属疲劳扩展第一阶段特征

(a)平行锯齿状断面;(b)类解理断裂小平面。

(2)疲劳裂纹稳定扩展第二阶段。疲劳裂纹按第一阶段方式扩展一定距离后,将改变方向,沿着与正应力相垂直的方向扩展。此时正应力对裂纹的扩展产生重大影响,这就是疲劳裂纹稳定扩展的第二阶段。疲劳裂纹扩展第二阶段断面上最主要的显微特征是疲劳条带。

（3）裂纹快速扩展和瞬断阶段。快速扩展阶段指疲劳稳定扩展第二阶段之后，疲劳裂纹扩展速度加快，材料类型不同、服役环境不同，裂纹快速扩展阶段扩展的充分性以及快速扩展形成的特征和机理也各不相同。由于该阶段是裂纹稳定扩展之后形成的，因此，该阶段往往是少量疲劳条带与其他快速扩展特征的混合区域。对较易发生滑移的材料，裂纹快速扩展阶段一般是疲劳条带与快速滑移形成的特征共存，如疲劳条带与类解理平面、滑移台阶等共存。对于不易发生滑移的材料，一般是少量疲劳条带与韧窝共存。对易于发生滑移的材料，快速扩展阶段进行得较充分。对不易于发生滑移的材料，快速扩展阶段进行的不充分，而是从裂纹稳定扩展阶段快速瞬断，形成瞬断区。

瞬断阶段即零件剩余截面不足以承受外载荷的尺寸时，即发生失稳扩展直至快速破断，也称为瞬时断裂。瞬时断裂断口上对应的区域简称瞬断区。大多数情况疲劳断口的瞬断区和拉伸断口的宏微观特征极为相似。该区域一般断面粗糙，宏观形貌呈现人字纹或放射条纹，或剪切唇形貌。

8.4.2　疲劳扩展寿命定量分析的影响因素

1. 模型应用前提与定量分析特征的确定

Paris 公式和梯形法是进行疲劳扩展寿命定量分析的常用公式，二者的应用前提均为基于线弹性断裂力学的裂纹稳定扩展阶段。载荷谱条件下，应力情况较复杂，相应产生的断裂特征往往是综合的，如同一断面上，可能同时存在疲劳弧线、疲劳小弧线和疲劳条带。选取哪种特征进行定量反推，所选取的断裂特征与载荷谱之间的对应关系如何，是进行载荷谱条件下疲劳裂纹扩展寿命反推的前提。如果选取的断裂特征形貌清晰、规律性好，且准确建立该特征与载荷谱之间的对应关系，就能较准确地反推出疲劳扩展寿命。如果所选取的断裂特征与载荷谱之间没有确定的对应关系，或所选的特征本身不清晰、再现性和规律性差，则往往会导致反推结果的较大误差。这种情况下造成的误差是人为错误。

2. 裂纹扩展速率的测量误差

疲劳弧线属于宏观疲劳特征，在疲劳弧线清晰的情况下，可较准确地对疲劳弧线间距进行测定。疲劳条带属于微观疲劳特征，扫描电镜是进行疲劳条带测量的常用工具，但是利用扫描电镜测定的疲劳条带间距与实际间距之间存在差异。扫描电镜成像的特点决定所测定的疲劳条带间距值往往比实际值偏小，这就会导致计算的疲劳扩展寿命偏大，因而裂纹萌生寿命偏小，应用于实际工程的估算就偏于保守，从工程应用的角度讲这是偏安全的。为了简单起见，可以不必对条带间距测量结果进行修正，而只需遵循一定的测量原则，即不会对计算结果造成较大的影响。

3. a_0值对计算结果的影响

目前，断口定量分析疲劳寿命主要是对疲劳扩展寿命进行定量分析，疲劳裂纹萌生寿命采用试验寿命减去反推的扩展寿命获得。通过断口定量分析疲劳裂纹的萌生寿命主要是通过人为设定一个 a_0 值的方法，a_0 值所对应的裂纹深度为疲劳裂纹开始扩展值。

目前，a_0 值还没有明确统一的规定，而且 a_0 值往往随材料及强度的不同、所加载荷的不同而变化，也随零件几何形状的不同而改变。在实际工程应用中，往往根据实际情况并结合失效件的宏、微观特征人为给定 a_0 值。从工程可检裂纹角度出发，美国空军制定的表面裂纹长度为1/32in（约0.794mm）时所对应的裂纹深度为 a_0 值也常被采用。美国普惠公司的相关标准中 $a_0 = 0.38$mm；英国罗尔斯·罗伊斯公司的相关标准中 $a_0 = 0.15$mm。

对于单纯的学术研究，a_0 值可根据断口上某种疲劳特征而定，如距源区最早出现疲劳条带的位置定为 a_0 值，也可以根据某种具体的需要规定一个 a_0 值。我国在工程上对 a_0 值的选取也没有统一的原则。工程上，a_0 值的具体确定还要考虑结构的部位、可检性等多种因素，具体可由设计单位根据工程需要确定 a_0 值。

4. 临界裂纹尺寸 a_c 值对计算结果的影响

a_c 值为裂纹开始发生失稳扩展的尺寸。由于裂纹失稳扩展尺寸即 a_c 附近的裂纹扩展速率较高，所占寿命很低，因此，a_c 值的选取对裂纹扩展寿命的计算结果影响很小。从工程角度看，a_c 选取大时，当以损伤容限设计准则考虑时，则安全风险较大。

8.4.3 断口反推疲劳扩展寿命的基本过程

断口定量分析疲劳寿命的主要步骤如下：

（1）通过宏观观察确定疲劳源的位置和裂纹的大致扩展方向。

（2）在对载荷谱分析的基础上确定需定量测定的疲劳特征。

（3）断口观察及测量不同裂纹长度处疲劳特征，如疲劳条带间距的测量。

对于裂纹改变扩展方向的情况，疲劳特征的测量应沿着裂纹扩展路径分别测量，相应的也应分段进行计算疲劳扩展寿命，总的疲劳扩展寿命为每段上的扩展寿命之和。

（4）确定裂纹开始扩展的尺寸 a_0 值和裂纹扩展临界尺寸 a_c 值。

疲劳寿命包括疲劳裂纹萌生寿命和疲劳裂纹扩展寿命。目前，通过断口定量的方法获得的是疲劳裂纹扩展寿命。疲劳裂纹萌生寿命即为疲劳总寿命减去疲劳扩展寿命，这期间涉及的问题是如何将总的疲劳寿命进行两部分分配的问题，其参数就是疲劳扩展的开始尺寸 a_0 值。

a_0 值是裂纹萌生寿命和扩展寿命的分界值，目前，a_0 值还没有明确统一的规定，而且 a_0 值往往随材料及强度的不同、所加载荷的不同而变化，也随零件几何形状的不同而改变。在实际工程应用中，往往根据实际情况并结合失效件的宏、微观特征人为给定 a_0 值。

a_0 值可根据断口上某种疲劳特征而定，如距源区最早出现疲劳条带的位置定为 a_0 值，也可以根据某种具体的需要规定一个 a_0 值。工程上，a_0 值的具体确定还要考虑结构的部位、可检性等多种因素，具体由设计单位根据工程需要确定 a_0 值。

a_c 值是疲劳扩展区与瞬断区的分界值，稳定扩展阶段的裂纹长度均可算在 a_c 值之内。

（5）拟合裂纹扩展速率曲线并对扩展寿命进行反推计算。

根据裂纹扩展速率曲线的变化趋势选取相应的计算疲劳寿命的模型，对裂纹扩展速率随裂纹长度呈有规律变化的情况，对裂纹长度和裂纹扩展速率分别取常用对数或自然对数，然后用取对数之后的数据进行拟合，如果取对数之后的数值点有规律地分布在拟合曲线（直线）的两侧，可用 Paris 公式进行疲劳扩展寿命定量计算；如果裂纹扩展速率随裂纹长度呈无规律的变化，或裂纹扩展速率和裂纹长度分别取对数后拟合的并非直线，可采用梯形法进行疲劳扩展寿命计算。

（6）获取裂纹长度与疲劳寿命之间的关系曲线。

① 通过计算扩展寿命的方法。根据计算的疲劳扩展寿命和试验的总寿命得到裂纹萌生寿命，进而得到不同裂纹长度处的总寿命；根据不同裂纹长度处的总寿命给出 $a-N$ 曲线。在获得 $a-N$ 曲线的基础上，可进一步分析临界裂纹长度、定检周期等。

② 载荷谱与起落次数对应的方法。对载荷谱下的试验件，找出载荷谱的加载规律，利用疲劳弧线与起落次数（循环次数）对应的方法获得裂纹长度与起落次数之间关系曲线（$a-N$ 曲线），根据曲线的发展趋势，反推曲线到 a_0 值处的寿命为裂纹萌生寿命，总寿命减去裂纹萌生寿命即为扩展寿命。

8.4.4　断口反推疲劳扩展寿命举例

为了便于理解，结合具体实例，给出疲劳扩展寿命断口定量分析的过程。

对轴进行单向扭转等幅疲劳试验，试验件开裂时循环周次为 375468。断口开裂形貌和疲劳条带如图 8－10 所示。

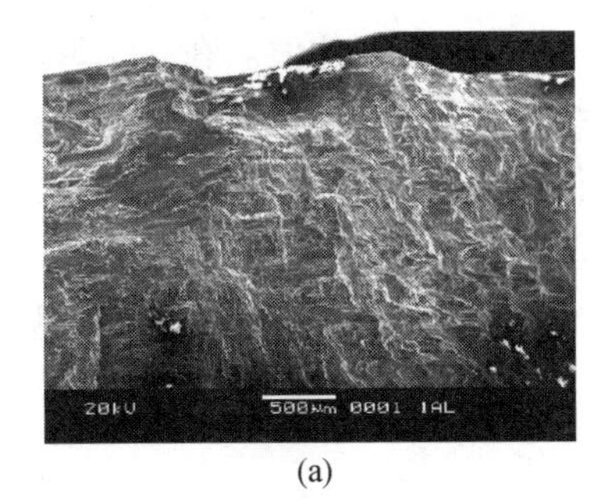

(a)

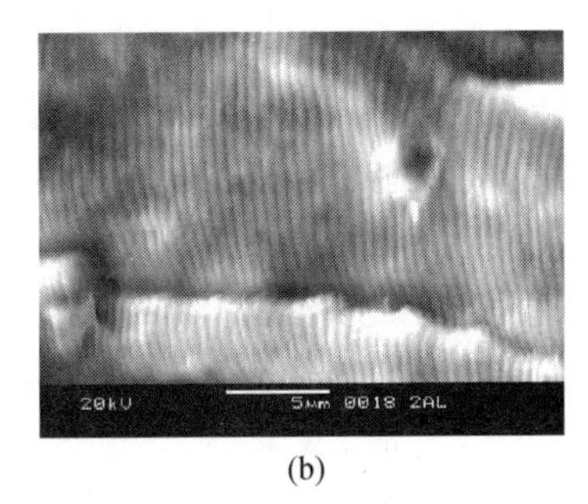

(b)

图 8－10　断口疲劳区形貌
（a）源区附近类解理形貌；（b）扩展区疲劳条带。

由于在离源区较近的区域观察到的疲劳条带少且非常细小不清晰，磨损也比较严重，无法对疲劳条带进行测定，本试验件从源区 6.5mm 以后才观察到清晰的疲劳条带，从断口上对疲劳条带进行测定，并对数据进行曲线拟合，可以得到疲劳裂纹的扩展速率与裂纹长度之间的关系曲线（图 8－11）。从图 8－11 可以看出，该试验件上所测的疲劳条带间距与裂纹长度较好的符合了 Paris 公式，因此可对距源区 6.5mm 之前的条带间距进行反推计算。

对于一般金属材料在疲劳稳定扩展区的裂纹扩展，Paris 公式指出其裂纹扩展速率与裂纹长度之间有如下关系：

$$da/dN = c(\Delta K)^n$$

式中：c、n 为材料常数，$\Delta K = \Delta\sigma(\pi a)^{1/2}Y(a,b,\cdots)$。$Y$ 为与裂纹有关的构件形状因子，

$\Delta\sigma$ 为最大应力 σ_{max} 和最小应力 σ_{min} 之差，a 为裂纹长度。

对给定构件及恒定交变载荷 $\Delta\sigma$，则有

$$\Delta K = A\sqrt{a}$$

式中：$A = Y\pi\Delta\sigma$ = 常数。

$$\mu = \mathrm{d}a/\mathrm{d}N = c(A\sqrt{a})^n = c_0 a^{n/2} \tag{8-5}$$

式中

$$c_0 = cA^n$$

$$N = \int_{a_0}^{a_c} \frac{\mathrm{d}a}{c_0 a^{n/2}} = \frac{2}{(2-n)c_0} a^{1-\frac{n}{2}} \Bigg|_{a_0}^{a_c} = \frac{2}{(2-n)c_0}\left[a_c^{1-\frac{n}{2}} - a_0^{1-\frac{n}{2}}\right] \tag{8-6}$$

c_0 和 n 可由如下方法确定，即对式(8-5)取对数得到式(8-7)。

$$\lg(\mathrm{d}a/\mathrm{d}N) = \lg c_0 + (n/2)\lg a \tag{8-7}$$

则 $\lg(\mathrm{d}a/\mathrm{d}N)$ 与 $\lg a$ 为直线，即裂纹扩展速率 $\mathrm{d}a/\mathrm{d}N$ 与裂纹长度在双对数坐标下有直线关系，并且截距为 $\lg c_0$，斜率 $n/2$。

利用式(8-7)求出 c_0 和 n 值后，并确定 a_c 和 a_0 的值代入式(8-6)，即可求出疲劳扩展寿命。

对测得的数据取对数进行拟合，拟合后的曲线如图 8-12 所示。该曲线的数学表达式为 $\lg(\mathrm{d}a/\mathrm{d}N) = 2.02\lg a - 5.33722$

则 $\lg c_0 = -5.34$，$c_0 = 10^{-5.34} = 4.6 \times 10^{-6}$，$n/2 = 2.02$，$n = 4.04$

把上面求得的 c_0 和 n 值代入式(6)中，并确定 a_c 和 a_0 的值。在 a_c = 36.65mm 处最后一次测定疲劳条带，距源区 36.65mm 后裂纹快速扩展，占总寿命的比率很小，在此忽略不计，所以取 a_c = 36.65mm，a_0 为裂纹开始扩展的尺寸，在此取 a_0 = 1mm。把 a_c 和 a_0 值也代入(8-6)式中，求的疲劳扩展寿命为 209847 周次，疲劳扩展寿命占总寿命的比率为 209847/375468 = 55.6%。a_0 = 1mm 的裂纹萌生寿命为总寿命减去疲劳扩展寿命，即 165621 周次。

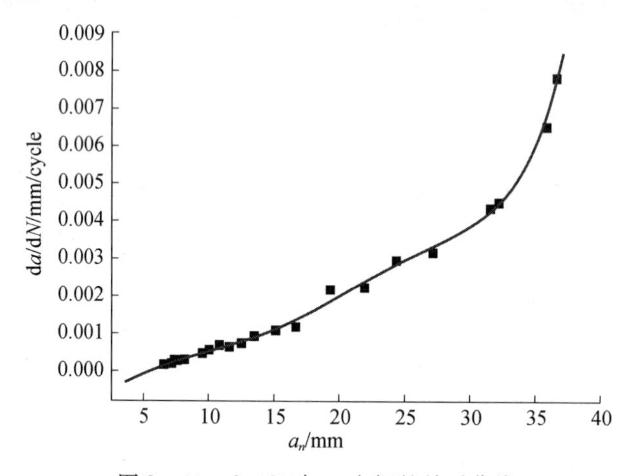

图 8-11 $\mathrm{d}a/\mathrm{d}N$ 与 a_n 之间的关系曲线

依据拟合的 $\lg(\mathrm{d}a/\mathrm{d}N)$ 与 $\lg a$ 之间的关系曲线可以利用式(8-6)求出裂纹长度分别为 5mm、10mm、15mm、20mm、25mm、30mm、35mm、36.5mm 所对应的疲劳裂纹扩展寿

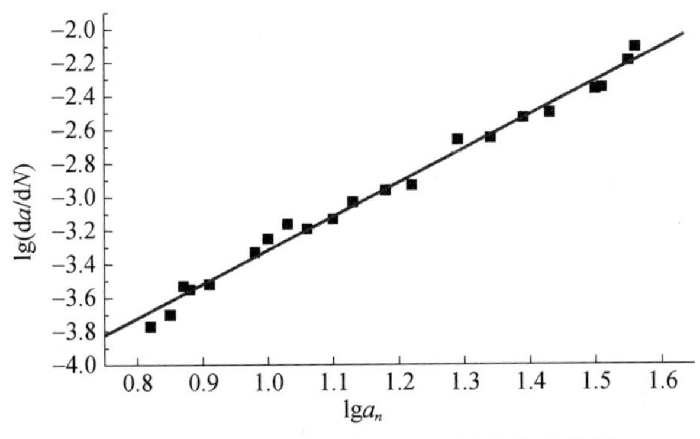

图 8－12 lg(da/dN)与 lg$a$ 之间的关系曲线

命,该扩展寿命加上疲劳裂纹萌生寿命即可得到不同裂纹长度所对应的循环周次,结果见表 8－2。依据表 8－2 中的数据进行曲线拟合,可以得到循环周次与裂纹长度之间的关系曲线,如图 8－14 所示。

表 8－2 裂纹长度与对应的循环周次之间数据

裂纹长度/mm	循环周次	裂纹长度/mm	循环周次
5	337518	25	370829
10	358455	30	372188
15	365357	35	373164
20	368784	36. 5	375468

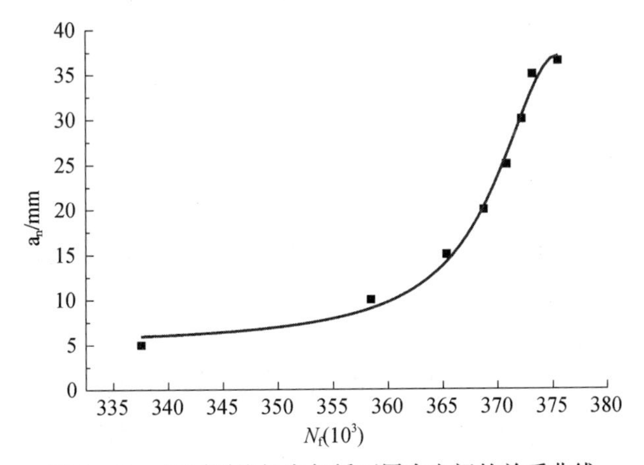

图 8－13 不同裂纹长度与循环周次之间的关系曲线

8.5 断口反推原始疲劳质量

8.5.1 结构原始疲劳质量的概念与意义

1. 原始疲劳质量的概念

不同的结构在相同的疲劳应力作用下会具有不同的寿命,这是因为它们具有不同的材料、几何因素和工艺状态,统称为原始制造状态,结构原始疲劳质量(Initiation Fatigue Quality,IFQ)就是结构细节原始制造状态的表征,代表了细节的疲劳品质。

2. 评估原始疲劳质量的意义

原始疲劳质量是伴随着耐久性设计的需要而产生的,耐久性设计,即使结构承受设计使用载荷/环境谱时,其经济寿命大于设计使用寿命的耐久性分析计算、试验和结构设计。耐久性设计的目的是确保结构在整个使用期间,结构的强度、刚度、维形、保压和运动等功能可靠和最经济的维修,使之经常处于良好的备用状态。耐久性设计涉及主要承力结构件。

结构原始疲劳质量与结构的耐久性密切相关,它能反映结构与材料的制造工艺水平。因此,定量评估结构细节的原始疲劳质量成为耐久性分析试验中最基本、最重要的工作之一。飞机结构原始疲劳质量即可用来评定飞机生产厂家的制造质量,也可用于新机研制和老机寿命评估,还可用于失效分析,为飞行安全服务,并能评定某种工艺方法和维修措施的可行性。从20世纪70年代开始,为配合耐久性与损伤容限设计,美国一直在组织人力进行紧固孔当量初始缺陷尺寸的研究,并用断口反推法评估了几个机种的制造质量,并试图将它用到紧固孔以外的其它细节。

我国从20世纪80年代认识到当量初始缺陷尺寸在耐久性与损伤容限中的重要性。1984年出版的《飞机结构损伤容限设计指南》中简单地介绍了这一方法。1989年出版的《近代飞机耐久性设计》较详细地介绍了结构原始疲劳质量和断口分析。80年代末中国航空工业失效分析中心开始在歼六飞机机翼大梁定寿中提出并开展了用断口形貌反推当量初始缺陷尺寸的研究。配合飞机结构强度研究所的工作,也有人对紧固孔的原始疲劳质量进行了研究。

确定结构IFQ的意义在于:

(1) 合理地表示并确定结构细节群的IFQ在耐久性分析中具有举足轻重的作用,它是结构进行耐久性分析、损伤度评估、经济寿命预测的基础和重要前提。

(2) 在结构的几何因素确定之后,IFQ的量化比较是按耐久性原则选择材料和制造工艺的主要依据;IFQ同时也是检验和控制结构工艺质量的依据。

8.5.2 结构原始疲劳质量评估的内涵

用结构细节模拟试件在实测载荷谱或设计载荷谱下开展耐久性试验进行研究,模拟试件必须真实地模拟结构细节的原始制造状态——与结构有相同的材料(板材应有相同的轧制状态和取向,锻件应从锻件毛坯上取料),与结构有相同的厚度、细节尺寸和主要的平面几何尺寸,试件上细节及表面的制造工艺必须与结构细节一致。而试验载荷谱的形式应尽可能地采用实际结构的疲劳实测载荷谱或设计谱,试验载荷谱则依据结构载荷谱和结构细节处的应力分析结果构成结构细节应力谱。在载荷谱下进行耐久性试验时,通常要有不少于三种不同应力水平下的成组试验,不同应力水平是指试验应力谱的各级应力均按一定比例放大或缩小。

用结构细节在实测载荷谱或设计载荷谱下开展耐久性试验得到的原始疲劳质量,包含了材料、几何因素、制造工艺,可直接作为结构耐久性分析的基本参数,及在结构原始疲劳质量初始缺陷尺寸分布的基础上,可以利用概率断裂力学的方法进行结构损伤度评估与经济寿命预测。

这种开展原始疲劳质量研究的方法,使有些大尺寸结构以及先进材料结构很难实现,从而无法了解结构细节的原始疲劳质量。用这种方法研究结构细节的原始疲劳质量,不但对模拟试件要求高,试验复杂、周期长,而且这种方法得到的原始疲劳质量结果受多种因素的影响。相同的材料、不同的结构细节和加工工艺,其原始疲劳质量不同,通用性差,具体表现在:

(1) 有些影响因素具有一定的随机性和不确定性,如表面粗糙度、表面硬化以及残余应力等。

(2) 由于结构细节耐久性试验要求在载荷谱下进行,开展载荷谱下的耐久性试验,一是试验本身繁琐,二是所选用的载荷谱很难代表实际构件的真实载荷谱,而不同的载荷谱对原始疲劳质量评估过程中断口特征的形成是有影响的。

(3) 评估结构细节的 IFQ,即使是相同的材料,如均为 FGH96 粉末高温合金,结构形式、加工工艺和载荷谱等不同,EIFS(将细节原始制造状态的不同当量地认为是由于存在不同大小的初始缺陷,而用当量初始缺陷尺寸 EIFS 作为 IFQ 的定量描述)分布也不同,而对于相同材料的不同结构细节,必须重新用试验获得 EIFS 分布。因此,目前结构 EIFS 分布的定义方法不像材料 $S-N$ 曲线那样具有较强的通用性,不利于工程应用。由于其缺乏通用性,在以后的应用和维护过程中也会遇到新的问题。

(4) 结构细节应力状态的影响。具体的结构细节存在特定的应力状态,应力状态改变也会影响 IFQ 评估结果,评估具体结构细节特定应力状态下的原始疲劳质量,不能将该结构细节的原始疲劳质量评估结果应用于相同构细节不同应力状态下。

8.5.3 材料原始疲劳质量

为提高原始疲劳质量评估结果的通用性,减少原始疲劳质量的影响因素,有研究者提出了材料原始疲劳质量(MIFQ)概念[17],即材料的原始疲劳质量是材料初始缺陷的表征,它与材料的内在缺陷如气孔、夹杂、缩孔以及加载方式等有关,而细节的形状、尺寸、制造工艺参数和应力状况对材料原始疲劳质量无影响,仅对裂纹扩展速率有重要影响。

MIFQ 如同材料的 $S-N$ 曲线一样,是材料的固有特性,可对标准试样进行耐久性试验,并用评估结构原始疲劳质量的方法评估材料当量初始缺陷尺寸 EIFS 分布。尽管标准试样仍然依赖于制造工艺等,但是标准试样的设计、加工、载荷等都有严格的规定。例如,板材的厚度或棒材的直径等一般较小,表面粗糙度 Ra 一般要求达到 1.6 以下,因此尺寸系数、表面加工系数以及应力集中系数均可忽略。所以 MIFQ 能够反映材料的本身缺陷,并可通过试验方法得到。

MIFQ 具有以下三个方面的特点:

(1) MIFQ 的提出节约了成本,缩短了研究周期。由于 MIFQ 是通用的,不同的结构细节,只要材料和加载方式相同,不论何种结构形式、加工工艺和工作环境,结构细节的 EIFS 分布均可以由 MIFQ 来估算,因而节省了大量的试验工作、研制费用并缩短了研究周期。

(2) MIFQ 的提出方便了材料的选用。当选定材料牌号后,可用试验的方法量化该材料的原始疲劳质量,从而方便对多个厂家的材料进行量化比较。因此,MIFQ 可作为选材的重要依据。

(3) MIFQ 的提出便于结构经济寿命的计算。按照结构 IFQ 的概念,结构维修后的 IFQ 一般与维修前不同,这样在计算维修后的经济寿命时还要对维修后结构的 EIFS 分布重新估计;而 MIFQ 概念可以使得维修前后的 IFQ 相同,从而便于维修后经济寿命的估算。

材料的 EIFS 分布与材料的内在缺陷有关。因此,欲提高材料的 IFQ,必须改进材料的冶炼工艺,严格控制其化学成分以及冶炼和热处理时的工艺参数,尽可能减少材料内部的夹杂物、气孔、缩孔、疏松和晶体缺陷等。只有这样,才能提高材料的原始疲劳质量,并改善结构的耐久性能,也只有完成对 MIFQ 的控制,才有可能系统地实现结构的耐久性控制。

结构 IFQ 与材料原始疲劳质量 MIFQ 定义的相同点均是将结构细节或材料的初始缺陷当量成裂纹,并用适当的分布函数来描述其随机性。不同点在于:结构细节 EIFS 分布包含了众多影响因素;而材料 EIFS 分布则仅与材料的内部缺陷和加载方式有关,而与结构件加工、结构细节等无关。因此,结构细节 EIFS 分布因细节不同而不同,材料 EIFS 分布对于相同材料的任意结构细节均相同。需要注意的是:在使用 MIFQ 进行结构耐久性分析时,需考虑结构形式、加工工艺等对裂纹扩展速率的影响。

8.5.4 原始疲劳质量评估方法

1. 断裂力学的方法

首先开展结构细节模拟试件的耐久性试验(开展 MIFQ 评估则开展标准试样耐久性试验),通过试验后试件断口的判读,获得建立原始疲劳质量分布所需的(a,N)数据集,a 为相对小裂纹的特征裂纹尺寸,N 为疲劳寿命。指定参考裂纹尺寸 a_r,可以确定各应力水平下各试样对应 a_r的 N 的数据。选定裂纹萌生时间分布模型,a_r不同,会得到不同的通用 EIFS 分布参数,变动 a_r选择适当的优化准则,对通用 EIFS 分布参数进行优化。

断口判读是取得建立 EIFS 分布所需相对小裂纹尺寸范围内(a,N)数据的关键步骤。通常可用体视显微镜配合扫描电镜完成。为了能从断口上判读相对小裂纹尺寸所对应的(a,N)数据,事件断口上必须每隔固定循环数有可判读的疲劳特征。对块谱而言,这种特征在试验后通常均可出现;对随机谱而言,大多数情况下得不到这种有规律的疲劳特征。因此,需要在编制试验载荷谱时,对结构疲劳载荷谱作细微的处理,构成在断口上形成可判读的疲劳特征的载荷段,称为标识载荷。含标识载荷的耐久性试验谱与结构疲劳载荷谱损伤的一致性应通过对比试验加以验证。

2. 断口定量反推的方法

(1) 通过对模拟件断口进行分析,找出断口形貌与载荷谱之间的对应关系,并从断口上实测出对应于载荷循环数 N_i的裂纹长度 a_i。

(2) 根据测得的一组数据绘制裂纹长度与循环时间或谱循环数的关系曲线,即疲劳裂纹扩展曲线(图 8-14)。

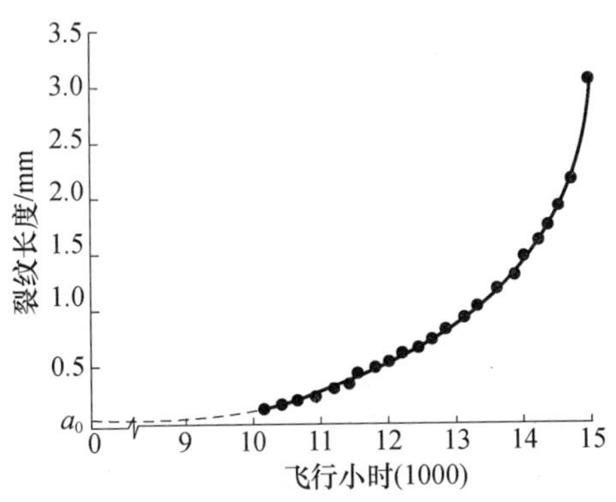

图 8-14　利用裂纹长度与循环时间(次数)之间关系反推原始疲劳质量

(3) 拟合实测曲线,反推原始疲劳质量 a_{0i}。由断口实测数据只能绘制疲劳裂纹扩展曲线的一部分。要得到 a_{0i},必须根据载荷谱的特点,选择合适的力学模型编程序拟合实测曲线。利用与实测曲线相吻合的裂纹扩展规律将曲线反推到时间为零,即 $N=0$,曲线与纵坐标的交点即为该构件的 a_{0i}。

无论利用断裂力学的方法,还是断口定量反推的方法,反推原始疲劳质量最关键的因素是利用客观、真实反映裂纹扩展规律的模型。

分析上述两种评估原始疲劳质量的方法可知,采用断裂力学的方法评估原始疲劳质量过程中,需要获得较小裂纹(如 0.4～1.2mm)的(a,N)数据,除了采用标识载荷的方法,还需要对标识载荷的耐久性试验谱与结构疲劳载荷谱损伤的一致性进行验证,过程复杂,而且在较小裂纹范围内,很难出现疲劳特征,尤其是有规律的疲劳特征。利用断口直接反推的方法评估原始疲劳质量,必须研究裂纹扩展规律(尤其是较小裂纹扩展规律),用可以客观表征的模型进行反推,否则反推结果误差较大。

8.6　断口反推疲劳应力

8.6.1　相关参数的确定方法

利用疲劳条带和 Paris 公式反推疲劳应力范围的基本公式为

$$\Delta\sigma = \left(\frac{S}{c}\right)^{\frac{1}{n}} \cdot (Y \cdot \sqrt{\pi a})^{-1}$$

在利用该公式或在该公式基础上结合具体的应力强度因子表达式进行疲劳应力定量反推时,首先要分析构件的受载形式,确定出应力比 R,根据应力比选取材料的裂纹扩展常数 c、n 值。S 是通过测量距离源区不同裂纹长度处的疲劳条带间距得到的。a 为裂纹长度,需要通过断口实测得到。

通过大量试验研究了疲劳条带间距 S、Y、c、n 参数对疲劳应力断口定量分析结果的影响。研究结果表明,疲劳条带测量误差对疲劳应力反推结果不敏感。但裂纹扩展材

料常数 c、n 值和裂纹形状因子 Y 值对疲劳应力定量分析结果影响明显。

裂纹扩展材料常数 c、n 值是在裂纹扩展速率试验的基础上得到的,c、n 值不但与材料类型有关系,而且受材料的处理状态、试验条件、试样的形状和厚度等的影响。在进行疲劳应力定量反推时,应选用与试验条件或工程应用条件相符的 c、n 值。在断口定量反推疲劳应力时,时常会碰到缺乏特定条件下的 c、n 值,因而需要采用相近材料或同种材料不同实验条件下 c、n 值代替的方法,这些处理方式均会导致断口定量反推疲劳应力结果出现偏差。c、n 值对疲劳应力定量反推结果影响较明显,在进行疲劳应力定量反推时,应选用与试验条件或工程应用条件相符的 c、n 值。

裂纹形状因子 Y 值的确定应真实反映裂纹受载类型、裂纹位置、裂纹形状,在这几个方面有保障的前提下,可保证疲劳应力断口定量反推结果的可靠性。在确定 Y 的过程中,一般需要结合构件及其细节的形状、构件的受载情况确定裂纹尖端的应力强度因子模型来确定,Y 的确定大多数情况下可通过《应力强度因子手册》确定,在《应力强度因子手册》中给出 Y 的形式有图、表,也有公式。此外,还有一些针对某具体试样形状和受载情况的裂纹形状因子和应力强度因子模型的文献可供参考。

通过疲劳条带和 Paris 公式反推得到的是疲劳应力范围 $\Delta\sigma$,根据 $\sigma_{\max} = \dfrac{\Delta\sigma}{1-R}$,可得到疲劳应力。

8.6.2 断口反推疲劳应力的基本过程

断口反推疲劳应力的基本过程如下:

(1) 通过宏观观察确定疲劳源的位置和裂纹的大致扩展方向。

(2) 对失效断口上疲劳条带进行观察与测量,得出 $(\mathrm{d}a/\mathrm{d}N)_{sx} - a$ 曲线。

(3) 获取裂纹形状因子 Y 值。

① 对于标准试样和一些简单的裂纹形状,已有形状因子表达式或相应的曲线,可通过《应力强度因子手册》获得。

② 对于一些复杂零件产生的裂纹,还没有准确的形状因子表达式,无法直接应用 Paris 公式进行应力反推计算时,可取形状、材料相同的构件(尺寸不一定相同),在已知应力幅 $\Delta\sigma_2$ 下做模拟试验将 Y 消去。

③ 通过有限元模拟的方法,自行提出某特定材料和工作环境的裂纹形状因子 Y 模型,并通过有限元和实际疲劳试验进行验证。

(4) 获取裂纹扩展材料常数 c、n 值

Paris 公式:

$$\mathrm{d}a/\mathrm{d}N = c(\Delta K)^n$$

裂纹扩展材料常数指 Paris 公式中的 c、n,其获取一般是通过开展裂纹扩展速率试验的方法得到 ΔK 和 $\mathrm{d}a/\mathrm{d}N$,拟合指定数据段中的 $\lg(\mathrm{d}a/\mathrm{d}N) - \lg(\Delta K)$ 数据点得到 c、n。c、n 值与材料状态、厚度及使用条件相关,在选用 c、n 值要注意故障件的各条件状态与 c、n 值的试验条件之间是否一致。在一些手册,如《飞机结构金属材料力学性能手册》[3]《中国航空材料手册》[4]《航空发动机设计用材料数据手册》中均有一些材料裂

纹扩展常数。

(5) 计算疲劳应力变幅$\Delta\sigma$。对裂纹形状因子Y值较简单的情况,利用下面公式计算疲劳应力变幅$\Delta\sigma$:

$$\Delta\sigma=\left(\frac{S}{c}\right)^{\frac{1}{n}}\cdot(Y\cdot\sqrt{\pi a})^{-1}$$

对一些形状及受力较复杂的大型构件,其裂纹形状因子Y_{sx}难以用解析式来表达,则可用与失效件等同的模拟试验件进行疲劳试验,求出其不同裂纹长度处的$(da/dN)_{sy}$,即$(da/dN)_{sy}-a$,则有

$$\frac{\left(\frac{da}{dN}\right)_{sx}}{\left(\frac{da}{dN}\right)_{sy}}=\left(\frac{\Delta\sigma_{sx}}{\Delta\sigma_{sy}}\right)^{n}$$

$$\Delta\sigma_{sx}=\frac{\left(\frac{da}{dN}\right)_{sx}^{\frac{1}{n}}}{\left(\frac{da}{dN}\right)_{sy}^{\frac{1}{n}}}\cdot\Delta\sigma_{sy}$$

(6) 分析造成构件失效的载荷,确定应力比R,可求出σ_{max}:

$$\sigma_{max}=\Delta\sigma/(1-R)$$

几种可供参考的确定R值的情况;

① 对于齿轮或轴的单向弯曲,$R=0$,$\sigma_{max}=\Delta\sigma$。

② 叶片的振动应力分析,振动破坏为对称循环,$R=-1$,$\sigma_{max}=\Delta\sigma/2$。

③ 旋转弯曲疲劳的情况,$R=-1$,$\sigma_{max}=\Delta\sigma/2$。

(7) 给出$\Delta\sigma$和σ_{max}随裂纹长度的变化曲线在σ_{max}随裂纹长度变化曲线的基础上可以估计裂纹的起裂应力。

8.6.3 应用举例

某型试验机在进行全尺寸翼身组合体疲劳试验约200h(6300次循环)后,左右翼各有一件螺栓发生断裂,断裂的两件螺栓均采用1Cr15Ni4Mo3N不锈钢制造,断裂位置如图8-15所示。

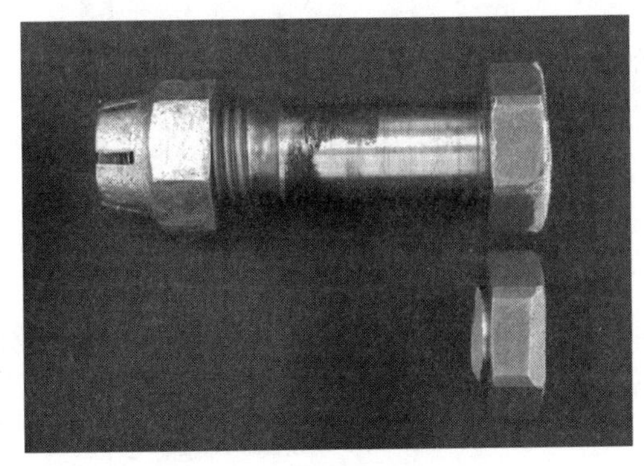

图8-15　螺栓的断裂位置

对故障组件进行了痕迹分析和扫描电镜观察以及金相组织和硬度分析，确定了螺栓的断裂性质为多源疲劳开裂，断裂的原因主要是工作过程中承受了较大的载荷；为确定故障螺栓承受的应力，对断裂螺栓进行了疲劳应力定量分析。对不同裂纹位置的疲劳条带进行测量，结果见表 8－3 和图 8－16。

表 8－3　螺栓疲劳应力范围断口定量分析相关参数

a/mm	a/b	$E(k)$	Y	$S/(\times10^{-3}$mm)	$\Delta\sigma$/MPa	σ_{max}/MPa
0.99	0.415	1.159	1.201	0.818	989	1061
1.20	0.459	1.185	1.209	0.873	940	1008
1.52	0.520	1.224	1.213	0.897	870	934
1.80	0.569	1.256	1.242	0.989	837	898
2.10	0.619	1.290	1.254	1.33	901	967
2.40	0.667	1.323	1.254	1.31	859	921
2.96	0.750	1.382	1.266	1.28	791	849
3.30	0.799	1.418	1.229	1.62	882	946
4.0	0.894	1.489	1.254	1.83	875	939
4.50	0.960	1.532	1.251	1.63	802	860

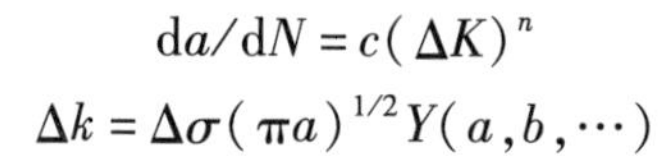

$$\mathrm{d}a/\mathrm{d}N = c(\Delta K)^n$$

$$\Delta k = \Delta\sigma(\pi a)^{1/2}Y(a,b,\cdots)$$

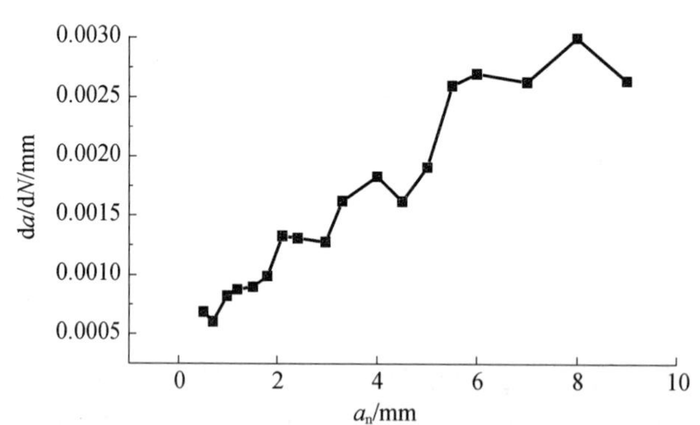

图 8－16　疲劳条带间距随裂纹长度的变化

对于截面为圆形的疲劳试样，且断裂起源于试样表面，有

$$\Delta\sigma = \left(\frac{S}{c}\right)^{\frac{1}{n}} \cdot E(k) \cdot (Y \cdot \sqrt{\pi a})^{-1}$$

$$E(k) = \left[1 + 1.464\left(\frac{a}{b}\right)^{1.65}\right]^{1/2}, a/b \leqslant 1$$

式中：a 为半椭圆表面裂纹的半短轴（即裂纹深度）；b 为半椭圆表面裂纹的半长轴。

根据试验条件：

$$R = 0.068 = \sigma_{min}/\sigma_{max}$$

$$\Delta\sigma = \sigma_{max} - \sigma_{min}$$

$$\sigma_{max} = \Delta\sigma/(1 - 0.068)$$

对该螺栓进行 $\Delta\sigma$ 和 σ_{max} 定量分析的相关参数也见表 8－3。根据表 8－3，可得到 $\Delta\sigma$ 与裂纹长度之间关系，及 σ_{max} 与裂纹长度之间关系，分别如图 8－17 和图 8－18 所示。

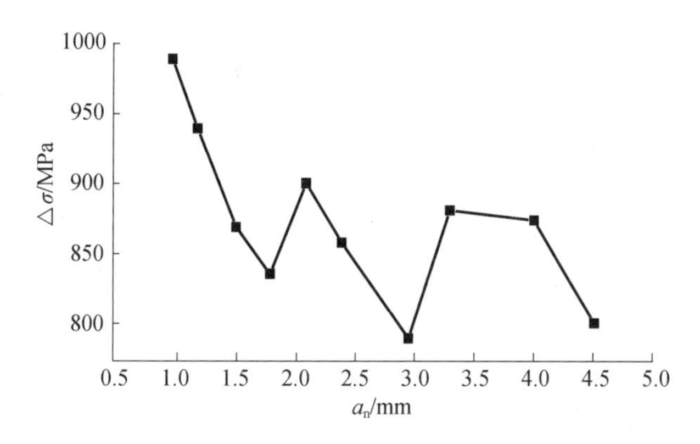

图 8－17　疲劳应力范围 $\Delta\sigma$ 与裂纹长度之间的关系

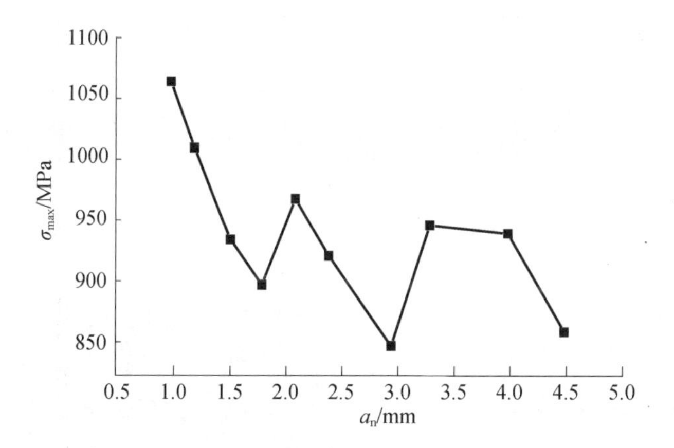

图 8－18　最大疲劳应力 σ_{max} 与裂纹长度之间的关系

由最大疲劳应力可知，源区附近的起裂应力已超出了材料的屈服强度，在疲劳扩展过程中，绝大多数位置的最大疲劳应力都大于疲劳强度，所以该螺栓是在大应力载荷作用下起裂和扩展的。

8.7　疲劳断口反推的其他应用

8.7.1　断裂先后顺序判断

拉杆连接凸耳断口定量分析。某铝合金拉杆连接凸耳疲劳试验过程中发生断裂。拉杆连接凸耳疲劳试验共分三个阶段，具体试验过程见表 8－4。

表 8-4　拉杆连接凸耳试验过程

序号	试验载荷/N	循环次数	试验结果
第 1 阶段	37500 ± 10000	10^6	正常
第 2 阶段	37500 ± 12000	5×10^5	正常
第 3 阶段	37500 ± 14000	472449	断裂
总计	—	1972449	—

拉杆连接凸耳断裂于安装孔的两侧,形成两个断面,源区均位于安装孔与端面交界处附近,裂纹扩展方向如图 8-19 所示。

两个断面形貌相似,裂纹扩展期断面平坦,微观呈细密的疲劳条带特征,如图 8-20 所示。其中左侧断面长度为 16.4mm,右侧断面长度为 24.52mm。

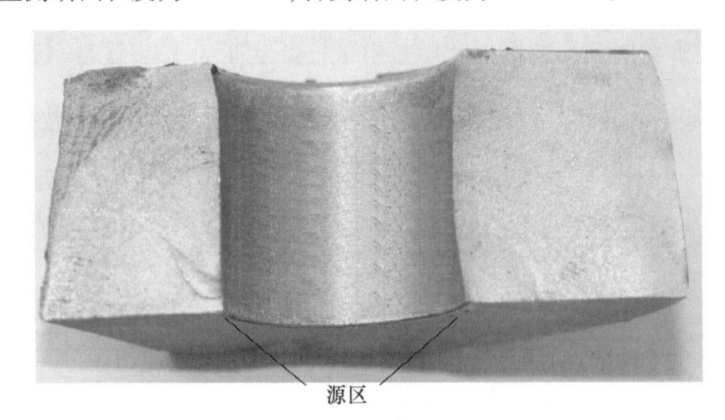

图 8-19　凸耳断口宏观形貌

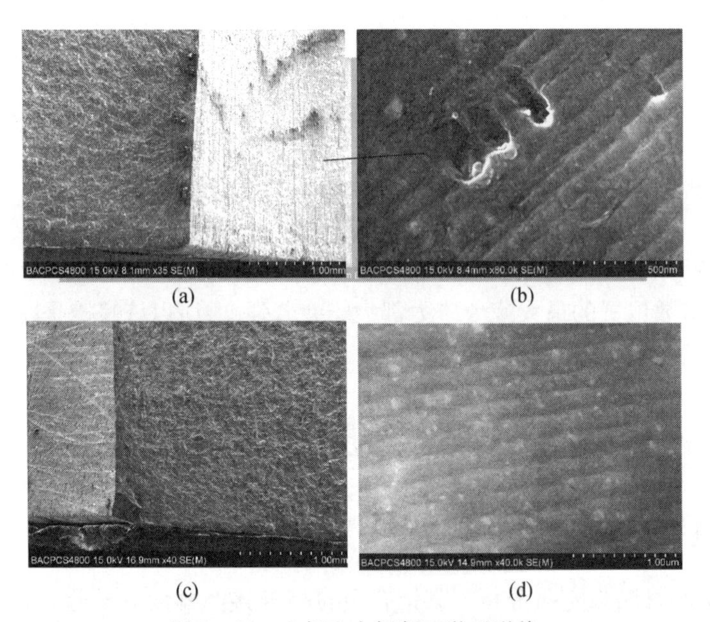

(a)　(b)　(c)　(d)

图 8-20　左侧和右侧断面微观形貌

(a)左侧源区低倍形貌;(b)左侧扩展期疲劳条带;

(c)右侧源区低倍形貌;(d)右侧扩展期疲劳条带。

拉杆连接凸耳断面上主要疲劳特征是疲劳条带形貌，结合试验加载过程，采用疲劳条带作为该断口寿命定量分析的参量。

1. 左侧断面

为了确定拉杆连接凸耳左侧断面的疲劳扩展寿命，从疲劳源区开始在扩展区内沿着裂纹的主扩展方向进行观察，取 $a_0 = 0.2\text{mm}$ 作为裂纹开始扩展的位置，距源区16.4mm处是最后测量疲劳条带的位置，对左侧断面疲劳条带进行测定，数据见表8-5，利用表8-5中数据可以得到疲劳条带间距随裂纹长度之间的变化趋势（图8-21）。采用列表梯形法对左侧断面疲劳裂纹所经历的扩展寿命进行计算。具体计算数据列入表8-5的 N_i 栏，左侧断面疲劳扩展寿命为220521循环周次。

$$N_f = \sum N_n = \sum (a_n - a_{n-1}) \Big/ \left(\frac{\frac{da_n}{dN_n} + \frac{da_{n-1}}{dN_{n-1}}}{2} \right)$$

式中：a 为裂纹长度；da/dN 为裂纹扩展速率。

表8-5　左侧断面疲劳条带相关数据

序号	裂纹长度 a_n/mm	条带平均间距 S/μm	N_i
1	0.20	0.033	22418
2	1.22	0.058	15044
3	2.07	0.055	21455
4	3.25	0.055	29346
5	4.82	0.052	25946
6	6.26	0.059	21667
7	7.69	0.073	19118
8	8.99	0.063	15714
9	10.20	0.091	16667
10	11.60	0.077	15455
11	13.30	0.143	12883
12	15.40	0.183	4808
13	16.40	0.233	$\sum N_n = 220521$

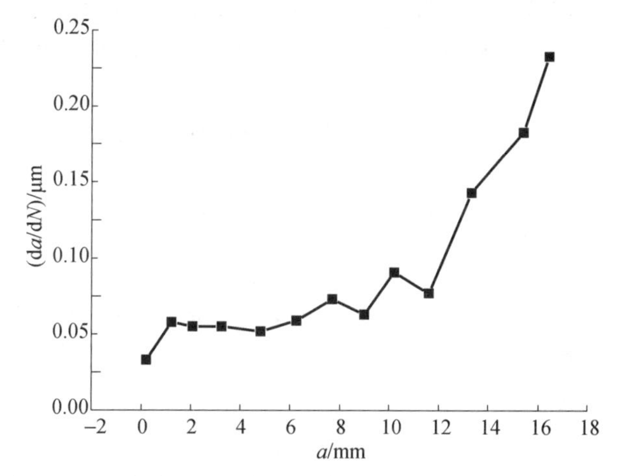

图8-21　左侧断面裂纹扩展速率与裂纹长度之间的关系曲线

2. 右侧断面

采用同样方法对右侧断面扩展寿命进行计算。从疲劳源区开始在扩展区内沿着裂纹的主扩展方向进行观察，取 $a_0 = 0.2$mm 作为裂纹开始扩展的位置，距源区 24.52mm 处是最后测量疲劳条带的位置，对右侧断面疲劳条带进行测定，可以得到疲劳条带间距随裂纹长度之间的变化趋势(图 8-22)。采用列表梯形法对右侧断面疲劳裂纹所经历的扩展寿命进行计算，得出右侧断面疲劳扩展寿命为 558267 循环周次。

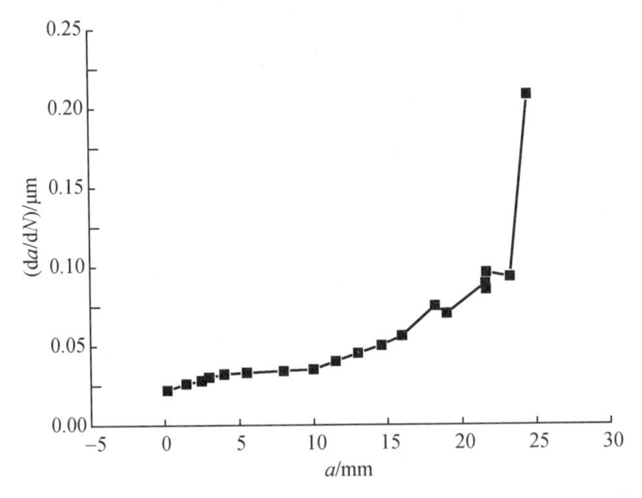

图 8-22　右侧断面裂纹扩展速率与裂纹长度之间的关系曲线

由定量分析结果可知，拉杆连接凸耳左侧断面的扩展寿命为 220521 循环周次，右侧断面的扩展寿命为 558267 循环周次，所以拉杆连接凸耳右侧断面首先发生裂纹扩展。

8.7.2　失效性质或原因的辅助判断

有些情况下可能由于某种原因而不便进行疲劳应力反推，如缺少所需的裂纹扩展材料常数，或构件受载非常复杂，难以确定裂纹形状因子等情况而又不能及时开展相关的模拟试验。为了较深入地分析失效原因，通过分析裂纹扩展速率随裂纹长度的变化趋势也可以在一定程度上分析构件的受载情况。

振动、较大的残余应力都会使裂纹扩展速率变化规律不同于常规的裂纹稳定扩展速率变化规律。比如，振动疲劳失效裂纹扩展速率往往围绕每只上下波动(图 8-23)，由于较大的残余应力或装配应力等会使裂纹起始应力较大，在裂纹较小时，裂纹扩展速率大，随着裂纹的增长，初始应力下降，裂纹扩展速率反而下降。

虽然单从裂纹扩展速率的变化趋势上很难直接确定失效原因，但是在分析裂纹扩展速率变化规律的基础上，再结合构件的痕迹、断裂位置和断裂特征等分析结果，可以为进一步分析失效原因提供指导。

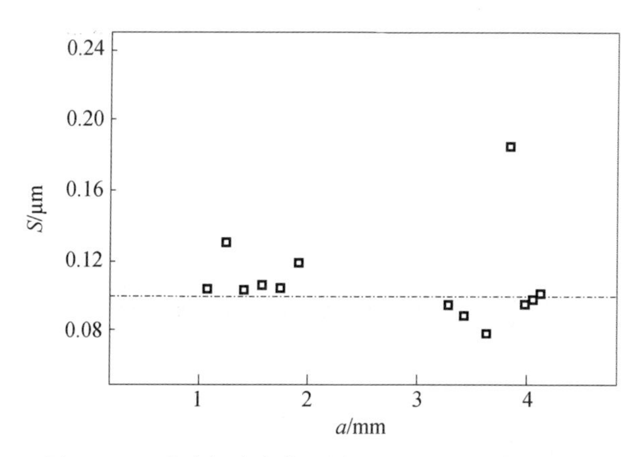

图 8-23　叶片振动疲劳不同裂纹长度出的条带间距

8.7.3　用断口定量分析方法评价工艺效果

断口定量分析方法不仅可以直接分析疲劳寿命和疲劳应力，还可通过对疲劳扩展寿命定量分析的方法来评价工艺情况。

两个 30CrNi4MoA 疲劳试样，经过螺纹滚压强化疲劳试验总寿命 $N_{f1}=420100$ 循环周次，临界裂纹长度 $a_{c1}=6.35\text{mm}=6350\mu\text{m}$；未经滚压强化的疲劳试验总寿命 $N_{f2}=31000$ 循环周次，临界裂纹长度 $a_{c2}=6.0\text{mm}=6000\mu\text{m}$。

对两个试样进行疲劳扩展寿命反推，滚压强化试样扩展寿命 $N_{p1}=60380$ 循环周次，裂纹萌生寿命为 $N_{i1}=N_{f1}-N_{p1}=359720$ 循环周次。未经滚压强化试样扩展寿命 $N_{p2}=17800$ 循环周次，裂纹萌生寿命为 $N_{i2}=N_{f2}-N_{p2}=13200$ 循环周次。

经过计算证实，螺纹滚压强化可以大幅度提高裂纹萌生寿命，有效延长安全使用寿命。

参考文献

[1] 张栋，钟培道，陶春虎，等．失效分析[M]．北京：国防工业出版社，2005.
[2] 刘新灵，张峥，陶春虎．疲劳断口定量分析[M]．北京：国防工业出版社，2010.
[3] 刘文珽，郑旻仲，费斌军．概率断裂力学与概率损伤容限/耐久性[M]．北京：北京航空航天大学出版社，1998.
[4] 杨谋存．结构耐久性分析方法研究及其在轨道车辆上的应用[D]．南京：南京航空航天大学，2007.
[5] 中国航空材料研究院．应力强度因子手册（增订版）[M]．北京：科学出版社，1993.

第九章　非金属材料与构件的失效分析

9.1　非金属材料的基本概念

由金属材料及其构件失效所造成的严重后果已引起人们对失效分析的高度重视，而对非金属材料及构件失效的研究相对较少。非金属材料是一个泛称，是除金属材料之外的其他材料。非金属材料范围广，种类多，并具有许多优良的独特性能，已在机械工程材料中占有重要地位。按化学组成可分为无机非金属材料（如陶瓷、玻璃、水泥等）和有机非金属材料（如塑料、橡胶、合成纤维等）。航空常用非金属材料主要为高分子材料，主要是橡胶、塑料（有机玻璃）及树脂基复合材料。

9.2　非金属材料与构件失效分析方法

9.2.1　表面形貌与污染分析

材料形貌分析主要包括分析材料的几何形貌，材料的颗粒度、颗粒度的分布以及形貌微区的成分和物相结构等方面。非金属材料形貌分析常用的分析方法主要有体视显微镜、扫描电子显微镜。由于非金属材料本身的物理性能（包括电性能、光学性能等）和化学性能与金属材料有很大差别，材料形貌分析的方法也有所不同。例如：橡胶不透明、不反光、不导电；有机玻璃透明、不导电、反光性能差，对温度与有机溶剂敏感。这就要求在做形貌分析时对所用的方法进行选择，如光源、照明方法、样品特殊处理等。

1. 体视显微镜

体视显微镜可以对样品的表面形貌进行直接观察，可观察样品表面的粗糙度，裂纹起始、扩展及最终断裂区域的特征。对于非失效件，可直接观察表面是否存在加工损伤与材料缺陷；对于失效件，可观察断口表面的镜面区、雾状区与粗糙区的特征，区域大小与相对位置等，判断裂纹走向、裂纹源的位置等，确定零件断裂的性质与可能的断裂原因。

在对非金属表面与断口进行观察时，一般采用斜光照明的方法，这样得到的图像清晰度更好。对于有机玻璃断口选用黄绿色滤色片可获得更佳的成像效果。

2. 扫描电子显微镜

当试件表面或断口形貌的一些区域特征细节需要放大观察时，如观察内部颗粒的形貌，可将试件放在扫描电子显微镜下进一步观察。因非金属导电性差，做扫描观察前一般需在表面喷涂一定厚度的导电材料，如金、碳等。在表面喷涂的过程中要防止试件表面烧伤。环境扫描电子显微镜是近年来发展起来的新型扫描电子显微镜，非金属样品可以不经表面处理就能直接观察。

聚合物表面的污染物分析一般首先采用金相显微镜辨别污染物是金属还是聚合物,然后采用扫描电镜能谱分析确定污染物粒子的元素组成。

9.2.2　界面分析

非金属材料的界面性质非常重要,特别是对于多相结构特征的材料,各相材料之间的界面对复合材料的各种性能有着重要的影响。且零件的界面情况与制造工艺、制件的失效情况密切相关。

非金属材料界面分析主要分析界面的黏结情况,常采用体视显微镜、金相显微镜与扫描电子显微镜进行分析。对于橡胶材料的界面分析一般采用体视显微镜观察,如橡胶轮胎帘布之间的脱黏(图9-1),橡胶结构与金属件之间的黏着不良等。但是,如果橡胶材料中存在较小的增强粒子,需采用扫描电镜来观察粒子在基体材料中的分布与黏结情况。

对于复合材料一般磨制金相试样后,在金相显微镜下观察各层的黏结情况(图9-2)。特别是对于蜂窝夹层的复合材料结构,需采用截面金相法判断蜂窝与蒙皮的黏着情况。

图9-1　橡胶轮胎帘布之间开裂

图9-2　脱黏缺陷

9.2.3　成分分析

材料的成分分析就是分析材料中各种元素的组成,即检测材料中的元素种类及其相对含量的过程。非金属材料的元素分析主要用于鉴别材料或结构是否为设计规定的材料或结构,材料是否发生了老化,一般采用扫描电镜能谱分析与红外光谱分析方法。

非金属材料特别是橡胶类材料,种类与牌号较多,外观无明显的差别,在使用过程中经常会发生混料现象,在判别所用材料的种类时可以采用能谱分析方法,根据如氟、硅、碳、氧等元素的相对含量来辨别材料的种类。如需进一步确定材料的具体牌号或材料在使用过程中是否发生了老化等变质现象,可以采用红外光谱分析的方法,通过与标准图谱或新材料的谱图对比,确定所用材料的具体牌号与所发生的变化。

9.3　橡胶材料与构件的失效分析

9.3.1　橡胶材料的常见缺陷

由橡胶材料制作橡胶制品时,一般要首先进行塑炼,然后加入各种填料、防老剂、增塑剂、硫化剂、促进剂等制成混炼胶，即橡胶胶料。胶料经成型，硫化成为橡胶制品，很多制品还要加入天然或合成织物以及金属丝起增强作用。可见，橡胶制品的工艺较复杂，每一个工艺过程控制不当，都可能使制品产生缺陷。下面主要介绍橡胶制品中的常见缺陷。

1. 气泡与分层

气泡与分层是橡胶材料的常见缺陷。在橡胶的压延、模压过程中由于辊筒温度太高、未能正确使用滚式划气泡装置、供料积胶太大、胶料热炼时间太长、要释放托辊积存的空气或毛坯中夹杂空气等原因，可能会产生气泡或分层缺陷。另外，在黏合制件中，由于各种原因造成的界面弱黏合，也会产生气泡或分层缺陷。

在航空轮胎制造过程的压延和成型等工序中，如果胶与胶、帘布与胶之间夹杂油污或污垢，或者帘布与胶之间的气体没有完全排出，就会导致轮胎内部产生分层和气泡。新轮胎使用一段时间后，胎体内部黏合不牢处也会在剪切应力的作用下脱开，形成新的分层。分层和气泡通过常规检测手段几乎无法检测出来，只有采用激光无损检测技术才行。

在航空常用的输油夹布胶管中，由于夹布与胶料之间的弱黏着产生的典型内外鼓包与分层现象如图 9 – 3 和图 9 – 4 所示。

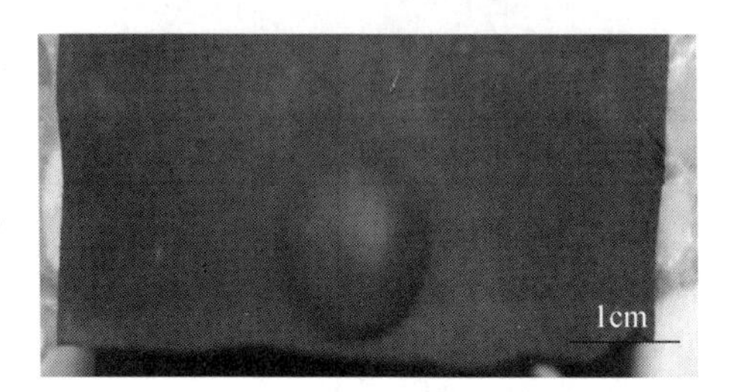

图 9 – 3　夹布胶管的外表面气泡形貌

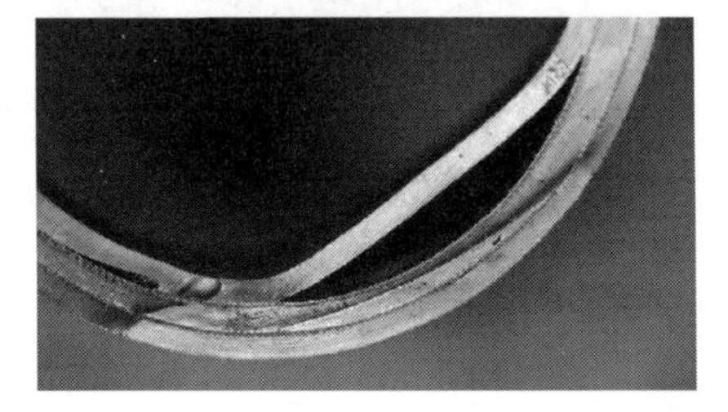

图 9 – 4　夹布胶管的内表面气泡与分层特征

2. 弱黏与脱黏

橡胶材料的界面黏着缺陷与界面吸水、氧化、污染有关。如黏结剂表面接触到手上汗液、工具上的油脂或者在空气中停放时间过长引起吸水等都会在界面产生缺陷，引起弱黏或脱黏。在橡胶金属制件界面，由于处理不当，也会引起脱黏现象。典型的橡胶金属制件的脱黏现象如图 9 – 5 所示。

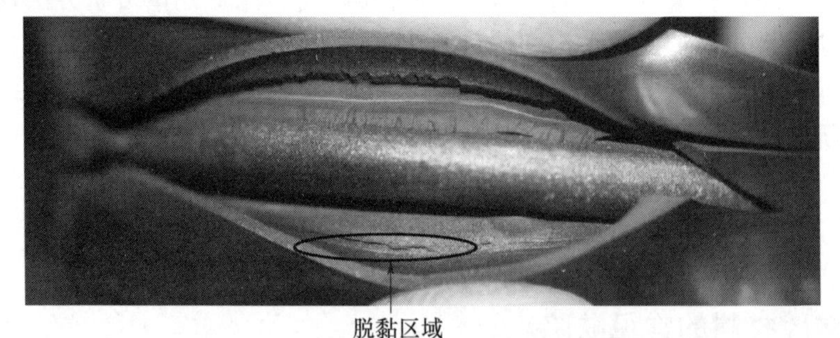

图 9 – 5　橡胶金属制件界面脱黏形貌

3. 气孔

橡胶胶管中的气孔缺陷主要是填充剂分布不好、硫化时夹藏空气、混炼胶有潮湿成分以及在硫化时出现凝聚等原因引起的。挤出时口型只部分充满也会产生气孔。

模压橡胶制品的气孔缺陷与模压过程中欠硫、压力太低有关。典型的模压橡胶圈内的气孔缺陷如图9-6所示。

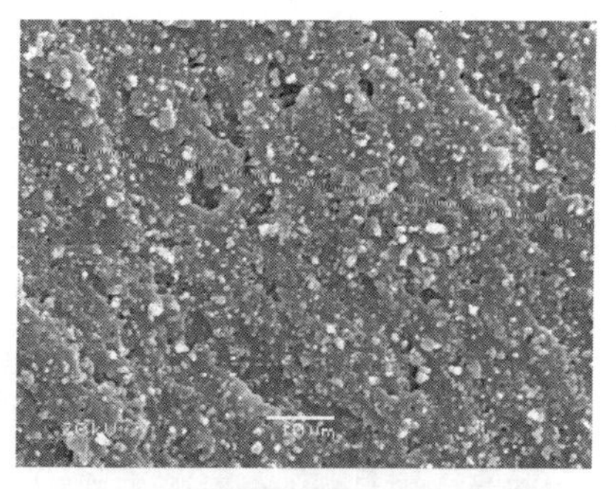

图9-6　橡胶圈内细密的气孔缺陷

9.3.2　典型案例分析

飞机受油探头安装了两个密封圈，试飞考核后分解检查发现，一个密封圈破损严重，另一个密封圈尺寸变大，发生溶胀。该型密封圈为动密封，在航空液压油中使用，所用材料为丁腈橡胶，安装使用前经过了历次试验。

失效密封圈的外观如图9-7所示，密封圈磨损严重，整个表面可见大量的磨损痕迹，严重区域发生剥落，局部磨损痕迹呈螺旋状，密封圈发生了扭转变形，说明密封圈在使用过程中发生了滚动。密封圈剥落区域主要位于分模面附近，断口上可见多个小断面。密封圈用手触摸，有发黏感，表面与断口上可见较多发亮的油脂。

另一个发生溶胀的密封圈表面可见磨损特征，磨损痕迹呈螺旋状，密封圈也发生了扭转变形，可见，密封圈在安装槽内发生了滚动。

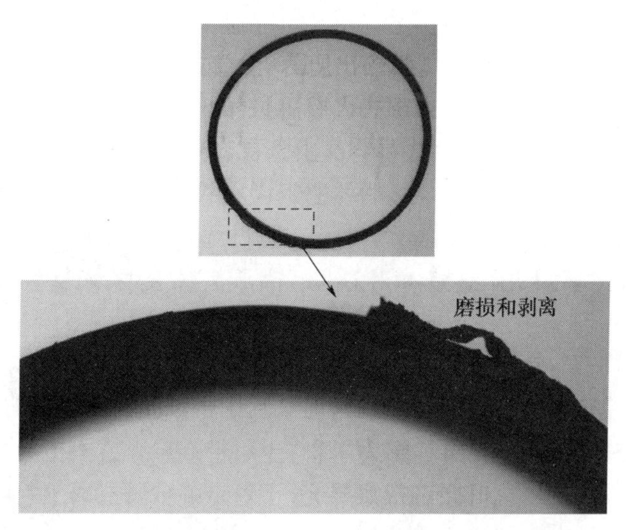

图9-7　失效密封圈外观

将密封圈置于体视显微镜下检查，密封圈剥落区域断口明显分为两个区：图9-8中靠近密封圈上表面（A区）与密封圈内部及靠近下表面的区域（B区）。靠近密封圈上表面的区域磨损严重，无明显的断裂特征；密封圈内部及靠近下表面的区域呈疲劳断裂特征（图9-9）。密封圈周向大部分区域磨损严重，沿周向条形剥落，磨损与剥落主要位于分模面附近，分模面与密封圈表面存在一定的高差，局部可见沟槽特征（图9-10）。

密封圈表面其他区域也可见多条较深的沟槽,无沟槽区域也可见磨损特征,从沟槽与磨损痕迹的方向判断,密封圈在使用过程中发生了滚动(图 9－11)。密封圈完好区域可见制备过程中形成的较深的压制痕迹。

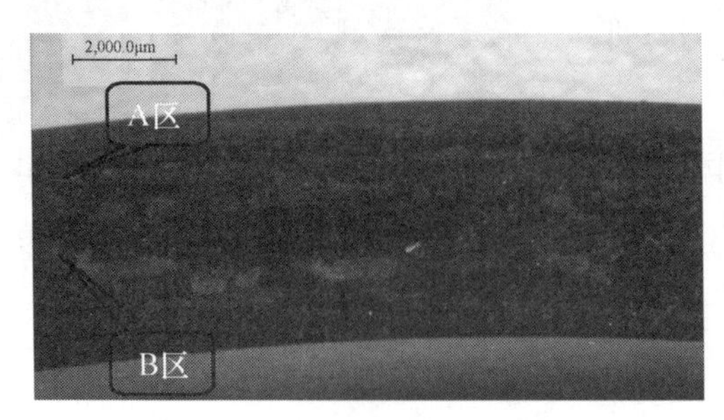

图 9－8　密封圈剥落区域断口

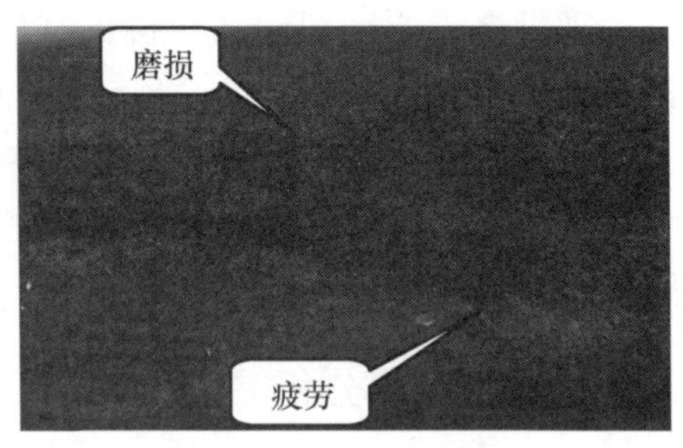

图 9－9　磨损与疲劳特征

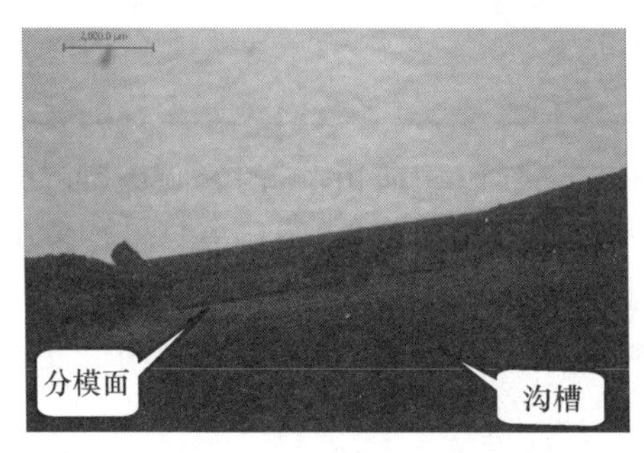

图 9－10　沿分模面失效

图 9－11　密封圈表面沟槽及磨损

将失效密封圈置于扫描电子显微镜下观察,磨损区域可见大量的开裂特征,表面高倍下呈层状特征(图 9－12);表明材料可能发生了溶胀。疲劳区可见典型的疲劳弧线(图 9－13),表明密封圈发生了疲劳断裂。断口上未见明显的材料缺陷。

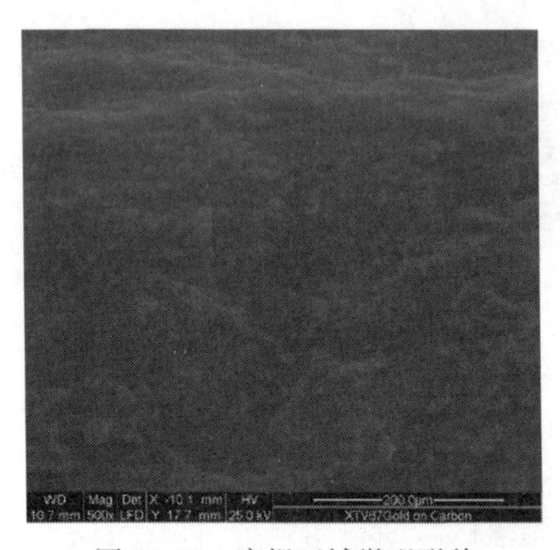

图 9－12　磨损区域微观形貌

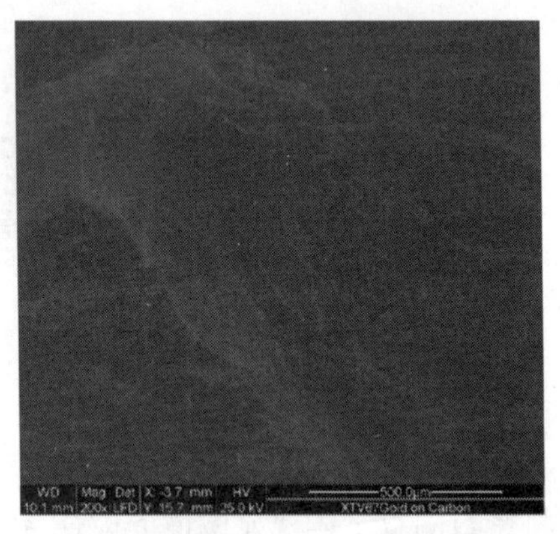

图 9－13　疲劳弧线

红外分析结果如图 9－14 所示,失效密封圈与新密封圈所用材料均为丁腈橡胶,两种材料的红外谱图无明显差异。因此,可以排除密封圈因用错材料及老化变质引起失效的可能。

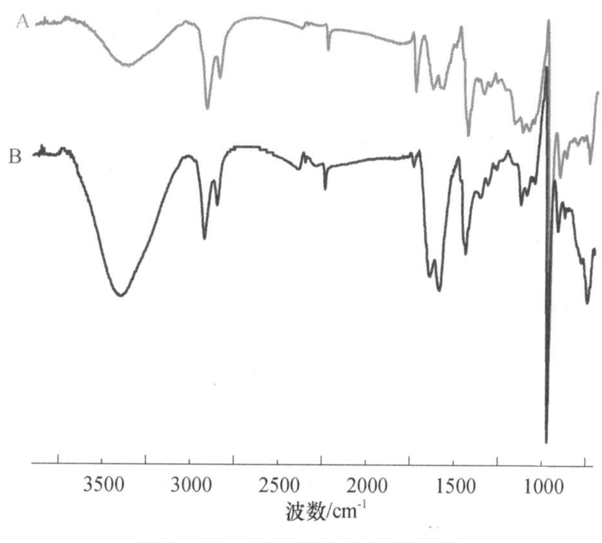

图 9-14　密封圈红外分析结果

对压制密封圈模具的表面进行检查发现，模具表面较粗糙，局部存在较深的沟痕，与密封圈表面的痕迹方向一致，可见密封圈表面的沟痕主要是在压制过程中产生的。

密封圈断口上可见多个疲劳区与典型的疲劳弧线特征，表明密封圈的失效性质为典型的疲劳失效。密封圈表面磨损严重，剥落区域与磨损区域主要位于密封圈外表面，疲劳裂纹起源于密封圈表面磨损区域。疲劳裂纹的萌生与密封圈表面的磨损有关。

该密封圈所用材料为丁腈橡胶，是一种弹性显著的高弹性材料，能在外力的作用下改变自己的尺寸，发生很大的可逆变形。在液体密封机理中，其特殊作用的是液体对固体产生的润湿过程。对任何密封结构，都可以看成是彼此贴合的两个固体。如果被密封液体对两接触面浸润良好，则它们之间会形成一层很薄的液膜。通常，O 形密封圈是在直径上按一定的过盈量装入槽内工作，对于动密封结构，一般取过盈量在 10% ~25% 之间。若超过这一范围，轻者密封圈的使用寿命减少，严重时就会导致密封圈早期失效。随着密封圈的尺寸变大，压力上升，摩擦条件会接近半干甚至全干摩擦状态。此时，与接触面微观不平度、平均高度有直接关系的因变形引起的摩擦力会迅猛增加。

失效密封圈表面发黏，磨损区域断口主要为层片状特征，未失效密封圈的尺寸变大，可见密封圈发生了溶胀，使得密封圈所受压力上升，所受摩擦力增加。而密封圈表面较粗糙，存在大量压制过程中产生的大量的沟痕，特别是在分模面附近，这种微观不平度，加之密封圈溶胀可能使密封圈所受的摩擦力大大增加。两个密封圈表面均磨损严重，且均发生了扭转变形，也说明密封圈受到了较大摩擦力的作用。可见，密封圈失效主要是由于其长期浸泡在液压油中发生了溶胀，体积增加，且随着浸泡时间的增加，体积增加越来越大，在密封圈往复运动的过程中，摩擦力上升，密封圈的分模面附近加工较粗糙，所受的摩擦力更大，首先在此处发生磨损，在磨损处逐渐产生微裂纹，随着密封圈的往复运动，微裂纹的进一步扩展，表面的橡胶发生疲劳剥落。

密封圈表面的沟痕与其模具上的痕迹相似，可见这些较深的痕迹是在密封圈压制过程中产生的。

受油探头密封圈为疲劳失效，疲劳裂纹起源于密封圈的表面磨损区域。密封圈的表面磨损主要与其他液压油中发生体积膨胀及表面的加工质量有关。

9.4 有机玻璃及其构件的失效分析

9.4.1 有机玻璃中的银纹

航空有机玻璃制造的飞机透明件在应力、溶剂等作用下易产生银纹，银纹具有不可逆性，一旦出现，就不能用加热或退火的方法根除，在应力、溶剂作用下会不断扩展，形成裂纹，银纹和裂纹会影响飞机透明件的承载能力，降低其使用寿命，严重的可能会引起透明件空中爆破。

有机玻璃银纹分为溶剂银纹、应力银纹和应力－溶剂银纹三种。在溶剂作用下产生的银纹为溶剂银纹，溶剂银纹杂乱无章，呈无序状态分布。贮存和制造环境中有溶剂蒸气可使有机玻璃产生溶剂银纹。没有溶剂作用，只在外力作用下产生的银纹即应力银纹，应力银纹垂直于应力作用的方向，呈有序分布。玻璃贮存、成形、机加或装配时受力不均匀、成形后冷却不均匀都能使有机玻璃产生应力银纹。在外力和溶剂的共同作用下产生的银纹为应力－溶剂银纹，银纹垂直于应力作用的方向，呈有序分布，其应力阈值低，较容易产生。在应力集中和溶剂腐蚀作用大的位置银纹更密集。

9.4.2 典型案例分析

某型飞机座舱盖飞行前检查发现裂纹，座舱盖是由厚8mm的MYB－3有机玻璃与金属骨架通过丙烯酸酯胶黏剂与加强件进行黏接的结构。座舱盖玻璃的裂纹位于前弧端面，为穿透性裂纹（图9－15），沿航向扩展约90mm。

人为打开座舱盖玻璃裂纹，断口的整体宏观形貌如图9－16所示。断口分为三个区域：I区域为裂纹起始区；II区域为裂纹快速扩展区；III区域为人为打断区。

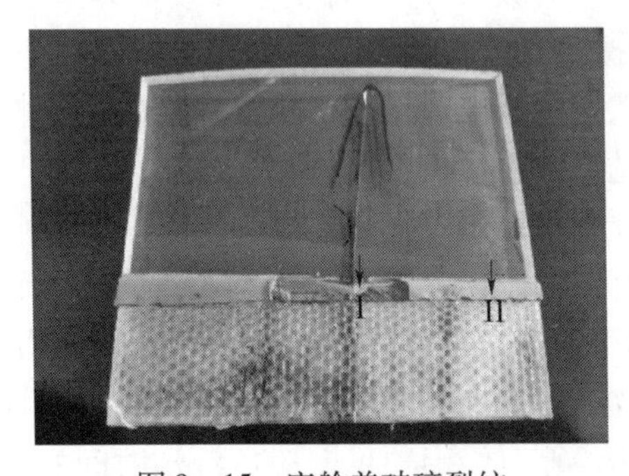

图9－15 座舱盖玻璃裂纹

图9－16 裂纹断口宏观形貌

断口的端部形貌如图9－17(a)所示，裂纹起始区（I区）与快速扩展区（II区）存在明显的弧形分界线，且弧线处可见河流状扩展棱线特征。在I区域的表面可见大量的气泡，为典型的溶剂腐蚀特征，如图9－17(b)所示。双弧线之间可见大量平行排列的长丝状形貌，为典型的应力－溶剂腐蚀特征，如图9－17(c)、(d)所示。

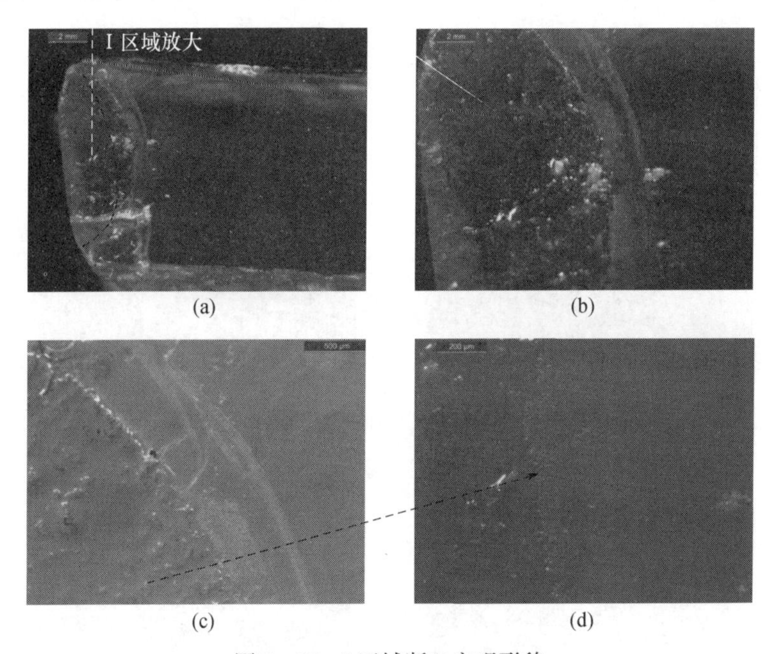

图 9－17　I 区域断口宏观形貌

(a)断口端部形貌；(b)I 区域溶剂腐蚀气泡；(c)双弧线间的应力－溶剂腐蚀特征；(d)应力－溶剂腐蚀特征放大。

裂纹起始区(I 区)的微观整体形貌如图 9－18(a)所示，断口表面可见明显的疲劳弧线特征如图 9－18(b)、(c)所示。疲劳源区位于有机玻璃的侧表面，线源，未见孔洞、夹杂和割伤痕迹(图 9－18(b))。根据形貌特征的不同，I 区又可分为三个不同的区域(A 区、B 区和 C 区)。A 区的表面形貌如图 9－18(d)所示，腐蚀特征不明显，其表面附着大量的白色颗粒，但颗粒浮于样品表面，应为后期污染导致，并非来自样品本身；B 区域颜色较暗，表面可见大量的腐蚀坑，如图 9－18(e)、(f)所示；C 区域可见同心疲劳弧线特征，且在靠近 B 区域的位置处存在大量有序分布的长条状应力－溶剂腐蚀形貌，如图 9－18(g)、(h)所示。

裂纹的快速扩展区域表面形貌特征如图 9－19 所示，表面平坦光滑，未见溶剂腐蚀形貌。快速扩展产生的裂纹起始于 I 区域末端弧线，前期为河流状扩展棱线特征(图 9－19(a))，中期为羽毛状花样特征(图 9－19(b))，后期为平行的弧线扩展特征(图 9－19(c)、(d))。

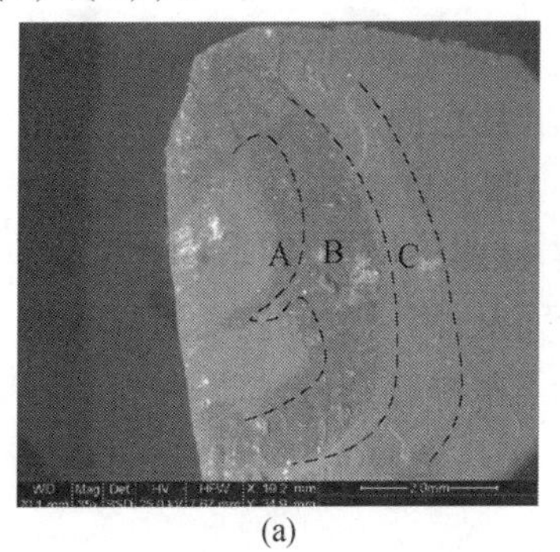

(a)

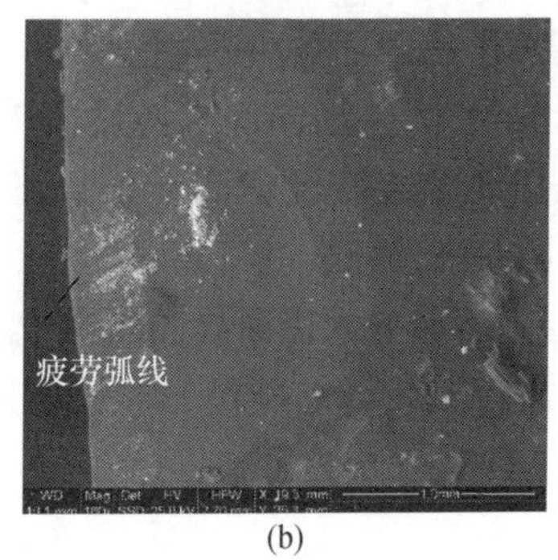

(b)

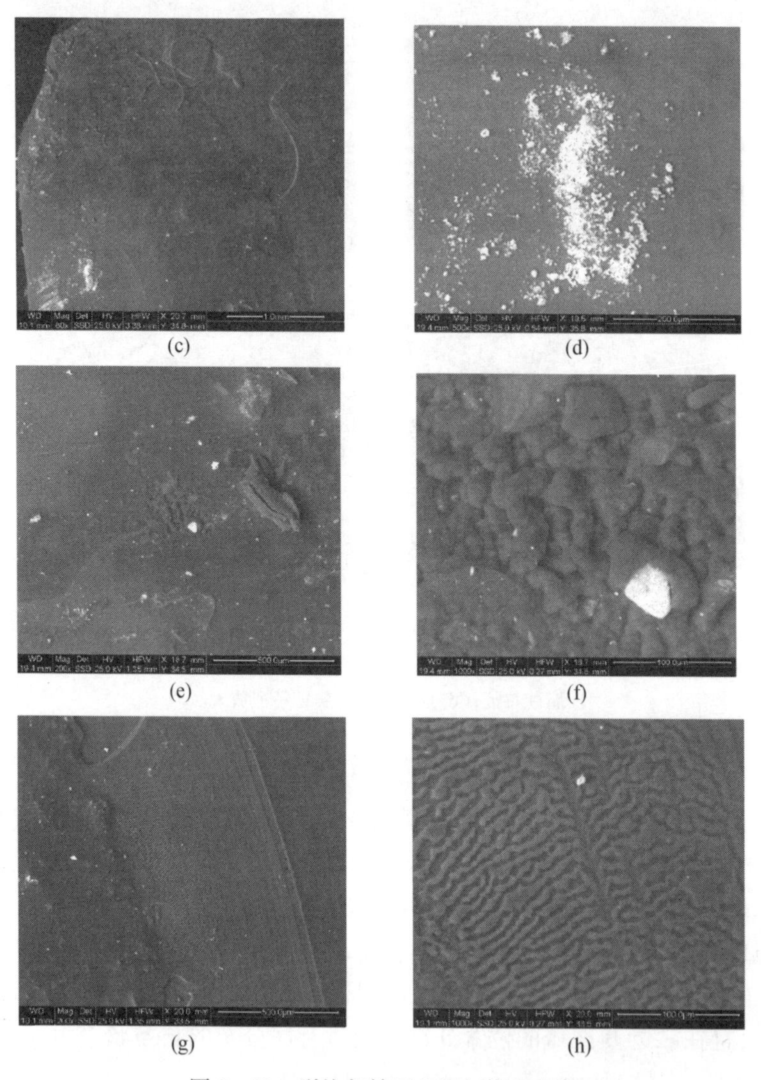

图 9-18　裂纹起始区（I 区）微观形貌
（a）I 区域微观形貌；（b）A 区域疲劳弧线特征；（c）疲劳弧线特征；
（d）A 区域表面附着颗粒；（e）B 区域溶剂腐蚀特征；
（f）腐蚀高倍特征；（g）C 区域；（h）C 区域高倍特征。

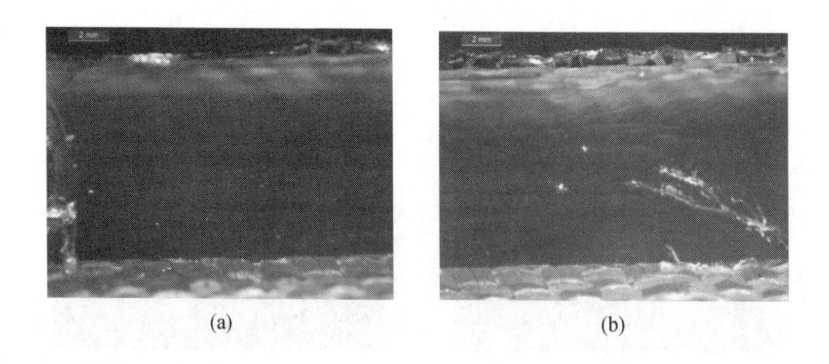

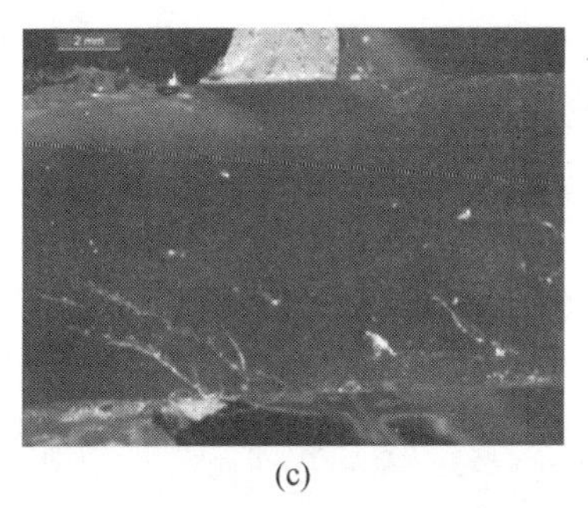

(c)

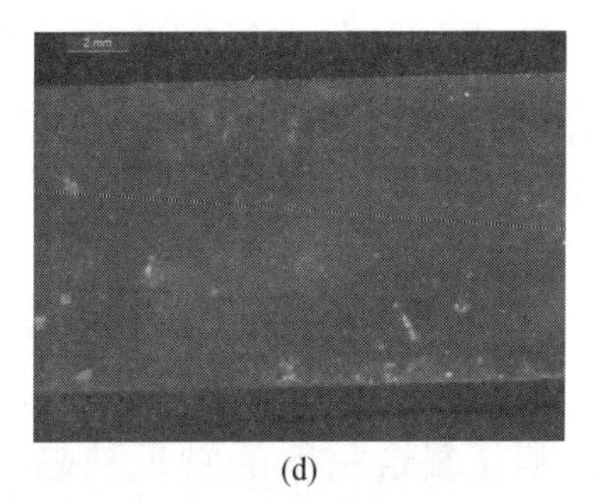

(d)

图 9－19　裂纹快速扩展区（Ⅱ区）形貌

（a）快速扩展前期；（b）快速扩展中期；（c）快速扩展后期；（d）快速扩展后期。

人为打断区（Ⅲ区）的断口形貌如图 9－20 所示，该区域明显高于裂纹快速区域，且其表面凹凸不平。

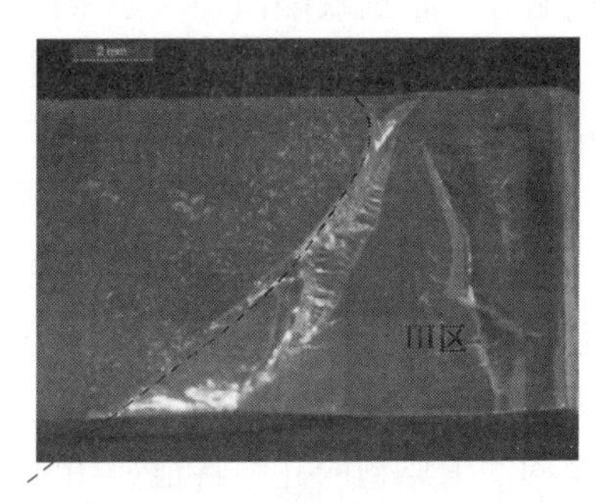

图 9－20　人为打断区（Ⅲ区）形貌

人为打开座舱盖玻璃边缘的某一微裂纹，其断口形貌如图 9－21 所示。微裂纹断口区与人为打开区界限明显，"耳廓形"光亮区为微裂纹断口，可见明显的疲劳弧线特征，源区未见颗粒、夹杂、孔洞和割伤痕迹，断口表面未见溶剂腐蚀和应力－溶剂腐蚀特征，与大裂纹Ⅰ区的特征相似；人为打开区域较粗糙，可见河流状花样特征。

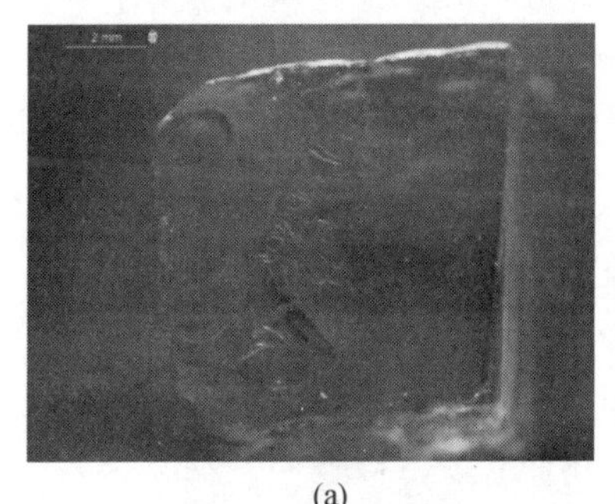

(a)

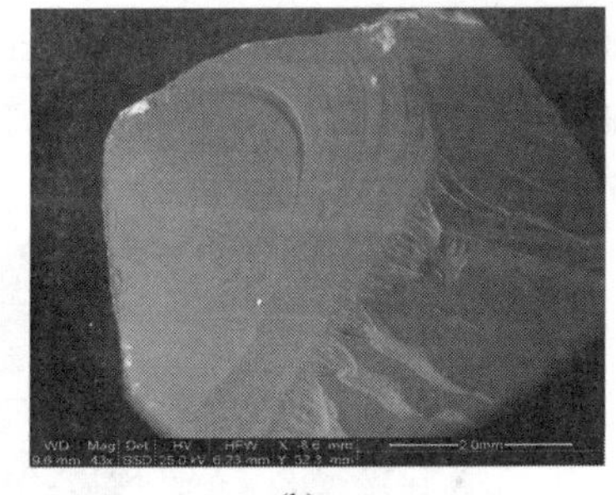
(b)

图 9－21　座舱盖玻璃边缘的某一微裂纹断口形貌

（a）宏观体视形貌；（b）扫面电镜下的疲劳弧线特征。

座舱盖玻璃裂纹位于前弧端面，沿航向扩展。人为打开裂纹，裂纹起源区呈半椭圆形，其前端的 A 区和末端的 C 区表面可见明显的疲劳弧线特征，中间 B 区域表面被严重腐蚀，其疲劳弧线被溶剂腐蚀特征遮盖。双弧线之间的 C 区表面可见排列规整的长条状应力－溶剂腐蚀特征，且靠近溶剂腐蚀区域处的特征明显，主要是由于该处位于初始微裂纹的尖角位置，应力较大，因此在应力和溶剂的共同作用下产生了大量的应力－溶剂腐蚀形貌特征。

人为打开座舱盖的某一微裂纹，其表面同样可见明显的疲劳弧线，且与大裂纹的起始区表面特征相似，大裂纹断口表面可见溶剂腐蚀和应力－溶剂腐蚀特征，微裂纹表面未见腐蚀特征，说明座舱盖表面的大裂纹主要是由于疲劳导致的，其溶剂腐蚀和应力－溶剂腐蚀特征是在疲劳开裂后产生的。

座舱盖的裂纹为疲劳裂纹，起源于座舱盖玻璃的侧表面，线源；溶剂腐蚀和应力－溶剂腐蚀特征为疲劳开裂之后产生的；飞机座舱玻璃在飞行过程中承受着交变的气动载荷、温度载荷以及座舱增压载荷作用是导致其发生疲劳开裂的主要原因。

9.5 树脂基复合材料与构件的失效分析

9.5.1 树脂基复合材料的常见缺陷

聚合物基复合材料中最易产生的缺陷主要有孔隙、分层、夹杂、贫/富树脂区、纤维褶皱等。根据缺陷面积大小不同，可以分为宏观缺陷与微观缺陷。在服役过程中，一些小的微观缺陷还可能会因结构受力产生扩展变成宏观缺陷。因此，在复合材料研究和应用中，宏观缺陷与微观缺陷都不允许超过标准允许的范围。

1. 孔隙

孔隙（空隙）是复合材料的主要缺陷之一。一般分为：沿单纤孔隙与层板间孔隙，包括纤维束内孔隙。当孔隙率小于 1.5% 时，孔隙为球状，直径为 5～20mm；当孔隙率大于 1.5% 时，孔隙一般为柱状，其直径更大，孔隙与纤维轴向平行。聚合物基复合材料构件中典型的孔隙特征如图 9－22 所示。复合材料中孔隙率高表示基体树脂没有完全浸渍纤维，从而产生如下后果：

（1）由于纤维树脂界面黏结弱，导致复合材料的强度和模量低。

（2）由于纤维之间互相摩擦，使纤维损伤、断裂。

（3）由于孔隙的连通，在复合材料中产生裂纹并扩展。孔隙（空隙）通常是复合材料制件失效的裂纹源。

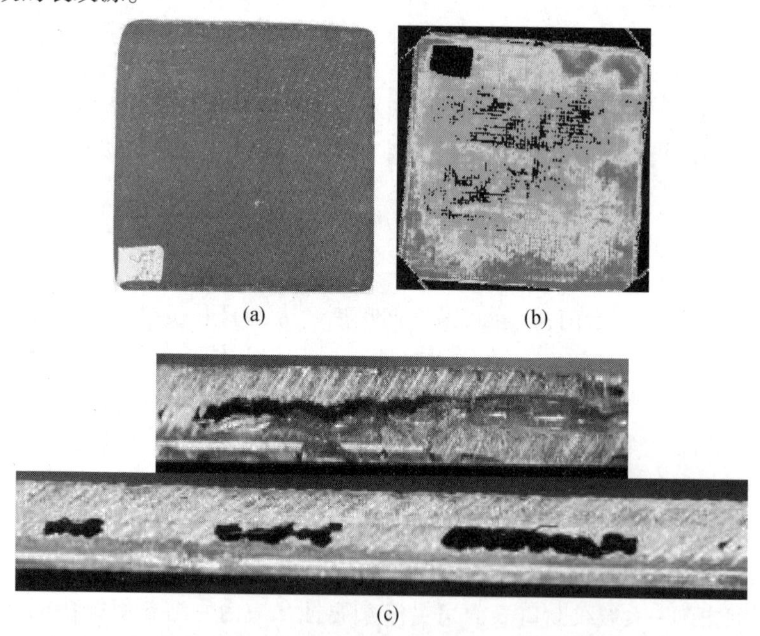

(a) (b)

(c)

图 9－22 复合材料层压板中的孔隙缺陷

（a）表面形貌；（b）超声穿透 C 扫描照片；（c）截面形貌。

不同固化方式下孔隙率对复合材料力学性能的影响如图 9－23 所示。从图 9－23 可以看出，真空压力制件中，当孔隙率由 40% 减为 10% 时，弯曲强度将增加近 3 倍，弯曲模量几乎增加 2 倍。而在真空注射成型制件中，当孔隙率小于 5% 时弯曲强度的增加与孔隙率的降低成正比，当孔隙率小于 3% 时，弯曲强度几乎不变。试验表明当制品孔隙率低于 4% 时，孔隙率每增加 1%，层间剪切强度降低 10%。

GJB 2898—910 中明确规定，复合材料制件关键区域的空隙含量不大于 1%，重要区域的空隙含量不大于 1.5%，一般区域的空隙含量不大于 2%。目前国内的无损检测很难给出复合材料制件孔隙率 1% 与 2% 的精确百分含量，常采用破坏性的检测方法，通过光学显微镜、图像分析仪，在试样整个截面上测定孔隙总面积与试样截面面积的百分比。GB/T 3398—2008 给出了具体的检测方法。

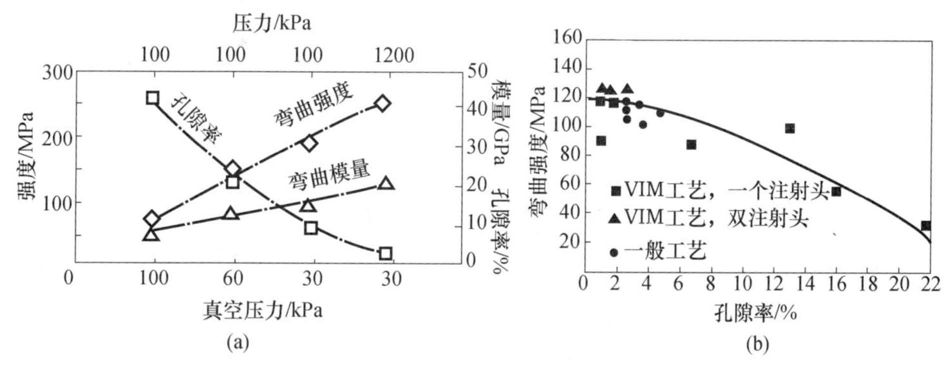

图 9－23　孔隙率、弯曲强度和模量的关系

(a)真空压力下；(b)真空注射模成型中。

2. 分层

分层即层间的脱胶或开裂，是树脂基复合材料层压结构制件中常见的一种缺陷。通常有两类分层：①位于层压结构内部的分层，织物铺层产生了分离（图 9－24），这种分层与铺层界面的结合质量有密切的联系。②边缘分层，常见的有两种，一种是在层压结构周边产生的边缘分层（图 9－25），另一种是在复合材料层压结构连接孔周围产生的分层（图 9－29）。

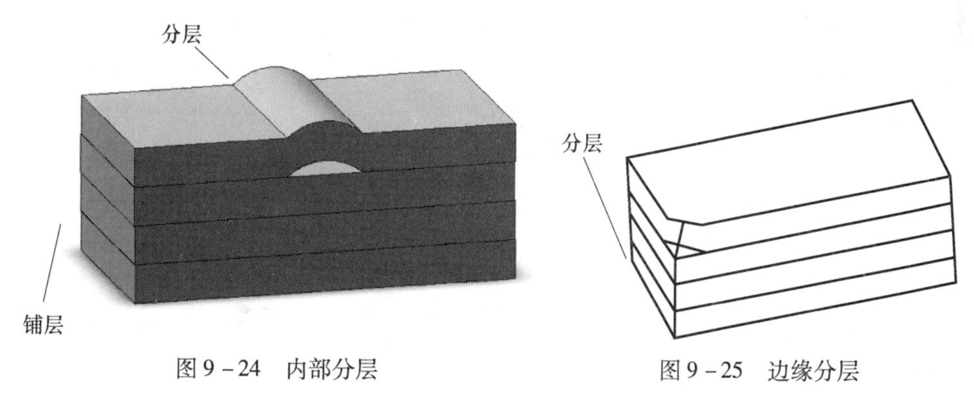

图 9－24　内部分层　　　　图 9－25　边缘分层

分层对压缩性能影响较大，可能引起局部分层屈曲。在屈曲区边缘产生高的层间剪应力和正应力，又会引起分层的进一步扩展。如果不阻止局部屈曲，或者载荷没有改

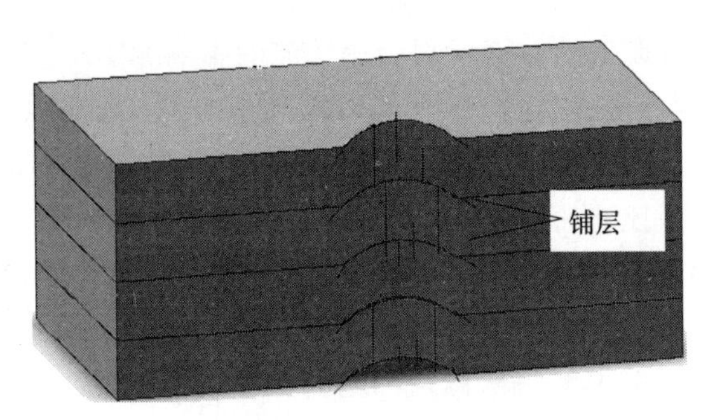

图9-26 孔边分层

变,分层会发展到结构总体失稳,导致整个层压板破坏。复合材料层压板和夹层结构中的分层或脱胶(例如夹层板的表面与夹心脱胶),往往发生在最外层或接近表面的几层。在压缩载荷作用下,分离薄层容易产生屈曲。分层屈曲后,减小了整个层压板的弯曲刚度,减小了结构的承载能力,进而促进了分层的不稳定快速扩展,最终可能导致结构破坏。

3. 夹杂物

夹杂物为聚合物基复合材料制件中非设计组成物的混入。M. Zhang 和 S. E. Mason 在复合材料层压板铺层时,在每层间刷涂蒸馏水或海水,并研究了蒸馏水、海水两种杂质对复合材料性能的影响。选择的材料为 SE85 3113/UDC200/490sqm 单向碳纤维增强复合材料层板,树脂含量33% ~50%(质量分数),纤维含量90%(体积分数)。上述两种杂质对复合材料性能的影响见表9-1。

表9-1 杂质对复合材料性能的影响

杂质	层间剪切强度下降率/%	拉伸强度下降率/%	弹性模量下降率/%	断裂韧性下降率/%
蒸馏水	95.3	30.9	22.8	40
海水	101.4	31.2	24.10	50

从表9-1中可以看出,蒸馏水、海水分别导致断裂韧性降低40%与50%。蒸馏水、海水对拉伸强度与弹性模量影响基本一样,分别降低约31%与23%。测试结果显示:不含杂质的多层板结合好,作为一个整体共同承担载荷,含有杂质时,基体/纤维界面受到影响,不同层间纤维被分开导致结构疏松、性能下降。另外,加载时,由于层板之间结合差,含有杂质引起的应力集中导致部分纤维首先承担载荷,受载纤维失效,然后其他纤维承担载荷,导致快速断裂。所以,在同样载荷作用下,含缺陷的试样的弹性模量更小,应变更大,失效载荷更小。

4. 纤维褶皱

在制备复杂复合材料制件时,需将增强织物铺成各种形状,这时织物易产生褶皱,呈现波纹形,如图9-27和图9-28所示。褶皱将降低复合材料制件的拉伸、弯曲、剪切等性能。

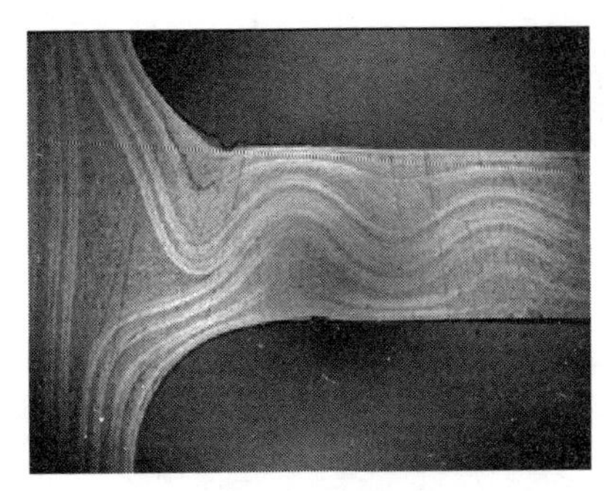

图 9－27　纤维褶皱

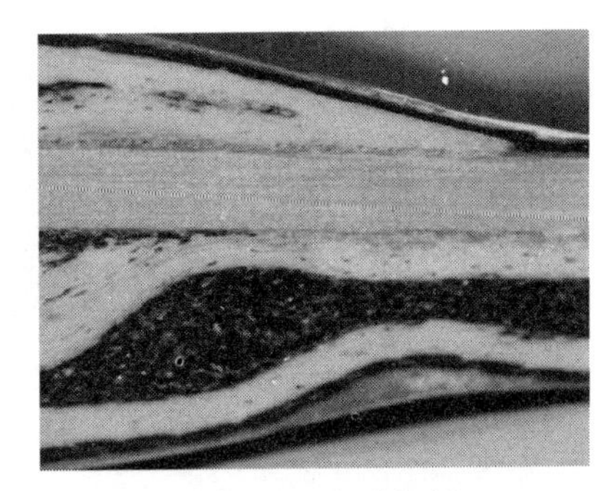

图 9－28　纤维褶皱

9.5.2　典型案例分析

某蜂窝结构件为 C 夹层架构，如图 9－29 所示。此结构在服役不同的时间后先后发生外蒙皮胶膜与蜂窝脱粘现象。

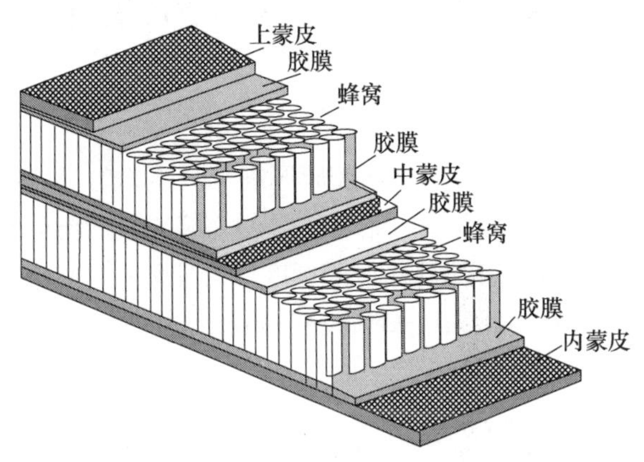

图 9－29　C 夹层结构

对结构件进行外观检查发现，蜂窝结构外表面蒙皮鼓起，上蒙皮脱粘，但不能确定具体破坏的位置。采用超声穿透 C 扫描法对蜂窝制件进行无损检测，发现结构件上存在大面积的脱粘区域。另外，还发现大面积的非正常区域，但不能确定此区域的缺陷/损伤类别。整个蜂窝结构脱粘区、非正常区与正常区存在三个区域，如图 9－30 所示。

将故障件进行破坏检查，在脱粘区域、非正常区域与正常区切割取样，切割完成后脱粘区外表面蒙皮直接脱落，非正常区用手轻扯外表面蒙皮即脱落，为弱粘区域，正常区粘结稍牢固。脱粘位于外蒙皮处的胶膜与蜂窝之间，非正常区也在胶膜与蜂窝界面处脱落。

对三个区域脱落的蒙皮进行表面检查与截面金相检查。表面检查发现脱粘区与弱粘区特征基本相同，蜂窝芯完全脱落，无纤维及表层残留。蜂窝在胶膜固化留下的沟槽边缘有极少量胶料断裂痕迹，部分胶料被脱落的蜂窝芯粘结带走，如图 9－31 和图 9－32 所示。正常区域胶蜂窝芯全部由根部拉脱断裂，蜂窝芯表层与胶膜粘结良好，蜂窝纸纤维发生断裂，如图 9－33 所示。

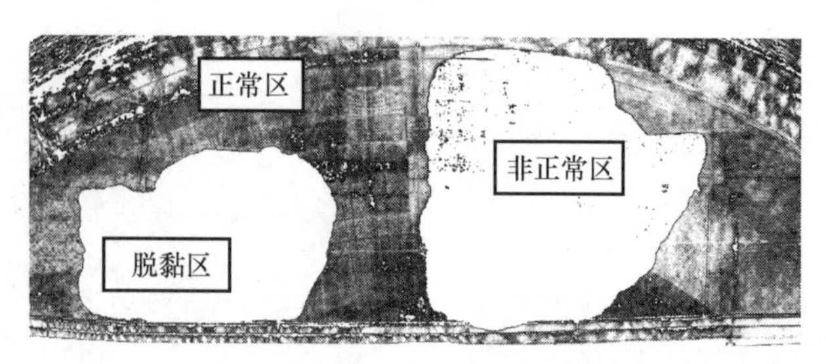

图 9－30　蜂窝结构无损检测结果

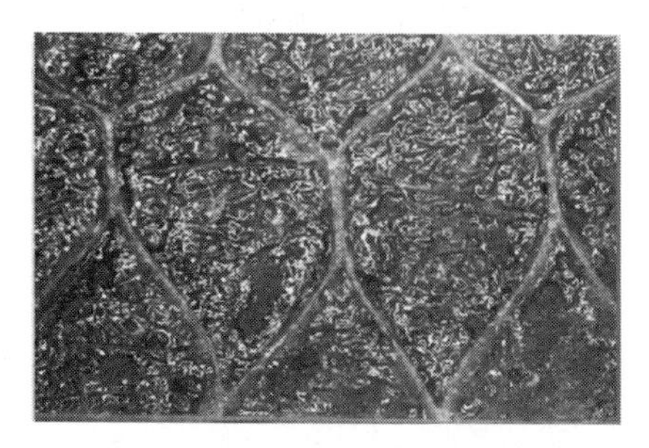

图 9－31　F1 区胶膜固化表面低倍形貌

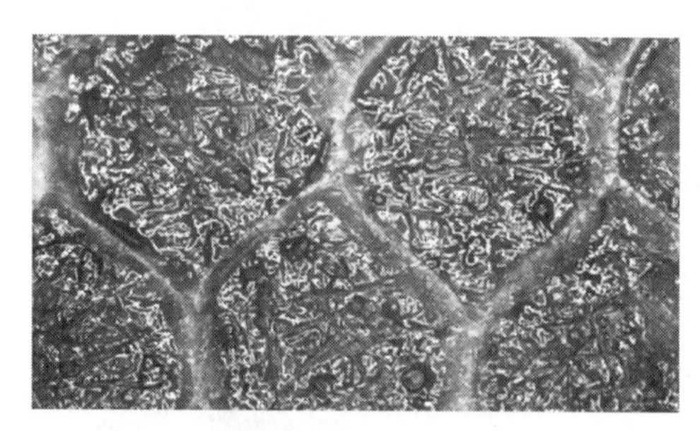

图 9－32　弱粘区胶膜固化表面低倍形貌

截面金相检查表明，脱粘区与弱粘区胶膜厚度十分不均匀，最厚部位较最薄部位相差 5 倍以上。沟槽很浅，蜂窝从沟槽中完全脱出，边缘无爬升现象，蒙皮已经发生变形，粘图 9－34 和图 9－35 所示。正常区域胶膜厚度均匀且爬升良好，蜂窝从胶膜爬升的顶端断裂，蜂窝根部完好保留在胶膜中。蜂窝交接位置对应的蒙皮有一定凹陷，如图 9－36 和图 9－37 所示。

图 9－33　正常区域

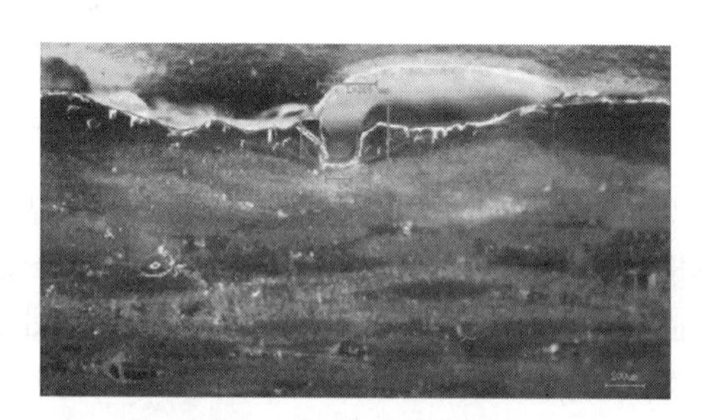

图 9－34　截面金相形貌

图 9－35　非正常区域截面金相形貌

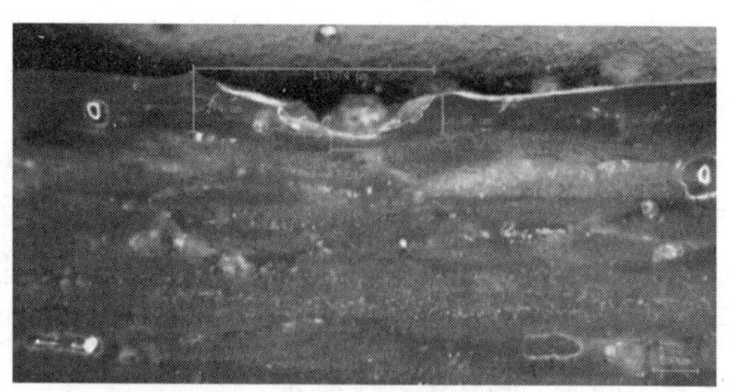

图 9－36　正常区域截面金相形貌

表面对比分析的结果表明，脱粘区域、非脱粘区域的胶膜与蜂窝粘结不良。这主要有两种原因：一种是压力太小，未能将蜂窝结构压入胶膜；另一种是蜂窝结构在压入胶膜时，胶膜可能已经处于半固化状态或蜂窝表面污染，使得蜂窝与胶膜的粘结强度较低。从截面金相来看，蜂窝已经压入胶膜，只是胶膜没有爬升，可见胶膜与蜂窝粘结不良与压力大小关系不大，主要是由于胶膜与蜂窝之间的粘结强度过低导致的。

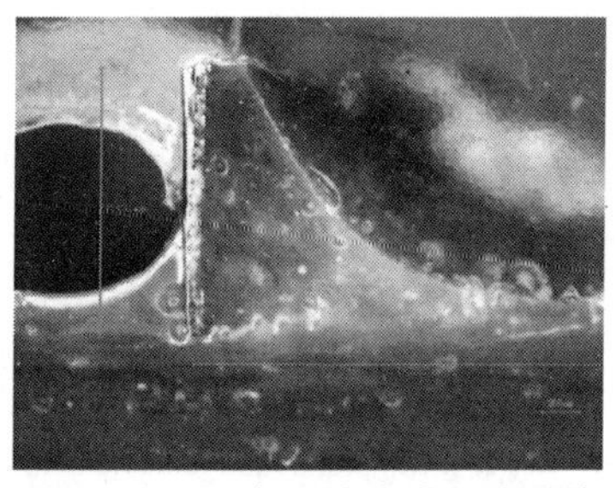

图 9－37　正常区域胶膜爬升形貌

针对上述情况对蜂窝结构的工艺进行了检查，由于蜂窝结构较大，考虑到加热的均匀性，每个蜂窝结构的加压时间不同。发现失效的蜂窝结构加压时间都比较晚，都是在加热后约 7h 进行加压，而未失效的蜂窝结构加压时机较早，在 5～6.3h 之间。为确定胶膜在不同的加热时间后的粘性，测定了胶膜的粘度—时间关系曲线，如图 9－38 所示。从图 9－38 可以看出，在 6.4h 时，粘度为 3900Pa·s，此时胶膜仍有良好粘性。在 7h，粘度大于 10000Pa·s，此时胶膜已开始凝胶，无粘性。这一结果说明，在蜂窝结构件制备过程中由于结构件较大，考虑到加热的均匀性，加热时间较长，而此时胶膜已经开始凝胶，导致胶膜与蜂窝之间的粘结强度过低，在后期使用不同的时间后发生脱粘失效。

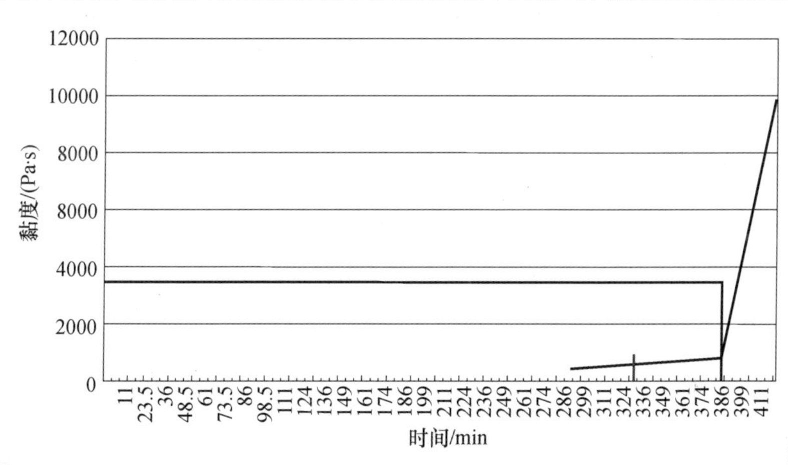

图 9－38　胶膜在 100℃恒温粘度与时间的关系

对于复合材料制件，特别是大型的复杂结构，由于研制时间较短，工艺研究不透彻，给出的制备工艺范围要求如温度范围、压力范围等较宽，在执行过程中若所有的工艺条件都处于某一边界，可能会导致结构产生局部性能过低等现象，这些区域在长期的服役过程中将会成为故障源。

参考文献

[1] 许凤和，邸祥发，过梅丽，等．航空非金属件失效[M]．北京：科学出版社，1993.

[2] 冯长征．液压系统橡胶密封失效的原因及预防[J]．建筑机械，2000(1)：33－35.

[3] Thavamani D, Bhomick A K. Influence of compositional variables and testing temperature on the wear of hydrogenated nitrile rubber[J]. Journal of Material Science, 1993, 28: 1351 - 1359.
[4] 罗鹏,倪洪启,陈富新. 液压系统丁腈橡胶(NBR)密封件失效形貌特征分析[J]. 重型机械科技,2004(2): 35 - 37.
[5] 崔文毅. 工程机械橡胶密封件的失效分析及改进设想[J]. 工程机械,1997,14(4):19 - 20.
[6] 韩志宏. 液压系统中橡胶密封件失效情况及预防措施[J]. 机械管理开发,2008,23(1):49 - 50.
[7] 夏祥泰,王志宏,刘国光,等. 飞机起落架作动筒密封圈失效分析[J]. 失效分析与预防,2007,2(4):35 - 39.
[8] Kar R J. Composite failure analysis handbook. Vol2 - technical handbook[M]. NEW JERSEY, 1990.
[9] 盛磊. 复合材料中的空隙及其对力学性能的影响. 航天返回与遥感,1995,16(3):46 - 54.
[10] Zhang M, Masion S E. Theeffects of contamination of the mechanical properties of carbon fiber reinforced epoxy composite materials[J]. Journal of composite materials, 1999, 33(14): 1363 - 1373.
[11] Kar R J. Composite failure analysis handbook. Vol2 - technical handbook[M]. NEW JERSEY, 1990.
[12] Sjoblom P O, Hartness J T, Cordell T M. J. Composite Mater., 1988, 22(6): 30 - 52.
[13] Liu D, Malver L E. J. Composite Mater., 1987, 21: 594 - 609.
[14] 沃丁柱. 复合材料大全[M]. 北京:化学工业出版社,2000.
[15] Stephen W T. Composites Design, 4th edition. Think Composite: Dayton, Paris and Tokyo, 1988.
[16] 范金娟,赵旭,程小全. 复合材料层压板低速冲击后压缩损伤特征研究[J]. 失效分析与预防,2006,1(2): 33 - 35.
[17] 习年生,于志成,陶春虎. 纤维增强复合材料的损伤特征及失效分析方法[J]. 航空材料学报,2000,20(2): 55 - 63.
[18] 范金娟,赵旭,陶春虎,等. 平面编制复合材料层压板低速冲击后的压缩失效[J]. 高分子材料科学与工程, 2010,26(5):108 - 110.

第十章 电子元器件的失效分析

10.1 电子元器件失效分析技术

电子元器件是电子设备和系统的重要基础,电子系统和设备的性能、质量和可靠性与电子元器件紧密相联。电子元器件技术的快速发展和可靠性的提高,带动了现代电子设备和系统的快速发展。可靠性的工作不仅仅是评价元器件的可靠性水平,更重要的是提高了元器件的可靠性。因此,必须重视失效元器件的分析工作,从中找出失效原因,反馈给器件的设计和制造者,共同研究纠正措施,以加快提高元器件的可靠性。

10.1.1 电子元器件及其失效

电子元器件是指能够执行预定功能而不可再拆装的电路基本单元,如电容器、电阻器、电感器、继电器、连接器、滤波器、开关、晶体器件、半导体器件(包括半导体分立器件、集成电路)、纤维光学器件等。电子元器件是电子产品的基础部件。电子元器件通常分为电子元件和电子器件两大类。电子元器件失效是指电子元器件丧失(部分丧失)预定的功能或者参数超出指标要求的范围。

失效现场数据为确定电子元器件的失效原因提供了重要线索。通常早期失效主要是由工艺缺陷、原材料缺陷、筛选不充分引起,随机失效主要由整机开关时的浪涌电流、静电放电、过电损伤引起,而磨损失效主要由电子元器件自然老化引起。根据失效发生期,可估计失效原因,加快失效分析的进度。此外,根据元器件失效前或失效时所受的应力种类和强度,也可大致推测失效原因(表 10-1),加快失效分析的进度。

表 10-1 应力类型与器件失效模式或机理的关系

应力类型	试验方法	可能出现的主要失效模式或机理
电应力	静电、过电、噪声	MOS 器件的栅击穿、双极型器件的 PN 结击穿、功率晶体管的二次击穿、CMOS 电路的闩锁效应
热应力	高温储存	金属-半导体接触的铝-硅互溶、欧姆接触退化、PN 结漏电、金-铝键合失效
低温应力	低温储存	芯片断裂
低温电应力	低温工作	热载流子效应
高、低温应力	高、低温循环	芯片断裂、芯片黏结失效
热电应力	高温工作	金属电迁移、欧姆接触退化
机械应力	振动、冲击、加速度	芯片断裂、引线断裂
辐射应力	X 射线辐射、中子辐射	电参数变化、软错误、CMOS 电路的闩锁效应
气候应力	高湿、盐雾	外引线腐蚀、金属化腐蚀、电参数漂移

10.1.2 电子元器件失效分析涉及的主要技术

电子元器件失效分析技术可简单划分为电测试技术、样品制备技术、失效定位技术以及材料成分分析技术。

1. 电测试技术

失效电子元器件的电测结果可分为连接性失效、电参数失效和功能失效三类。

连接性失效包括开路、短路、电阻值变化、端口 $I-V$ 特性测试和在正常电源电压下无信号输入时的待机电流测试。

确定电子元器件的电参数失效，需进行较复杂的测量。电参数失效的主要表现形式有数值超出规定范围(超差)和参数不稳定。

确定电子元器件的功能失效，需对元器件输入一个已知的激励信号，测量输出结果。功能测试主要用于集成电路。简单的集成电路的功能测试需电源、信号源和示波器，复杂的集成电路测试需自动测试系统和复杂的测试程序。

2. 样品制备技术

以失效分析为目的的样品制备技术的主要步骤包括打开封装、去钝化层，对于多层结构芯片来说，还需去层间介质。样品制备过程必须保留金属化层以及金属化层正下方的介质，还需要保留硅材料。另外，为观察芯片内部缺陷，经常需要采用剖切面技术和染色技术。

3. 失效定位技术

随着电子元器件特别是 VLSI 复杂度不断提高，准确定位 VLSI 中的失效部位成为失效分析中的关键。失效定位技术可以分为显微形貌像技术、开封前的无损失效定位技术、热点检测技术、光探测技术、电子束探测技术。

4. 材料成分分析技术

(1) 常用的成分分析技术。表 10－2 归纳了常用电子元器件的化学成分分析技术。

表 10－2　常用电子元器件的化学成分分析技术

特性	X 射线能谱分析	俄歇电子能谱	二次离子质谱	傅里叶红外光谱
分析深度	1 ~ 5μm	表面 20Å	表面	1 ~ 10mm
灵敏度	0.1%	0.1%	10^{-12}	10^{-6}
分析信息	元素	元素	元素/分子	分子
空间分辨率	100Å	150Å	0.3 ~ 0.5μm	2mm
辐射源	电子束	电子束	离子束	红外光

(2) 内部气氛分析技术。内部气氛分析技术主要通过内部气氛分析仪来检测电子元器件，电真空器件内部水汽及其他气氛，包括氨气、氧气、氩气、氢气、二氧化碳等；精度达 10% 以内，水汽的灵敏度 $<100\times10^{-6}$，其他气体灵敏度 $<10\times10^{-6}$。

(3) 材料成分分析技术的新发展。随着电子元器件技术的发展以及科技的进步，对电子元器件材料和成分的分析已经进入到了纳米级的原子分析，需要有更先进的技术和设备，如扫描隧道显微镜（STM）、原子力显微镜（AFM）、摩擦力显微镜（FFM）、磁力显微镜（MFM）、近场光学显微镜（NSOM）、扫描电容显微镜（SCM）和扫描探针显微镜（SPM）。

表 10－3 列出了光学显微镜（OM）、扫描电子显微镜（SEM）、透射电子显微镜（TEM）以及扫描探针显微镜用于表面分析和成分分析时的各种基本参数，可以看到，原子级的形貌观察和成分分析，需要用到更先进的隧穿显微镜和扫描探针显微镜。

表 10－3　各种表面成分分析用显微镜基本参数

	光学显微镜	扫描电子显微镜	透射电子显微镜	扫描探针显微镜
横向分辨率	200nm	1nm	原子级	原子级
纵向分辨率	20nm	10nm	无	原子级
成像范围	1mm	1mm	0.1mm	0.1mm
成像环境	无限制	真空	真空	无限制
样品准备	无	镀导电膜	技术复杂	无
成分分析	有	有	有	无

10.2　电阻器的失效分析

电阻器是电路中应用最广泛的一种元件，它主要用于稳定和调节电路中的电流和电压，还作为分流器分压器和负载使用。在电子设备中电阻器占元件总数的 30% 以上，其质量的好坏对电路工作的稳定性有极大影响。

10.2.1　电阻器的失效分析方法

由于产品结构、材料和制造工艺的差别，各种电阻器的失效分析方法也有所不同，电阻器失效分析的基本流程和方法如图 10－1 所示。

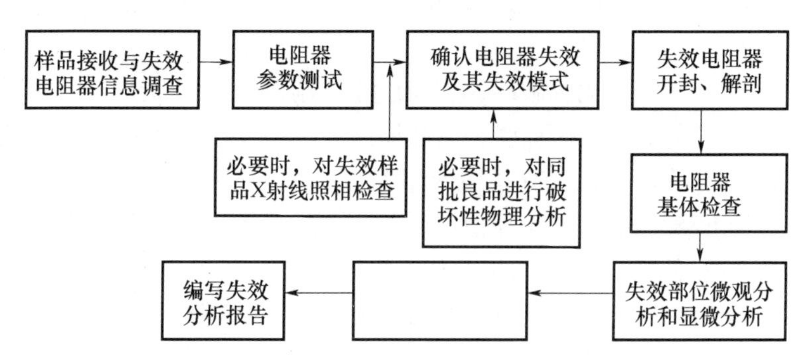

图 10－1　电阻器失效分析的基本流程和方法

10.2.2　电阻器的主要失效模式

固定电阻器和电位器的主要失效模式见表 10－4。

表 10-4　固定电阻器和电位器的主要失效模式

电阻器类型	主要失效模式
固定电阻器	开路、电参数漂移、机械缺陷等
电位器	开路、电参数漂移、机械缺陷、接触不良、噪声增大等

10.3　电容器的失效分析

由于电容器种类繁多,各种电容器的材料、结构、制造工艺、性能以及使用环境各不相同,因此电容器的失效模式和失效机理是多种多样的。对于电容器来说,常见的失效模式有短路、开路、电参数退化(包括电容量变化、损耗角正切值增大和绝缘电阻降低)、漏液和引线腐蚀断裂等。

10.3.1　铝电解电容的主要失效模式和失效机理

铝电解电容器常见的失效模式有漏液、爆炸、开路、击穿、电参数恶化等。下面简单介绍不同的失效模式:

(1) 漏液:由于铝电解电容的工作电解液呈酸性,漏出之后严重污染和腐蚀周围元器件和印制电路板。同时,由于漏液而使工作电解质逐渐干涸,丧失了修补阳极氧化膜介质的能力,导致电容器击穿或电参数恶化而失效。

(2) 爆炸:当工作电压中交流成分过大,或氧化膜介质有较多缺陷,或存在 Cl^-、SO_4^{2-}之类有害离子时漏电流较大,电解作用产生气体的速率较快,工作时间越长漏电流越大,温度越高内气压越高,若电容密封不佳可造成漏液,密封良好时将引起爆炸。

(3) 开路:在高温或潮湿环境中长期工作时可能出现开路失效,其原因是阳极引出箔片遭受电化学腐蚀而断裂。此外,阳极引出箔片和阳极铆接后如果未经充分压平,则由于接触不良会出现间歇开路现象。另外,阳极引出箔片和焊片的铆接部分由于氧化也可引起开路。

(4) 击穿:由于阳极氧化膜破裂,电解液直接与阳极接触而造成。氧化膜可能因材料、工艺或环境条件等方面原因而受到局部损伤,若在损伤部分存在杂质离子或其他缺陷,使填平修复工作无法完善,则在阳极氧化膜上会留下微孔,从而造成击穿。

(5) 电容量下降与损耗增大:在使用后期,由于电解液损耗较多,溶液变稠,电阻率因黏度增大而上升,使工作电解质的等效串联电阻增大,导致电容器损耗增大。同时。黏度增大的电解液难于充分接触经腐蚀处理的凹凸不平铝箔表面上的氧化膜,使极板有限面积减小,引起容量急剧下降,导致寿命近于结束。此外,工作电解液在低温下由于黏度增大,也会造成损耗增大与电容量下降。

(6) 漏电流增加:工艺水平低,所形成的氧化膜不够致密与牢固;开片工艺落后,氧化膜损伤与 Cl-沾污严重,工作电解液配方不佳,原材料纯度不高,电解液的化学性质与电化学性质难以长期稳定;铝箔纯度不高,铁、铜、硅等杂质不但影响铝氧化膜向晶态结构转变,还在电解质内组成微电池,使铝箔遭到腐蚀。这些因素均可造成漏电流超差失效。

10.3.2　钽电解电容的主要失效模式和失效机理

固体钽电极电容器其主要失效模式有瞬时短路、突然击穿。

1. 瞬时短路

其特征是在数十微秒至数毫秒的瞬间漏电流从微安级上升到毫安或安数量级。造成瞬时击穿的原因是 Ta_2O_5 膜存在疵点和缺陷，在电场作用下瞬时击穿，局部热效应又促使 MnO_2 产生化学变化，很快修复了阳极氧化膜，致使短路时间很短暂。

2. 突然击穿

固体钽电容的电介质是无定形的 Ta_2O_5 膜，具有优良的介电性能。但是这种氧化膜由于材料与工艺原因存在杂质、裂纹、孔洞等疵点，它在电压、温度的作用下形成场致晶化的发源地，从而在这些地方形成了介电性能很差的结晶形 Ta_2O_5 膜，以致突然击穿。电压、温度越高，负荷回路串联电阻越小，氧化膜晶化越快，电容器寿命越短。

液体钽电解电容器其主要失效模式有漏液、瞬时开路、电参数恶化和银离子迁移。

10.3.3　陶瓷电容器的主要失效模式和失效机理

陶瓷电容器其主要失效模式有击穿、低电压失效及开裂。

1. 击穿

半密封瓷介电容器在高湿条件下工作时，经常发生击穿失效。击穿现象大致分为介质击穿和表面飞弧击穿两类。介质击穿按发生时间又可分为早期击穿与老化击穿两种。早期击穿暴露了电容器介质材料与生产工艺方面存在的缺陷，老化击穿大多属于电化学击穿，这主要是由于银电极迁移引起的。

银离子迁移还能使电容器极间边缘电场发生严重畸变，由于高湿度环境中陶瓷介质表面凝有水膜，使电容器边缘表面产生飞弧现象。严重时可导致电容器表面飞弧击穿。由于银离子迁移的产生与发展需要一段时间，边缘表面飞弧击穿一般发生在耐压试验或使用寿命的后期。

2. 低电压失效

低压失效指多层陶瓷电容器降额到其额定电压的1/10以下工作时产生的一种失效，主要是指绝缘电阻降低。低电压失效又分为两种情况：一种是电容完全短路失效；另一种是绝缘电阻降低几个数量级。低电压失效可能的失效机理是：介质内部的空洞、裂纹和气孔等物理缺陷形成导电通路，使产品的绝缘电阻降低。导电通路是偏压条件下通过活泼的卤族离子的电化学反应使电极溶解而形成的。

3. 开裂

开裂是指瓷介电容在经过焊接后，安装在印制电路板（PCB）上发现电容瓷体上存在裂纹的现象。开裂的结果是导致电容量减小，绝缘电阻降低。在长期潮湿使用的条件下，还会发生电容严重烧毁的现象。热应力是引起电容器开裂的一个重要原因。元件取放机是引起多层片式陶瓷电容器开裂的另外一个原因，这种开裂是由定中爪和真空吸头所引起的。

10.3.4 其他电容的主要失效模式和失效机理

1. 聚苯乙烯电容失效模式和失效机理

(1) 低电平失效具体表现是电容器完成丧失电容量(开路)或部分丧失电容量。对与低电平失效的电容器,可以采用高电平冲击、热冲击或机械冲击,使电容器的容量恢复正常。

(2) 击穿失效击穿失效的原因是:由于引线打扁不规则,头部有尖端、毛刺以及点焊不良,造成毛刺刺伤介质薄膜;介质薄膜的厚度不一致,有针孔存在;在生产过程中薄膜表面沾上导电杂质和其他有害杂质等,从而引起电器抗电强度降低。

(3) 绝缘电阻失效在长期使用的情况,电容器在潮湿环境条件下很容易产生表面吸潮和芯子内部吸潮,从而使绝缘电阻下降而失效。更为严重的是:如包封后不封蜡,经长期贮存后,不仅电容量大量超差,而且绝缘电阻普遍下降。当电容器介质聚合不良或结构上有缺陷(表面开裂、引线根部有细微裂纹等)时,都会使电容器严重受潮,导致绝缘电阻的下降而失效。此外,在长期潮湿环境下使用,也会发生端头金属粒子渗入到电容内部,从而使损耗增大和绝缘电阻下降。

2. 金属化纸介电容器的失效模式和失效机理

(1) 电参数恶化失效虽然电容本身有自愈特性,但自愈部分肯定会出现金属微粒迁移与介质材料受热裂解为游离碳原子或碳离子,使自愈部分表面导电能力增加,导致电容器绝缘电阻下降,损耗增大与容量减少。当在低电压下工作时,由于自愈能力不强,电容器纸中存在的导电杂质在电场作用下形成低阻通路,也可导致漏电流和损耗增大。

电容器纸易吸潮,若再加上浸渍料不纯或工艺不当,长时间工作后浸渍料易老化,则电容器的绝缘电阻降低,损耗增大。在高湿条件下贮存时,金属化纸介电容器可能因容量增加过多而失效。在高湿条件下加电压工作时又可能因电容量减少过多而失效。由于水的介电常数比浸渍电容器纸大很多,因此少量潮气侵入电容器芯子也可使容量显著增大,而金属膜电极产生的电解性腐蚀(锌膜腐蚀更为严重),使极板有效面积减小,极板电阻增大,极板与引线的接触电阻增大,严重时可造成开路状态。

(2) 引线断裂失效金属化纸介电容器在高湿环境中工作时,电容器正端引线根部会遭到严重腐蚀,这种电解性腐蚀导致引线力学性能降低,严重时可造成引线断裂失效。

10.4 分立器件的失效分析

分立器件失效除了与器件结构及其工艺缺陷有密切关系外,还与外部应力的作用有密切关系。作用于半导体器件的主要应力类型及产生原因见表 10-5。

表 10－5　主用应力类型

应力类型	产生原因
电气应力	电压、电流、静电感应、电磁场等
气候环境应力	高温、寒冷、潮湿、干燥、气压、日照、尘埃、盐雾、风雨等
机械环境应力	跌落、振动、冲击、离心加速度等
化学和生物环境应力	二氧化硫(SO_2)及化学溶剂的侵蚀、霉菌的侵蚀等

10.4.1　半导体分立器件常见的失效模式和失效机理

半导体分立器件的种类繁多,其原理、设计和工艺技术既有共同之处,又各具特点。由于大多数分立器件采用平面工艺,因此虽器件种类不同,但有许多失效机理是相同的。又由于器件结构、工艺的复杂性,给失效分析带来很多困难和问题,如失效模式与失效机理往往并非单一的对应关系,一种失效模式可能有几种失效机理,同样,一种失效机理也可能表现出多种失效模式。

通常可把分立器件的失效分为两大类:制造过程中器件材料缺陷和工艺缺陷引起的失效以及使用过程中异常电应力引起的失效。

1. 与材料缺陷和工艺缺陷相关的失效模式和机理

(1) 表面效应在器件表面的 SiO2 层,存在着可动离子电荷、固定电荷、界面陷阱电荷和氧化物陷阱电荷,这些表面电荷使硅片形成表面空间电荷区。在 $Si-SiO_2$ 界面存在着界面态,它也可以形成表面电荷,还可以起到产生复合中心的作用。

(2) 金属互连缺陷于半导体分立器件,用得最广泛的金属互连材料是铝。但是铝金属膜也存在不少影响器件可靠性的缺陷,在半导体器件的失效模式中,金属膜缺陷引起的失效占有较高的比例。①机械损伤或空隙;②铝金属化腐蚀;③铝金属化迁移;④铝硅接触失效。

(3) 氧化层缺陷氧化层缺陷主要有针孔、裂纹、擦伤、毛刺、钻蚀等,这些缺陷严重地降低了氧化层的击穿强度,由此引起的击穿表现为器件的早期失效。

(4) 光刻缺陷半导体分立器件制造工艺对光刻质量要求很高,但实际光刻过程中常出现各种光刻缺陷。例如:接触窗口刻偏、引线孔缩小、变形;图形缺损或边缘毛刺、锯齿;引线孔氧化层刻蚀不干净使铝合金化;扩散电阻条的钻蚀、断开;等等。

(5) 硅片缺陷硅片在切割、划片、压焊时,或传递、夹片过程中,因操作不当应力过大可能产生裂纹或边缘崩损。

(6) 内引线键合失效内引线键合系统是半导体器件中容易出现失效的部位,其失效模式有开路、短路、接触电阻增大和间歇性开路或短路。

(7) 芯片焊接(黏结)失效半导体器件芯片与管座的安装方法常用有共晶烧结(焊接)和银浆、导电胶等黏结材料的黏结,前者的工艺难度、成本与可靠性均高于后者。

芯片焊接(黏结)系统失效主要由两个方面因素引起:一是焊接工艺或材料不良造成的焊接界面空洞;二是材料之间由于热膨胀系数不同,在温度环境中引起的热疲劳。

(8) 器件外引线失效半导体分立器件外引线材料通常采用可伐合金,外表有电镀层或涂覆层加以保护和提高其可焊性。外引线断裂多发生在管腿的根部而使器件丧失功能。

2. 与使用不当相关的失效模式和机理

半导体器件使用时可能遇到四种典型的过应力,即浪涌、静电、噪声和辐射应力,最为常见的是浪涌过电应力和静电应力导致的失效。

(1) 电应力(EOS)失效。电浪涌是一种随机的短时间的高电压或强电流冲击,其平均功率虽很小,但瞬时功率非常大。因此,对电子元器件的破坏性很大,轻则引起器件的局部损伤,重则引发热电效应(如双极型功率晶体管的二次击穿),使器件特性产生不可逆的变化,甚至遭到永久性的破坏(如造成铝金属互连线的烧融飞溅)。

(2) 静电损伤(ESD)失效。当带静电的物体与导电通路接触时,这些原静止不动的电荷会通过导电通路释放,使通路的高电阻处发生结构性损伤,这就是静电放电损伤。

静电放电有人体静电放电、带电器件静电放电和机器放电三种模式。

10.4.2 功率器件的特点和主要失效模式及其机理

大功率晶体管由于工作在高电压、大电流条件下,加之受到工作状态急剧变化引起的热循环的影响,使得功率器件的热不稳定性问题比其他半导体器件突出。在功率器件的失效中,热击穿或其他形式的热损坏所占比例很大。导热性能、机械应力的封装结构的优劣是影响功率器件可靠性的主要原因。

(1) 热疲劳是由于组成器件的各种材料热性能不匹配而产生的机械应力引起的,成为功率器件所特有的主要失效机理。

(2) 二次击穿是影响半导体器件的主要失效机理,二次击穿现象有正偏二次击穿和反偏二次击穿,前者与器件的热性能有关,后者与集电结附近载流子雪崩倍增现象有关,但两者都是与器件内部的电流集中过程密切相关。

10.4.3 塑封器件的主要失效模式及其机理

采用高分子合成树脂作为封装材料的塑料封装半导体器件称为塑封器件。潮气入侵、腐蚀和应力引起内部分层的可靠性问题成为塑封器件主要的失效模式和机理。

(1) 腐蚀失效。塑料封装属于非气密封装,潮气对它有渗透作用,塑封器件对水汽是敏感的。引起失效的主要原因是水分子和离子的沾污腐蚀作用。

(2) 应力失配和内部分层。由于构成塑封器件的塑封料、硅片、金属内引线、引线框架等的热膨胀系数和弹性系数不相同,当温度变化时器件内部就会产生内应力。

10.5 集成电路的失效分析

10.5.1 集成电路的主要失效模式

通常器件失效的表现形式多种多样,将集成电路的失效模式列于表 10-6 中,失效模式的分类按失效发生的部位划分。

表 10－6　集成电路的失效模式

失效部位	失效模式
表面	沟道漏电、参数漂移、表面漏电、结特性退化、高阻或开路
体内	结退化、低击穿、等离子体击穿、二次击穿、管道漏电、热点、芯片裂纹、开路、漏电或短路、参数漂移
金属化系统与封装	开路、短路、漏电、结退化、烧毁
键合	开路、高阻、短路、高阻或时断时通、热阻增加，芯片脱开
装片	芯片脱开龟裂、热点、结退化
封装	结退化、表面漏电、铝膜腐蚀、开路或短路、芯片裂纹、键合开路、时断时通、可伐管脚脆裂开路、瞬间短路、存储数据丢失
外部因素（机械振动、冲击、过电应力、电源跳动）	瞬间开路、短路、结退化、热击穿、二次击穿、栅穿通、表面击穿、熔融烧毁、闩锁效应

10.5.2　集成电路的主要失效机理

集成电路的失效机理与设计有关，版图、电路和结构方面的设计缺陷会引起器件特性的劣化。集成电路的失效机理与工艺过程有关，表 10－7、表 10－8 分别列出了双极型大规模集成电路失效机理和 MOS 大规模集成电路失效机理。

表 10－7　双极型大规模集成电路失效机理

集成电路常见失效	表面	结退化、小电流、放大倍数衰退、噪声增加等
	体内	辐射损伤产生结特性退化、放大倍数衰退等
		晶体缺陷产生的二次击穿、低击穿、结退化等
多层布线造成的失效	介质击穿、机械损伤介质层应力、与铝有关的界面反应、电迁移产生两层铝条间短路或漏电	
	铝膜损伤、黏附不良、电迁移产生金属引线开路或电阻增加	
	局部焦耳热、电迁移、工艺缺陷等造成互连引线短路	
	电迁移、铝膜损伤等造成的台阶处开路	
与封装有关的失效	密封不严导致结退化、表面漏电、布线腐蚀造成开路或短路	
	陶瓷基座盖板碎裂	
	热应力产生管壳出现裂纹、引线封接处裂开、焊接层破坏	

表 10－8　MOS 大规模集成电路失效机理

集成电路常见失效	表面	氧化层中的电荷、界面态电荷产生沟道漏电，热载流子注入效应、封装材料中的 α 射线产生的软误差、与时间有关的栅氧化层击穿等
	体内	辐射损伤产生的阈值电压漂移、漏电等
		闩锁效应、ESD、晶体缺陷产生的二次击穿、低击穿等
多层布线造成的失效	介质击穿、机械损伤介质层应力、铝膜退化、电迁移产生两层铝条间短路或漏电	
	铝膜损伤、粘附不良、电迁移、应力迁移产生金属引线开路或电阻增加	
	局部焦耳热、电迁移、工艺缺陷等造成互连引线短路	
	电迁移、铝膜损伤等台阶处开路	

（续）

与封装有关的失效	密封不严导致表面漏电、布线腐蚀造成开路或短路
	陶瓷基座盖板碎裂
	热应力产生管壳出现裂纹、引线封接处裂开、焊接层破坏

10.6 微波器件的失效分析

10.6.1 GaAs 器件的主要失效模式及机理

GaAs MMIC 的可靠性问题主要表现为有源器件、无源器件和加工中引入的机械应力损伤。主要的失效部位在其有源器件，但由于 GaAs MMIC 结构、工艺和材料的复杂性造成了其失效部位和失效机理比 GaAs 分立器件复杂。

1. GaAs 有源器件的主要失效模式及机理

分立 GaAs 器件和 GaAs MMIC 的有源器件的主要失效模式基本上类似。主要的失效模式及相关机理见表 10－9。

有源器件失效模式的失效机理主要有栅金属下沉、欧姆接触退化、沟道退化、表面态影响、电迁移、热电子陷阱、氢效应（氢中毒）等。

表 10－9 GaAs MMIC 有源器件的主要失效模式及机理

失效模式	相关失效机理
饱和漏源电流 I_{DSS} 退化	栅金属下沉；表面效应；氢效应
栅极漏电流 I_{GL} 退化	互扩散
夹断电压 V_P 退化	栅金属下沉；氢效应
漏源电阻 R_{DS} 上升	栅金属下沉；欧姆接触退化
输出功率 P_{OUT} 下降	栅金属下沉；表面效应；氢效应
烧毁	ESD、电迁移、互扩散等引起热功耗

2. 无源器件的主要失效模式及机理

无源器件的主要失效模式有电阻（扩散电阻、金属电阻）、电感、电容（介质针孔）的变化，传输线参数变化，空气桥塌陷、过孔金属台阶断裂、金属与半导体间的热匹配和附着强度等导致的金属脱落。主要的失效模式及相关机理见表 10－10。

表 10－10 GaAs MMIC 的无源器件主要失效模式及机理

失效模式	相关失效机理
电阻退化	电迁移、热烧毁
电容击穿	介质层针孔、金属尖刺、介质缺陷、静电损伤
电感退化	空气桥的塌陷、热烧毁和电迁移
传输线退化	电迁移、金属与衬底间分离
空气桥退化	空气桥的塌陷、电迁移、金属破裂、热烧毁
通孔退化	热不匹配、金属与 GaAs 材料间分离

10.6.2　硅微波器件的主要失效模式及机理

微波器件的主要失效模式一般分为功能失效和特性退化两大类。其中:功能失效包括输入或输出短路、开路、无功率输出及控制功能丧失等;特性退化分为输出功率或增益下降、损耗增大、控制能力下降、饱和电流下降及端口直流特性退化等。对微波功率器件来说,功率增益下降和突变烧毁是常见的两大失效模式。表 10－11 列出了微波分立器件的失效模式和相关失效机理。

表 10－11　微波分立器件的失效模式和相关的主要失效机理

失效模式	与封装相关的主要失效机理	与芯片相关的主要失效机理
漏电大或短路	(1)管壳内部水汽含量大(气密器件); (2) 管壳内部沾污或有导电性多余物; (3) 引线键合工艺缺陷(如引线悬垂); (4) 芯片黏结工艺缺陷(如焊料堆积或爬升至 PN 结或表面等); (5) 塑封料水汽含量大; (6) 管脚之间金属迁移短路	(1)氧化层、绝缘层或外延层缺陷; (2) 芯片表面沾污和芯片缺陷结合形成漏电通道; (3) PN 结穿通或 PN 结缺陷; (4) 介质漏电或击穿; (5) 氧化层电荷; (6) 金属电迁移; (7) Na＋离子或其他碱性离子沾污; (8) 静电或过电损伤导致电极间融通
高阻或开路	(1)与引线键合相关的机理: ① 金铝键合紫斑退化; ② 引线热疲劳开路; ③ 引线腐蚀开路。 (2) 芯片黏结缺陷和退化,接触电阻增加甚至掉片。 (3) 管脚腐蚀或折断。 (4) 塑封器件“爆米花效应”导致芯片开裂或引线拉脱	(1)金属或应力电迁移导致金属连线开路; (2) 金属化腐蚀导致电阻增大或开路; (3) 静电或过电导致通道开路; (4) 芯片开裂
饱和压降增大	(1)芯片粘结缺陷或退化; (2) 引线键合缺陷或退化	(1)芯片与焊料或键合点之间的电化学腐蚀; (2) 电极接触电阻退化; (3) 功率管镇流电阻设计或工艺缺陷
击穿特性退化	(1)芯片表面沾污、金属沾污; (2) 气密管壳内或塑封料水汽含量大; (3) 气密管壳漏气	(1)氧化层(包括界面)电荷; (2) 氧化层击穿; (3) 雪崩热电子效应; (4) 氧化层、绝缘层或外延层的位错或层错缺陷等; (5) PN 结制造工艺缺陷; (6) 重金属离子在结区位错上沉积,引起微等离子击穿、管道击穿等; (7) 镇流电阻设计或工艺缺陷
电流或功率增益退化	(1)引线键合退化; (2) 芯片和氧化铍陶瓷黏结界面的退化导致的热阻增大;	(1)氧化层(包括界面)电荷; (2) 氧化层击穿; (3) 发射结特性退化;

（续）

失效模式	与封装相关的主要失效机理	与芯片相关的主要失效机理
	(3) 氧化铍陶瓷和管壳底座烧结界面的退化导致的热阻增大； (4) 匹配电容的退化； (5) 各单胞芯片之间功率分配不均匀导致的退化； (6) 芯片裂纹	(4) 电极接触电阻退化； (5) 镇流电阻设计或工艺缺陷； (6) 发射极和基极多层金属化电迁移退化； (7) 发射极和基极金属化表面再结构退化； (8) Si – SiO_2 界面状态的退化； (9) 发射极注入效率的退化
烧毁失效	(1)芯片和基板或基板和散热底座之间烧结空洞； (2) 输出匹配电容击穿； (3) 各单胞之间功率分配不均导致芯片过热烧毁失效	(1)热电二次击穿； (2) 输入过激励； (3) 输出失配

10.6.3 微波组件的主要失效模式及机理

微波组件的主要失效模式总体上可分为功能失效和特性退化两大类。其中：功能失效包括输入或输出短路、开路、无功率输出及控制功能丧失等；特性退化分为输出功率或增益下降、损耗增大及控制能力下降等。

微波组件的主要失效机理分为两大类：一类是器件本身的质量和可靠性问题，具体有引线键合不良、保护胶加固、芯片缺陷（包括沾污、裂片、工艺结构缺陷等）、芯片黏结、线圈脱落等；另一类是使用不当导致的器件失效，可分为静电损伤和过电（EOS），EOS 损伤包括微波信号端口失配、加电顺序等操作不当引入的过电应力等。

10.7 其他电子元器件的失效分析

其他电子元器件包括光电子器件、电真空器件、晶体器件和磁性器件等，这些器件在产量和用量上很少，但在武器设备中确占有极其重要的位置，它们的性能直接影响着军事电子装备和武器系统的技术战术性能。

10.7.1 光电子器件的失效分析

光电子器件是光电子技术发展的核心和关键，在军用系统中已大量使用激光器、发光二极管、光电耦合器、红外焦平面阵列、可见光固体图像传感器、光导连接器、光纤等，光电器件技术已经成为现代信息科学的一个极为重要的组成部分，因此光电器件的质量和可靠性问题越来越受到关注和重视。本节中主要介绍了已大量使用并相对成熟的激光器、发光二极管、光电耦合器等光电器件的主要失效模式及机理。

1. 半导体激光器的主要失效模式及机理

随着工作时间的延续，半导体激光器的工作性能总会发生退化。根据器件特性的变化速率，可以将其分为速变、渐变、突变三种类型。退化的表现形式除有光发射功率减低、阈值电流 I_{th} 增加、效率下降外，还有光束质量变坏、模式特性变化、$P-I$ 特性发生弯曲、产生自持脉冲振荡、使用调制特性变坏等。

半导体激光器的退化部位、原因以及主要影响因素见表 10-12。主要的退化模式有：影响内部区的位错，影响电极的金属扩散和合金效应，影响焊盘的焊点不稳定性（反应和迁移），热沉的分离，掩埋异质结的缺陷等。这些模式都受电流和环境温度的影响。因为吸收光和水汽等，激光器两端的腔面损伤对激光器的失效也有特别重要的影响。

表 10-12　半导体激光器退化部位、原因以及影响因素

退化部位	原因	主要影响因素
内部区	位错、沉积	电流、温度
腔面（表面）	氧化层	光吸收、湿度
电极	金属扩散，合金反应	电流、温度
焊接点	焊点不稳定（反应或迁移）	电流、温度
热沉	金属分离	电流、温度
掩埋异质结	异质结缺陷	电流、温度

2. LED 的主要失效模式及机理

LED 的主要失效模式及机理见表 10-13。

表 10-13　LED 主要失效模式及机理

失效模式	失效机理
快速退化	暗线（DLD）、暗点缺陷（DSD）
电极退化	金属扩散致内区
焊接部位退化	软焊料有熔点相对较低
热阻退化	电迁移、金属间相互合金反应、焊料层的热疲劳
灾变性退化	电流浪涌、源区和 PN 结灾变性破坏
缓慢退化	电流、环境温度

3. 光电耦合器的主要失效模式及机理

光电耦合器也称光电隔离器，简称光耦，是以光为媒介传输电信号的一种电—光—电转换器件，其主要功能是实现输入、输出电路的电气隔离并消除噪声。

光电耦合器的主要失效模式及机理见表 10-14。

表 10-14　光电耦合器的主要失效模式及机理

失效模式		相关失效机理
功能失效	开路	键合颈部受损断裂
参数退化	CTR 退化	晶格缺陷，表面劣化
	暗电流增大	可动离子污染，芯片裂纹
	输入与输出间绝缘电阻下降	硅凝胶形变使对偶间距离变小

10.7.2 电真空器件的主要失效模式及机理

1. 行波管的失效模式及机理

根据批量使用情况的调查统计，行波管出现的失效模式主要有阴极发射下降、阴极加热丝短/断路、管内放电打火、自然老化、收集极击穿、真空度下降甚至泄漏、自激振荡、输出窗炸裂漏气/烧毁、栅极失效和振动损坏等。表 10-15 列出了其主要失效模式及机理。

表 10-15　行波管的主要失效模式及机理

失效模式	失效机理
阴极发射能力下降	①阴极发射密度不足，负荷重。发射性能水平差，使用时又支取过大的电流密度； ②阴极工程化制造水平较低、工艺落后； ③阴极工作温度过高，发射物质蒸发而过多损耗； ④阴极性能的一致性、可控性、稳定性较差
阴极加热丝短/开路	①工作温度过高，涂层开裂、脱落造成短路烧断； ②热丝材料质量差，温度过高使芯丝发脆，强度降低，在应力的作用下容易折断； ③工作温度过高，其耐电浪涌的耐量便不足
管内放电打火	电极形状设计不合理，电极材料蒸发，电极表面的微凸起和毛刺，真空卫生不好和管子老化不够充分
收集极击穿	收集极散热不良，工作温度过高
栅极失效	①栅极引线焊接不牢脱焊； ②有蒸发物沉积在阴栅绝缘瓷上或高压绝缘瓷面，使绝缘性能变差，栅流变大； ③栅极表面涂覆层未能有效抑制栅放射； ④阴极温度过高，造成栅放射； ⑤管内有异物，引起阴栅短路

2. 磁控管的失效模式及机理

磁控管的主要失效模式及机理见表 10-16。

表 10-16　磁控管的主要失效模式及机理

失效模式	失效机理
①跳高压； ②电压升高使电磁下降； ③开始加高压时电流大，然后下降； ④管内打火； ⑤高压加不上，电流大； ⑥压高，电流小或无； ⑦频谱散乱、漏线、形状不好、电流不稳； ⑧电压电流正常，功率低； ⑨寿命终止等	①负载不匹配，使电压驻波比变大； ②过热烧毁； ③阴极蒸发严重； ④高频打火； ⑤电极氧化； ⑥磁钢磁性变化

10.7.3　石英晶体谐振器的主要失效模式及机理

1. 石英晶体谐振器的定义

石英晶体谐振器也称石英晶体谐振器，是利用石英晶体（二氧化硅的结晶体）的压电效应制成的一种谐振器件，用来稳定频率和选择频率，是一种高精度和高稳定度的谐振器，可以取代 LC 谐振回路。

2. 晶体谐振器的主要失效模式

晶体谐振器的主要失效模式有无频率输出（停振）、输出频率漂移、工作不稳定三种。在晶体谐振器的失效中，90% 的石英晶体的失效模式是开路，10% 为电接触良好但不振荡，这主要是由于晶体结构的改变引起了晶体压电特性的消失。

3. 晶体谐振器的主要失效机理

过大的驱动电流或过高的电压都可能引起机械应力，使晶体变形，从而影响压电晶体的电参数。当电压过高时，机械力量引起的运动超过了晶体的弹性极限，就可能使晶体损伤。如果这种损伤多到一定程度，就会引起电气特性的改变，使得晶体不符合使用要求或完全停止工作。

当晶体在使用一段时间后发生频率改变，这种现象称为晶体的老化或参数漂移。引起这种现象的主要原因有应力、污染、残余气体的吸附效应和水汽等。

10.7.4　磁性器件的主要失效模式及机理

1. 磁性器件的定义

自然界中，铁磁性物质能够被磁化，表现出磁性。使之具有磁性的过程称为磁化。使具有磁性的铁磁性物质失去磁性的过程称为去磁或退磁。

一般磁性物质分为软磁性（既容易磁化又容易去磁）、永磁（很难磁化，也去磁）、旋磁等三类。由磁性物质构成的器件称为磁性器件。

2. 磁性器件的主要失效模式及机理

磁性器件的主要失效模式有开路、短路和参量变化，概率分别为 42%、42% 和 16%。

磁性器件的失效大多数与热效应有关。发热的原因有三点：

（1）使用频率超出器件的频带限制。通常磁性器件只有在特定的频带内才能达到最佳性能，如果器件工作在规定频带以上，将增大磁芯损耗、引起器件过度发热并导致性能降低，如果器件工作在规定频带以下，会导致磁芯饱和。

（2）由电容性负载引起发热。用于具有电容性负载输入滤波器的整流电路的变压器需要特殊的考虑。电容性负载使流过变压器的电流为非线性的（因为用于使电容性输入滤波器充电的电流，比输送给负载的平均电流大得多）。结果，电流在初始是作为一串幅度比静态电流大得多的脉冲传送的。由于变压器发热是电流的平方的函数，因此，对于电容性负载，内部功耗增大比电感性负载快。

（3）直流电流导致器件的磁芯饱和而发热，降低器件性能，尤其是低频性能。

10.8 案例分析

10.8.1 电阻器失效分析案例

样品为片式电阻器,型号为5.6kΩ/1206和47kΩ/1206,在使用1年左右后发现电阻值增大的失效现象。

对样品进行了外观观察分析,X射线分析,电阻值的测试,研磨(开封)观察分析,电子扫描显微镜(SEM)和能谱(EDX)观察分析。

样品的电阻值测试结果见表10-17。

表10-17 样品的电阻测试结果

样品	A型号(47kΩ)		B型号(5.6kΩ)						
	1	2	3	4	5	6	7	8	9
电阻	>100MΩ		10~30MΩ						

可以看到各样品的电阻值都增大,因此,确定其失效模式为电阻值增大。

各分析过程中样品典型的形貌如图10-2(a)~(e)所示。

对样品电阻进行测试,发现样品电阻的都明显增大,由千欧增大到几十至几百北欧,因此样品的失效模式应该为电阻值增大或开路。

样品的X射线照片表明:在与端电极焊料边缘相连的面电极Ag层部分,都有不连续的现象,形成一条把银层断开的空洞;同时,样品研磨切面也可见到银层空隙,开封都能观察到面电极银层不连续带状空隙。因此,面电极在焊料边缘的空隙造成银层不连续是样品电阻增大和开路的真正原因。

能谱分析(EDX)表明:端电极有Ni层覆盖,面电极Ag层上面并没有覆盖Ni。当样品上面的保护层出现破坏或者工艺过程中保护层没有完全覆盖面电极而露出面电极Ag层时,在焊接的时候,Sn与Ag直接接触,靠近端电极的面电极中的Ag在焊接过程中大量损耗掉,“熔化”在焊料之中,形成边缘面电极局部区域的Ag层空洞。同时在Sn焊料边缘又存在助焊剂残留的Cl-离子,在潮湿环境长时间的使用过程中,Ag发生迁移或者被腐蚀,空洞的扩大导致银层开路,从而引起电阻出现开路失效。

之所以Ag会“熔化”在Sn焊料中是因为Sn和Ag的最低共熔温度为221℃,在这一温度以上,Ag大量流失在Sn中,形成面电极Ag层断裂或空洞

面电极在焊料边缘的空隙造成银层不连续,最终导致样品电阻增大和开路。

10.8.2 电容器件失效分析案例

某型陶瓷电容器在使用一段时间后观察到其端头开裂。电容器焊接在PCB上。

图10-3(a)为陶瓷电容所在PCB的外貌,可以看得此PCB板薄而且比较细长,容易变形。图10-3(b)为陶瓷电容器外部观察到开裂的形貌。图10-3(c)为X射线形貌,可以看得陶瓷电容端头已经完全开裂。图10-3(d)为陶瓷电容制样研磨看到的裂纹的形貌。

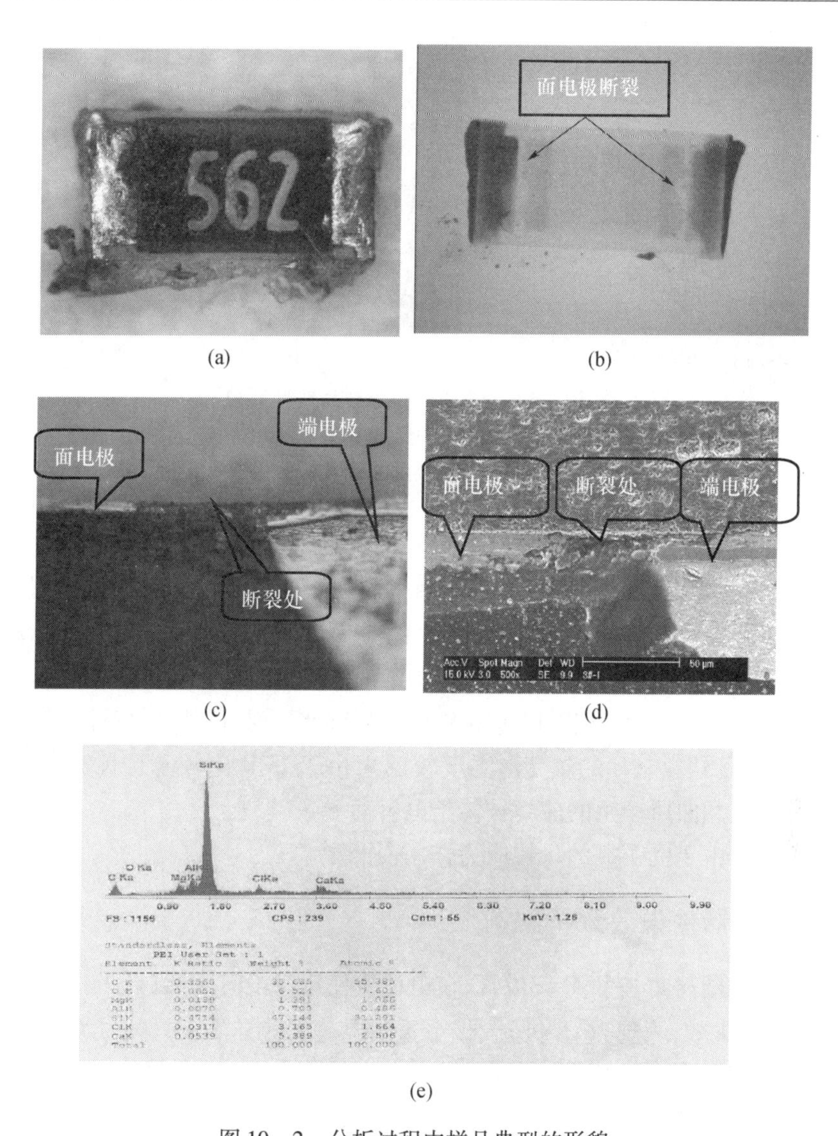

(a)　(b)　(c)　(d)　(e)

图 10－2　分析过程中样品典型的形貌

(a)样品典型的外观形貌;(b)样品面电极断裂的形貌;(c)面电极断裂的研磨形貌;(d)面电极断裂的 SEM 形貌;(e)面电极断裂处的 EDX 谱图。

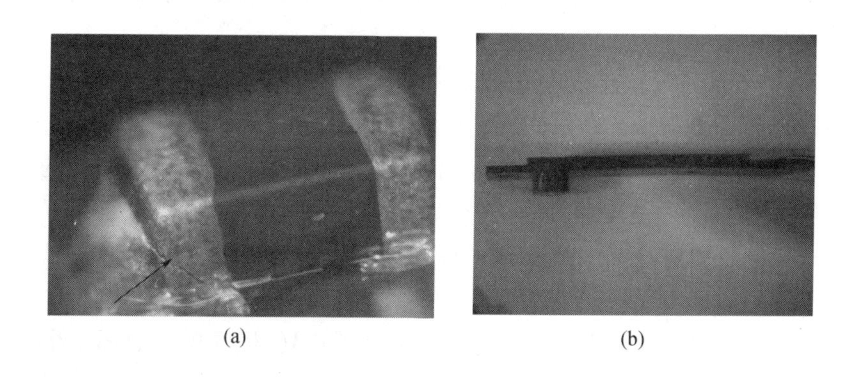

(a)　(b)

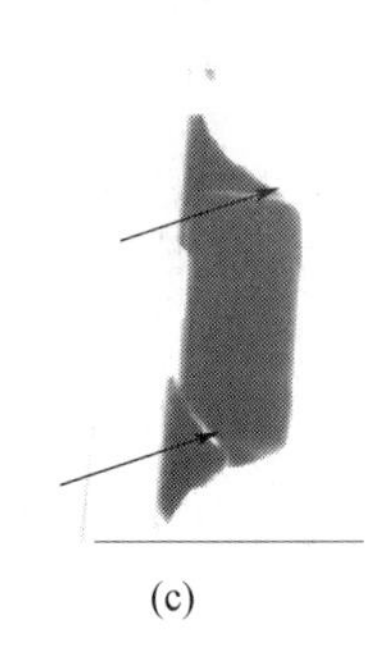

(c)

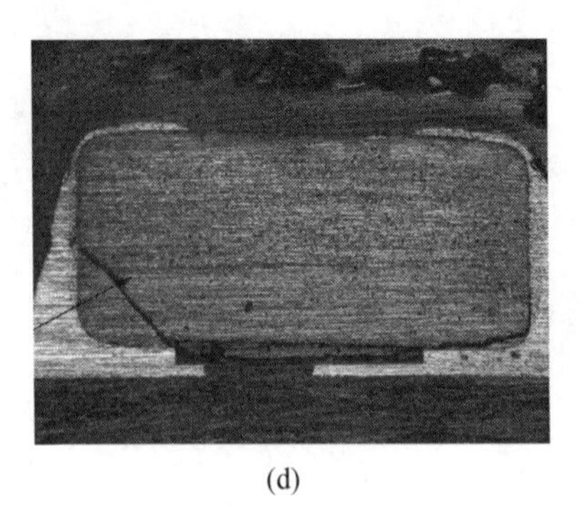

(d)

图 10－3　分析过程过中样品典型形貌

(a)陶瓷电容所在 PCB 的形貌;(b)陶瓷电容开裂的形貌;

(c)陶瓷电容开裂的 X 射线形貌;(d)陶瓷电容制样研磨观察裂纹的形貌。

失效样品的裂纹形状和特征表现出明显受机械应力的作用的特征,这应力应有三个方面的可能:高温焊接时由于 PCB 和电容的热膨胀系数大的差异,在高温焊接时,由热膨胀系数引起的对电容的机械应力;人为的应力导致电容破裂,PCB 和安装 PCB 的塑料基片都比较长、薄、窄,容易受外力的作用下变形、弯曲,并对位于中心位置的平行焊接的电容产生机械应力;PCB 和塑料基片的热膨胀系数不同,在高温环境引起塑料基片变形或翘曲(塑料基片的热变形温度较低),由于 PCB 比较薄且长宽比大,塑料基片的高温变形或翘曲所产生的应力被传给电容而导致破裂。

陶瓷电容器由于受明显的机械应力作用而开裂。

10.8.3　分立器件失效分析案例

失效样品是塑料封装 PNP 三极管,在电话机使用一段时间后(长的 1 年多,短的几个月)出现较多失效,表现为 cb 极、ce 极严重漏电。失效样品三只编号为 1#～3#。

观察可见三只失效样品 cb 引线间的塑封料表面都有异物,典型形貌如图 10－4(a)～(c)所示。

对三只失效样品进行了反向击穿电压和漏电流测试。结果显示,三只失效品的 eb 极间 $I-V$ 特性都正常,但 ce 和 cb 极间 $I-V$ 特性均表现为击穿电压下降和不稳定性的漏电流增大失效。从以上分析初步判断,cb 间塑封表面的异物可能是引起漏电失效的原因。

为了确认,对三只失效样品进行了能谱成分分析。结果显示:三只样品 cb 间异物主要有银(Ag)、铅(Pb)、锡(Sn)、铜(Cu)、钠(Na)等金属元素和氯(Cl)、硫(S)等。能谱分析结果还表明了导电性异物中银、铅、锡等导电金属离子是来源于引线的镀涂层将三只失效样品 cb 间异物去除干净,再进行 cb、ce 极间 $I-V$ 特性测试,结果五只失效样品的反向击穿电压和漏电流全部恢复正常,证实了 cb 间异物是引起器件漏电失效的原因。

引线镀涂层材料中的银离子和铅锡等金属离子在 cb 极间塑封表面发生迁移和沉积,形成漏电通道导致器件漏电失效。

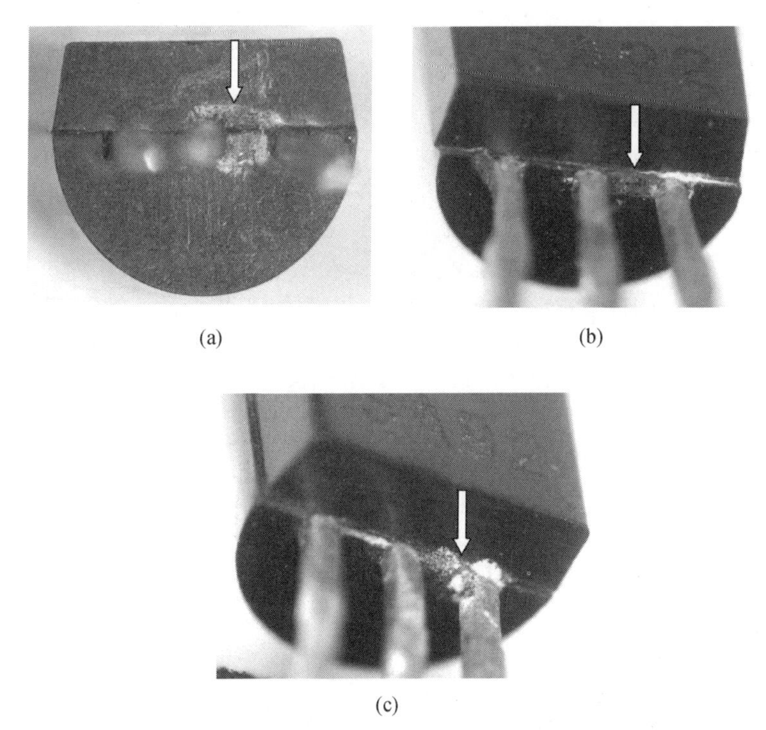

(a)　(b)　(c)

图 10－4　失效分析过程中样品典型形貌

(a)1#失效样品 cb;(b)2#失效样品 cb;(c)3#失效样品 cb

引线间异物形貌引线间异物形貌引线间异物形貌。

10.8.4　集成电路失效分析案例

失效 DC/DC 电源模块,为硅橡胶灌注封装,输入电压(直流)300V,输出电压(直流)28V。电源模块焊在电路板上工作,经历过板级筛选试验及整机环境应力试验(高温、低温、振动等试验),样品在整机环境应力试验时出现失效(失效环境温度为65℃),表现为样品输入端各引线间短路。

样品电性能测试及 X－RAY 观察,确定电源模块的失效位置在输入端,表现的失效现象为输入端各引线间呈低阻状态。

电源模块开封后内部输入端形貌观察分析可见,样品输入端由于 MOS 管均烧毁(图 10－5),导致 MOS 管芯片极间短路,引起样品输入端呈现低阻状态。

三只 MOS 管的焊接可知,T1 MOS 管漏极(散热片)的焊接面积小于 30%,显然,该管子工作中散热不良,可导致其周边温升大,不同材料之间的温差大,因此不同材料之间的界面剪切力大,在样品试验的通断电过程,管子不断经历高温和低温过程。一方面,由于界面剪切力的作用,将引起灌封橡胶的界面分离;另一方面,高低温变化过程引起管子附近对外界气体的呼吸作用,从而该管子周围的界面引入外部水汽或离子,以及管子焊接时所残留的焊剂汽化、焊料熔融外流,使源极(散热板)与漏极(外引脚)之间通过界面发生电压击穿、打火。

(a) (b)

图 10-5 失效分析过程中样品典型形貌

(a)电源模块失效样品外观;(b)击穿烧毁的 VMOS 管。

样品内装功率管(MOS 管)外部 D(漏极)和 S(源极)之间电压击穿烧毁。出现电压击穿烧毁可能原因:内装功率管与 PCB 之间的焊接存在空洞,引起该管子散热不良,从而导致样品工作时内部温度高,样品通电工作和断电过程中,内部热应力大,引起灌封材料与 PCB 等界面分离,而受外部水汽侵蚀导致界面耐压下降,因此发生电压击穿。

10.8.5 微波器件失效分析案例

某进口微波功放在整机中作为功率前级驱动级,作用是功率放大,失效表现为无增益。

声学扫描分析和 X 射线检查结果表明样品的底板与 ALN 电路基板之间的界面有较大面积的空洞(图 10-6(a)、(b))。光学显微分析发现样品的第一级放大芯片有多处栅源击穿(图 10-6(c))。

样品存在潜在性静电损伤,在长期工作中损伤部位不断累积扩大最终导致失效。另外,当射频输入端受到过电干扰时,也会造成第一级放大芯片栅源击穿。

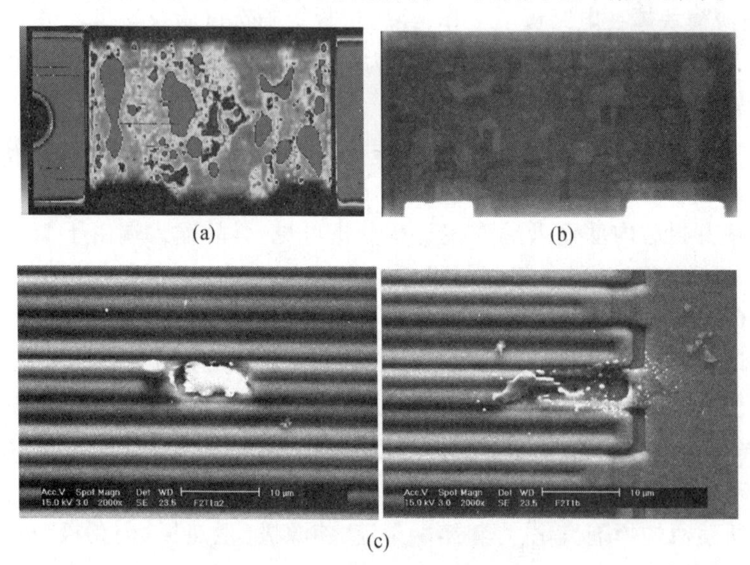
(a) (b)

(c)

图 10-6 失效分析过程中样品典型形貌

(a)声学扫描照片;(b)X 射线检查形貌;(c)第一级放大芯片栅源击穿形貌。

参考文献

[1] Lawrence C. Wagner, Failure Analysis Challenges, Proceedings of 8th IPFA 2001, Singapore.

[2] 孔学东,恩云飞. 电子元器件失效分析与典型案例[M]. 北京:国防工业出版社,2006.

[3] 张安康. 半导体器件可靠性与失效分析[M]. 江苏科学技术出版社,1986.

[4] Charlie R,等. 工程材料的失效分析[M]. 谢斐娟,等译. 北京:机械工业出版社,2003.

[5] GJB 4027—2000. 军用电子元器件破坏性物理分析方法.

[6] 天津大学无线电材料与元件教研室. 电阻器[M]. 北京:技术标准出版社,1981.

[7] 卜寿彭,陈耀祖. 固定电阻器[M]. 北京:电子工业出版社,1995.

[8] [美] 卡尔·戴维·托德 D. E. 电位器基础及其应用[M]. 刘盛武,等译. 北京:国防工业出版社,1984.

[9] 盛志森,郑廷珪,等. 可靠性物理[M]. 广州:中国电子产品可靠性与环境试验研究所,1986.

[10] 陈国光. 电解电容器[M]. 西安:西安交通大学出版社,1986.

[11] 张庆秋. 瓷介电容器[M]. 广州:华南理工大学出版社,1998.

[12] 张安康. 半导体器件可靠性与失效分析[M]. 南京:江苏科学技术出版社,1986.

[13] 孙青,庄奕琪,王锡吉,等. 电子元器件可靠性工程[M]. 北京:电子工业出版社,2002.

[14] 罗辑,赵和义. 军用电子元器件质量管理与质量控制[M]. 北京:国防工业出版社,2004.

[15] GJB 4027A—2006,军用电子元器件破坏性物理分析方法.

[16] MIL-STD-1580B 电子、电磁和机电元器件破坏性物理分析,2003.

[17] 贾新章,郝跃. 微电子技术概论[M]. 北京:国防工业出版社,1995.

[18] 夏海良,张安康. 半导体器件制造工艺[M]. 上海:上海科学技术出版社,1988.

[19] 黄汉尧,李乃平. 半导体器件工艺原理[M]. 上海:上海科学技术出版社,1985.

[20] 高保嘉. MOS VLSI 分析与设计[M]. 北京:电子工业出版社,2002.

[21] 朱正涌. 半导体集成电路[M]. 北京:清华大学出版社,2001.

[22] 卢其庆,张安康. 半导体器件可靠性与失效分析[M]. 南京:江苏科学技术出版社,1981.

[23] 史保华,贾新章,张德胜. 微电子器件可靠性[M]. 西安电子科技大学出版社,西安,1999

[24] JESD-28. A Procedure for Measuring N-channel Mosfet Hot-Carrier-Induced Degradation at Maximum Substrate Current under DC Stress. 1995.

[25] 章晓文,张晓明. 热载流子退化对 MOS 器件的影响[J]. 电子产品可靠性与环境试验,2002,(1):60.

[26] Chenming H U, Simon C, FU-Chien Hsu, et al. Hot Electron-induced MOSFET Degradation Model Monitor and Improvement[J]. IEEE Transactions on Electron Devices, 1985, 32(2):375-386.

[27] Bellens R, Heremans P, Groeseneken G, et al. A New Procedure for Lifetime Prediction of N-Channel MOS-Transistors Using the Charge Pumping technique[J]. IEEE/IRPS, 1988:8-12.

[28] Liew B K, Fang P, Cheung N W, et al. Reliability Simulator for Interconnect and Intermetallic Electromigration[J]. IEEE/IRPS, 1990:111-118.

[29] 林晓玲,费庆宇. 闩锁效应对 CMOS 器件的影响分析[C]. 中国电子学会可靠性分会第十二届学术年会论文选,2004.

[30] 高光勃,李学信. 半导体器件可靠性物理[M]. 北京:科学出版社,1987.

[31] S. M. Sze. VLSI technology, McGraw-Hill Book Company, 1983. pp:421

[32] N. Lycoudes. Reliability in Humidification Testing of Plastic Microcircuits, Solid State Technology, Apr. 1979.

[33] Reliability of Semiconductor Parts Mounted to Plastic Packages, Nikkei Electronics, Nov. Vol. 27, 1978.

[34] Data Book for Quality/Reliability, Silicon Solution Company, Oki Electric Industry Co., Ltd. 2001.

[35] MIL-STD-883. 微电子器件试验方法与标准.

[36] GJB 2438A—2002. 混合集成电路通用规范.

[37] GB/T 12842—91. 膜集成电路和混合膜集成电路术语.

[38] 毕克允．中国军用电子元器件[M]．北京:电子工业出版社,1996.

[39] GJB/Z299B—98. 电子设备可靠性预计手册．

[40] MIL - PRF - 38534E. Gneral Specification for Hybrid Microcuits.

[41] GB 11498—1989. 模集成电路和混合模集成电路分规范．

[42] Licari J J,Enlow L R. 厚薄膜混合微电子学手册[M]．朱瑞廉,译．北京:电子工业出版社,2004.

[43] Gupta T K. 厚薄膜混合微电子学手册[M]．王瑞庭,朱征,等译．北京:电子工业出版社,2005.

[44] 曲喜新．电子元件材料手册[M]．北京:电子工艺出版社,1989.

[45] 杨邦朝,张经国．多芯片组件(MCM)技术及其应用[M]．成都:电子科技大学出版社,2001.

[46] 何小琦,徐爱斌,章晓文,MCM - D 多层金属布线互连退化模式和机理[J],电子产品可靠性与环境试验,2002(3).

[47] GJB 2438A—2002. 混合集成电路通用规范．

[48] Chiou B S,Liu K C,Duh J G,Palanisamy P S. Intermetallic Formation on the Fracture of Sn/Pb Solder and Pd/Ag Conductor Interfaces[C],IEEE Transactions on components,Hybrids,and Manufacturing Technology,1990,13(2).

[49] 邓永孝．半导体器件失效分析[M]．北京:宇航出版社,1991.

[50] 李自学,田耀亭,田树英．厚膜导体的金属迁移研究[J],微电子学与计算机,1996(2)23 - 26.

[51] GJB 4027A—2006. 军用电子元器件破坏性物理分析方法．

[52] Golio M,射频与微波手册[M]．孙龙翔,赵玉洁,张坚,等译．北京:国防工业出版社,2006.

[53] Brown Richard. 射频和微波混合电路[M]．孙海,等译．北京:电子工业出版社,2006.

[54] Bahl Inder,Bhartia Prakash. 微波固态电路设计[M]．郑新,赵玉洁,刘永宁,等译．北京:电子工业出版社,2006.

[55] Robertson Ian,Lucyszyn Stepan. 单片射频微波集成电路技术与设计[M]．文光俊、谢甫珍、李家胤,译．北京:电子工业出版社,2007.

[56] 怀特 J F. 微波半导体控制电路[M]．北京:科学出版社,1983.

[57] 利奥 S Y. 微波器件和电路[M]．北京:科学出版社,1987.

[58] 姚立真．可靠性物理[M]．北京:电子工业出版社,2004.

[59] 唐宪明,罗绮心．电子产品的可靠性与安全性[M]．武汉:华中科技大学出版社,2001.

[60] 范国华,刘晓平,金毓铨,等．GaAs 微波功率 FET 可靠性评价技术研究[J]．固体电子学研究与进展,1997,17(2):173.

[61] 徐立生,何建华,苏文华,等．C 波段 GaAs 功率场效应晶体管可靠性快速评价技术研究[J]．半导体情报,1995,32(1):24.

[62] Christianson K A,Roussos J A,Anderson W T. Reliability study of GaAs MMIC amplifier. In:IEEE EDS and IEEE RS,ed. 30th International Reliability Physics Symposium San Diego, California, 1992; New York: IEEE Inc, 1992:327.

[63] 廖复疆．真空电子技术[M]．北京:国防工业出版社,1999.

[64] 庄奕琪．微电子器件应用可靠性技术[M]．北京:电子工业出版社,1996.

[65] 江剑平．半导体激光器[M]．北京:清华大学出版社,2002.

[66] Mitsuo Fukuda,“Reliability and degradation of semiconductor lasers and leds”,Artech House,Boston

[67] 黄德修．半导体激光器及其应用[M]．北京:国防工业出版社,1999.

[68] 豪斯 M J,摩根 D V,半导体器件及电路的可靠性与退化[M]．李锦林, 周洁,郑华美,译．北京:科学出版社,1989.

[69] Mitsuo Fukuda. Realiability and degradation of semiconductor lasers and leds. Boston,Artech House,1991.

[70] 赵和义．美国军用电子元器件要求和应用指南[M]．北京:国防工业出版社,2004.

[71] 马丁 P L. 电子故障分析手册[M]．张伦,等译．北京:科学出版社,2005.